浙江省新世纪高等教育教学改革研究项目成果

基础化学实验

主　编　金建忠
副主编　许惠英　申屠超

ZHEJIANG UNIVERSITY PRESS
浙江大学出版社

图书在版编目（CIP）数据

基础化学实验 / 金建忠主编. —杭州:浙江大学出版社，2009.10(2020.8 重印)

浙江省新世纪高等教育教学改革研究项目成果

ISBN 978-7-308-07089-8

Ⅰ.基… Ⅱ.金… Ⅲ.化学实验—高等学校—教材 Ⅳ.06-3

中国版本图书馆 CIP 数据核字（2009）第 176798 号

基础化学实验

主编　金建忠

策划编辑　阮海潮(ruanhc@zju.edu.cn)

责任编辑　阮海潮

封面设计　刘依群

出版发行　浙江大学出版社

（杭州市天目山路 148 号　邮政编码 310007）

（网址:http://www.zjupress.com）

排　　版　杭州大漠照排印刷有限公司

印　　刷　嘉兴华源印刷厂

开　　本　787mm×1092mm　1/16

印　　张　19.5

字　　数　499 千

版 印 次　2009 年 10 月第 1 版　2020 年 8 月第 6 次印刷

书　　号　ISBN 978-7-308-07089-8

定　　价　49.00 元

前　言

本实验教材是在浙江省新世纪高等教育教学改革研究项目“现代化学实验教学模式的创新与体系改革(yb06102)”的基础上进行编写的。

化学是以实验为基础的学科，实验教学是化学教学的重要组成部分。浙江树人大学需修化学实验课程的专业有应用化学、生物工程、环境工程、食品科学与工程等四个本科专业，在这四个化工类工科专业的实验教学体系中，化学实验教学一直占有重要的位置。我校培养学生的人才定位是高级应用型人才，而实验教学在高级应用型人才的培养过程中起着重要作用。为了改革和加强化学实验教学，以培养学生的实际动手能力、创新意识和科学精神，在学校和学院的大力支持下我们对生物与环境工程学院各专业的化学课程系统进行了调整和改革，将化学理论教学与化学实验教学分开，所有化学实验均独立设课，并对化学实验教学的课程体系进行了模块化改革，将化学实验课程体系分成三个模块：基础化学实验模块、中级化学实验模块、综合化学实验模块，并对实验教材进行了重新规划和编写，包括编写三本对应的化学实验教材：《基础化学实验》、《中级化学实验》、《综合化学实验》。在实验内容选择和教材建设上，以基本操作技能的训练为主线，以具体实验为载体，培养学生的动手能力，并结合浙江树人大学学生的实际情况选择实验内容，为培养高级应用型人才服务。

《基础化学实验》包含原四大基础化学(无机化学、有机化学、分析化学、物理化学)的实验，并将内容进行了调整和整合，分成化学实验基本操作、物质的基本性质、物质的分析、物质的制备和物质性质的测定五大部分实验内容。通过整合，使四大化学的实验融为一体，避免了在各门课程中重复开设类似实验的现象。本书注重全面提高学生的化学素质，提供给学生丰富的化学实验知识，训练学生基本的操作技能，培养学生良好的实验习惯和正确的数据分析能力。

本书共有 88 个实验，其中约 80%为必做实验，20%为选做实验。

本书由金建忠主编，许惠英和申屠超副主编，王智敏和童建颖参编。金建忠编写绪论、物质的制备和附录，以及化学实验基本操作和物质的基本性质实验的部分内容，许惠英编写化学实验基本操作和物质的基本性质实验，申屠超编写物质的分析，王智敏编写化学实验基础知识和化学实验基本操作，童建颖编写物质性质的测定，全书由金建忠统稿。

本书在编写过程中得到了浙江树人大学生物与环境工程学院领导和许多老师的支持与帮助。此外，我们还参考了不少国内化学实验教材和化学文献资料，在此一并表示衷心的感谢。

由于时间紧张，水平有限，书中可能会有错误和不当之处，敬请使用本书的各位老师和同学提出批评、建议，以便我们进行修改。

编　者

2009 年 9 月

目 录

CONTENTS

1 绪　论 …………………………………………………………………………… (1)

1.1 基础化学实验的意义、目的和要求 ………………………………………… (1)

1.1.1 基础化学实验的意义 …………………………………………………… (1)

1.1.2 基础化学实验的教学特点 ……………………………………………… (2)

1.1.3 基础化学实验的目的 …………………………………………………… (2)

1.1.4 基础化学实验的要求 …………………………………………………… (2)

1.2 化学实验室的安全规则和意外事故处理 …………………………………… (3)

1.2.1 化学实验室的安全规则 ………………………………………………… (3)

1.2.2 实验室的意外事故处理 ………………………………………………… (4)

1.3 实验数据处理 ………………………………………………………………… (4)

1.3.1 测定结果的准确度和精密度 …………………………………………… (4)

1.3.2 定量分析中误差产生的原因 …………………………………………… (5)

1.3.3 消除或减免误差,提高分析结果准确度的方法 ………………………… (6)

1.3.4 有效数字及运算规则 …………………………………………………… (7)

1.3.5 实验数据的记录 ………………………………………………………… (8)

1.3.6 实验数据的整理和表达 ………………………………………………… (8)

1.4 实验报告的撰写要求 ………………………………………………………… (9)

1.4.1 撰写实验报告的意义 …………………………………………………… (9)

1.4.2 实验报告的一般格式要求 ……………………………………………… (10)

1.4.3 实验报告示例 …………………………………………………………… (10)

2 化学实验基础知识 ……………………………………………………………… (16)

2.1 化学试剂与化学药品 ………………………………………………………… (16)

2.1.1 化学试剂的分类与规格 ………………………………………………… (16)

2.1.2 化学试剂的储存 ………………………………………………………… (17)

2.1.3 化学试剂的取用 ………………………………………………………… (17)

2.2 试纸、指示剂和滤纸 ………………………………………………………… (19)

2.2.1 试纸 ……………………………………………………………………… (19)

2.2.2 指示剂 …………………………………………………………………… (21)

2.2.3 滤纸 …………………………………………………………………………（24）
2.3 常用玻璃器皿及辅助仪器……………………………………………………（25）
2.3.1 常用玻璃仪器的种类及使用方法 ……………………………………（25）
2.3.2 常用辅助仪器的种类及使用方法 ……………………………………（34）
2.4 常用基础化学实验仪器及使用方法…………………………………………（37）
2.4.1 电子天平 ……………………………………………………………（37）
2.4.2 pH 计(酸度计) ……………………………………………………（38）
2.4.3 电导率仪 ……………………………………………………………（41）
2.4.4 阿贝折光仪 …………………………………………………………（43）
2.4.5 旋光仪 ………………………………………………………………（45）

3 化学实验基本操作 ……………………………………………………………（47）

3.1 简单玻璃加工方法……………………………………………………………（47）
3.1.1 玻璃管的清洗 ………………………………………………………（47）
3.1.2 玻璃管的切割 ………………………………………………………（47）
3.1.3 玻璃管的弯曲 ………………………………………………………（48）
3.1.4 玻璃管的拉伸 ………………………………………………………（48）
3.2 玻璃量器及其使用……………………………………………………………（49）
3.2.1 量筒和量杯 …………………………………………………………（49）
3.2.2 移液管和吸量管 ……………………………………………………（50）
3.2.3 容量瓶 ………………………………………………………………（51）
3.2.4 滴定管 ………………………………………………………………（52）
3.3 物质处理和溶液配制…………………………………………………………（55）
3.3.1 物质的干燥 …………………………………………………………（55）
3.3.2 溶液的配制 …………………………………………………………（57）
3.3.3 样品的预处理 ………………………………………………………（58）
3.4 物质的分离与提纯……………………………………………………………（59）
3.4.1 结晶与重结晶 ………………………………………………………（59）
3.4.2 过滤 …………………………………………………………………（61）
3.4.3 常压蒸馏和减压蒸馏 ………………………………………………（65）
3.4.4 水蒸气蒸馏 …………………………………………………………（70）
3.4.5 分馏 …………………………………………………………………（72）
3.4.6 提取(萃取和洗涤) …………………………………………………（73）
3.4.7 升华 …………………………………………………………………（75）
3.4.8 层析 …………………………………………………………………（76）
3.5 化学反应操作技术……………………………………………………………（78）
3.5.1 加热与热浴 …………………………………………………………（78）
3.5.2 冷却 …………………………………………………………………（78）
3.5.3 搅拌 …………………………………………………………………（79）

3.5.4　常用反应装置及仪器装配 ……………………………………………………（80）

4　化学实验基本操作技能 ………………………………………………………（84）

实验 1　玻璃仪器的认领、洗涤及干燥 ………………………………………（84）
实验 2　分析天平操作训练 ………………………………………………（86）
实验 3　溶液的配制 ……………………………………………………（87）
实验 4　缓冲溶液配制及酸度计的使用 …………………………………（89）
实验 5　玻璃管的简单加工 ………………………………………………（91）
实验 6　熔点测定 ……………………………………………………（95）
实验 7　蒸馏及沸点测定 …………………………………………………（97）
实验 8　萃取 ………………………………………………………（99）
实验 9　重结晶 ……………………………………………………（102）
实验 10　离子交换法制备纯水 …………………………………………（103）
实验 11　葡萄糖变旋性的测定 …………………………………………（107）
实验 12　氯化钠的提纯 ………………………………………………（110）
实验 13　硫酸铜的提纯 ………………………………………………（111）

5　物质的基本性质实验 ………………………………………………（114）

实验 14　化学反应速率和化学平衡 ……………………………………（114）
实验 15　电解质溶液和电离平衡 ……………………………………（118）
实验 16　多相离子平衡 ………………………………………………（121）
实验 17　氧化还原反应 ………………………………………………（124）
实验 18　配合物形成时性质的改变 ……………………………………（126）
实验 19　碱金属和碱土金属 ……………………………………………（128）
实验 20　氮和磷 ……………………………………………………（131）
实验 21　过氧化氢、硫及其化合物 ……………………………………（133）
实验 22　卤素 ………………………………………………………（137）
实验 23　铬、锰、铁、钴、镍的重要化合物性质与应用 ………………（139）
实验 24　铜、银、锌、镉、汞的重要化合物性质及应用 ………………（143）
实验 25　卤代烃的性质 ………………………………………………（146）
实验 26　醇和酚的性质 ………………………………………………（147）
实验 27　醛和酮的性质 ………………………………………………（149）
实验 28　纸上色谱——无机离子的分离和鉴定 …………………………（151）
实验 29　碘化铅溶度积常数的测定 ……………………………………（153）

6　物质的分析 ……………………………………………………（156）

实验 30　NaOH 标准溶液的配制与标定 …………………………………（156）
实验 31　食用醋酸中 HAc 含量的测定 …………………………………（158）
实验 32　铵盐中铵态氮的测定(甲醛-酸碱滴定法) ………………………（159）

实验 33 HCl 标准溶液的配制与标定 …… (161)
实验 34 碱灰中总碱度的测定(酸碱滴定法) …… (162)
实验 35 碱液中 NaOH 及 Na_2CO_3 含量的测定(双指示剂法) …… (163)
实验 36 EDTA 标准溶液的配制和标定 …… (165)
实验 37 水的硬度测定(配位滴定法) …… (168)
实验 38 石灰石或白云石中钙、镁含量的测定(配位滴定法) …… (170)
实验 39 铅、铋混合液中铅、铋含量的连续测定(配位滴定法) …… (172)
实验 40 氯化物中氯含量的测定(莫尔法) …… (173)
实验 41 氯化物中氯含量的测定(法扬司法) …… (175)
实验 42 高锰酸钾标准溶液的配制和标定 …… (176)
实验 43 过氧化氢含量的测定(高锰酸钾法) …… (178)
实验 44 铁矿中铁含量的测定 …… (179)
实验 45 硫代硫酸钠标准溶液的标定 …… (181)
实验 46 硫酸铜中铜含量的测定 …… (182)
实验 47 维生素 C 含量的测定(碘量法) …… (183)
实验 48 可溶性硫酸盐中硫的测定(重量法) …… (185)
实验 49 7220 型分光光度计的波长校正 …… (187)
实验 50 目示比色法与分光光度法测定自来水中的铁 …… (189)

7 物质的制备 …… (191)

实验 51 硫酸亚铁铵的制备 …… (191)
实验 52 硝酸钾的制备及其溶解度的测定 …… (194)
实验 53 三草酸合铁(Ⅲ)酸钾的制备 …… (196)
实验 54 五水合硫酸铜的制备 …… (198)
实验 55 环已烯的制备 …… (199)
实验 56 1-溴丁烷的制备 …… (202)
实验 57 正丁醚的制备 …… (204)
实验 58 苯甲酸的制备 …… (207)
实验 59 乙酸乙酯的制备 …… (208)
实验 60 乙酸正丁酯的制备 …… (211)
实验 61 乙酰乙酸乙酯制备 …… (212)
实验 62 乙酰苯胺的制备 …… (215)
实验 63 对甲苯磺酸的制备 …… (217)
实验 64 肉桂酸的制备 …… (218)
实验 65 甲基橙的制备 …… (221)
实验 66 2-甲基-2-丁醇的制备 …… (223)
实验 67 乙苯的制备 …… (224)

8 物质性质的测定 …… (227)

实验 68 二氧化碳相对分子质量的测定 …… (227)

实验 69　置换法测定摩尔气体常数 R …… (229)
实验 70　燃烧热的测定 …… (231)
实验 71　溶液偏摩尔体积的测定 …… (234)
实验 72　液体饱和蒸气压的测定 …… (238)
实验 73　氨基甲酸铵分解反应平衡常数的测定 …… (240)
实验 74　凝固点下降法测相对分子质量 …… (243)
实验 75　沸点升高法测定物质的摩尔质量 …… (246)
实验 76　二组分系统气-液相图的绘制 …… (248)
实验 77　组分合金相图的绘制 …… (252)
实验 78　差热分析 …… (255)
实验 79　热重分析 …… (258)
实验 80　离子迁移数的测定 …… (260)
实验 81　电导率的测定及应用 …… (262)
实验 82　原电池电动势的测定及应用 …… (266)
实验 83　准一级反应——蔗糖的水解 …… (271)
实验 84　乙酸乙酯皂化反应测二级反应速率和反应活化能 …… (274)
实验 85　表面张力的测定 …… (277)
实验 86　电泳 …… (281)
实验 87　溶液吸附法测定比表面 …… (283)
实验 88　沉降分析 …… (286)

附　录 …… (290)

附录 1　常见化合物的相对分子质量表 …… (290)
附录 2　常用有机溶剂与试剂的物理性质 …… (294)
附录 3　常用缓冲溶液的配制方法 …… (295)
附录 4　实验室常用酸、碱的密度和浓度 …… (298)
附录 5　常见溶剂的折射率(25℃) …… (299)
附录 6　常压下共沸物的组成和沸点 …… (299)
附录 7　相对原子质量表(1995 年国际相对原子质量) …… (300)
附录 8　溶剂与水共沸物的沸点 …… (301)

参考文献 …… (302)

1 绪　论

1.1　基础化学实验的意义、目的和要求

1.1.1　基础化学实验的意义

化学是研究物质的组成、结构、性质和制备的科学。纯物质的分子中所含的元素和各元素的含量，分子中原子间的结构关系，混合物中各物质组分、结构及其含量，各物质的物理和化学性质，各物质的制备、分离、提纯，各种物理化学常数的测定等都需要通过化学及物理实验来认识、测定、验证。因此，可以说化学是一门起源于实验的科学。化学实验在化学课程的学习和化学学科的研究中具有特别重要的作用。

随着化学学科的发展，人们将有关化学的错综复杂的现象、知识、规律、理论进行分门别类，形成了无机化学、有机化学、分析化学和物理化学等分支学科，相应的实验分为四个分支学科的实验。分析化学实验主要研究物质的组分、含量、结构的定性和定量测定方法；无机化学实验、有机化学实验主要研究无机物、有机物的化学性质和制备、分离、提纯方法；物理化学实验主要研究物质的物性测定和各种物理化学常数的测定方法。这种学科的科学分类在化学学科的发展中做出了重要的贡献，使人们在学习化学知识和方法时，容易掌握各分支学科的内在规律和它们之间的差异。

但是，物质的组成、结构、性质和制备是有内在联系的，各分支学科间的联系也是不可分割的。学科之间的综合也是研究和应用中另一个重要的科学方法，近代科学发展的交叉趋势正说明了学科综合的重要意义。大学科之间的交叉固然重要，化学各分支学科之间的综合更为重要。科学研究，特别是实验研究，从方案制定、手段使用、现象观察、理论应用等各个环节都不是按学科分类的，要求人们有综合各学科的知识、理论、技能的能力。

基础化学实验是针对 21 世纪应用化学专业人才培养目标的要求而设置的一门新课程，在应用化学专业设置的化学实验系列课程中有基础化学实验、中级化学实验和综合化学实验三大模块。基础化学实验是化学系列实验课程中最基础的一门课程，在内容编排上打破原无机、分析、有机、物化四门化学实验课程自成体系的传统，对技能训练进行科学组合，更加注意培养学生的素质，注意培养学生的创新能力，让学生早期树立应用意识，早期树立“量”的概念。希望学生通过化学实验，能够获得感性知识，掌握实验技能和实验方法，提高解决问题的能力，同时使学生能巩固化学理论知识，为后修课程打好必要的基础。

1.1.2 基础化学实验的教学特点

(1) 基础化学实验是面向化学化工类本科学生开设的一门独立的化学实验课，以培养学生素质与能力为主线设置实验内容与实验进度，加强基本技能与应用性技能的训练。

(2) 打破四大化学的界线，整合实验内容，克服四门化学实验技能的简单交叉与重复。从低年级开始渗入应用意识，把原无机化学基本理论与化学分析方法相结合，把性质试验与定性鉴定或实际应用相结合，把无机化学常数及物理量的测量与物理化学测试技术及常用分析仪器的使用相结合，把有机化学回流单元操作与无机合成实验相结合，把基本操作融化于应用性实验之中，压缩了单纯技能训练，减少了验证性实验，把实验技能训练与生产实际相结合，使学生能尽早体会到实验方法的具体应用，及早树立"学以致用"的思想观念。

(3) 更新实验内容，删除传统陈旧的实验内容，开发与生命科学、生物化学、材料科学及环境化学等有关的应用性近代化学实验。

(4) 实验技能训练，遵循由简单到复杂，由单元训练至综合性训练，由基本技能训练至应用性技能最后到综合性技能训练等原则，使学生由浅入深、由低到高、循序渐进地学习。

1.1.3 基础化学实验的目的

(1) 培养实事求是、严格细致、追求真理的科学作风，养成良好的实验室工作习惯。

(2) 掌握物质化学变化的感性知识，熟悉元素及其化合物的重要性质和反应，掌握重要化合物的制备、分离和鉴定检测方法。

(3) 掌握基本的化学实验操作技术、实验方法和实验结果处理方法。

(4) 提高独立思考、进行实验研究、解决实际问题的能力。

(5) 加深对基本原理、基础知识的理解，为后修课程奠定基础。

1.1.4 基础化学实验的要求

要达到上述实验目的，必须有正确的学习方法。化学实验的学习大致分为以下三个步骤。

1.1.4.1 课前预习

为了使实验课取得良好效果，实验前必须进行预习。预习是实验训练能否有收获、实验能否成功的关键。对实验的原理、步骤、过程、可能出现的问题做到心中有数，才能使实验顺利进行，达到预期的效果。预习时应做到：

(1) 仔细阅读实验教材、有关理论教材及参考资料，查阅有关数据。

(2) 明确实验目的和基本原理，了解实验内容、步骤、方法和注意事项。

(3) 写好实验预习报告。实验预习报告应包括实验题目、实验目的要求、基本原理、主要药品、仪器(装置图)、实验步骤、预习思考题。书写要求简明扼要，切忌抄书，实验步骤按不同实验要求用方框、箭头或表格形式表达。实验前经教师检查，预习合格者方可进行实验。

1.1.4.2 实验过程

化学实验必须在理论指导下进行，正确的方案和熟练的操作是实验成功的基础。实验技能是长期实践中逐步训练获得的。要重视实验，养成良好的实验习惯，尊重实验结果。

在实验过程中要认真务实，严格按实验内容与操作规程进行实验。在实验中必须做到以下几点：

(1) 仔细观察实验现象,包括气体的产生、沉淀的生成、颜色的变化及温度、压强、流量等参数的变化。

(2) 开动脑筋仔细研究实验中产生的现象,分析、解决问题,对感性认识作出理性分析,筛选出正确的实验方法,逐步提高思维能力。

(3) 认真按操作步骤进行实验,从而学会实验基本方法与操作技能,培养动手能力。

(4) 善于及时记录实验现象与数据,养成把数据正规、及时记录下来的良好实验习惯。

(5) 善于对实验中产生的现象进行理性讨论,提倡学生之间或师生之间的讨论,提高每次实验的效率。

(6) 严格遵守实验室规则,在实验过程中应保持安静,实验结束后做好实验室安全和卫生工作,并经老师同意后方可离开实验室。

1.1.4.3 实验课后

实验课后要认真、独立地书写实验报告。实验报告是实验的总结,是把感性认识上升到理性认识的过程,是培养学生思维能力、书写能力和总结能力的有效方法。实验报告要求字迹端正、整齐清洁、语句通顺、格式统一。实验报告包括实验目的、基本原理、主要实验步骤、现象及数据记录、数据处理(包括计算、列表、作图)、实验现象及实验结果讨论。结果讨论中要针对本实验情况,讨论实验现象、测量结果误差、实验方法和操作方法等方面的各类问题。

1.2 化学实验室的安全规则和意外事故处理

1.2.1 化学实验室的安全规则

在化学实验中,经常使用易碎的玻璃仪器,易燃、易爆、有腐蚀或毒性的化学药品,电器设备及煤气等,如不慎,则会影响实验的正常进行,甚至危及人身安全。因此,必须严格遵守实验室规则。

(1) 实验室内严禁饮食、吸烟,一切化学药品禁止入口。实验完毕应洗手。

(2) 使用电器设备应特别细心,切不可用湿润的手去开启电闸和电器开关。凡是漏电的仪器不能使用,以防触电。电源打开后,如发觉无电,必须立即关闭。

(3) 在使用铬酸洗液、浓酸、浓碱、溴等具有强腐蚀性的试剂时,谨防溅在皮肤和衣服上。如溅到身上应立即用水冲洗,溅到实验台上或地上时要用水稀释后擦掉。要注意保护眼睛,必要时应戴上防护眼镜。

(4) 遇有下列情况,应在通风橱内操作:使用 HNO_3、HCl、$HClO_4$、H_2SO_4 等浓酸及实验过程中产生有刺激性或有毒气体(如 H_2S、Cl_2、Br_2、NO_2、CO)。

(5) 使用剧毒药品(如 KCN、As_2O_3、$HgCl_2$)时,应格外小心!用过的废液切不可倒入下水道或废液桶中,要回收集中处理。

(6) 实验室所有药品不得带出实验室,用剩的有毒药品应交还给老师。

(7) 使用乙醚、乙醇、丙酮、苯等易燃性有机试剂时,应远离火源,用后盖紧瓶塞,置阴凉处保存。钾、钠和白磷等在空气中易燃烧的物质,应隔绝空气存放。钾、钠保存在煤油中,白磷保存在水中,取用时应使用镊子。

(8) 加热试管中的液体时,切不可将管口对着自己或他人,也不可俯视正在加热的液体,以防液体溅出伤人。不可用鼻子直接对着瓶口或试管口嗅闻气体的气味,应当用手轻轻煽动少量气体进行嗅闻。

(9) 实验结束后由学生轮流值勤，负责打扫和整理实验室，并检查门、窗是否关紧，水、电是否关闭，确保实验室的整洁和安全。

1.2.2 实验室的意外事故处理

实验室中如发生意外事故，应进行紧急处理，如受伤严重者，经处理后应立即送医院救治。

(1) 酸腐蚀致伤 先用大量水冲洗，然后用饱和 $NaHCO_3$ 溶液或肥皂水冲洗，最后再用水冲洗。如果酸溅入眼内，应立刻用大量水冲洗，然后用 2% $Na_2B_4O_7$ 溶液冲洗，最后再用蒸馏水冲洗。

(2) 碱腐蚀致伤 先用大量水冲洗，然后用 2% HAc 溶液冲洗，最后用水冲洗干净并涂敷硼酸软膏。如果碱液溅入眼内，应立即用大量水冲洗，再用 3% H_3BO_3 溶液冲洗，最后用蒸馏水冲洗。

(3) 溴腐蚀致伤 用乙醇或 10% $Na_2S_2O_3$ 溶液洗涤伤口，再用水冲洗干净，最后涂敷甘油。

(4) 磷灼伤 先用 5% $CuSO_4$ 溶液或 $KMnO_4$ 溶液洗涤伤口，再用浸过 $CuSO_4$ 溶液的绷带包扎。

(5) 烧烫伤 发生烧烫伤后的最佳治疗方案是局部降温，凉水冲洗是最切实、最可行的方法。冲洗的时间越早越好，即使烧烫伤当时即已造成表皮脱落，也同样应以凉水冲洗，不要惧怕感染而不敢冲洗。冲洗时间可持续半小时左右，以脱离冷源后疼痛已显著减轻为准。

(6) 割伤 马上用消毒棉棒揩净伤口，涂上红药水，洒上消炎粉或敷上消炎膏并用绷带包扎。

(7) 使用有毒药品致伤 使用有毒药品(如苯、硝基苯、联苯胺、亚硝基化合物等)或有腐蚀性药品时，要带胶皮手套和防护眼镜。对挥发性有毒药品，使用时一定要在通风橱内操作。任何药品不能用口尝。毒物进入口中，可将手指伸入咽喉部，促使毒物呕吐排出，然后立即送医院。吸入少量刺激性或有毒气体感到不适时，应立即到室外呼吸新鲜空气。

(8) 触电 立即切断电源。必要时进行人工呼吸。

(9) 起火 根据起火原因立即采取灭火措施。首先切断电源，移走易燃药品。小面积的着火，可用湿布或砂子等覆盖燃烧物；火势较大时，使用不同的灭火器材。有机溶剂和电器设备着火，马上用四氯化碳灭火器、专用防火布、干粉等灭火，切不可用水或泡沫灭火器灭火。

1.3 实验数据处理

在定量分析中，人们不仅要求测出这些组分含量的数据，而且要求能判断分析结果的准确性。要了解这些数据的可信赖程度，就必须学会检查与分析产生误差的原因，并进一步研究消除误差的办法。

1.3.1 测定结果的准确度和精密度

1.3.1.1 准确度

准确度是指测得的结果与真实值之间的接近程度。分析结果的准确度常用误差来表示，误差越小，分析结果的准确度越高。误差一般有两种表示方式。

(1) 绝对误差 等于测得的结果与真实值之差。它的大小取决于所使用的器皿、仪器的精度及人的观察能力。但绝对误差不能反映误差在整个测量结果中所占的比例。

(2) 相对误差

$$相对误差=\frac{实测值-真实值}{真实值}\times 100\%$$

相对误差可以反映误差对整个测量结果的影响。在测量过程中有时虽然绝对误差相同,但由于称量体的质量不同,误差对整个测量结果的影响也不同。例如,用分析天平称重两个真实质量分别为 0.1345 g 和 1.3451 g 的样品。若称得分别为 0.1344 g 和 1.3450 g,则它们的绝对误差均为 −0.0001 g。

用相对误差表示,则分别为:

$$\frac{-0.0001}{0.1344}\times 100\%=-0.07\%$$

$$\frac{-0.0001}{1.3450}\times 100\%=-0.007\%$$

显然,后者的相对误差较小。在分析化学中,对于不同质量的被称物体,均有相应的允许相对误差,这样便于合理地比较各种情况下测定结果的准确度。

1.3.1.2 精密度

在实际分析工作中,我们往往对同一样品进行反复多次的平行试验,为了表示多次重复测定的分析结果的接近程度,可用精密度来表示。分析结果的精密度一般可用偏差来反映,它有以下几种表示方式:

(1) 绝对偏差 即个别测定的结果与 n 次重复测定结果的平均值之差:$d=X_i-\overline{X}$,其中 X_i 为任何一次测定结果的数据,$\overline{X}$ 为 n 次测定结果的平均值。

(2) 相对偏差 测定的绝对偏差值在 n 次测定平均值中所占的比例。

$$相对偏差=\frac{d}{\overline{X}}\times 100\%=\frac{X_i-\overline{X}}{\overline{X}}\times 100\%$$

(3) 平均偏差 平均偏差指单次测定值与平均值的偏差(取绝对值)之和除以测定次数。

$$平均偏差\overline{d}=\frac{|d_1|+|d_2|+\cdots+|d_n|}{n}=\frac{\sum|d_i|}{n}$$

$$相对平均偏差\overline{d}\%=\frac{\overline{d}}{\overline{X}}\times 100\%$$

1.3.2 定量分析中误差产生的原因

在进行定量分析的一系列操作过程中,即便使用最准确、可靠的方法、仪器、试剂和技术,操作相当熟练的分析工作者进行分析,都不可能获得绝对准确的结果,即测定过程中的“误差”是不可避免的。定量分析中的误差可分成两类,即系统误差和随机误差。

1.3.2.1 系统误差

系统误差又称可测误差,即可以通过测量得到的误差。它在多次重复测定中,常按一定的规律重复出现。系统误差的特点是:多次测量中误差的大小和正负是相同的。系统误差一般是由以下几方面原因造成的:

(1) 方法误差　由于分析方法不够完善而引入的误差。如重量分析中沉淀的溶解和沾污所引起的误差,滴定分析中指示剂选择不当引起的误差等,均属系统误差。

(2) 仪器误差　由于使用了未经校正的仪器而造成的误差。如使用的玻璃器皿、滴定管、移液管、容量瓶等,由于未经校正,使刻度数或容积与真实值不相等;又如使用的砝码其面值重量与真实值并不恰好相等。

(3) 试剂误差　由于使用的试剂或蒸馏水中含有干扰测定的杂质而引起的误差。

(4) 操作者主观误差　例如由操作者对指示剂终点颜色判断的差异和读取数据不准确等因素引入的误差。

(5) 环境误差　分析测定工作时,环境所带来的误差称环境误差。例如,室温、湿度不是所要求的标准条件,测定时仪器发生振动,仪器环境中的电磁场、电压、电源频率等变化,这些均会影响测定数据的准确度和精密度。发现环境条件对测定结果有环境误差时,应重新进行测定。

以上诸方面就是化学分析中系统误差的主要来源。当分析测定中存在系统误差时,它不影响多次重复测定的精密度,精密度数值可能十分好,但会影响到分析结果的准确度。由此可知,当评价分析结果时,不能光从精密度高而得出准确度高的结论,而必须在校正了系统误差后,再判断其准确度高低。

1.3.2.2　随机误差

随机误差又称未定误差,即产生误差的原因不确定,是可变的,反映在多次同样测定的结果中,其误差值的大小和正负无一定的规律性。然而,当测量次数很多时,可以用统计方法找出它的规律:

(1) 真实值出现机会最多;

(2) 绝对值相近而符号相反的正、负误差出现机会相等;

(3) 小误差出现的机会多,而大误差的出现机会较小。

上述规律符合正态分布。因此,在排除系统误差的情况下,用增加测定次数的办法,用平均值报告分析结果可消除随机误差。

1.3.3　消除或减免误差,提高分析结果准确度的方法

欲提高分析结果的准确度,就必须减少测定中的系统误差和随机误差。下面分别讨论消除或减免误差的方法。

1.3.3.1　系统误差的减免

(1) 进行对照分析,纠正方法误差。取"标准试样"或极纯的物质(已知被测组分的准确含量),采用与测定试样同样的方法和同样的条件,进行平行试验,找出校正值,作为"校正系数"来修正测定结果,从而达到消除由方法所引入的系统误差。

(2) 在实验前对所使用的仪器、器皿进行预先校正,并求出校正值,以减免仪器所带入的误差。

(3) 进行空白试验,纠正试剂可能带入的系统误差。所谓"空白试验"即在不加入试样的情况下,按所选用的测定方法,按同样的条件和同样的试剂进行分析,以检查试剂和器皿所引入的系统误差。

1.3.3.2　随机误差的减免

依照随机误差出现的统计规律,人们可通过增加测定次数,使随机误差尽可能减小。从数学角度考虑,测定次数和算术平均值的随机误差之间有一定的关系,一般当测定次数达 10 次

左右时，即使再增加测定次数，其精密度并没有显著的提高，因而在实际应用中，按经验只要仔细测定 3～4 次以上，即可使随机误差减小到很小。为了使分析中的随机误差尽可能减小，还必须注意以下几个方面：

(1) 必须按照分析操作规程，严格正确地进行操作；

(2) 实验过程要仔细、认真，避免一切偶然发生的事故；

(3) 重复审查和仔细地校核实验数据，尽可能减少记录和计算错误。

总之，误差产生的因素很复杂，必须根据具体情况，仔细地分析、找出原因，然后加以克服，以获得尽可能准确可靠的分析结果。

1.3.4 有效数字及运算规则

1.3.4.1 有效数字

(1) 有效数字　有效数字是指一个数据中包含的全部确定的数字和最后一位可疑数字。因此，有效数字的确定是根据测量中所用仪器的精度而确定的。例如，NaOH 标定实验中，使用的仪器有分析天平，精度为 0.1 mg，滴定管精度为 0.01 mL，称取邻苯二甲酸氢钾 0.5078 g，滴定剂消耗体积为 24.07 mL，这样计算出$c(\mathrm{NaOH})=0.1033\ \mathrm{moL\cdot L^{-1}}$，应有 4 位有效数字，即最后一位是可疑数字，前三位都是确定的数字。若上述称量使用精度低的天平，则实验结果就不可能达到 4 位有效数字。可见有效数字的书写表达取决于实验时使用仪器的精度，在计算与记录数据时，有效数字位数必须确定，不能任意扩大与缩小。

(2) 有效数字位数的确定

① 在有效数字中，最后一位是可疑数字。

② “0”在数字前面不作有效数字，“0”在数字的中间或末端，都看作有效数字，例如，0.1033 与 0.01033 有效数字同样是 4 位，而 0.10330 则表示有 5 位有效数字。

③ 采用指数表示时，“10”不包括在有效数字中，例如上述数值写成 1.033×10^{-1} 或 10.33×10^{-2}，都为 4 位有效数字。

④ 采用对数表示时，仅由小数部分的位数决定，首数(整数部分)只起定位作用，不是有效数字，例如 pH＝7.68，则 $c(\mathrm{H^+})=2.1\times10^{-8}\mathrm{mol\cdot L^{-1}}$，只有 2 位有效数字。

1.3.4.2 有效数字的运算规则

在分析测定过程中，往往要经过若干步测定环节，读取若干次的实验数据，然后经过一定的运算步骤才能获得最终的分析结果。在整个测定过程中，多次读得的数据的准确度不一定完全相同，因而按照一定的计算规则，合理地取舍各数据的有效数字的位数，既可节省时间，又可以保证得到合理的结果。有关有效数字的运算规则主要有以下几条：

(1) 在表达的数据中，应当只有一位可疑数字。

(2) 弃去多余的或不正确的数字，可采用“四舍六入五成双”原则。这个原则是当尾数≤4 时舍去，当尾数≥6 时进位；当尾数＝5 时，若 5 前面一位是奇数则进位，若前一位是偶数则舍去，这样可部分抵消由 5 的舍、入所引起的误差。例如，要将 0.315 和 0.585 处理成两位有效数字，则分别为 0.32 和 0.58。

(3) 加减法　在加减运算中，保留有效数字是以小数点后位数最少的为准，即以绝对误差最大的为准。例如：

$$0.0181+25.27-1.05763=?$$

计算错误　0.0181＋25.27－1.05763＝24.23047

计算正确　0.02＋25.27－1.06＝24.23

在上例 3 个数字中，25.27 中的“7”已是估测数字，因此有效数字的保留以此数为准，即保留有效数字的位数到小数点后第二位。

(4) 乘除法　在乘除运算中，计算结果有效数字位数与有效数字位数最少者相同。如果有效数字位数最少者的首位数字大于或等于 8 时，计算结果可多取一位有效数字。例如：

$$\frac{5.32\times 2.3}{28.00}=0.44 \qquad \frac{2.430\times 0.0601}{8.1}=1.80\times 10^{-2}$$

(5) 自然数　在分析化学中，有时会遇到一些倍数和分数，因为它们是非测量所得到的数，是自然数，其有效数字位数可视作无限。

1.3.5　实验数据的记录

一个准确的分析结果，不仅测量要准确，而且还要正确地记录和计算。学生应有专门的编有页码的实验记录本，要养成在任何情况下都不要撕页的习惯。不允许将数据记在单页纸上，或随意记在无法长期保存的地方。文字记录应整齐清洁，数据记录尽量采用表格形式。

对于实验过程中的各种测量数据及有关现象，应及时、准确而清楚地记录下来，切忌带有主观因素，不能随意拼凑和伪造数据。对实验中出现的异常现象，更应即时、如实记录。

在实验过程中，如果发现数据算错、测错或读错而需要改动，可在该数据上面画一横线，并在其上方写上正确的数字。

1.3.6　实验数据的整理和表达

取得实验资料后，需进行必要的整理、归纳，实验结果应以简明的方式表达出来，通常有列表法、图解法和方程式表示法三种，这三种方法各有优缺点，可根据不同情况进行选择。随着计算机技术的发展，方程式表示法的应用更加广泛，但列表法及图解法仍是必不可少的手段。现将三种表示法分别介绍如下。

1.3.6.1　列表法

所有测量至少包括两个变量，一个是自变量，另一个为因变量。列表法就是将一组实验资料中的自变量与因变量的各个数值按一定的形式和顺序一一对应地列出来。每一张表格都应标明序号和完整而又简明的表名。表格内要分项列出每一项目的名称和单位。在不加说明即可明了其意义的情况下，项目(物理量)名称应尽量用符号代表。当同一项目内各数据的单位相同时，应将单位统一在表头项目栏中每个项目后注明(项目用“物理量/单位”表示，表格内用纯数字表示)。表中所列数值的有效数字位数应取舍适当，小数点位置要上下对齐，数字空缺时应记一横线“—”。表中数据来源、所得条件或某些数据的说明可在表下用小字表示。

列表法简单易做，数据便于参考比较，在同一表格内可以同时表示几个变量之间的变化情况，数据表达直接，不引入处理误差。实验原始资料的记录一般采用列表法。

1.3.6.2　图解法

图解法是将实验资料按自变量和因变量的对应关系绘制成图形，最常用的是曲线图。该法能将变量间的变化趋向，如极大值、极小值、转折点、变化速率以及周期性等重要特征直观地显示出来，便于进行分析研究，适用于实验资料的整理。

在绘制图形时，通常选用直角坐标纸，有时也用对数坐标纸；在表达二组分体系相图时，则选用三角坐标纸。习惯上以横轴代表自变量，纵轴代表因变量。坐标分度应便于从图上读出任一点的坐标值，而其精度应与测量的精度一致。通常可不必以坐标原点作为分度的零点，应以略低于最小测量值的整数作标度起点，这样得到的图形紧凑，充分利用坐标纸，读数精度也得以提高；选择合适的比例尺对于准确表达实验数据及其变化规律也很重要。图号与图名应标示在图形下方，还应标明图形的纵、横坐标轴所代表的意义及其单位，必要时应在图名后括号内或在图名下方以小字注明实验条件。

对不连续自变量或自变量没有数轴意义（例如自变量为样本名称）的情况下，可用条状图表示。此时图形只表示每个样本的因变量大小。

图解法为进一步求得函数关系的数学表达式提供了依据。有时还可利用图形进行外推，以求得实验难以获得的重要资料。总之，图形不仅可用来表示实验测量结果，还可用于实验资料的处理。

随着计算机的普及，用计算机绘图有准确、自动、快速、规范等优点。用计算机绘图仍应遵循上述基本原则。图的大小可随实验者的表达目的而进行选择，但此时所作的图线及实验数据标示点不一定能准确表达实验的精确度。

1.3.6.3 方程式法

当一组数据用列表法或图解法表示后，常需要进一步用一个理论方程式或经验公式将数据表示出来，因为方程式不仅在形式上较前两种方法更为紧凑，能够更精确地表达因变量与自变量之间的数量关系，而且进行微分、积分、内插、外延等运算、取值时也方便得多。为此可直接用理论关系式对实验数据进行回归，得到式中的特性参数。也可先将实验数据作图，根据曲线形状，借助已有的知识和经验，选择某一函数关系式，用该式拟合实验数据以确定关系式中的各参数，最后再用作图或计算的方法对所得函数关系式进行验证，以确定最佳的数学方程。

直线方程 $y=ax+b$ 是最简单的方程，该方程中的斜率和截距可从图解法直接求得。某些其他方程式的参数也可用作图法求得。但在要求较高的场合下，图解法所得参数的精度往往不能满足要求，此时可用最小二乘法进行回归，求得较精确的数学方程。

1.4 实验报告的撰写要求

1.4.1 撰写实验报告的意义

实验报告是描述、记录某项实验的过程和讨论结果的报告，它是科技报告中应用最为广泛的一种报告形式。

实验报告中的主要实验步骤和方法一般都是由老师拟定的，目的是为了验证某一实验某一学科的定律或结论，训练学生的动手能力和表达能力。学生实验报告虽然没有重大的文献价值，但可以培养学生的科学研究能力，是实验教学中的一个重要环节。学生完成实验后，撰写实验报告是对实验结果作进一步分析、归纳和提高的过程，也是培养严谨的科学态度、实事求是的科学作风的重要措施。

实验报告形式多样，从内容上看也千差万别，但是从写作的角度来看，所有实验报告存在共同标准，即正确性、客观性、公正性、确证性、可读性。下面列举的实验报告的一般格式在一定程度上体现了这些共同的标准。

1.4.2 实验报告的一般格式要求

实验报告的内容应包括实验目的、原理、主要装置图、主要步骤、实验现象与原始数据、数据处理、结果分析及讨论等栏目。实验报告的书写应做到字迹端正、简明扼要、清洁整齐，不能草率应付或抄袭编造，要如实反映实验的情况。一般格式要求如下：

(1) 实验名称。

(2) 实验目的。

(3) 实验原理　简述实验原理，写出主要的计算公式或反应方程式。

(4) 实验仪器与材料。

(5) 实验步骤　要求将实验操作简单、明了、清晰地列出，不需照抄全部实验内容，尽量采用表格、框图、符号等形式简明、清晰地表示。

(6) 实验现象与原始记录　应及时、正确、客观地记录实验现象与原始数据，对于实验中的异常现象与数据更要记清楚，有利于事后分析。

(7) 数据处理　应在实验后将原始数据整理成表、图、方程式的形式，使其显示数据的变化规律及相互关系。对于合成类实验还应注明产物的产率，对于分离、提纯类实验还应注明回收率。

(8) 实验结果。

(9) 问题和讨论。

1.4.3 实验报告示例

【例 1.1】 基本操作实验

实验名称：________________

实验时间：________年________月________日

一、实验目的(略)

二、实验原理(略)

三、实验仪器与试剂(略)

四、实验步骤(略)

五、实验数据记录及处理(略)

六、问题和讨论(略)

【例 1.2】 性质实验

实验名称：<u>酸碱反应与缓冲溶液</u>

实验时间：________年________月________日

一、实验目的(略)

二、实验内容

实验内容、步骤	现　象	解释或结论、反应式
1. 同离子效应 取 0.20 $mol \cdot L^{-1}$ $NH_3 \cdot H_2O$，用 pH 试纸测试其 pH，加 1 滴酚酞，再加少许 $NH_4Ac(s)$	pH=________ 溶液呈________色 加 NH_4Ac 后颜色变为________色	$NH_3 \cdot H_2O \rightleftharpoons NH_4^+ + OH^-$ 加入 NH_4Ac，$c(NH_4^+)$ 增大，平衡向左移动，$c(OH^-)$ 减少

续 表

实验内容、步骤	现 象	解释或结论、反应式
2.		
3.		
（预习时写，用图示简单描述）	（实验时记录）	（实验后总结完成）

三、问题和讨论（略）

【例 1.3】 物质的提纯实验

实验名称：氯化钠的提纯

实验时间：______年______月______日

一、实验目的（略）

二、实验步骤

1. 提纯

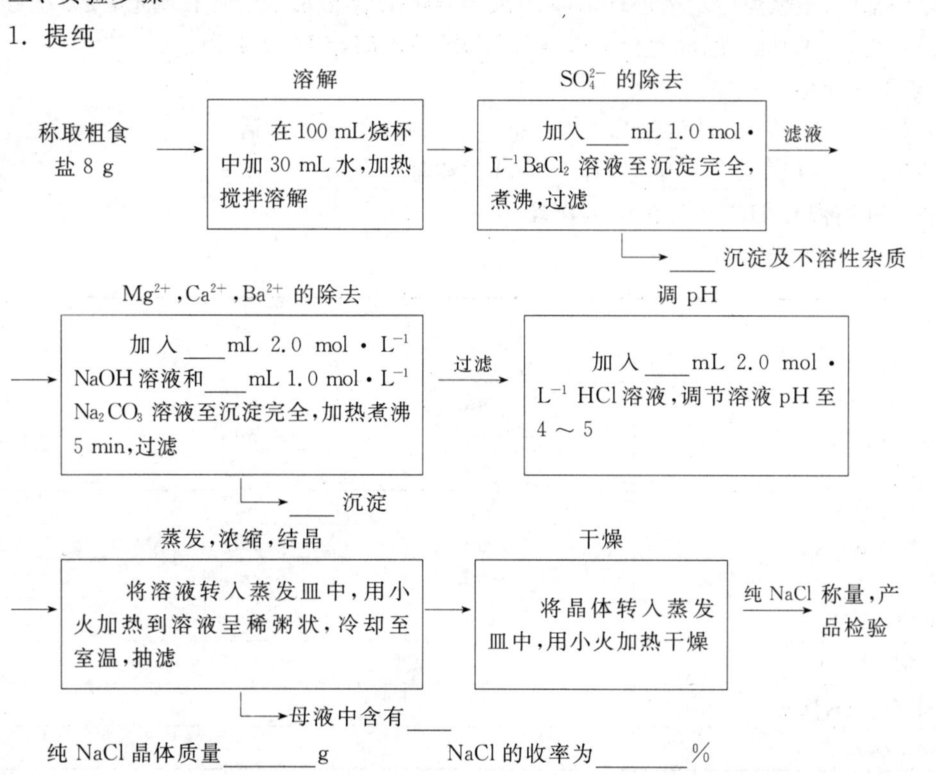

纯 NaCl 晶体质量______g　　NaCl 的收率为______%

2. 产品纯度检验

检验项目	检验方法	实验现象	
		粗食盐	纯 NaCl
SO_4^{2-}	加入 $BaCl_2$ 溶液		
Ca^{2+}	加入 $(NH_4)_2C_2O_4$ 溶液		
Mg^{2+}	加入 NaOH 溶液和镁试剂		

有关的离子反应方程式：____(略)____

三、问题与讨论(略)

【例 1.4】 分析实验

实验名称：酸碱标准溶液的配制和浓度的比较

实验时间：______年______月______日

一、实验目的

1. 练习滴定操作，初步掌握准确地确定终点的方法。
2. 练习酸碱标准溶液的配制和浓度的比较。
3. 熟悉甲基橙和酚酞指示剂的使用和终点的变化。初步掌握酸碱指示剂的选择方法。

二、方法摘要

1. 配制 1 L 0.2 $mol \cdot L^{-1}$ HCl 溶液。
2. 配制 1 L 0.2 $mol \cdot L^{-1}$ NaOH 溶液。
3. 以甲基橙、酚酞为指示剂进行 HCl 溶液与 NaOH 溶液的浓度比较滴定，反复练习。
4. 以甲基橙、甲基红、酚酞为指示剂，以 NaOH 溶液滴定 HAc 溶液。

三、记录和计算

1. 0.2 $mol \cdot L^{-1}$ NaOH 溶液和 0.2 $mol \cdot L^{-1}$ HCl 溶液的配制

浓 HCl 溶液体积＝______，固体 NaOH 的质量＝______

2. NaOH 溶液和 HCl 溶液浓度的比较

(1) 以甲基橙为指示剂

序号 记录项目	Ⅰ	Ⅱ	Ⅲ
NaOH 终读数 NaOH 始读数 V(NaOH)	____mL ____mL ____mL	____mL ____mL ____mL	____mL ____mL ____mL
HCl 终读数 HCl 始读数 V(HCl)	____mL ____mL ____mL	____mL ____mL ____mL	____mL ____mL ____mL
V(NaOH)/V(HCl)			
$\overline{V}$(NaOH)/$\overline{V}$(HCl)			
个别测定的绝对偏差			
相对平均偏差			

(2) 以酚酞为指示剂(格式同上)

3. 用 NaOH 溶液滴定 25 mL HAc 溶液

记录项目 \ 指示剂	甲基橙	甲基红	酚酞
NaOH 终读数 NaOH 始读数 V(NaOH)	______mL ______mL ______mL	______mL ______mL ______mL	______mL ______mL ______mL
$V_{橙}:V_{红}:V_{酚}$(以 $V_{酚}$ 为 1)			

四、讨论

【例 1.5】 制备实验

实验名称：<u>溴乙烷的制备</u>

实验时间：______年______月______日

一、实验目的

1. 学习从醇制备溴代烷的原理和方法。
2. 学习蒸馏装置和分液漏斗的使用方法。

二、实验原理

主反应：

$$NaBr + H_2SO_4 \longrightarrow NaHSO_4 + HBr$$

$$HBr + C_2H_2OH \longrightarrow C_2H_5Br + H_2O$$

副反应：

$$2C_2H_5OH \xrightarrow{H_2SO_4} C_2H_5OC_2H_5 + H_2O$$

$$C_2H_5OH \xrightarrow{H_2SO_4} C_2H_4 + H_2O$$

三、物理常数

名　称	相对分子质量	相对密度	熔点/℃	沸点/℃	溶解度/g·(100 g 溶剂)$^{-1}$
乙　醇	46	0.79	−117.3	78.4	水中∞
溴化钠	103				水中 79.5(0 ℃)
硫　酸	98	1.83	10.38	340(分解)	水中∞
溴乙烷	109	1.46	−118.6	38.4	水中 1.06(0 ℃),醇中∞
硫酸氢钠	120				水中 50(0 ℃),100(100 ℃)
乙　醚	74	0.71	−116	34.6	水中 7.5(20 ℃),醇中∞
乙　烯	28		−169	−103.7	

四、计算

名　称	实际用量	理论量	过　量	理论产量
95%乙醇	8 g　10 mL　0.165 mol	0.126 mol	31%	
NaBr	13 g　0.126 mol			
浓硫酸	18 mL　0.32 mol	0.126 mol	154%	
C_2H_5Br		0.126 mol		13.7 g

五、仪器装置图

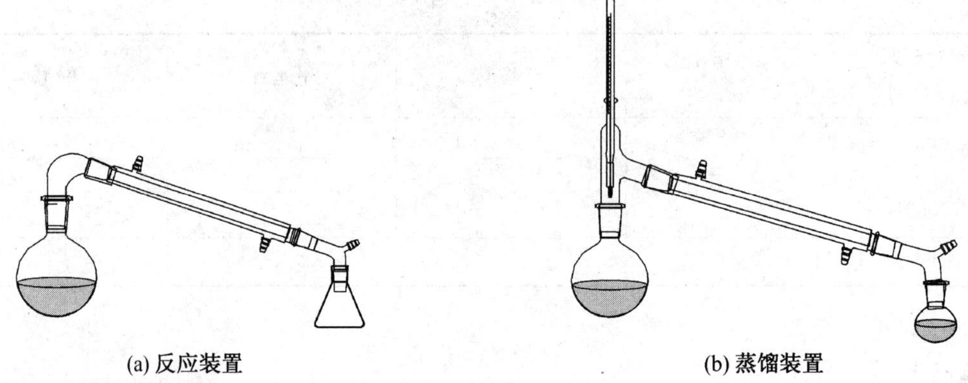

(a) 反应装置　　(b) 蒸馏装置

六、实验步骤流程

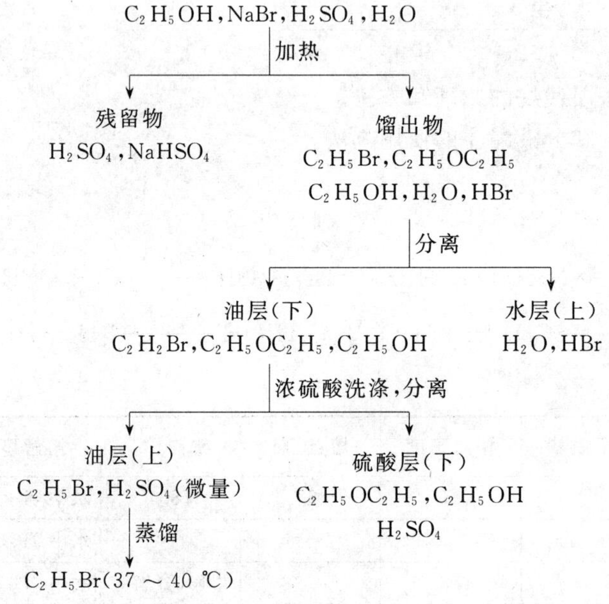

七、实验记录

时　间	步　　骤	现　　象	备　　注
8:30	安装反应装置(图 a)		接受器中盛 20 mL 水,用冷水冷却
8:45	在烧瓶中加入 13 g 溴化钠,然后加入 9 mL 水,振荡使其溶解	固体成碎粒状,未全溶	
8:55	再加入 10 mL 95%乙醇,混合均匀		
9:00	振荡下逐渐滴加 19 mL 浓硫酸,同时用水浴冷却	放热	
9:10	加入三粒沸石开始加热		
9:20		出现大量细泡沫	

续 表

时 间	步 骤	现 象	备 注
9:25		冷凝管中有馏出液，乳白色油状物沉在水底	
10:15		固体消失	
10:25	停止加热	馏出液中已无油滴。瓶中残留物冷却成无色晶体	用试管盛少量水试验，无色晶体是 $NaHSO_4$
10:30	用分液漏斗分出油层		油层 8 mL
10:35	油层用冰水冷却，滴加 5 mL 浓硫酸，振荡后静置	油层(上)变透明	
10:50	分去下层硫酸		
11:05	安装好蒸馏装置(b)		接受瓶 53.0 g
11:10	开始加热，蒸馏油层	38 ℃	接受瓶＋溴乙烷 63.0 g
11:18	开始有馏出液	39.5 ℃	溴乙烷 10.0 g
11:33	蒸 完		

八、产物 溴乙烷，无色透明液体，沸程 38～39.5 ℃，产量 10 g，产率 73%。

九、讨论 本次实验的产物产量和质量基本合格。加浓硫酸洗涤时发热，表明粗产物中乙醚、乙醇或水分过多。这可能是反应时加热太猛，使副反应增加，另外也可能由于从水中分出粗油层时，带了一点水过来。溴乙烷沸点很低，用硫酸洗涤时发热使一部分产物挥发损失。

【例 1.6】 测定实验

实验名称：____________________

实验时间：________年________月________日

一、实验目的

二、实验原理

三、实验仪器与试剂

四、实验步骤

五、数据记录(表格)

六、数据处理

七、问题和讨论

2 化学实验基础知识

2.1 化学试剂与化学药品

2.1.1 化学试剂的分类与规格

定量分析所用试剂的质量直接影响分析结果的准确度，因此分析者有必要对试剂的种类和规格有一定的了解，以便根据不同的实验要求正确地选取试剂。

化学试剂按用途可分为标准试剂、高纯试剂、专用试剂和一般试剂，其中一般试剂是实验室使用得最普遍的试剂。

2.1.1.1 标准试剂

标准试剂是衡量其他物质化学量的标准物质，其主体含量高，而且控制严格、准确可靠。

2.1.1.2 一般试剂

常用试剂有多种规格，不同用途需要使用不同规格的试剂，例如，定量分析应使用纯度较高的化学药品，不纯的试剂会使分析结果完全无效。而在医药方面使用的试剂在对人类或牲畜有毒成分方面可能要求更高，其他无毒成分要求则不高，这与高纯试剂要求是不同的。化学试剂的规格主要是以其中所含杂质多少来划分的，通常可分为四个等级。除此之外，还包括近年来大量使用的生化试剂。化学试剂的规格和适用范围见表 2－1 所示。

表 2－1 试剂规格和适用范围

等 级	名 称	英文名称	符号	标签颜色	适用范围
一 级	优级纯	Guaranteed Reagents	GR	绿色	纯度很高，适用于精密分析和科学研究工作
二 级	分析纯	Analytical Reagents	AR	红色	用于定性、定量分析和一般科学研究
三 级	化学纯	Chemical Pure	CP	蓝色	用于一般定性分析工作
四 级	实验试剂	Laboratorial Reagents	LR	棕色	用于实验辅助试剂
生化试剂	生化试剂	Biochemical Reagents	BR	咖啡色	用于生物化学实验

2.1.1.3 高纯试剂

高纯试剂的杂质含量比优级纯和标准试剂低，主体含量与优级纯相当。高纯试剂也属于通用试剂，主要用于微量或痕量组分分析中试样的分解及试液的制备。

2.1.1.4　专用试剂

专用试剂是指具有特殊用途的试剂。例如,仪器分析法专用试剂中有色谱分析标准试剂、紫外及红外光谱试剂、核磁共振分析用试剂等。专用试剂与高纯试剂一样,主体含量较高,杂质含量很低。两者不同的是,专用试剂在特殊的应用上(如发射光谱分析)只需控制杂质含量在不会产生明显干扰的限度下。

选用试剂时,应根据实验要求而定,既要注意节约,不可盲目追求高纯度,又要能满足实验结果的准确度要求。一般滴定分析中配制标准溶液及物理化学常数测定使用分析纯试剂;仪器分析通常使用专用试剂或优级纯试剂;而微量、超微量分析应选用高纯试剂。

2.1.2　化学试剂的储存

化学试剂在储存过程中会受温度、光照、空气和水分等外在因素的影响而失效,导致无法使用。在储存过程中应避免发生潮解、霉变、聚合、氧化、分解、挥发和升华等物理化学变化,因此要采用适当的储存条件。有些化学试剂有一定的保质期,使用时一定要注意。化学试剂中有一些属于易燃、易爆、有腐蚀性、有毒或有放射性毒害的化学品,对于这些化学试剂一定要按安全操作管理规程使用和存放。总之,在使用化学试剂之前一定要对所使用的化学试剂的性质、危害性及应急措施有所了解。

实验室在保存化学试剂时,一般应遵循如下原则:

(1) 见光或受热易分解的试剂应该放在阴凉处,避光保存。例如,硝酸、硝酸银等,一般应盛放在棕色试剂瓶中,储放在黑暗而且温度低的地方。

(2) 易燃有机物要远离火源。强氧化剂要与还原性物质分开存放。钾、钙、钠在空气中极易氧化,遇水发生剧烈反应,应放在盛有煤油的广口瓶中以隔绝空气。

(3) 存放试剂的柜、库房要经常通风。室温下易发生反应的试剂要低温保存。苯乙烯和丙烯酸甲酯等不饱和烃及衍生物在室温下易发生聚合,过氧化氢易发生分解,因此要在 10 ℃以下的环境中保存。

(4) 有腐蚀作用的试剂,如氢氟酸不能放在玻璃瓶中;强氧化剂、有机溶剂不可用带橡胶塞的试剂瓶存放;碱液、水玻璃不能用带玻璃塞的试剂瓶存放。特殊试剂,如钾、钠等要放在煤油中;白磷着火点低,在空气中会缓慢氧化而自燃,通常保存在冷水中。

2.1.3　化学试剂的取用

取用试剂和药品时,应遵守如下规则:

(1) 不能用手直接接触试剂。

(2) 试剂用量应按照实验中的规定确定。如没有具体指明用量,仅说明“少许”,则固体用豌豆大小,液体用 3～5 滴即可。

(3) 要用洁净的药匙取用固体试剂;试剂取出后应立即盖紧瓶塞。已装入容器中的试剂,不能倒回原瓶,可放在教师指定的容器中。

(4) 取用一定质量的固体试剂时,应把固体放在称量纸或表面皿上称量。具有腐蚀性或易潮解的固体必须放在称量瓶中称量。

(5) 往试管(特别是湿的试管)中加入粉末状固体试剂时,可用药匙或将取出的药品放在对折的纸条上，伸进平放的试管中约 2/3 处，然后直立试管，使试剂放入试管底部(图 2－1)。

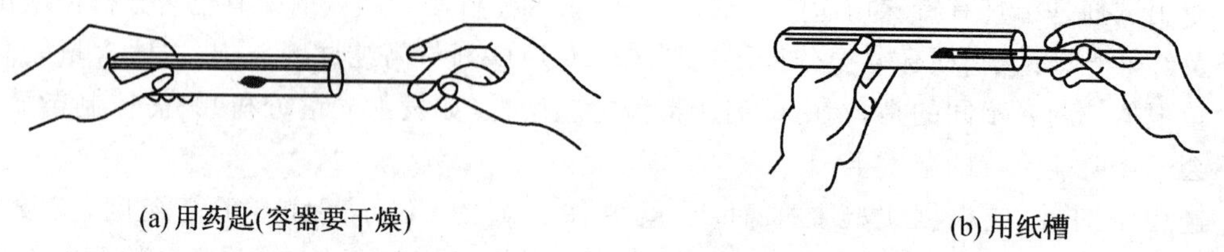

(a) 用药匙(容器要干燥)　　(b) 用纸槽

图 2－1　粉末固体取法

(6) 从试剂瓶中取用液体试剂时，用倾注法(图 2－2)。先将瓶塞仰放在桌面上，把试剂瓶上贴标签的一面握在手中。试剂瓶口紧贴试管口，逐渐倾斜瓶子，让试剂沿着洁净的试管壁流入试管(图 2－2a)；或借助洁净的玻璃棒，试剂瓶口紧贴玻璃棒，使试剂沿着玻璃棒注入烧杯中(图2－2b)。取出所需量试剂后，应将试剂瓶口在试管口上或玻璃棒上靠一下，再逐渐竖起试剂瓶，以免遗留在瓶口的液滴流到试剂瓶的外壁。严禁悬空倾倒液体和将瓶塞斜放(图 2－3)。

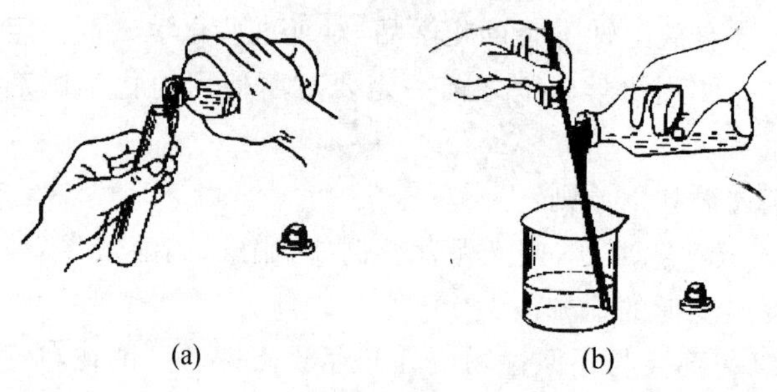

(a)　　(b)

图 2－2　倾注法

图 2－3　错误操作

(悬空倾倒、瓶塞斜放)

(7) 从滴瓶取用少量试剂时，应提起滴管，使滴管口离开液面，用手指紧捏滴管上部的乳胶头，以赶出滴管中的空气；然后把滴管伸入试剂瓶中，放松手指，吸入试剂；再提起滴管，放在试管口或烧杯的上方将试剂逐滴滴入。滴加试剂时，必须用左手竖直地拿持试管，右手持滴管乳胶头(图 2－4)。

使用滴管时，必须注意下列各点：

1) 滴加试剂时绝对禁止将滴管伸入试管中。

2) 滴瓶上的滴管只能专用，不能搞乱。使用后，应将滴管放回原来的滴瓶中，不得乱放，以免玷污滴管。

3) 滴管吸取试剂后，应保持乳胶头向上，不能平放或斜放，以防滴管中的试液流入腐蚀乳胶头，玷污试剂。

4) 滴加完毕后，应将滴管内剩下的试剂排空后再放入滴瓶中，滴管放置不用时不要充有试剂。

需定量取用液体试剂时，可用量筒或移液管。

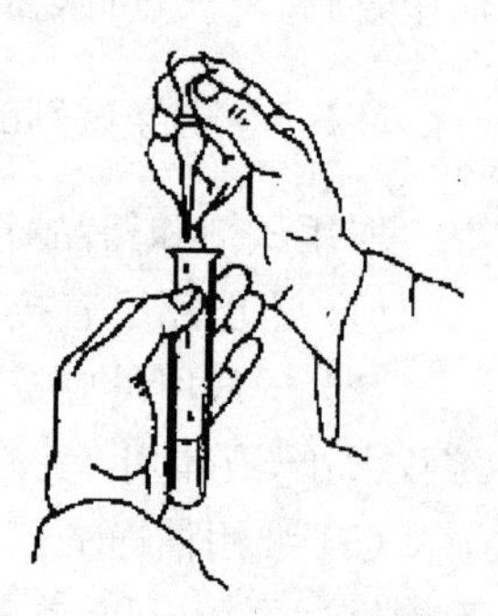

图 2－4　滴加试剂

2.2 试纸、指示剂和滤纸

2.2.1 试纸

在化学实验中常用试纸来定性检验一些溶液的酸碱性或某些物质(气体)是否存在,操作简单,使用方便。试纸的种类很多,化学实验中常用的有石蕊试纸、pH试纸、醋酸铅试纸和碘化钾-淀粉试纸等。

2.2.1.1 pH试纸

国产的pH试纸分为广泛pH试纸和精密pH试纸两种,见表2-2和表2-3所示。

表2-2 广泛pH试纸

pH值变色范围	显色反应间隔	pH值变色范围	显色反应间隔
1～10	1	1～14	1
1～12	1	9～14	1

表2-3 精密pH试纸

pH值变色范围	显色反应间隔	pH值变色范围	显色反应间隔	pH值变色范围	显色反应间隔
0.5～5.0	0.5	1.7～3.3	0.2	7.2～8.8	0.2
1～4	0.5	2.7～4.7	0.2	7.6～8.5	0.2
1～10	0.5	3.8～5.4	0.2	8.2～9.7	0.2
4～10	0.5	5.0～6.6	0.2	8.2～10.0	0.2
5.5～9.0	0.5	5.3～7.0	0.2	8.9～10.0	0.2
9～14	0.5	5.4～7.0	0.2	9.5～13.0	0.2
0.1～1.2	0.2	5.5～9.0	0.2	10.0～12.0	0.2
0.8～2.4	0.2	6.4～8.0	0.2	12.4～14.0	0.2
1.4～3.0	0.2	6.9～8.4	0.2		

2.2.1.2 指示剂试纸及试剂试纸

常用的指示剂试纸及试剂试纸的制备方法和用途见表2-4所示。

表2-4 常用的指示剂试纸及试剂试纸

试纸名称	制备方法	用途
酚酞试纸(白色)	溶解酚酞1 g于100 mL 95%乙醇中,摇荡,同时加水100 mL,将滤纸放入浸湿后,取出置于无氨气处晾干	在碱性介质中呈红色,pH值变色范围8.2～10.0,无色变红色
刚果红试纸(红色)	溶解刚果红染料0.5 g于1 L水中,加入乙酸5滴,滤纸用热溶液浸湿后晾干	pH值变色范围3.0～5.2,蓝色变红色

续 表

试纸名称	制备方法	用途
金莲橙 CO 试纸	将金莲橙 CO 5 g 溶解于 100 mL 水中，浸泡滤纸后晾干，开始为深黄色，晾干后变成鲜明的黄色	pH 值变色范围 1.3～3.2，红色变黄色
姜黄试纸（黄色）	取姜黄 0.5 g，在暗处用 4 mL 乙醇浸润，不断摇荡（不能全溶），将溶液倾出，然后用 12 mL 乙醇与 1 mL 水混合液稀释，将滤纸浸入制成试纸，保存于黑暗处密闭器皿中（此滤纸较易失效，最好用新制的）	与碱作用变成棕色，与硼酸作用干燥后呈红棕色，pH 值变色范围 7.4～9.2，黄色变棕红色
乙酸铅试纸（白色）	将滤纸浸入 10%乙酸铅溶液中，取出后在无硫化氢处晾干	用以检验痕量的硫化氢，作用时变成黑色
硝酸银试纸	将滤纸浸入 25%硝酸银溶液中，保持在棕色瓶中	检验硫化氢，作用时显黑色斑点
氯化汞试纸	将滤纸浸入 3%氯化汞乙醇溶液中，取出后晾干	比色法测砷用
溴化汞试纸	取溴化汞 1.25 g 溶于 25 mL 乙醇中，将滤纸浸入 1 h 后取出，于暗处晾干，保存于密闭的棕色瓶中	比色法测砷用
氯化钯试纸	将滤纸浸入 0.2%氯化钯溶液中，干燥后再浸入 5%乙酸中，晾干	与二氧化碳作用呈黑色
溴化钾-荧光黄试纸	将荧光黄 0.2 g，溴化钾 30 g，氢氧化钾 2 g 及碳酸钠 2 g溶于 100 mL 水中，将滤纸浸入溶液后，晾干	与卤素作用呈红色
乙酸联苯胺试纸	乙酸铜 2.86 g 溶于 1 L 水中，与 475 mL 饱和乙酸联苯胺溶液及 252 mL 水混合，将滤纸浸入后，晾干	与氰化氢作用呈蓝色
碘化钾-淀粉试纸（白色）	于 100 mL 新配的 0.5%淀粉溶液中，加入碘化钾 0.2 g，将滤纸放入该溶液中浸透后取出，于暗处晾干，保存在密闭的棕色瓶中	检验氧化剂如卤素等，作用时变蓝色
碘酸钾-淀粉试纸	将碘酸钾 1.07 g 溶于 100 mL 0.05 mol/L H_2SO_4 溶液中，加入新配制的 0.5%淀粉溶液 100 mL，将滤纸浸入后晾干	检验一氧化氮、二氧化硫等还原性气体，作用时呈蓝色
玫瑰红酸钠试纸	将滤纸浸于 0.2%玫瑰红酸钠溶液中，取出晾干，应用前新制	检验锶，作用时生成红色斑点
铁氰化钾及亚铁氰化钾试纸	将滤纸浸于饱和铁氰化钾（或亚铁氰化钾）溶液中，取出后晾干	与亚铁离子（或铁离子）作用呈蓝色
石蕊试纸	用热乙醇处理市售石蕊以除去夹杂的红色色素，残渣 1 份与 6 份水浸煮并不断摇荡，滤去不溶物，将滤液分成两份，一份加稀磷酸或稀硫酸至变红，另一份加稀氢氧化钠至变蓝，然后以这两种溶液分别浸湿滤纸后，在没有酸碱性气体的房间内晾干	在碱性溶液中变蓝，在酸性溶液中变红

在使用试纸检验溶液的性质时，一般先把一小块试纸放在表面皿或玻璃片上，用沾有待测溶液的玻璃棒点试纸的中部，观察颜色的变化，判断溶液的性质。

在使用试纸检验气体的性质时，一般先用蒸馏水把试纸润湿，粘在玻璃棒的一端，用玻璃棒把试纸放到盛有待测气体的试管口（注意不要接触），观察试纸的颜色变化情况来判断气体的性质。

使用 pH 试纸不能用蒸馏水润湿。

2.2.2 指示剂

指示剂是在滴定分析中用来指示滴定终点的试剂。在滴定过程中，当达到滴定终点附近时，指示剂的颜色会发生改变，从而指示滴定终点。指示剂分为酸碱指示剂、氧化还原指示剂、金属离子指示剂、吸附指示剂、专属指示剂。常见的指示剂有酸碱指示剂、氧化还原指示剂、金属离子指示剂。

2.2.2.1 酸碱指示剂

酸碱指示剂多为有机弱酸或有机弱碱，它们的共轭酸或共轭碱具有不同的颜色，常用于指示酸碱滴定的终点。在化学计量点附近，溶液的 pH 发生突变，指示剂的酸式或碱式发生转化，从而引起颜色的变化，指示终点。表 2-5 列出了常用的酸碱指示剂，表 2-6 为常见的混合酸碱指示剂。

表 2-5 常见酸碱指示剂

指示剂	变色范围	配制方法
中性红指示剂	pH 6.8～8.0(红→黄)	取中性红 0.5 g，加水使溶液成 100 mL，过滤
石蕊指示剂	pH 4.5～8.0(红→蓝)	取石蕊粉末 10 g，加乙醇 40 mL，回流煮沸 1 h，静置，倾去上层清液，再用同一方法处理 2 次，每次用乙醇 30 mL，残渣用水 10 mL 洗涤，倾去洗液，再加水 50 mL，煮沸，冷却，过滤
甲基红指示剂	pH 4.2～6.3(红→黄)	取甲基红 0.1 g，加 0.05 mol·L^{-1} 氢氧化钠溶液7.4 mL 使之溶解，再加水稀释至 200 mL
甲基橙指示剂	pH 3.2～4.4(红→黄)	取甲基橙 0.1 g，加水 100 mL 使之溶解
刚果红指示剂	pH 3.0～5.0(蓝→红)	取刚果红 0.5 g，加 10%乙醇 100 mL 使之溶解
酚酞指示剂	pH 8.3～10.0(无色→红)	取酚酞 1 g，加乙醇 100 mL 使之溶解
溴酚蓝指示剂	pH 2.8～4.6(黄→蓝绿)	取溴酚蓝 0.1 g，加 0.05 mol·L^{-1} 氢氧化钠溶液3.0 mL 使之溶解，再加水稀释至 200 mL
溴甲酚紫指示剂	pH 5.2～6.8(黄→紫)	取溴甲酚紫 0.1 g，加 0.02 mol·L^{-1} 氢氧化钠溶液 20 mL使之溶解，再加水稀释至 100 mL
溴甲酚绿指示剂	pH 3.6～5.2(黄→蓝)	取溴甲酚绿 0.1 g，加 0.05 mol·L^{-1} 氢氧化钠溶液 2.8 mL使之溶解，再加水稀释至 200 mL
麝香草酚蓝指示剂	pH 1.2～2.8(红→黄)； pH 8.0～9.6(黄→紫蓝)	取麝香草酚蓝 0.1 g，加 0.05 mol·L^{-1} 氢氧化钠溶液 4.3 mL使之溶解，再加水稀释至 200 mL
麝香草酚酞指示剂	pH 9.3～10.5(无色→蓝)	取麝香草酚酞 0.1 g，加乙醇 100 mL 使之溶解

表 2-6　常见混合酸碱指示剂

指示剂溶液的组成	变色点 pH	颜色变化	
		酸　色	碱　色
一份 0.1%甲基黄乙醇溶液 一份 0.1%次甲基蓝乙醇溶液	3.25	pH 3.2 蓝紫	pH 3.4 绿
一份 0.1%甲基橙水溶液 一份 0.25%靛蓝二磺酸水溶液	4.1	紫	黄　绿
三份 0.1%溴甲酚绿乙醇溶液 一份 0.2%次甲基红乙醇溶液	5.1	酒　红	绿
一份 0.1%溴甲酚绿钠盐水溶液 一份 0.1%氯酚红钠盐水溶液	6.1	pH 5.4 蓝绿	pH 6.2 蓝紫
一份 0.1%中性红乙醇溶液 一份 0.1%次甲基蓝乙醇溶液	7.0	pH 7.0 蓝紫	绿
一份 0.1%甲基红钠盐水溶液 三份 0.1%百里酚蓝钠盐水溶液	8.3	pH 8.2 玫瑰	pH 8.2 紫

2.2.2.2　氧化还原指示剂

氧化还原指示剂(表 2-7)的氧化型与还原型具有不同的颜色，当溶液氧化或还原时就会发生颜色改变，可用于指示氧化还原滴定的终点。如在酸性溶液中用重铬酸钾氧化亚铁离子时，常用二苯胺磺酸钠作指示剂。计量点附近稍微过量的重铬酸钾使二苯胺磺酸钠由无色的还原型氧化为紫色的氧化型，从而指示终点。

表 2-7　常见氧化还原指示剂

指示剂	$E^{\ominus}_{In}$($c(H^+)$= 1 mol·L^{-1})/V	颜色变化		配制方法
		氧化型	还原型	
次甲基蓝	0.36	天蓝	无色	配成 0.05%水溶液
邻二氮菲亚铁	1.06	浅蓝	红	1.624 g 邻二氮菲和 0.695 g $FeSO_4 \cdot 7H_2O$ 配成 100 mL 水溶液，可储存
5-硝基邻二氮菲亚铁	1.25	浅蓝	紫红	1.068 g 5-硝基邻二氮菲和 0.695 g $FeSO_4 \cdot 7H_2O$ 配成 100 mL 水溶液
二苯胺	0.76	紫	无色	1 g 二苯胺配成 1%浓硫酸溶液
二苯胺磺酸钠	0.84	红紫	无色	0.5 g 二苯胺磺酸钠，溶于 100 mL 水中，必要时可过滤备用。用时现配。
邻苯胺基苯甲酸	0.80	红	无色	0.2 g 邻苯胺基苯甲酸加热溶于100 mL 3% Na_2CO_3 溶液中，过滤。能保持几个月。

2.2.2.3　金属离子指示剂

金属离子指示剂(表 2-8)简称金属指示剂，它能与金属离子形成与其本身颜色不同的配合物，且配合物的稳定性小于金属离子与 EDTA 生成的配合物的稳定性，可用于指示以 EDTA 为滴定剂的配位滴定的终点。计量点以前，由于溶液中存在过量的金属离子，它们可与金属指示剂形成配合物，溶液显示配合物的颜色。一旦到达计量点，金属离子将全部与 EDTA 形成配合物，原来与金属离子配位的指示剂将释放出来，从而引起溶液颜色的改变，指示终点。

表 2-8 常见金属离子指示剂

名 称	元素	颜色变化	测定条件	配 制
酸性铬蓝 K	Ca Mg	红—蓝 红—蓝	pH=12 pH=10(氨缓冲液)	酸性铬蓝 K 配成 0.1% 乙醇溶液
K-B 指示剂	Ca Mg	绿红—绿蓝 绿红—绿蓝	pH=12 pH=10(氨缓冲液)	将 0.4 g 萘酚绿、0.2 g 酸性铬蓝 K 溶于水，稀释至 100 mL
钙指示剂	Ca	酒红—蓝	pH>12(KOH 或 NaOH)	钙指示剂与 NaCl(1∶100)研磨均匀，即得固体混合物，它的水溶液和乙醇溶液都不稳定，用时配制
铬天青 S	Al Cu Fe(Ⅲ) Mg	紫—黄橙 蓝紫—黄 蓝—橙 红—黄	pH=4(乙酸缓冲溶液) pH=6～6.5(乙酸缓冲溶液) pH=2～3 pH=10～11	铬天青 S 配成 0.4%水溶液
紫脲酸铵	Ca Co Cu Ni	红—紫 黄—紫 黄—紫 黄—紫红	pH>10(NaOH) pH=8～10(氨缓冲液) pH=7～8(氨缓冲液) pH=8.5～11.5(氨缓冲液)	紫脲酸铵与 NaCl(1∶100)研磨均匀，即得固体混合物
双硫腙	Zn	红—绿紫	pH=4.5(50%乙醇溶液)	双硫腙配成 0.03%乙醇溶液
PAN	Cd Cd Cu Zn	红—黄 紫—黄 红—黄 粉红—黄	pH=6(乙酸缓冲溶液) pH=10(氨缓冲液) pH=6(乙酸缓冲溶液) pH=5～7(乙酸缓冲溶液)	0.1%乙醇(或甲醇)溶液
磺基水杨酸	Fe(Ⅲ)	红紫—黄	pH=1.5～2	磺基水杨酸配成 1%～2%水溶液
试钛灵	Fe(Ⅲ)	蓝—黄	pH=2～3(乙酸热溶液)	试钛灵配成 2%水溶液
PAR	Bi Cu Pb Cd Co Cu	红—黄 红—黄(绿) 红—黄 蓝—红紫 蓝—红紫 蓝—黄绿	pH=1～2(HNO_3) pH=5～11(六次甲基四胺或氨缓冲液) pH=5～11(六次甲基四胺或氨缓冲液) pH=10(氨缓冲液) pH=8～9(氨缓冲液) pH=6～7(吡啶溶液)	0.05%水溶液

续　表

名　称	元素	颜色变化	测定条件	配　　制
邻苯二酚紫	Fe(Ⅲ)	黄绿—蓝	pH=6～7(吡啶存在下，以 Zn^{2+} 回滴)	邻苯二酚紫配成 0.1%水溶液
	Mg	蓝—红紫	pH=10(氨缓冲液)	
	Mn	蓝—红紫	pH=9(氨缓冲液，加羟胺)	
	Pb	蓝—黄	pH=5.5(六次甲基四胺)	
	Zn	蓝—红紫	pH=10(氨缓冲液)	
二甲酚橙	Bi	红—黄	pH=1～2(HNO_3)	二甲酚橙配成 0.5%乙醇溶液(或水溶液)
	Cd	粉红—黄	pH=5～6(六次甲基四胺)	
	Pb	红紫—黄	pH=5～6(乙酸缓冲溶液)	
	Zn	红—黄	pH=5～6(乙酸缓冲溶液)	
铬黑 T(EBT)	Al	蓝—红	pH=7～8(吡啶存在下，以 Zn^{2+} 回滴)	取铬黑 T 0.1 g，加 10 g 氯化钠，研磨均匀，即得固体混合物，保存在干燥器中可长期使用
	Bi	蓝—红	pH=9～10(用 Zn^{2+} 回滴)	
	Ca	红—蓝	pH=10(加入 EDTA-Mg)	
	Cd	红—蓝	pH=10(氨缓冲液)	
	Mg	红—蓝	pH=10(氨缓冲液)	
	Mn	红—蓝	氨缓冲液，加羟胺	
	Zn	红—蓝	pH=6.8～10(氨缓冲液)	

2.2.3　滤纸

滤纸分为定性滤纸和定量滤纸两种，一般以优质纤维素(高级棉)为原料，具有纯洁度高、组织均匀、过滤速度恒定以及强度高、组织均匀的优点。在科研、教育、医药卫生和环保等部门，化学分析滤纸广泛应用于定性、定量分析和定性、定量层析分析及测试。

化学分析滤纸的选择依据是被过滤物及操作所需的颗粒保留度、流速和负载力、湿强度、化学抗性等因素。定量分析还考虑定量滤纸的纯度和灰分水平。

定量滤纸经过盐酸和氢氟酸处理，灰分很少，小于 0.1 mg，适用于定量分析。定性滤纸灰分较多，供一般的定性分析和分离使用，不能用于定量分析。此外，还有用于色谱分析的层析滤纸。表 2-9 中列出了国产滤纸的型号与性质。

表 2-9　国产滤纸的型号与性质

分类与标志		型号	灰分/(mg/张)	孔径/μm	过滤物晶形	适应过滤的沉淀	相对应的砂芯玻璃坩埚号
定量	快速 黑色或白色纸带	201	<0.10	80～120	胶状沉淀物	$Fe(OH)_3$ $Al(OH)_3$ H_2SiO_3	G-1 G-2 可抽滤稀胶体
定量	中速 蓝色纸带	202	<0.10	30～50	一般结晶形沉淀	SiO_2 $MgNH_4PO_4$ $ZnCO_3$	G-3 可抽滤粗晶形沉淀
定量	慢速 红色或橙色	203	<0.10	1～3	较细结晶形沉淀	$BaSO_4$ CaC_2O_4 $PbSO_4$	G-4 G-5 可抽滤细结晶形沉淀

续　表

分类与标志		型号	灰分 mg/张	孔径 μm	过滤物晶形	适应过滤的沉淀	相对应的砂芯玻璃坩埚号
定性	快速 黑色或白色纸带	101	0.2% 或 0.15%以下	>80		无机物沉淀的过滤分离及有机物重结晶的过滤	
	中速 蓝色纸带	102	0.2% 或 0.15%以下	>50			
	慢速 红色或橙色	103	0.2% 或 0.15%以下	>3			

2.3　常用玻璃器皿及辅助仪器

2.3.1　常用玻璃仪器的种类及使用方法

2.3.1.1　玻璃仪器的分类

目前国内一般将化学分析实验室中常用的玻璃仪器按它们的用途和结构特征，分为以下8类：

(1) 烧器类　是指那些能直接或间接进行加热的玻璃仪器，如烧杯、烧瓶、试管、锥形瓶、碘量瓶、蒸发器、曲颈甑等。

(2) 量器类　是指用于准确测量或粗略量取液体体积的玻璃仪器，如量杯、量筒、容量瓶、滴定管、移液管等。

(3) 瓶类　是指用于存放固体或液体化学药品、化学试剂、水样等的容器，如试剂瓶、广口瓶、细口瓶、称量瓶、滴瓶、洗瓶等。

(4) 管、棒类　管、棒类玻璃仪器种类繁多，按其用途分有冷凝管、分馏管、离心管、比色管、虹吸管、连接管、调药棒、搅拌棒等。

(5) 有关气体操作使用的仪器　是指用于气体的发生、收集、储存、处理、分析和测量等的玻璃仪器，如气体发生器、洗气瓶、气体干燥瓶、气体的收集和储存装置、气体处理装置和气体的分析、测量装置等。

(6) 加液器和过滤器类　主要包括各种漏斗及其配套使用的过滤器具，如漏斗、分液漏斗、布氏漏斗、砂芯漏斗、抽滤瓶等。

(7)标准磨口玻璃仪器类　是指那些具有磨口和磨塞的单元组合式玻璃仪器。上述各种玻璃仪器根据不同的应用场合，可以具有标准磨口，也可以具有非标准磨口。

(8) 其他类　是指除上述各种玻璃仪器之外的一些玻璃制器皿，如酒精灯、干燥器、结晶皿、表面皿、研钵、玻璃阀等。

2.3.1.2 常用玻璃仪器名称、规格、主要用途、使用注意事项(表 2-10)

表 2-10 常用玻璃仪器一览表

名 称	规 格	主要用途	使用注意
烧 杯	容量/mL：1、5、10、15、25、100、250、400、600、1000、2000	配制溶液	加热时杯内待加热溶液体积不要超过总容积的 2/3；应放在石棉网上使其受热均匀；一般不可烧干
三角烧杯(锥形瓶)(具塞与无塞)	容量/mL：5、10、50、100、200、250、500、1000	加热处理试样和容量分析	除与上面相同的要求外，磨口三角瓶加热时要打开塞；非标准磨口要保持原配塞
碘(量)瓶	容量/mL：50、100、250、500、1000	碘量法或其他生成挥发性物质的定量分析	为防止内容物挥发，瓶口用水封；可垫石棉网加热
圆(平)底烧瓶(长颈、短颈、细口、广口、双口、三口)	容量/mL：50、100、250、500、1000	加热或蒸馏液体	一般避免直接火焰加热，应隔石棉网或套加热
圆底蒸馏瓶(支管有上、中、下三种)	容量/mL：30、60、125、250、500、1000	蒸馏	避免直接火焰加热
凯氏烧瓶(曲颈瓶)	容量/mL：50、100、300、600	消化有机物	避免直接火焰加热；可用于减压蒸馏
洗瓶(球形、锥形、平底带塞)	容量/mL：250、500、1000	装蒸馏水，洗涤仪器	可用圆(平)底烧瓶自制
量筒、量杯(具塞、无塞，量出式)	容量/mL：5、10、25、50、100、250、600、1000、2000	粗略地量取一定体积的液体	不应加热；不能在其中配溶液；不能在烘箱中烘；不能盛热溶液；操作时要沿壁加入或倒出溶液
容量瓶(无色、棕色，量入式，分等级)	容量/mL：10、25、100、150、200、250、500、1000	配制准确体积的标准溶液或被测溶液	要保持磨口原配；漏液的不能用；不能烘烤与直接加热，可用水浴加热
滴定管(酸式、碱式，分等级，量出式，无色，棕色)	容量/mL：10、50、100	容量分析滴定操作	活塞要原配；漏水的不能用；不能加热；不能存放碱液；酸式、碱式管不能混用
微量滴定管(分等级，酸式、碱式，量出式)	容量/mL：1、2、3、4、5、10	半微量或微量分析滴定操作	只有活塞式；其余注意事项同滴定管
自动滴定管(量出式)	容量/mL：5、10、25、50、100	自动滴定用	成套保管与使用
移液管(完全或不完全流出式)	容量/mL：1、2、5、10、20、25、50、100	准确地移取溶液	不能加热；要洗净
直管吸量管(完全或不完全流出式，分等级)	容量/mL：0.1、0.2、0.5、1、2、5、10、20、25、50、100	准确地移取溶液	不能加热；要洗净

续 表

名　　称	规　　格	主要用途	使用注意
称量瓶（分高、低型）	容量/mL：10、15、20、30、50	高型用于称量样品；低型用于烘样品	磨口要原配；烘烤时不可盖紧磨口；称量时不可直接用手拿取，应带指套或垫洁净纸条拿取
针筒（注射器）	容量/mL：1、5、10、50、100	吸取溶液	
试剂瓶、细口瓶、广口瓶、下口瓶、种子瓶（棕色、无色）	容量/mL：30、60、125、250、500、1000、2000	细口瓶用于存放液体试剂；广口瓶用于装固体试剂；棕色瓶用于存放怕光试剂	不能加热；不能在瓶内配置溶液；磨口要原配；放碱液的瓶子应用橡皮塞，以免日久打不开
滴瓶（棕色、无色）	容量/mL：30、60、125	装指示剂	不要将溶液吸入橡皮头内
漏斗（锥体角均为60°）	长颈/mm：口径30、60、75，管长150 短颈/mm：口径50、60，管长90、120	长颈漏斗用于定量分析过滤沉淀；短颈用于一般过滤	不可直接加热；根据沉淀量选择漏斗大小
分液漏斗（球形—长颈、锥形—短颈）	容量/mL：50、100、250、1000刻度与无刻度	分开两相液体；用于萃取分离和富集	磨口必须原配；漏水的漏斗不能用；活塞要涂凡士林；长期不用时磨口处垫一张纸
试管（普通与离心试管）	容量/mL：5、10、15、20、50刻度、无刻度	定性检验；离心分离	硬质玻璃的试管可直接在火上加热；离心试管只能在水浴上加热
比色管（刻度与无刻度，具塞与不具塞）	容量/mL：10、25、50、100	比色分析用	不可直接加热；非标准磨口必须原配；注意保持管壁透明，不可用去污粉刷洗
吸收管（气泡式、多孔滤板式、冲击式）	容量/mL：1～2、5～10	吸收气体样品中的被测物质	通过气体流量要适当；可两只管串联使用；磨口不能漏气；不可直接加热
冷凝管与分馏柱（直形、蛇形、球形，水冷却与空气冷却）	全长/mm：320、370、490	冷凝蒸馏出的蒸气，蛇形管用于低沸点液体蒸气	不可骤冷骤热；从下口进水，上口出水
抽气管（水流泵、水抽子）	分伽式、爱式、改良式三种	抽滤与造负压	
抽滤瓶	直径/mm：250、500、1000、2000	抽滤时接收滤液	属于厚壁容器，能耐负压；不可加热
表面皿	直径/mm：45、60、75、90、100、120	盖玻璃杯及漏斗等	不可直接加热；直径要大于所盖容器
研　钵	直径/mm：70、90、105	研磨固体试样及试剂	不能撞击；不能烘烤

续　表

名　　称	规　　格	主要用途	使用注意
干燥器（无色、棕色，常压与抽真空）	直径/mm：150、180、210、300	保持烘干及灼烧过的物质的干燥；干燥制备的物质	底部要放干燥剂；盖磨口要涂适量凡士林；不可将赤热物体放入；放入物体后要间隔一定时间开盖以免盖子跳起
水蒸馏器（分一级、二级蒸馏水）	烧瓶容量/mL：500、1000、2000	制备蒸馏水	加沸石或素瓷，以防暴沸；要隔石棉网均匀加热
培养皿	直径/mm：60、75、95、100		
密度瓶	容量/mL：5、10、25、50、100		
砂芯玻璃漏斗 G1 G2 G3 G4 G5 G6	孔径/mL： 20～30 10～15 4.5～9 3～4 1.5～2.5 1.5 以下	 滤除大沉淀及胶状沉淀物 滤除大沉淀及气体洗涤 滤除细沉淀及水银过滤 滤除细沉淀物 滤除大肠杆菌及酵母 滤除 1.4～0.6μm 的病菌	须抽滤；不能骤冷骤热；不能抽滤氢氟酸、碱等；用毕立即洗净
圆标本缸	直径/mm：200、200、200、225、250 高度/mm：200、280、300、225、250		
方标本缸（具磨砂玻盖）	长度/mm：55、80、90、100、102、103、130、150、150 宽度/mm：35、50、165、200、50、40、210、50、250 高度/mm：85、160、270、220、170、150、320、110、260		
气体洗瓶	容量/mL：125、250、500、1000		

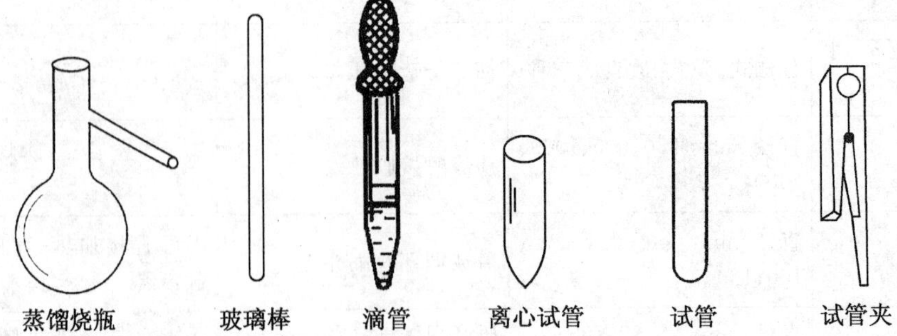

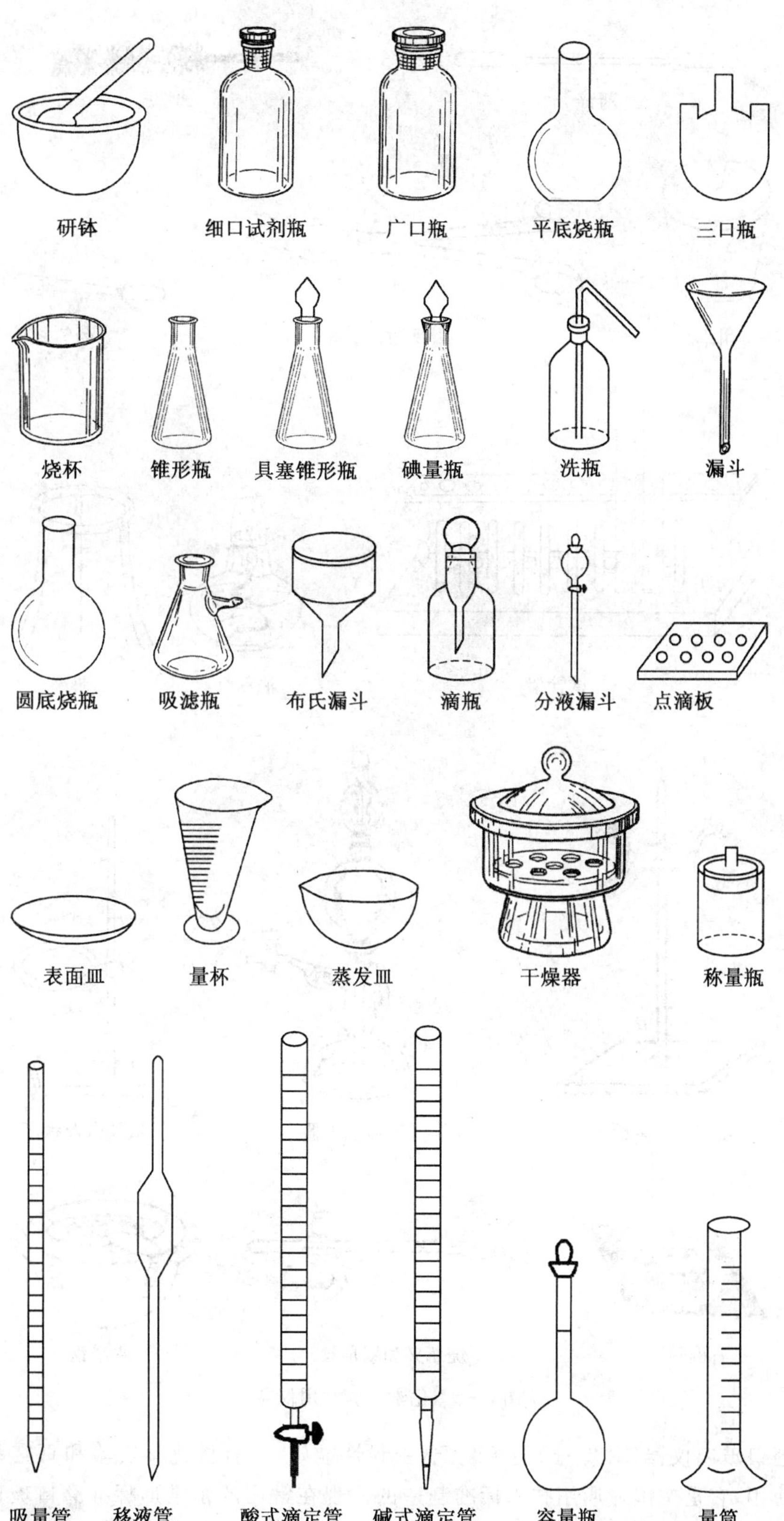
研钵
细口试剂瓶
广口瓶
平底烧瓶
三口瓶
烧杯
锥形瓶
具塞锥形瓶
碘量瓶
洗瓶
漏斗
圆底烧瓶
吸滤瓶
布氏漏斗
滴瓶
分液漏斗
点滴板
表面皿
量杯
蒸发皿
干燥器
称量瓶
吸量管
移液管
酸式滴定管
碱式滴定管
容量瓶
量筒

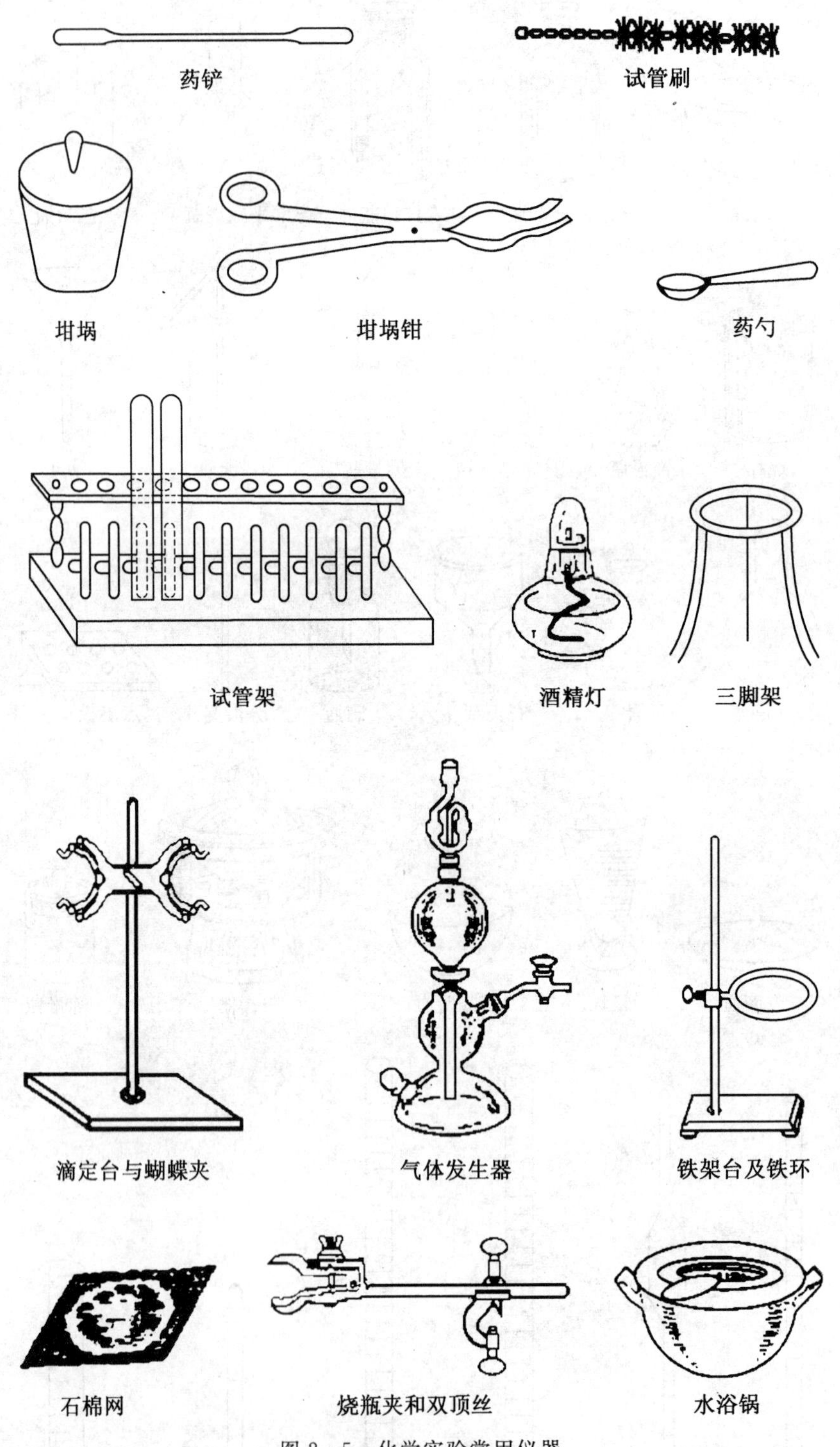

图 2-5　化学实验常用仪器

标准磨口玻璃仪器(图 2-6)便于装配,密封性能好,在有机化学实验和真空系统实验中已被广泛使用,它是按国际通用技术标准制造的。现在常用的是锥形标准磨口玻璃仪器。使用标准磨口时,必须清洁,不沾有固体杂质,装配时不造成连接处受应力,一般使用时无需涂油。在接触碱性物质或装配真空系统时磨口处需涂真空旋塞脂。成套标准磨口组合仪器可根据需要组装成蒸馏、分馏、升华、过滤、气体发生、真空干燥等装置，成为一套完整的积木式仪器，组装、拆卸灵活，为有机物制备、生物化学和药物提取等实验提供方便。定型产品有半微量有机分析仪器（甲型组合全套共 38 件，乙型组合全套共 23 件，丙型组合全套共 13 件，丁型组合全套共 24 件）和常量有机分析仪器（甲型组合全套共 45 件，乙型组合全套共 17 件）等。

标准磨口组合仪器的磨口表示方法为：上口内径/磨面长度（均以 mm 计），例如∅10/19；∅19/26……

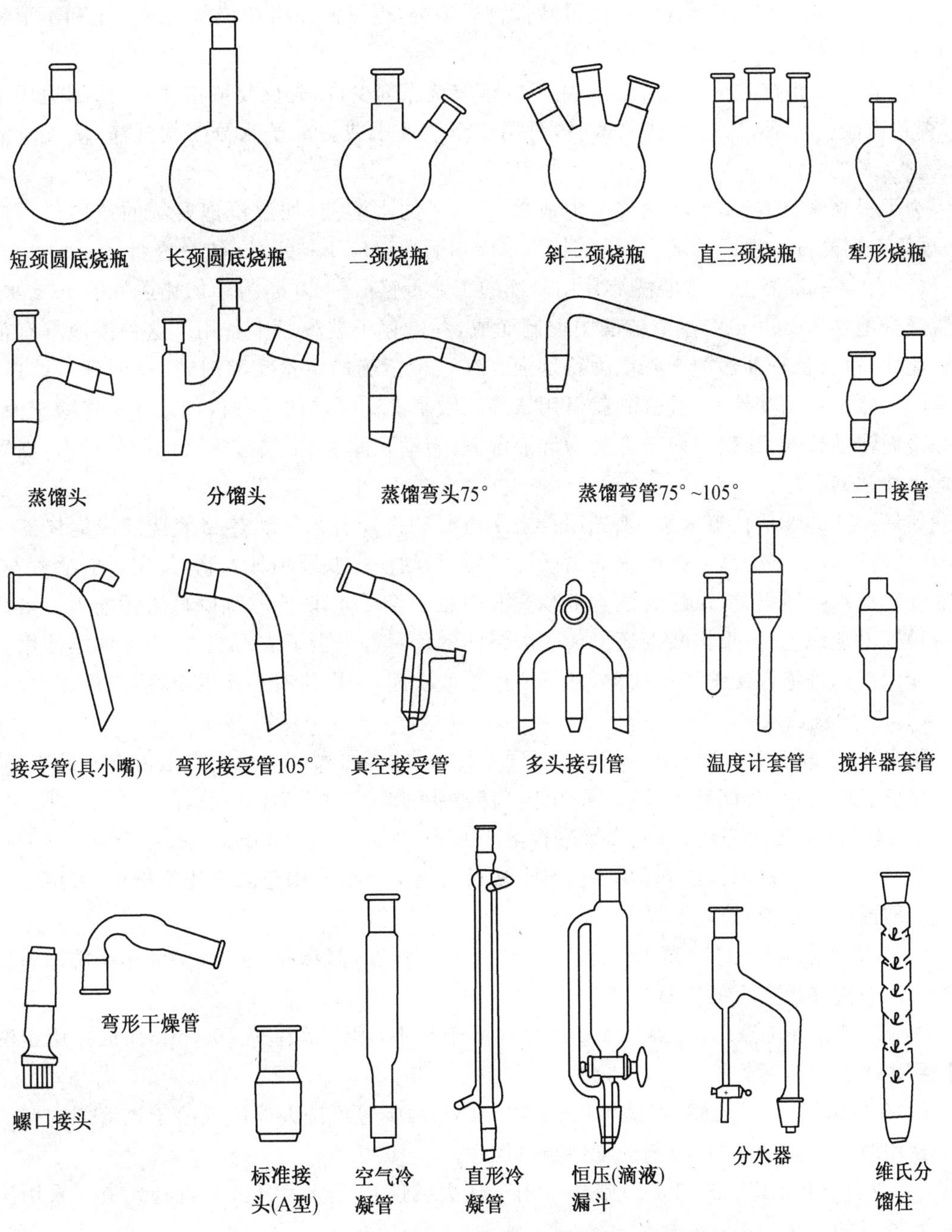

图 2-6 有机化学制备实验常用标准磨口玻璃仪器

2.3.1.3 玻璃仪器的洗涤方法

化学实验室经常使用的各种玻璃仪器是否干净，常常影响到实验结果的可靠性与准确性，所以保证所使用的玻璃仪器干净是十分重要的。

洗涤玻璃仪器的方法很多，应根据实验的要求、污物性质和污染的程度来选用。通常黏附在仪器上的污物，有可溶性物质，也有不溶性物质和尘土，还有油污和有机物质。针对各种情况，可以分别采用下列洗涤方法：

(1) 用水刷洗　根据要洗涤的玻璃仪器的形状选择合适的毛刷，如试管刷、烧杯刷、瓶刷、滴定管刷等。用毛刷蘸水洗刷，可使可溶性物质溶去，也可使黏附在仪器上的尘土和不溶物脱落下来，但往往洗不去油污和有机物质。

(2) 用合成洗涤剂或肥皂液洗　用毛刷蘸取洗涤剂少许，先反复刷洗，然后边刷边用水冲洗，直到当倾去水后，器壁不挂水珠时，再用少量蒸馏水或去离子水分多次洗涤，洗去所沾自来水。

为了提高洗涤效率，可将洗涤剂配成1%～5%的水溶液，加温浸泡要洗的玻璃仪器片刻后，再用毛刷刷洗。洗净的玻璃仪器倒置，水流出后器壁应不挂水珠，洁净透明。

(3) 用铬酸洗液洗　铬酸洗液是用研细的工业重铬酸钾20 g，溶于加热搅拌的40 g水中，然后慢慢地加入360 g工业浓硫酸中配制而成，并储存于玻璃瓶中备用。这种溶液具有很强的氧化性，对有机物油污的去除能力特别强。在进行精确的定量实验时，往往遇到一些口小、管细的仪器很难用其他方法洗涤，就可用铬酸洗液来洗。要洗的仪器内加入少量铬酸洗液，倾斜并慢慢转动仪器，让仪器内壁全部为洗液湿润，转动几圈后，把铬酸洗液倒回原瓶内，然后用蒸馏水洗几遍。

如果要洗的玻璃仪器太脏，须先用自来水进行初洗。若采用温热铬酸洗液浸泡仪器一段时间，则洗涤效率可提高。铬酸洗液腐蚀性极强，易灼伤皮肤及损坏衣物，使用时应注意安全。铬酸洗液吸水性很强，应该随时注意把装洗液的瓶子盖严，以防吸水而降低去污能力。当铬酸洗液用到出现绿色时(重铬酸钾还原成硫酸铬的颜色)，就失去了去污能力，不能继续使用。

能用别的洗涤方法洗净的仪器，就不要用铬酸洗液，一因铬有一定的毒性，二因成本高。

(4) 其他洗涤液

① 碱性乙醇洗液　用6 g NaOH溶于6 mL水中，再加入50 mL 95%乙醇配制而成，储于胶塞玻璃瓶中备用(久储易失效)。可用于洗涤油脂、焦油、树脂沾污的仪器。

② 碱性高锰酸钾溶液　4 g高锰酸钾溶于水中，加入10 g KOH，用水稀释至100 mL而成。此溶液用于清洗油污或其他有机物质，洗后容器沾污处有褐色二氧化锰析出，可用(1+1)工业盐酸或草酸洗液、硫酸亚铁、亚硫酸钠等还原剂去除。

③ 草酸洗液　5～10 g草酸溶于100 mL水中，加入少量浓盐酸。此溶液用于洗涤碱性高锰酸钾溶液洗涤后产生的二氧化锰。

④ 碘-碘化钾洗液　1 g碘和2 g碘化钾溶于水中，用水稀释至100 mL而成。用于洗涤硝酸银黑褐色残留污物。

⑤ 有机溶剂　苯、乙醚、二氯甲烷、氯仿、乙醇、丙酮等可洗去油污或溶于该溶剂的有机物质。使用时注意安全，注意溶剂的毒性与可燃性。

⑥ (1+1)工业盐酸或(1+1)硝酸　用于洗去碱性物质及大多数无机物残渣。采用浸泡与浸煮器具的方法。

⑦ 磷酸钠洗液　57 g 磷酸钠和 285 g 油酸钠，溶于 470 mL 水中。用于洗涤残炭，先浸泡数分钟之后再刷洗。

(5) 用于痕量分析的玻璃仪器的洗涤　要求洗去所吸附的极微量杂质离子，就须把洗净的玻璃仪器用优级的(1+1)HNO_3 或 HCl 浸泡几十小时，然后用去离子水洗干净后使用。

(6) 砂芯玻璃滤器的洗涤　新的滤器使用前应以热盐酸或铬酸洗液边抽滤边清洗，再用蒸馏水洗净。使用后的砂芯玻璃滤器，针对不同的沉淀物采用适当的洗涤剂洗涤。首先用洗涤剂、水反复抽洗或浸泡玻璃滤器，再用蒸馏水冲洗干净，在 110 ℃烘干，保存在无尘的柜或有盖的容器中备用。应避免把砂芯玻璃滤器随意乱放，积存了灰尘，堵塞滤孔而很难洗净。

2.3.1.4　玻璃仪器的干燥

玻璃仪器应在每次实验完后洗净干燥备用。不同实验对玻璃仪器的干燥程度有不同的要求。一般定量用的烧杯、锥形瓶等仪器洗净后即可使用。而用于有机分析或合成的玻璃仪器洗涤后要求干燥，有的要求无水，有的可容许微量水分，应根据不同的要求干燥仪器。

干燥玻璃仪器的常用方法如下：

(1) 晾干　不急用、要求一般干燥的仪器，可在用蒸馏水刷洗后，倒去水分，置于无尘处让其自然干燥。可用安装有斜木钉的架子或有透气孔的柜子倒置玻璃仪器。

(2) 烘干　洗净的玻璃仪器倒去水分，放在 105～120 ℃电烘箱内烘干，也可放在红外干燥箱中烘干。称量用的称量瓶等在烘干后要放在干燥器中冷却和保存。厚壁玻璃仪器烘干时，要注意使烘箱温度慢慢上升，不能直接置于温度高的烘箱内，以免烘裂。玻璃量器不要放在烘箱中烘干。

(3) 热(冷)风吹干　对于急于干燥的或不适于放入烘箱的玻璃仪器可采用吹干的办法。通常用少量乙醇或丙酮、乙醚将仪器荡洗，荡洗剂回收，然后用电吹风机吹，开始用冷风吹，当大部分溶剂挥发后再用热风吹至完全干燥，再用冷风吹去残余的蒸气，使其不再冷凝在容器内。此法要求通风好，防止中毒，不可有明火，以防有机溶剂蒸气燃烧爆炸。

2.3.1.5　玻璃仪器的保管

对于化学实验室中常用的玻璃仪器保管时应注意如下几点：

(1) 仪器应按种类、规格顺序存放，并尽可能倒置，既可自然干燥，又能防尘。如烧杯可直接倒扣在实验柜内，可在柜子的隔板上钻孔，将锥形瓶、烧瓶、量筒等仪器倒插于孔中，或插在木钉上。

(2) 实验用完的玻璃仪器要及时洗净干燥，放回原处。

(3) 移液管洗净后置于防尘的盒中或移液管架上。

(4) 滴定管用毕，倒去内装的溶液，用蒸馏水冲洗后，注满蒸馏水，上盖玻璃短管或塑料套管，也可倒置夹于滴定管架的夹上。

(5) 比色皿用毕洗净，倒放在铺有滤纸的小磁盘中，晾干后放在比色皿盒中。

(6) 带磨口塞的仪器，如容量瓶、比色管等最好在清洗前用小线或橡皮筋把瓶塞拴好，以免磨口混错而漏水。需要长期保存的磨口玻璃仪器要在塞间垫一片纸，以免日久黏住。

当磨口活塞(瓶塞)打不开时，如用力拧会拧碎。凡士林等油状物质黏住活塞，可以用电吹风机吹或微火慢慢加热使油类黏度降低，熔化后用木器轻敲塞子来打开。因仪器长期不用或尘土等将活塞黏住，可将它泡在水中，或在磨口缝隙处滴加几滴渗透力强的液体，如石油醚或表面活性剂溶液等，过一段时间，可能打开。被碱性物质黏住的活塞，可将器皿放于水中加热至沸，再用木棒轻敲塞子来打开。内有试剂的瓶塞打不开时，若瓶内是腐蚀性试剂如浓硫酸等，要在瓶外放好塑料桶以防瓶子破裂，操作者应注意安全，配戴必要的防护用具，脸部不应与瓶口靠近。打开有毒蒸气的瓶口(如液溴)要在通风柜中操作。对于因结晶或金属盐沉积、碱黏住的瓶塞，把瓶口泡在水中或稀盐酸中，经过一段时间后可能能打开。

(7) 成套仪器如索氏提取器、蒸馏水装置、凯氏定氮仪等，用完后立即洗净，成套放在专用的包装盒中保存。

2.3.2 常用辅助仪器的种类及使用方法

在化学实验中，除用到各种各样的玻璃器皿外，还用到各种各样的辅助仪器和用具。

2.3.2.1 固定玻璃仪器用具

铁夹、铁圈用于固定和支持各种仪器，一般常用于过滤、加热等实验操作。使用时，铁夹、铁圈和铁架台应在同一方向上，确保重心稳定；夹持玻璃仪器时不能太紧，内侧应衬上橡胶或石棉。升降台可用于支持各种仪器，并调节仪器的高度。

2.3.2.2 电炉、电热套、高温炉

电炉靠电阻丝(常用的为镍铬合金丝)通过电流产生热能。电炉按功率大小分为不同规格，常用的电炉为 200 W、500 W、1000 W、2000 W。

电炉的构造很简单，常用的有两种：一种是用铁板盖严的盘式电炉，叫做暗式电炉，它可以用来加热一些不能用明火加热的试验；另一种是能调节不同发热量的电炉，常称为“万用电炉”，炉盘在上方，炉盘下装有一个单刀多位开关，开关上有几个接触点，每两个接触点间装有一段附加电阻。借滑动金属片的转动来改变和炉丝串联的附加电阻的大小，以调节通过炉丝的电流强度，达到调节电炉发热量的目的。

电热套是加热烧瓶的专用电热设备，其热能利用效率高、省电、安全。电热套规格按烧瓶大小区分，有 50 mL、100 mL、250 mL、500 mL、1000 mL、2000 mL 等多种。一般电热套加热功率都能调节。

高温炉分箱式电阻炉(马弗炉)、管式电阻炉(管式燃烧炉)和高频感应加热炉等。

2.3.2.3 电热恒温箱

电热恒温箱也称烘箱或干燥箱，是利用电热丝隔层加热使物体干燥的设备。它用于室温至 300 ℃(有的为 200 ℃)范围内的恒温烘焙、干燥、热处理等操作。可分为电热恒温干燥箱、电热恒温鼓风干燥箱、数字显示电热恒温干燥箱、电热恒温培养箱、数显电热恒温培养箱、调温调湿箱、低温或高低温试验箱、老化试验箱、恒温恒湿试验箱、电热真空干燥箱、盐雾试验箱、霉菌试验箱等。

烘箱一般由箱体、电热系统和自动恒温控制系统三部分组成。

2.3.2.4 远红外线干燥箱

远红外线干燥箱比传统的电热干燥箱具有效率高、速度快、干燥质量好、节电效果显著等优点。其利用远红外线照射被加热物体，从而达到加热的效果。

2.3.2.5 电热恒温水浴锅和恒温槽

电热恒温水浴锅有两孔、四孔、六孔、八孔等，有单列、双列，功率有 500 W、1000 W、1500 W、2000 W 等规格产品。每孔最大直径为 120 mm，孔上有四圈一盖。

2.3.2.6 电动离心机

电动离心机是利用电机高速旋转时所产生的离心力，将液-固、液-液混合物中各组分分离的机械设备，通常简称为离心机。在分析实验室中，离心机主要用于将悬浊液中的固体颗粒与液体分离，或是将乳浊液中两种密度不同而又互不混溶的液体分开，或是使黏度较大的溶液和不易过滤的胶体溶液进行分离，以及用于分离和洗涤沉淀。电动离心机的离心分离效率与离心机的转速和待沉降物的质量有关，离心机转速越大，待沉降物的质量越高，分离效果越好。

电动离心机有多种类型和规格。按电机的转速可分为低速离心机（转速为 4000～8000 r/min）和高速离心机（>10000 r/mm）；按离心机的尺寸大小可分为台式离心机和落地式离心机；按转子的结构可分为角式和水平式。分析实验室里常用的离心机是台式离心机，转速为 3000～20000 r/mm，连续可调。

2.3.2.7 电动搅拌机

电动搅拌机又称电动搅拌器，主要用于搅拌两相（如固-液、液-液）混合物，使其均匀混合，以便加速固体在液体中的均匀分布和溶解及发生化学反应等操作。电动搅拌机主要由机座、电动机和调速器三大部分组成。机座部分包括底座、立杆、十字夹、容器夹等。底座用铸铁制造，立杆用前端螺纹螺杆拧入底座固定，十字夹用于固定电动机和将电动机固定在立杆上。

搅拌时需在电动机的转轴上连接一根搅拌棒。搅拌棒常用玻璃棒或不锈钢棒制成，它的式样很多，式样不同，搅拌的效果也不同。

为避免在回流情况下进行搅拌时蒸气逸散到空气中，必须在搅拌棒与瓶口之间装配好密封装置，常用的密封装置有简易密封装置及聚四氟乙烯塞密封装置。

简易密封装置借助乳胶管将搅拌棒与塞子（塞中套有玻管，磨口塞上连有玻管）连接在一起，实现密封的目的，但是为了改善密封性能且又能让搅拌棒旋转自如，使用时应在乳胶管和玻管的缝隙里滴入少许石蜡油或甘油起润滑作用。

市售的聚四氟乙烯塞是具有标准口径的，能与标准口径玻璃仪器配套使用。使用前，在搅拌棒上套上密封圈后插入塞孔内，旋紧塞子上端的螺扣，即能起到密封效果好且又能顺利搅拌的作用。

使用电动搅拌器时仪器组装程序大致如下：

(1) 选好或制好合用的搅拌棒，配制好密封装置。

(2) 组装各部件：先固定好热源、容器，然后将搅拌棒连接在搅拌器的旋转轴上，调节电动机的高度和位置，使搅拌棒距瓶底约 0.5～1 cm。检查电动机是否固定牢后，启动搅拌器进行试运转，若运转正常，即可装上冷凝管、滴液漏斗等其他仪器，装好后再次进行试运转，若运转仍正常，即可加料，开始实验。

启动搅拌器，应按档次旋转调速旋钮，调节搅拌棒的转速，控制搅拌的程度。电动搅拌器启动时，阻力较大，最好能在调速的同时，用另一只手旋转搅拌棒，帮助启动。整个搅拌过程中应注意观察搅拌是否正常进行，如果出现了不正常的现象应及时调整或停止搅拌，待故障查清并排除后，再启动、搅拌。实验结束时，应先停止搅拌，拔去电源插头、撤去热源，再按与组装时相反的顺序拆卸其他备件仪器。

2.3.2.8 电磁搅拌器

在分析实验室里，常常需要在搅动待测溶液的条件下进行各种分析操作，如 pH 值测定、电位滴定、电位法测定各种离子等。这些操作大多是在电磁搅拌器上进行的。电磁搅拌器又称磁力搅拌器。其工作原理是：用一个微型电动机驱动一块磁铁旋转，利用磁力使金属托盘上化学电池中的搅拌磁子转动，从而达到搅拌溶液的目的。电磁搅拌器的结构如下：在电磁搅拌器上设有一金属托盘，用于放置化学电池，此外设有用于夹持测量电极和参比电极的电极架。如果电磁搅拌器具有加热功能，则具有电阻加热丝和云母绝缘层。托盘下安装一块永久磁铁连接在电机的转动轴上，电动机的旋转带动永久磁铁旋转，利用其磁力吸引搅拌磁子旋转，从而起到搅拌作用。搅拌磁子一般也叫做搅拌子，是用玻璃管或塑料管密封的小铁棒。前面板上装有电源开关、指示灯、温度调节旋钮和搅拌速度调节旋钮等部件。

电磁搅拌器的种类和型号很多，除了通常的搅拌和加热功能外，有的还附加有控温、定时等功能。因此，电磁搅拌器的生产厂家往往按照电磁搅拌器所具有的附加功能来给产品命名，如市场上的电磁搅拌器的名称就有磁力搅拌器、磁力加热搅拌器、恒温磁力搅拌器、磁力恒温定时搅拌器、双向磁力加热搅拌器等。磁力搅拌器的最大搅拌容量有 500 mL 和 1000 mL 两种。搅拌速率为 0～3000 r/min 连续可调，加热功率有 40 W、60 W、100 W、200 W、300 W 等数种规格，恒温范围为 0～100 ℃，定时范围为 0～120 min。

电磁搅拌器的使用与维护应注意以下几点：

(1) 使用电磁搅拌器前，先将转速调节旋钮调至最小，再接通电源并逐渐调至合适的转速。

(2) 将容器放在金属托盘上合适位置处，以免搅拌磁子在旋转时会碰到容器壁，否则搅拌会忽快忽慢而影响搅拌效果。

(3) 测定时应使电极对在搅拌磁子上方一定距离处，以免两者碰撞而损坏电极。

(4) 保持容器外壁干燥。

(5) 电磁搅拌器不使用时应及时切断电源。

2.3.2.9　旋转蒸发仪

旋转蒸发仪(图 2-7)是常用的蒸发设备，可代替高效能蒸馏和减压蒸馏。使用旋转蒸发仪蒸馏时，液体在蒸馏瓶中随着蒸馏瓶的旋转在瓶壁形成一液体薄层，从而加快了液体的蒸发，提高蒸馏效率。在溶剂量较大的蒸馏操作中，旋转蒸发有不可替代的优越性。

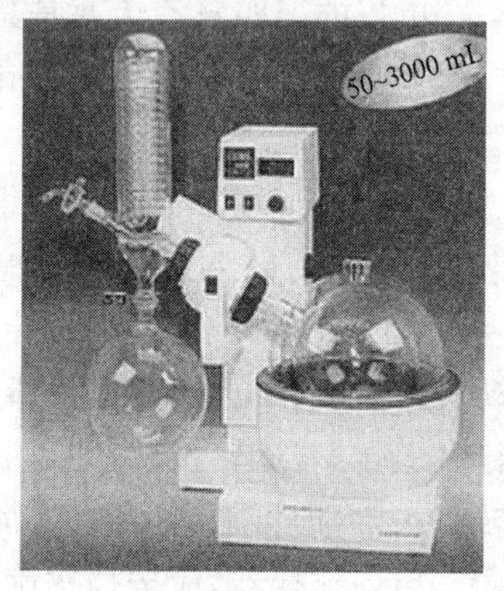

图 2-7　旋转蒸发仪

旋转蒸发仪加热采用水浴/油浴一体化，蒸发容积为 50～3000 mL，浴温加热范围为 20～180 ℃，可数字显示温度。旋转蒸发仪有冷凝系统和旋转瓶转速调控系统，可抽真空。

2.3.2.10　真空泵

实验室常用水泵(图 2-8a)或油泵来获取真空。水泵因其结构、水压和水温等因素，不易得到较高的真空度。当系统压强要求在 1.01×10^2 kPa 左右时，可用水泵抽真空。水泵工作时，水从泵内的收缩口高速喷出，静压降低，水流周围的气体随喷出的水流带走，从而产生真空。

油泵可获得较高的真空。当系统的真空度要求在 0.13～1.33 Pa 时，可以用机械油泵(图 2-8b)抽真空。油泵工作时，以真空泵油作封闭液和润滑剂，转子偏心地装在定子缸内，当转子在定子内旋转时，将进气口一侧的容积逐渐扩大而吸入气体，同时逐渐缩小排气口一侧的容积，将已吸入的气体压缩，从排气口排出，这样周而复始就达到抽气的目的。油泵抽真空时，挥发性的有机溶剂、水或酸性蒸气进入会损坏油泵机械结构和降低真空泵油的质量。如果有机溶剂被油吸收，蒸气压增加，从而降低抽真空的效能；如果水蒸气被吸入，油被乳化，泵油品质变坏；酸性蒸气被吸入能腐蚀机械，因此使用油泵时必须十分注意。

(a) 水真空泵

(b) 机械油泵

图 2-8 真空泵

2.4 常用基础化学实验仪器及使用方法

2.4.1 电子天平

电子天平是一种现代化高科技先进称量仪器，它利用电子装置完成电磁力补偿的调节，使物体在重力场中实现力的平衡，或通过电磁力矩的调节，使物体在重力场中实现力矩的平衡。近年来电子天平的生产技术得到飞速发展，市场上出现了一系列从简单到复杂，从粗到精，可用于基础、标准和专业等多种级别称量任务的电子天平。例如，梅特勒-特利多公司推出的超微量、微量电子天平可精确称量到 0.1 μg，最大称量值 2100 mg；AT 分析天平可精确称量到 1 μg，最大称量值 22 g；SJ 工业精密天平可读至 0.1 g，最大称量值 8100 mg。

电子天平最基本的功能是：自动调零，自动校准，自动扣除空白和自动显示称量结果。它称量方便、迅速、读数稳定、准确度高。

下面介绍两种实验室用电子天平。

2.4.1.1 JY6001 型电子天平的使用

JY6001 型电子天平（如图 2-9 所示）可精确称量到 0.1 g，其称量范围为 0～600 g，用于称量精度要求不高的情况。其称量步骤如下：

图 2-9 JY6001 型电子天平

1-C/ON 开启显示器或天平校准键；2-T 清零、去皮键；3-开关；4-显示屏；5-秤盘

(1) 插上电源插头，打开尾部开关；

(2) 按“C/ON”键，启动显示屏，约 2 s 后显示“0.0 g”；

(3) 预热半小时以上；

(4) 当天平显示“0.0 g”不变时，即可进行称量；

(5) 当天平显示称量值达到所要求的数值，并不变时，表示称量完成；

(6) 称量完毕，轻按关闭键，关闭天平；

(7) 拔下电源插头。

去皮键的使用：

(1) 置容器或称量纸于秤盘上，显示出容器或称量纸的质量(皮重)；

(2) 轻按键，去除皮重；

(3) 取下容器或称量纸，加上被称物后再称量，显示屏显示值即为去皮后的被称物质量；

(4) 再按“T”键消零。

2.4.1.2　ED2140 型电子分析天平的使用

ED2140 型电子分析天平(如图 2-10 所示)的载重量为 210 g，可精确称量到 0.1 mg。它的称量步骤如下：

(1) 观察天平的水平指示是否在水平状态，如果不在，用水平脚调整水平；

(2) 插上电源插头，轻按开关钮，预热 10 min；

(3) 轻按“O/T”钮，设天平至“0”，即天平显示“weigh0.0000 g”

(4) 当天平显示“0.0000 g”不变时，即可进行称量；

(5) 当天平显示称量值达到所要求的数值，并不变时，表示称量完成；

(6) 称量完毕，轻按开关钮，关闭天平；

(7) 拔下电源插头。

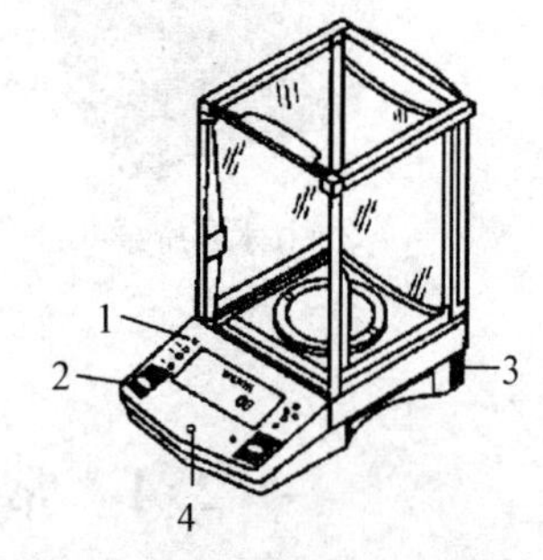

图 2-10　电子分析天平示意图
1-电源开关；2-“O/T”钮；3-水平脚；4-水平指示

天平校准方法：因存放时间长、位置移动、环境变化或为获得精确测量，天平在使用前或使用一段时间后都应进行校准。校准时，取下秤盘上所有被称物，置“mg—30”，“INT—3”，“ASD—2”，“Ery—g”模式。轻按“TAR”键清零。按“CAL”键，当显示器出现“CAL—”时即松手，显示器就出现“CAL－100 ”，其中“100”为闪烁码，表示校准码需用 100 g 的标准砝码。此时把准备好的 100 g 校准砝码放在秤盘上，显示器即出现“—”等待状态，经较长时间后显示器出现“100.0000 g”，除去校准砝码，显示器应出现“0.0000 g”，若显示不为零，再清零，重复以上校准操作(为了得到准确的校准效果，最好重复以上校准操作两次)。

2.4.2　pH 计(酸度计)

pH 计亦称酸度计，是一种用电位法测定水溶液 pH 的电子仪器。它主要是利用一对电极在不同的 pH 溶液中产生不同的直流电动势，将此电动势输入到电位计后，经过电子的转换，最后在指示器上指示出测量结果。pH 计有多种型号，如雷磁 25 型、PHS-25 型、PHS-10B 型、PHS-3 型等，但基本原理、操作步骤大致相同。现以 PHS-2C 型数字酸度计为例，来说明其操作步骤及使用注意事项。

2.4.2.1　基本原理

PHS-2C 型数字酸度计是普通模拟指针式酸度计的更新换代产品。仪器除用于测定水溶液的 pH 外，也可用于测量各种电池的电动势及电极电势。

PHS-2C 型数字酸度计采用了集成电路，可以自动调零。仪器操作简便，数字显示清晰直观。测量溶液 pH 时仪器的指示电极为玻璃电极，参比电极为甘汞电极，也适用于复合电极配套使用。

PHS-2C 型数字酸度计是利用玻璃电极和甘汞电极对被测溶液中氢离子浓度(实际应为

活度)产生不同的直流电势进行 pH 测量,通过前置放大器输入到 A/D 转换器,以达到直读 pH 的目的。

(1) 玻璃电极

玻璃电极是用一种特殊的导电玻璃(含 72% SiO_2, 22% Na_2O,6% CaO)吹制成的空心小球,球中有 0.1 mol · L^{-1} HCl 溶液和 Ag - AgCl 电极,把它插入待测溶液中,便组成一个电极:

$$Ag,AgCl(s)|HCl(0.1\ mol \cdot L^{-1})|玻璃|待测溶液$$

这个导电的薄玻璃膜把两种溶液隔开,即有电势产生,小球内氢离子浓度是固定的,所以该电极的电势随待测溶液的 pH 不同而改变,即

$$E=E^{\ominus}-0.0592pH$$

式中:E——电极电势;

$E^{\ominus}$——标准电极电势。

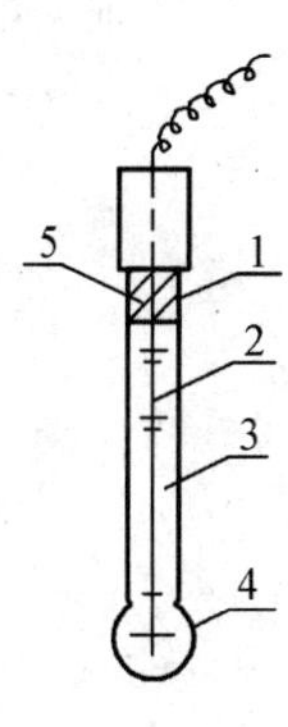

图 2-11 玻璃电极

1-玻璃管;2-铂丝;3-缓冲溶液;4-玻璃膜;5-Ag+AgCl

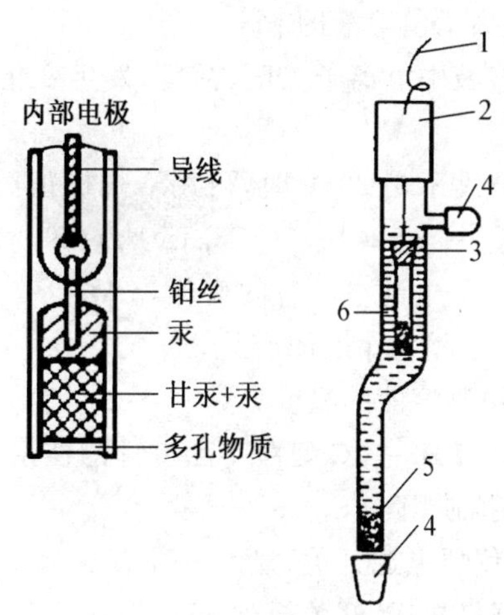

图 2-12 甘汞电极

1-导线;2-绝缘体;3-内部电极;4-橡皮帽;5-多孔物质;6-KCl 饱和溶液

(2) 饱和甘汞电极 饱和甘汞电极是由金属汞、Hg_2Cl_2 和饱和 KCl 溶液组成的电极,内玻璃管封接一根铂丝,铂丝插入纯汞中,纯汞下面有一层甘汞(Hg_2Cl_2)和汞的糊状物。外玻璃管中装入饱和 KCl 溶液,下端用素烧陶瓷塞塞住,通过素瓷塞的毛细孔,可使内、外溶液相通。甘汞电极可表示为: $Hg|Hg_2Cl_2(s)|KCl(饱和)$

电极反应为

$$Hg_2Cl_2+2e^-=\!=\!=2Hg+2Cl^-$$

其电极电势为

$$E(Hg_2Cl_2/Hg)=E^{\ominus}(Hg_2Cl_2/Hg)-0.0592/2lg[c(Cl^-)/c^{\ominus}]^2$$

甘汞电极电势只与 $c(Cl^-)$有关,当管内盛饱和 KCl 溶液时,$c(Cl^-)$一定,$E(Hg_2Cl_2/Hg)=0.2415$ V(25 ℃)。

将饱和甘汞电极与玻璃电极一起浸到被测溶液中组成原电池,其电动势为

$$E_{MF}=E(Hg_2Cl_2/Hg)-E_{玻}=0.2415-E_{玻}^{\ominus}+0.0592pH$$

$$pH=(E_{MF}-0.2415+E_{玻}^{\ominus})/0.0592$$

如果 $E_{玻}^{\ominus}$ 已知，即可从电动势求出 pH。不同玻璃电极的 $E_{玻}^{\ominus}$ 不同，而且同一玻璃电极的 $E_{玻}^{\ominus}$ 也会随时间而变化。为此，必须对玻璃电极先进行标定，即用一已知 pH 的缓冲溶液先测出电动势 E_s：

$$E_s = E(Hg_2Cl_2/Hg) - E_{玻}^{\ominus} - 0.0592pH_s \tag{1}$$

然后测出未知液（其 pH 为 pH_x）的电动势 E_x：

$$E_x = E(Hg_2Cl_2/Hg) - E_{玻}^{\ominus} - 0.0592pH_x \tag{2}$$

由式(2)－式(1)可得

$$\Delta E = E_x - E_s = 0.0592(pH_s - pH_x) = 0.0592\Delta pH$$

由上式可知，当溶液的 pH 改变一个单位时，电动势改变 0.0592 V，即 59.2 mV。酸度计上一般把测得的电动势直接用 pH 的值表示出来。为了方便起见，仪器上设有定位调节器，测量标准缓冲溶液时，可利用调节器，把读数直接调节到标准缓冲溶液的 pH，以后测量未知液时，就可直接指示出溶液的 pH。

当被测溶液中氢离子浓度（活度）发生变化时，仪器通过测定电池系统的电动势，便可确定溶液的 pH。

当测量温度不是 20 ℃时，可用下式校正：

$$\Delta E_{MF} = -59.16 \times (273.15 + t)/293.15 \times \Delta pH$$

式中：ΔE_{MF}——电池电动势的变化，mV；

ΔpH——溶液 pH 的变化；

t——被测溶液的温度，℃。

2.4.2.2 PHS-2C 型数字酸度计的使用方法

(1) pH 挡使用

① 打开仪器电源开关，显示屏即有显示。

② 把“测量选择”开关扳到 pH 挡（突出较高），预热 10 min。

③ 先把电极（复合电极）从塑料套管中取出，将套管放好（里面的 KCl 溶液不要倾洒），电极用去离子（或蒸馏）水冲洗，用滤纸条吸干，然后把电极插入 pH＝6.86 的标准缓冲溶液中，稍加振荡。调节温度补偿器至与被测液温度相同，调节定位调节器使所显示的 pH 读数与该标准缓冲溶液在此温度下的 pH 相同。

④ 把电极从 pH＝6.86 的标准缓冲溶液中取出，用去离子水冲洗并吸干，插入 pH＝4.003 的标准缓冲溶液中，稍加摇动，调节“斜率”旋钮，使仪器显示的 pH 与该标准缓冲溶液在该温度下的 pH 相同。

经过以上四个标定过程，仪器的标定即告完成。经过标定的仪器的定位、斜率不应再有任何变动。

⑤ 将电极从标准缓冲溶液中取出洗净、吸干，插入被测溶液中，稍加振荡，仪器显示的 pH 即为该被测液的 pH。

(2) mV 挡使用

① 把“测量选择”开关扳到 mV 挡（突出较低）。

② 接上各种适当的离子选择电极（或电极转换器）。

③ 用去离子水清洗电极并吸干。

④ 把电极插在被测液内，即可读出该离子选择电极（或电池）的电极电势（或电池电动势）

值并显示极性。

(3) 注意事项

① 仪器性能的好坏与合理的维护保养密不可分,因此必须注意维护与保养。

② 仪器可以长时间连续使用,当仪器不用时,拔出电极插头,关掉电源开关。

③ 甘汞电极不用时要用橡皮套将下端套住,用橡皮塞将上端小孔塞住,以防饱和 KCl 溶液流失。若饱和 KCl 溶液流失较多,则通过电极上端小孔进行补加。玻璃电极不用时,应长期浸在去离子(或蒸馏)水中。

④ 玻璃电极球泡切勿接触污物,如有污物可用医用棉花轻擦球泡部分或用 $0.1\ mol \cdot L^{-1}$ HCl 溶液清洗。

⑤ 玻璃电极球泡若有裂缝或老化,则应更换电极。新玻璃电极或干置不用的玻璃电极在使用前应在去离子(或蒸馏)水中浸泡 24～48 h。

⑥ 电极不在溶液中时,选择开关不能在 pH 挡,即电极插入溶液前,不能先拨“测量选择”开关至 pH 挡,电极从溶液中取出前,应先拨“测量选择”开关至“0”或中间位。

⑦ 调节定位器、斜率调节器时,切忌用力太猛。

⑧ 复合电极的测量端保护挡不要拧下,以免损坏电极。复合电极前端的敏感玻璃球泡,不能与硬物接触,任何玻璃被擦毛都会使电极失效。因此测量前或测量后都应用纯净水洗净。

⑨ 复合电极使用后要用纯水清洗,放在装有保护液(饱和 KCl 溶液)的塑料套管中拧紧。

⑩ 电极插孔必须保持清洁干燥。

2.4.3 电导率仪

2.4.3.1 基本原理

在电场作用下电解质溶液导电能力的大小常以电阻 R 或电导 G 表示。电导是电阻的倒数:

$$G=\frac{1}{R}$$

电阻、电导的 SI 单位分别是欧姆(Ω)、西门子(S),显然 $1\ S=1\ \Omega^{-1}$。

导体的电阻与其长度(l)成正比,而与其截面积(A)成反比:

$$R\propto\frac{l}{A},\quad R=\rho\frac{l}{A}$$

式中:ρ——电阻率或比电阻,Ω · cm。

根据电导与电阻的关系,可以得出:

$$G=\frac{1}{R}=\frac{1}{\rho\frac{l}{A}}=\frac{1}{\rho}\cdot\frac{A}{l}=k\frac{A}{l}$$

$$k=G\frac{l}{A}$$

式中:k——电导率,它是长 1 m、截面积为 $1\ m^2$ 导体的电导,单位是 $S \cdot m^{-1}$。

对电解质溶液来说,电导率是电极面积为 $1\ m^2$、两极间距离为 1 m 的两极之间的电导。溶液的浓度为 c,通常用 $mol \cdot L^{-1}$ 表示,含有 1 mol 电解质溶液的体积为 $1/c$ L 或 $1/c\times10^{-3}\ m^3$,此时溶液的摩尔电导率等于电导率和溶液体积的乘积:

$\Lambda_m = k \cdot 10^{-3}/c$

摩尔电导率的单位为 $S \cdot m^2 \cdot mol^{-1}$。摩尔电导率的数值通常先通过测定溶液的电导率，再用上式计算得到。

测定电导率的方法是将两个电极插入溶液中，测出两极间的电阻。对某一电极而言，电极面积 A 与间距 l 都是固定不变的，因此 l/A 是常数，称为电极常数或电导池常数，用 J 表示。于是有

$G = k \cdot 1/J$　　或　　$k = J/R_x$

由于电导的单位西门子太大，常用毫西门子(mS)、微西门子(μS)表示，它们间的关系是

$1\ S = 10^3\ mS = 10^6\ \mu S$

电导率仪的测量原理(如图 2-13 所示)是：由振荡器发生的交流电压加到电导池电阻与量程电阻所组成的串联回路中时，溶液的电压越大，电导池电阻越小，量程电阻两端的电压就越大，电压经交流放大器放大，再经整流后推动直流电表，由电表可直接读出电导值。

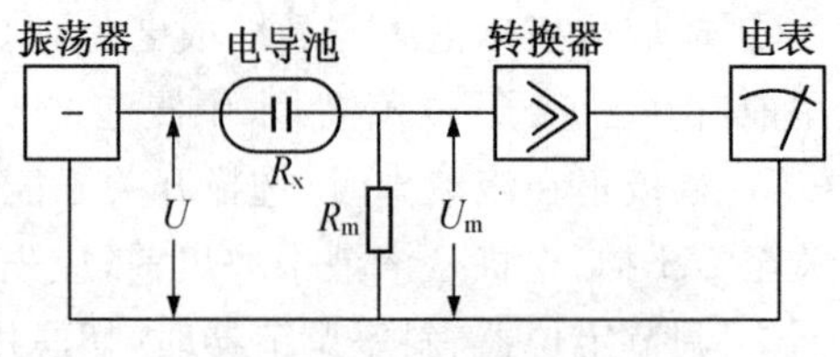

图 2-13　电导率仪测量原理图

溶液的电导取决于溶液中所有共存离子的导电性质的总和。对于单组分溶液电导 G 与浓度 c 之间的关系可用下式表示：

$G = 1/1000 \cdot A/l \cdot Zkc$

式中：A——电极面积，cm^2；

l——电极间距离，cm；

Z——每个离子上的电荷数；

k——常数。

2.4.3.2　DDS-11A 型电导率仪

DDS-11A 型电导率仪是实验室常用的电导率测量仪器，它除能测量一般液体的电导率外，还能测量高纯水的电导率，因此被广泛应用于水质监测，水中含盐量、含氧量的测定以及电导滴定，测出低浓度弱酸及混合酸等。

DDS-11A 型电导率仪的面板结构如图 2-14所示。

(1) 仪器使用方法

① 电源开启前，观察表头指针是否指零，可用螺丝刀调表头螺丝使指针指零。

② 将校正、测量开关拨在"校正"位置。

③ 将电源插头先插在仪器插座上，再接上电源。打开电源开关，预热数分钟(待指针完全稳定下来为止)，调节校正调节器，使电表满刻度指示。

④ 根据液体电导率的大小，选用低周或高周(低于 300 $\mu S \cdot cm^{-1}$ 用低周，300～1000 $\mu S \cdot cm^{-1}$用高周)，将低周、高周开关拨向

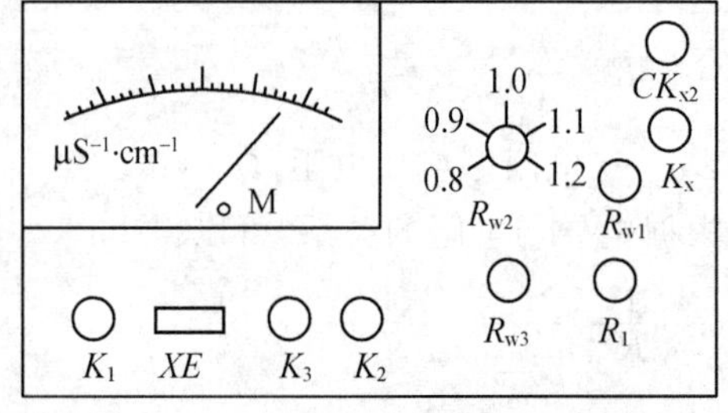

图 2-14　DDS-11A 型电导率仪的面板结构

K_1-电源开关；K_2-校正测量开关；K_3-高低周开关；XE-氖灯泡；R_1-量程选择开关；R_{w1}-电容补偿调节；R_{w2}-电极常数调节器；R_{w3}-校正调节；K_x-电极插口；CK_{x2}-10 mV 输出插口

“低周”或“高周”。

⑤ 将量程选择开关旋至所需要的测定范围。如果预先不知道待测液体的电导率范围，应先把开关旋至最大测量挡，然后再逐挡下降，以防表针被打弯。

⑥ 根据液体电导率的大小选用不同的电极（低于 10 $\mu S \cdot cm^{-1}$ 用 DJS－1 型光亮电极，10～10^4 $\mu S \cdot cm^{-1}$ 用 DJS－1 型铂黑电极）。使用 DJS－1 型光亮电极和 DJS－1 型铂黑电极时，把电极常数调节器调节在与配套电极的常数相对应的位置，如配套电极常数为 0.97，则应把电极常数调节器调在 0.97 处。当待测溶液的电导率大于 10^4 $\mu S \cdot cm^{-1}$，以至用 DJS－1 型电极测不出时，选用 DJS－1 型铂黑电极，这时应把调节器调节在配套电极的 1/10 常数位置上。例如，电极的电极常数为 9.7，则应使调节器指在 0.97 处，再将测量的读数乘以 10，即为被测液的电导率。

⑦ 使用电极时，用电极夹夹紧电极的胶木帽，并通过电极夹把电极固定在电极杆上。将电极插头插入电极插口内，旋紧插口上的坚固螺丝，再将电极浸入待测液中。

⑧ 将校正、测量开关拨在校正位置，调节校正调节器使电表指针指示满刻度。注意：为了提高测量精度，当使用 $\times 10^4$ $\mu S \cdot cm^{-1}$ 挡或 $\times 10^3$ $\mu S \cdot cm^{-1}$ 挡时，校正必须在接好电导池（电极插头插入插口，电极浸入待测溶液）的情况下进行。

⑨ 将校正、测量开关拨向测量，这时指示读数乘以量程开关的倍率即为待测溶液的实际电导率。

⑩ 用(1)、(3)、(5)、(7)、(9)、(11)各挡时，看表头上面的一条刻度(0～1.0)；当用(2)、(4)、(6)、(8)、(10)各挡时，看表头下面的一条刻度(0～3)，即红点对红线，黑点对黑线。

⑪ 当用 0～0.1 $\mu S \cdot cm^{-1}$ 或 0～0.3 $\mu S \cdot cm^{-1}$ 挡测量高纯水时，先把电极引线插入电极插口，在电极未浸入溶液前，调节电容补偿调节器使电表指示为最小值（此最小值即电极铂片间的漏电阻，由于漏电阻的存在，使得调节电容补偿调节器时电表指针不能达到零点），然后开始测量。

(2) 注意事项

① 电极的引线不能潮湿，否则测不准。

② 高纯水被注入容器后应迅速测量，否则电导率将很快增加（空气中的 CO_2、SO_2 等溶入水中都会影响电导率的数值）。

③ 盛待测溶液的容器必须清洁，无其他离子沾污。

④ 每测一份样品后，都要用去离子（或蒸馏）水冲洗电极，并用滤纸吸干，但不能擦。

2.4.4 阿贝折光仪

折射率（又称折光率）是有机化合物的重要常数之一。它是液体化合物的纯度标志，也可作为定性鉴定的依据。

当光线从一种介质 m 射入另一介质 M 时，光的传播速度发生变化，光的传播方向（除非光线与两介质的界面垂直）也会改变，这种现象称为光的折射现象。光线方向的改变是用入射角 θ_i 和折射角 θ_r 来量度的（图 2－15）。根据光折射定律，

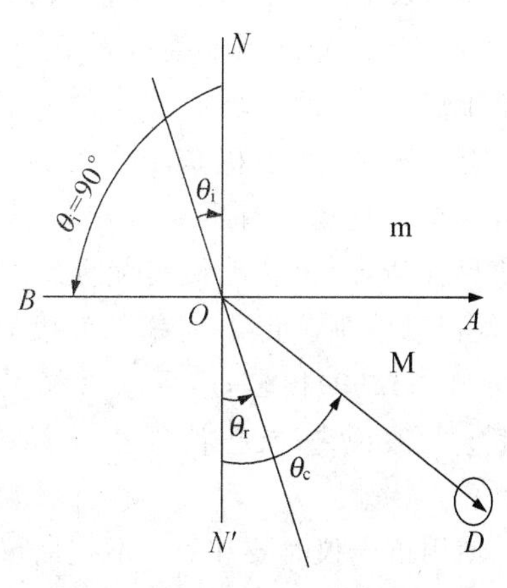

图 2－15 光的折射

$$\sin\theta_i/\sin\theta_r = v_m/v_M$$

我们把光的速度比值 v_m/v_M 称为介质 M 的折射率(对介质 m),即

$$n' = v_m/v_M$$

若 m 是真空,则 $v_m = c$(真空中的光速),

$$n = c/v_M = \sin\theta_i/\sin\theta_r$$

在测定折射率时,一般都是光从空气射入液体介质中,而

$c/v_{空气} = 1.00027$(即空气的折射率)

因此,我们通常用在空气中测得的折射率作为该介质的折射率:

$$n = v_{空气}/v_{液体} = \sin\theta_i/\sin\theta_r$$

但是在精密工作中,对两者应加以区别。折射率与入射光波长及测定时介质的温度有关,故表示为 n_λ^t。例如,n_D^{20} 即表示以钠光的 D 线(波长 5893Å)在 20 ℃时测定的折射率。对于一个化合物,当 λ,t 都固定时,它的折射率是一个常数。

由于光在空气中的速度接近于在真空中的速度,而光在任何介质中的速度均小于光速,所以所有的介质的折射率都大于 1。从前面的式子可看出 $\theta_i > \theta_r$。

当入射角 $\theta_i = 90°$时的折射角最大,称为临界角 θ_c。

如果 θ_i 从 0°到 90°都有入射的单色光,那么折射角 θ_r 从 0°到临界角 θ_c 也都有折射光,即角 $N'OD$ 区是亮的,而 DOA 区是暗的;OD 是明暗两区的分界线(图 2-15)。从这分界线的位置可以测出临界角 θ_c。若 $\theta_i = 90°$,$\theta_r = \theta_c$,则

$$n = \sin 90°/\sin\theta_c = 1/\sin\theta_c$$

只要测出临界角,即可求得介质的折射率。

在有机化学实验室里,一般都用阿贝(Abbe)折光仪来测定折射率。在折光仪上所刻的读数不是临界角度数,而是已计算好的折射率,故可直接读出。由于仪器上有消色散棱镜装置,所以可直接使用白光作光源,其测得的数值与钠光的 D 线所测得的结果等同。

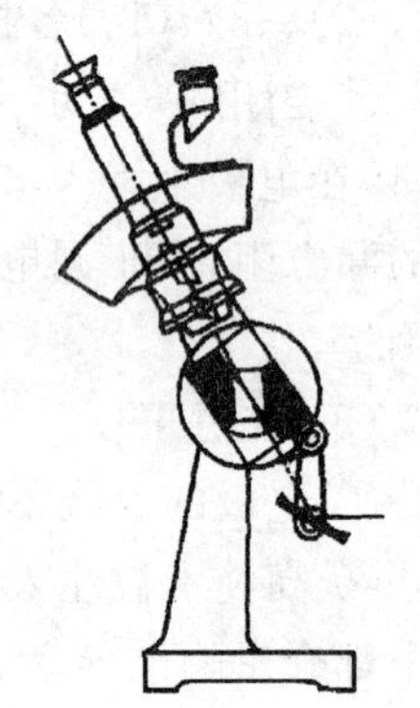

图 2-16 阿贝折光仪的结构示意图

阿贝折光仪的结构如图 2-16 所示,其使用方法如下:先将折光仪与恒温槽相连接,恒温(一般是 20 ℃)后,小心地扭开直角棱镜的闭合旋钮,把上、下棱镜分开。用少量丙酮、乙醇或乙醚润冲上、下两镜面,分别用擦镜纸顺一个方向把镜面轻轻擦拭干净。待完全干燥,使下面毛玻面棱镜处于水平状态,滴加一滴高纯度蒸馏水。合上棱镜,适当扭紧闭合旋钮。调节反射镜使光线射入棱镜。转动棱镜,直到从目镜中可观察到视场中有界线或出现彩色光带。倘出现彩色光带,可调整消色散镜调节器,使明暗界线清晰,再转动棱镜使界线恰好通过"十"字的交点。还需调节望远镜的目镜进行聚焦,使视场清晰。记下读数与温度。重复两次,将测得的纯水的平均折射率与纯水的标准值(n_D^{20} 1.33299)比较,就可求得仪器的校正值。然后用同样的方法,测定待测液体样品的折射率。一般说来,校正值很小。若数值太大,必须请实验室专职人员或指导教师重新调整仪器。

使用折光仪时要注意:不应使仪器曝晒于阳光下;要保护棱镜,不能在镜面上造成刻痕;在滴加液体样品时,滴管的末端切不可触及棱镜;避免使用对棱镜、金属保温套及其间的胶合

剂有腐蚀或溶解作用的液体。

应引起注意的是，折射率有加合性。测得的折射率与某化合物的折射率等同，不能完全确定所测物就是该化合物，也可能是两种或两种以上物质的混合物。

手册和教材中化合物的折射率是在钠光线 20 ℃下测定的值 n_D^{20}，可认为标准值。在温度 t 测定的折射率 n_{obs}^t 可通过下式换算成标准值 n_D^{20}：

$$n_D^{20}=n_{obs}^t+0.00045(t-20)$$

2.4.5 旋光仪

手性化合物能使偏振光的振动平面旋转一定角度，这个角度称为旋光度。由此，手性化合物又称旋光性物质或光学活性物质。大多数生物碱和生物体内的有机分子都是光学活性物质。光学活性物质使偏振光振动平面向右旋转（顺时针方向）的叫右旋光物质，向左旋转（逆时针方向）的叫左旋光物质。在给定的实验条件下测得的旋光度可以换算成比旋光度，进而计算出旋光性化合物的光学纯度。这些对鉴定、合成、研究旋光性化合物都是重要的。

测定溶液或液体物质旋光度的仪器是旋光仪。在旋光仪中起偏镜是产生偏振光的，检偏镜是测定光学活性物质使偏振光旋转的角度和方向的。测得的旋光度 α 的大小与测定时所用样品的浓度、盛样管的长度、测定的温度、所用光波的波长及样品溶剂的性质有关。通常用比旋光度$[\alpha]$表示物质的旋光度。比旋光度是一常数：

$$[\alpha]_D^t=\frac{\alpha}{\rho l}$$

式中：α——旋光仪测得的旋光度；

l——样品管中液层的厚度，dm；

D——光源的波长，通常是钠光源中的 D 线，以 D 表示；

t——测定时温度，℃；

ρ——溶液的质量浓度，以每 mL 溶液所含溶质的克数表示。如果测定的旋光性物质为纯液体，ρ 为密度，g/cm^3。

表示旋光度时还要注明测定时使用的溶剂。

旋光方向用“＋”、“－”表示，右旋光用“＋”表示，左旋光用“－”表示，外消旋体用“±”或“dl”表示。

由比旋光度可以计算出光学活性物质的光学纯度（op），其定义是：旋光性物质的比旋光度除以光学纯物质在相同条件下的比旋光度：

$$\text{op}=[\alpha]_{D样品}^t/[\alpha]_{D光学纯物质}^t\times100\%$$

旋光仪的种类很多，测定旋光的范围、读数的形式差别很大，在使用旋光仪前要先阅读说明书，掌握操作方法，了解注意事项。现在的旋光仪都是自动调节、自动显示读数，测定精确，使用很方便。图 2－17 和图 2－18 是 WZZ－1 型旋光仪的原理与结构。

测定方法如下：

(1) 配制溶液，准确称量 0.1～0.5 g 样品，放到 25 mL 容量瓶中配成溶液。一般溶剂可选用水、乙醇、氯仿等。

(2) 仪器接入 220 V 交流电源上，打开电源开关，预热 5 min，钠光灯点亮。

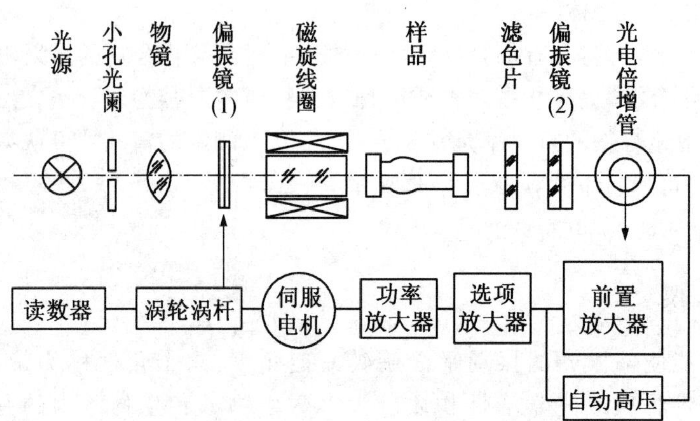

图 2-17　WZZ-1 型旋光仪原理

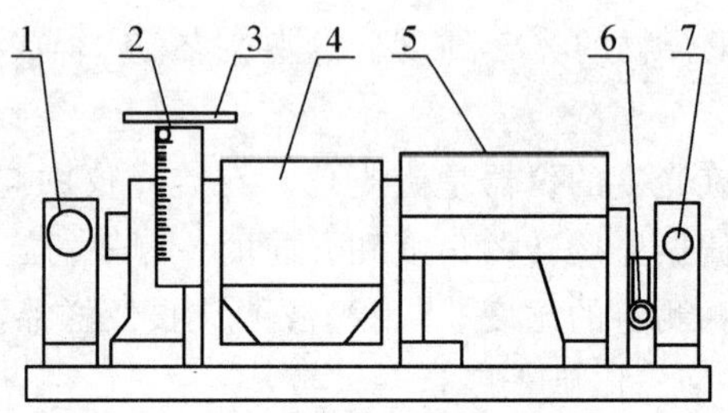

图 2-18　WZZ-1 型旋光仪结构

1-光源；2-整数盘；3-小数盘；4-磁旋线圈；
5-样品室；6-调零手轮；7-光电倍增管

(3) 打开示数开关，调节调零手轮，使旋光示值为零。

(4) 将样品管装蒸馏水或空白溶剂，放入样品室，盖上箱盖。样品管中若有气泡，让气泡浮在凸处，用软布揩干通光面两端的雾状水滴。样品管螺帽不宜旋得过紧，以免产生应力，影响读数。

(5) 取出样品管，装入样品，检查零点是否变化。按相同位置和方向放入样品室内，盖好箱盖，示数盘将转出该样品的旋光度，红色示值为左旋(－)，黑色示值为右旋(＋)。

(6) 按复测按钮，重复读几次数，取平均值。

(7) 测定温度要求在(20±2) ℃。

温度每升高 1 ℃，大多数旋光物质的旋光度减少 0.3%。

3 化学实验基本操作

3.1 简单玻璃加工方法

在化学实验中，经常需要各种形状的玻璃管、滴管和不同直径的毛细管，要求对玻璃管进行加工，以满足实验的需要。这是化学实验人员的一项基本技能。

3.1.1 玻璃管的清洗

玻璃管在加工之前需要洗净。玻璃管内的灰尘用水冲洗就可洗净。对于较粗的玻璃管，可以用两端缚有线绳的布条通过玻璃管，来回拉动，擦去管内的脏物。如果玻璃管保存得好，比较干净，也可以不洗，仅用布把玻璃管外面拭净，就可以使用。如果管内附着油腻的东西，用水不能洗净，用布条也不能擦净，那么可把长玻璃管适当地割短，浸在铬酸洗液里，然后取出用水冲洗。

洗净的玻璃管必须干燥后才能加工，可在空气中晾干、用热空气吹干或在烘箱中烘干，但不宜用灯火直接烤干，以免炸裂。

3.1.2 玻璃管的切割

截断玻璃管可用扁锉、三角锉或小砂轮片。切割时把玻璃管平放在桌子边缘，将锉刀(或砂轮片)的锋棱压在玻璃管要截断处(图 3-1a)，然后用力把锉刀向前推或向后拉，同时把玻璃管略微朝相反的方向转动，在玻璃管上刻划出一条清晰、细直的深痕。不要来回拉锉，因为这样会损伤锉刀的锋棱，而且会使锉痕加粗。要折断玻璃管时，只要用两手的拇指抵住锉痕的背面，再稍用拉和弯折的合力，就可使玻璃管断开(图 3-1b)。如果刻划后立即在锉痕上沾少许水，则玻璃管更易断开。断口处应整齐。

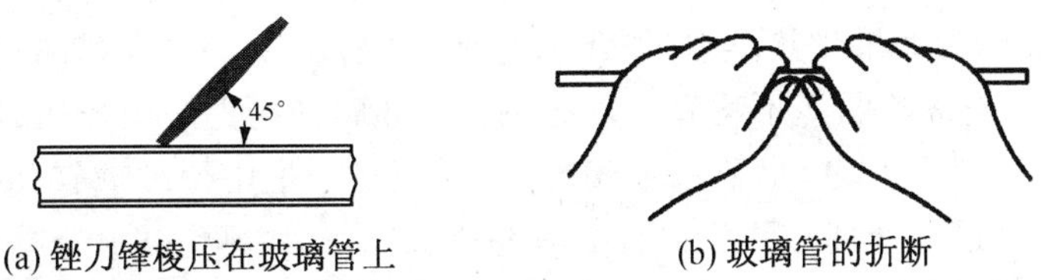

(a) 锉刀锋棱压在玻璃管上　　(b) 玻璃管的折断

图 3-1　玻璃管的截断

若需在玻璃管的近管端处进行截断，可先用锉刀在该处割一锉痕，再将一根末端拉细的玻璃棒在煤气灯的氧化焰上加热到红热(截断软质玻璃管时)或白炽(截断硬质玻璃管时)，使之成珠状，然后把它压触到锉痕处，锉痕会因骤然受强热而出现裂痕；有时裂痕迅速扩展成整圈，玻璃管即自行断开。若裂痕未扩展成一整圈，可以逐次用烧热的玻璃棒的末端压触在裂痕的稍前处引导,直至玻璃管完全断开。实际上,只要待裂痕扩大至玻璃管周长的90%时,即可用两手稍用力将玻璃管向里挤压,玻璃管就会整齐地断开。

玻璃管的断口很锋利,容易割破皮肤、橡皮管或塞子,故必须将断口在火焰中烧熔使其变光滑,方法是将断口放在氧化焰的边缘,不断转动玻璃管,烧到管口微红即可(不可烧得太久,否则管口会缩小),也可以用锉刀将断口锋利边缘磨光滑。

3.1.3 玻璃管的弯曲

有时需用弯成一定角度的玻璃管,这就要由实验者自己来制作。

玻璃管的质地有软硬之分。软质玻璃管受热易软化,加热不宜过度,否则在弯管时易发生歪扭和瘪陷。硬质玻璃管需用较强的火焰加热。

弯玻璃管时,先在弱火焰中将玻璃管烤热,逐渐调节灯焰使成强火焰,然后两手持玻璃管,将需要弯曲处放在氧化焰(宜在蓝色还原焰之上约2 mm处)中加热,同时两手等速缓慢地旋转玻璃管,使之受热均匀。为加宽玻璃管的受热面,可将玻璃管斜放在氧化焰中加热,或者在灯管上套一个扁灯头(鱼尾灯头,图3-2)。当玻璃管受热部分发出黄红光而且变软时,立即将玻璃管移离火焰,轻轻地顺势弯至一定的角度(图3-3)。如果玻璃管要弯成较小的角度,可分几次弯成,以免一次弯得过多使弯曲部分发生瘪陷或纠结(图3-4)。分次弯管时,各次的加热部位应稍有偏移,并且要等弯过的玻璃管稍冷后再重新加热,还要注意每次弯曲均应在同一平面上,不要使玻璃管变得歪扭。

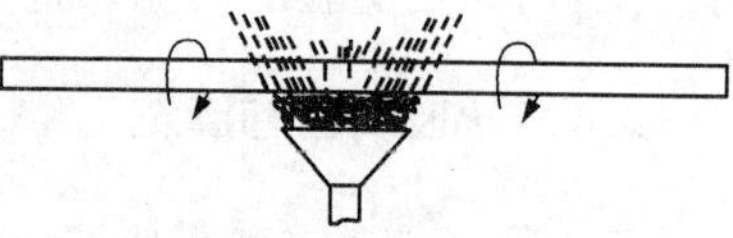

图3-2　用鱼尾灯加热玻璃管

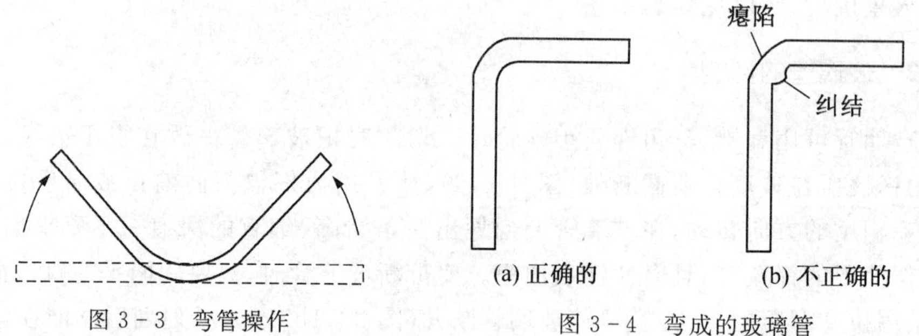

图3-3　弯管操作

图3-4　弯成的玻璃管

在弯管操作时,要注意以下几点:① 如果两手旋转玻璃管的速度不一致,那么会使玻璃管发生歪扭;② 玻璃管如果受热不够,则不易弯曲,并易出现纠结和瘪陷;③ 如果受热过度,玻璃管的弯曲处管壁常常厚薄不均和出现瘪陷;④ 玻璃管在火焰中加热时,双手不要向外拉或向内推,否则管径变得不均;⑤ 在一般情况下,不应在火焰中弯玻璃管;⑥ 弯好的玻璃管用小火烘烤一两分钟(退火处理)后,放在石棉网上冷却,不可将热的玻璃管直接放在桌面上或冷的金属铁架台上。

3.1.4 玻璃管的拉伸

3.1.4.1 拉制滴管

选择洗净烘干的管径为6~7 mm的玻璃管,截成约200 mm长一段,在酒精喷灯的氧化焰上加热管的中部，边加热边用两手等速地按同一方向慢慢地转动玻璃管。当开始烧软时，两手轻轻地稍向内挤，以加厚烧软处的管壁。当玻璃管烧成暗红色时，移离火焰，趁热慢慢拉制成适当直径的细管；拉伸时开始要慢，待拉到一定长度后快速拉伸。必须注意：两手边拉伸边往复转动玻璃管，使拉成的细管与原管处于同一轴线上。待稍冷后放到石棉网上冷却，然后用锉刀轻轻地截断细管。这样，一次可拉制成两支滴管。若细管与原玻璃管不处于同一轴线上，可将它再次拉伸，直到符合要求为止。滴管的细管口用黄色小火焰烧平滑(光口)，而另一端于慢慢转动下在氧化焰上烧成暗红色，移离火焰，管口以垂直角度轻轻地按到瓷板或石棉网上，然后放在石棉网上冷却。

3.1.4.2 拉制熔点管

最好选用干净烘干的管径为 10 mm 的薄壁玻璃管或坏试管拉制熔点管。像拉滴管一样，拉成管径为 1～1.2 mm 的毛细管。拉管时要密切注意毛细管的粗细，冷却后截成 100 mm 长，其两端在小火焰的边缘处封熔。封闭的管底要薄。用时把毛细管在中间截断，就成为两根熔点管。

3.1.4.3 拉制减压蒸馏用毛细管

要选用厚壁玻璃管拉制减压蒸馏用毛细管。拉制方法与拉制熔点管相似，其要点在于拉伸时动作要较迅速。欲拉制细孔且不易断的毛细管，可用两次拉制法：先按拉制滴管的方法拉成管径为 1.5～2 mm 的细管，稍冷后截断之；然后将细管部分用小火焰烧软，移离火焰并快速拉伸。为检验毛细管是否合用，可向管内吹气，毛细管的管端在乙醚或丙酮溶液中会冒出一连串小气泡。

3.2 玻璃量器及其使用

3.2.1 量筒和量杯

量筒和量杯都是外壁有容积刻度的准确度不高的玻璃容器。量筒分为量出式和量入式两种(图 3-5a、b)，量出式在基础化学实验中使用普遍。量入式有磨口塞子，其用途和用法与容量瓶相似，其精度介于容量瓶和量出式量筒之间，在实验中用得不多。量杯为圆锥形(图 3-5c)，其精度不及筒形量筒。量筒和量杯都不能用作精密测量，只能用来测量液体的大致体积，也用来配制大量溶液。

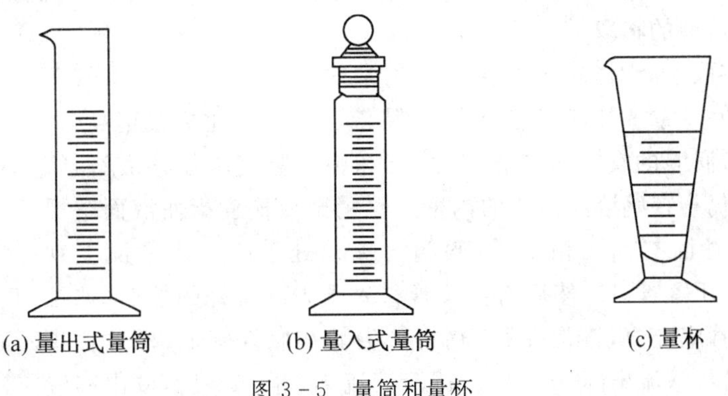

(a) 量出式量筒　(b) 量入式量筒　(c) 量杯

图 3-5　量筒和量杯

市售量筒(杯)有 5 mL、10 mL、25 mL、50 mL、100 mL、500 mL、1000 mL、2000 mL 等,可根据需要来选用。读数时,眼睛要与液面最凹处(弯月面底部)同一水平面上进行观察,读取弯月面底部的刻度(图 3-6)。

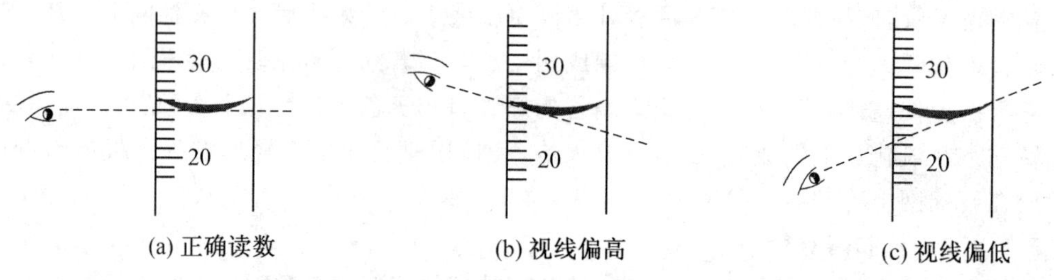

图 3-6　观看量筒内液体的容积

量筒(杯)不能放入高温液体,也不能用来稀释浓硫酸或溶解氢氧化钠(钾)。

用量筒量取不润湿玻璃的液体(如水银)应读取液面最高部位。量筒易倾倒而损坏,用时应放在桌面中央,用后应放在平稳之处。

3.2.2　移液管和吸量管

吸量管是具有分刻度的玻璃管(图 3-7a),用以吸取所需不同体积的液体。常用的吸量管有 1 mL、2 mL、5 mL 和 10 mL 等规格。

移液管是用来准确移取一定量液体的量器。它是一细长而中部膨大的玻璃管,上端刻有环形标线,膨大部分标有它的容积和标定时的温度(图 3-7b)。常用的移液管容积有 5 mL、10 mL、25 mL 和 50 mL等。

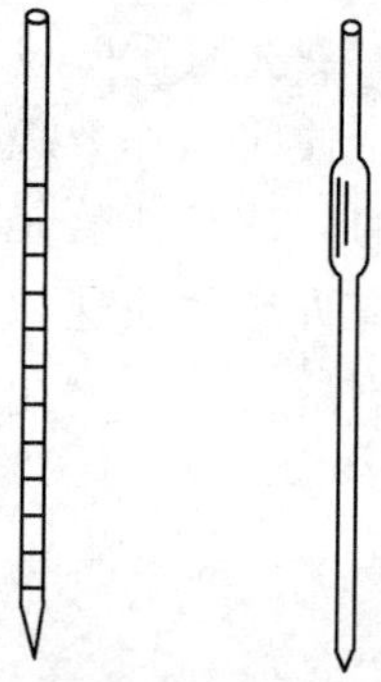

(a) 吸量管　(b) 移液管

图 3-7　吸量管和移液管

3.2.2.1　洗涤和润洗

移液管和吸量管在使用前要洗至内壁不挂水珠。洗涤时在烧杯中盛自来水,将移液管(或吸量管)下部伸入水中,右手拿住管颈上部,用洗耳球轻轻将水吸入至管内容积的一半左右,用右手食指按住管口,取出后把管横放,左右两手的拇指和食指分别拿住管的上、下两端,转动管子使水布满全管,然后直立,将水放出。如用水洗不净,则可用洗耳球吸取铬酸洗液洗涤,也可将移液管(或吸量管)放入盛有洗液的大量筒或高形玻璃筒内浸泡数分钟至数小时,取出后用自来水洗净,再用纯水润洗,方法同前。

吸取试液前,要用滤纸拭去管外水,并用少量试液润洗 2～3 次。方法同上述水洗操作。

3.2.2.2　溶液的移取

用移液管移取溶液时,右手拇指和食指拿住管颈标线上方,将管下部插入溶液中,左手拿洗耳球把溶液吸入,待液面上升到比标线稍高时,迅速用右手稍微润湿的食指压紧管口,拇指和中指竖直拿住移液管,管尖离开液面,但仍靠在盛溶液器皿的内壁上。稍微放松食指使液面缓缓下降,至溶液弯月面与标线相切时(眼睛与标线处于同一水平面上观察),立即用食指压紧管口。然后将移液管移入预先准备好的器皿(如锥形瓶)中。移液管应竖直,锥形瓶稍倾斜,管尖靠在瓶内壁上,松开食指让溶液自然地沿器壁流出(图 3-8)。待溶液流毕,等 15 s 后,取出移液

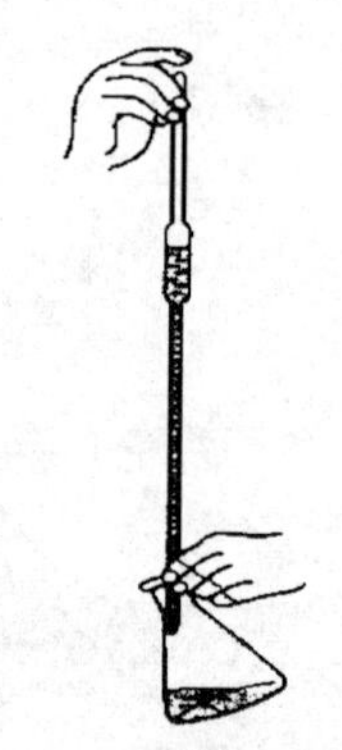

图 3-8　移取溶液姿势

管。残留在管尖的溶液切勿吹出，因校准该移液管时已将此考虑在内。

吸量管的用法与移液管基本相同。使用吸量管时，通常是使液面从它的最高刻度流至另一刻度，使两刻度间的体积恰为所需的体积。在同一实验中应尽可能使用同一吸量管的同一部位，且尽可能用上面部分。如果吸量管的分刻度一直刻到管尖，而且又要用到末端收缩部分，那么要把残留在管尖的溶液吹出。若用非吹入式的吸量管，则不能吹出管尖的残留液。

移液管和吸量管用毕，应立即用水洗净，放在管架上。

3.2.3　容量瓶

容量瓶主要用来把精确称量的物质准确地配成一定体积的溶液，或将浓溶液准确地稀释成一定体积的稀溶液。容量瓶的形状如图 3－9 所示，瓶颈上刻有环形标线，瓶上标有它的容积和标定时的温度，通常有 1 mL、2 mL、5 mL、10 mL、25 mL、50 mL、100 mL、200 mL、250 mL、500 mL、1000 mL 等规格。

容量瓶使用前同样应洗到不挂水珠。使用时，瓶塞与瓶口对号，不要弄错，为防止弄错引起漏水，可用橡皮筋或细绳将瓶塞系在瓶颈上。

当用固体配制一定体积的准确浓度的溶液时，通常将准确称量的固体放入小烧杯中，先用少量纯水溶解，然后定量地转移到容量瓶内。转移时，烧杯嘴紧靠玻璃棒，玻璃棒下端靠着瓶颈内壁，慢慢倾斜烧杯，使溶液沿玻璃棒顺瓶壁流下（图 3－10）。溶液流完后，将烧杯沿玻璃棒轻轻上提，同时将烧杯直立，使附在玻璃棒与烧杯嘴之间的液滴回到烧杯中。用纯水冲洗烧杯壁几次，每次洗涤后如上法转入容量瓶内。然后用纯水稀释，并注意将瓶颈附着的溶液洗下。当水加至容积的一半时，摇荡容量瓶使溶液均匀混合，但注意不要让溶液接触瓶塞及瓶颈磨口部分。继续加水至接近标线。稍停，待瓶颈上附着的液体流下后，用滴管仔细加纯水至弯月面下沿与环形标线相切。用一只手的食指压住瓶塞，另一只手的拇指、中指、食指三个指头顶住瓶底边缘（图 3－11），倒转容量瓶，使瓶内气泡上升到顶部，激烈振荡 5～10 s，再倒转过来，如此重复十次以上，使溶液充分混匀。

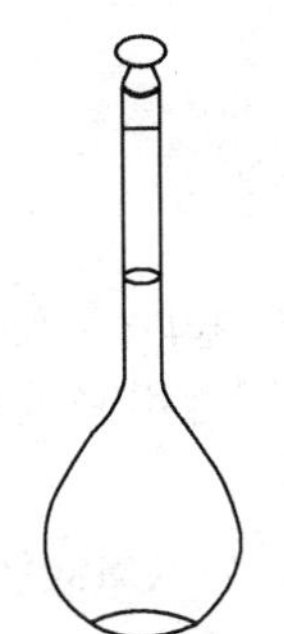

图 3－9　容量瓶

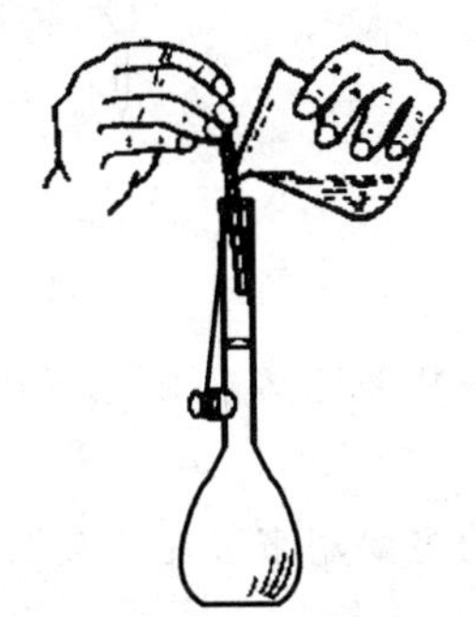

图 3－10　向容量瓶转移溶液

图 3－11　溶液的混匀

当用浓溶液配制稀溶液时，用移液管或吸量管吸取准确体积浓溶液放入容量瓶中，按上述方法冲稀至标线，摇匀。

若操作失误，使液面超过标线但仍欲使用该溶液时，可用透明胶布在瓶颈上另做一标记，再用滴定管加水至所做标记处，则此溶液的真实体积应为容量瓶容积与另加入的水的体积之和。这只是一种补救措施，在正常操作中应避免出现这种情况。

容量瓶不可在烘箱中烘烤，也不能用任何加热的办法来加速瓶中物料的溶解。长期使用的溶液不要放置于容量瓶内，而应转移到洁净干燥或经该溶液润洗过的储藏瓶中保存。

注意：(1) 容量器皿上常标有符号 E 或 A。E 表示"量入"容器，即溶液充满至标线后，量器内溶液的体积与量器上所标明的体积相等；A 表示"量出"容器，即溶液充满至刻度线后，将溶液自量器中倾出，体积正好与量器上标明的体积相等。有些容量瓶用符号"In"表示"量入"，"Ex"表示"量出"。

(2) 量器按其容积的准确度分为 A、A_2、B 三个等级。A 级的准确度比 B 级高一倍，A_2 级介于 A 和 B 之间。过去量器的等级用"一等"、"二等"，"Ⅰ"、"Ⅱ"或(1)、(2)等表示，分别相当于 A、B 级。

3.2.4　滴定管

滴定管是滴定分析时用以准确量度流出的操作溶液体积的量出式玻璃仪器。常用的滴定管容积为 50 mL 和 25 mL，其最小刻度是 0.1 mL，在最小刻度之间可估计读出 0.01 mL，一般读数误差为±0.02 mL。此外，还有容积为 10 mL、5 mL、2 mL 和 1 mL 的半微量和微量滴定管，最小分度值为 0.05 mL、0.01 mL 或 0.005 mL，它们的形状各异。

根据控制溶液流速的装置不同，滴定管可分为酸式滴定管和碱式滴定管两种。

酸式滴定管(图 3-12)下端有一玻璃旋塞。开启旋塞时，溶液即从管内流出。酸式滴定管用于装酸性或氧化性溶液，但不宜装碱液，因玻璃易被碱液腐蚀而黏住，以致无法转动。

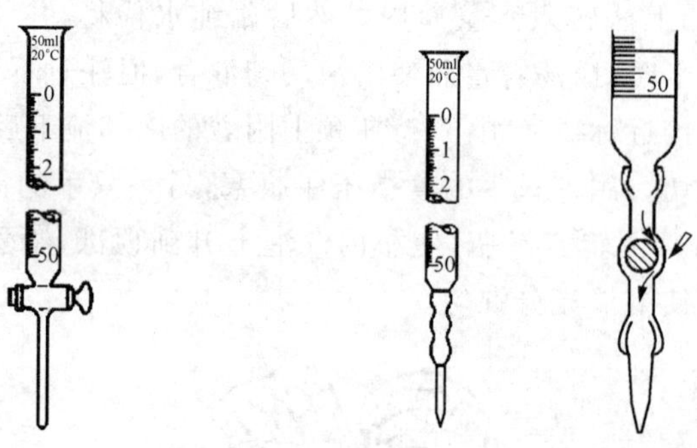

图 3-12　酸式滴定管　　图 3-13　碱式滴定管

碱式滴定管(图 3-13)下端用乳胶管连接一个带尖嘴的小玻璃管，乳胶管内有一玻璃珠用以控制溶液的流出。碱式滴定管用来装碱性溶液和无氧化性溶液，不能用来装对乳胶有侵蚀作用的酸性溶液和氧化性溶液。

滴定管有无色和棕色两种。棕色的主要用来装见光易分解的溶液(如 $KMnO_4$、$AgNO_3$ 溶液等)。

酸式滴定管的使用包括洗涤、涂脂、检漏、润洗、装液、气泡的排除、读数、滴定等步骤。

(1) 洗涤　先用自来水冲洗，再用滴定管刷蘸肥皂水或合成洗涤剂刷洗。滴定管刷的刷毛要相当的软，刷头的铁丝不能露出，也不能向旁边弯曲，以防划伤滴定管内壁。洗净的滴定管内壁应完全被水润湿而不挂水珠。若管壁挂有水珠，则表示其仍附有油污，需用洗液装满滴定管浸泡 10～20 min。回收洗液，再用自来水洗净。

(2) 涂脂与检漏　滴定管的旋塞必须涂脂，以防漏水和保证转动灵活。其方法是：将滴定管平放于实验台上，取下旋塞，用清洁的布或滤纸将洗净的旋塞和栓管擦干(绝对不能有水，为什么?)。在旋塞粗端和栓管细端均匀地涂上一层凡士林。然后将旋塞小心地插入栓管中(注意不要转着插，以免凡士林弄到栓孔使滴定管堵塞)。沿同一个方向旋塞(图 3-14)，旋到全部透明。为了防止旋塞从栓管中脱出，可用橡皮筋把旋塞系牢，或用橡皮筋套住旋塞末端。凡士林不可涂得太多，否则易使滴定管的细孔堵塞；但涂得太少，则润滑不够，旋塞转动不灵活，甚至会漏水。涂得好的旋塞应当透明、无纹路，旋转灵活。

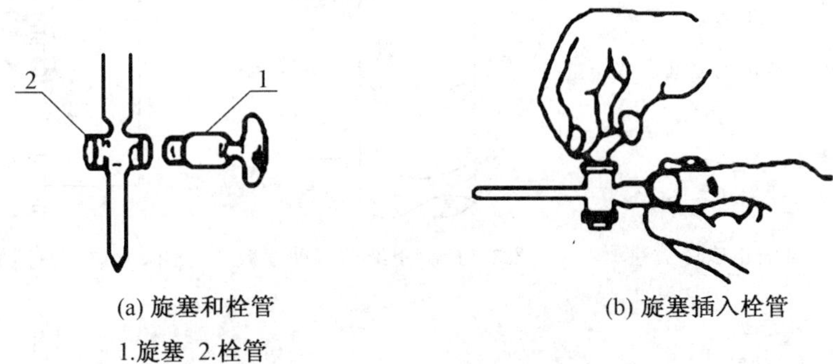

(a) 旋塞和栓管
1.旋塞 2.栓管

(b) 旋塞插入栓管

图 3-14 旋塞的涂脂

涂脂完后，在滴定管中加少许水，检查是否堵塞或漏水。若碱式滴定管漏水，可更换乳胶管或玻璃珠。若酸式滴定管漏水或旋塞转动不灵，则应重新涂凡士林，直到满意为止。

(3) 润洗 用自来水洗净的滴定管，首先要用纯水润洗 2～3 次，以避免管内残存的自来水影响测定结果。每次润洗加入 5～10 mL 纯水，并打开旋塞使部分水由此流出，以冲洗出口管。然后关闭旋塞，两手平端滴定管慢慢转动，使水流遍全管。最后边转动边向管口倾斜，将其余的水从管口倒出。

用纯水润洗后，再按上述操作方法，用待装标准溶液润洗滴定管 2～3 次，以确保待装标准溶液不被残存的纯水稀释。每次取标准溶液前，要将瓶中的溶液摇匀，然后倒出使用。

(4) 装液 关好旋塞，左手拿滴定管，略微倾斜，右手拿住瓶子或烧杯等容器向滴定管中注入标准溶液。不要注入太快，以免产生气泡，待液面到“0”刻度附近为止。用布擦净外壁。

(5) 气泡的排除 装入操作液的滴定管应检查出口下端是否有气泡，如有应及时排除。其方法是：取下滴定管倾斜成约 30°角。若为酸式滴定管，可用手迅速打开旋塞(反复多次)，使溶液冲出带走气泡；若为碱式滴定管，则将乳胶管向上弯曲，用两指挤压稍高于玻璃珠所在处，使溶液从管口喷出，气泡亦随之而排去(图 3-15)。

图 3-15 碱式滴定管排气泡法

排除气泡后，再把操作液加至“0”刻度处或稍下。滴定管下端如悬挂液摘也应当除去。

(6) 读数 读数前，滴定管应竖直静置 1 min。读数时，管内壁应无液珠，管出口的尖嘴内应无气泡，尖嘴外应不挂液滴，否则读数不准。读数方法是：取下滴定管，用右手拇指和食指捏住滴定管上部无刻度处，使滴定管保持竖直，并使自己的视线与所读液面处于同一水平面上(图 3-16)，也可以把滴定管竖直地夹在滴定管架上进行读数。对无色或浅色溶液，读取弯月面下沿最低点；对有色或深色溶液，则读取液面两侧的最高点。读数要准确至小数点后第二位。为了帮助读数，可用带色纸条围在滴定管外弧形液面下的一格处，当眼睛恰好看到纸条前后边缘相重合时，可较准确地读出弯月面所对应的液体体积刻度(图 3－17)；也可以采用黑白纸板作辅助(图 3－18)，这样能更清晰地读出黑色弯月面所对应的滴定管读数。若滴定管带有白底蓝条，则调整眼睛和液面在同一水平后，读取两尖端相交处的读数(图 3－19)。

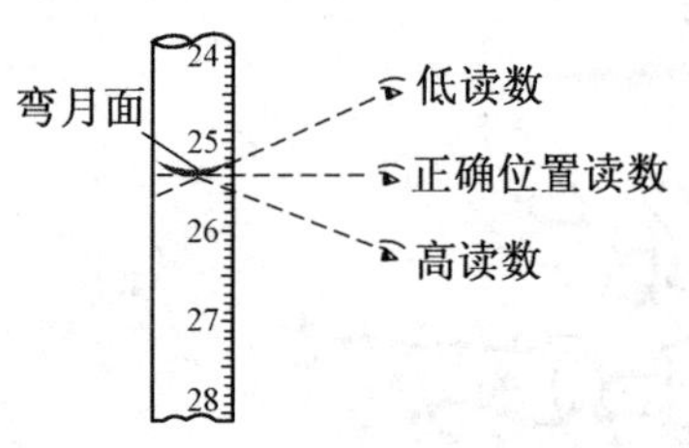

图 3－16　滴定管的正确读数法

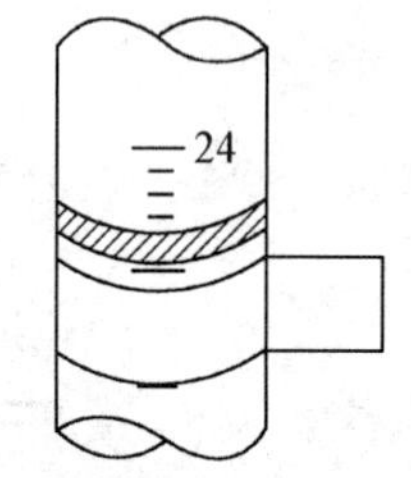

图 3－17　用纸条帮助读数

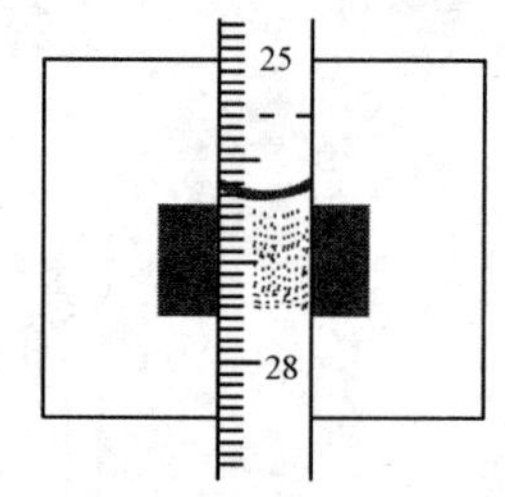

图 3－18　使用黑白纸板读数

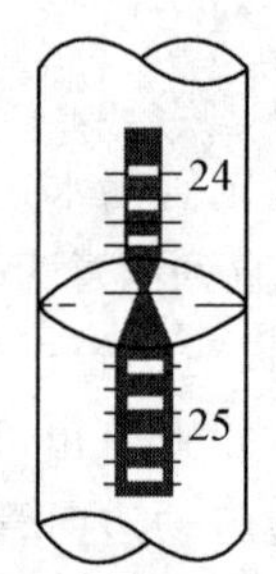

图 3－19　带蓝条滴定管的读数

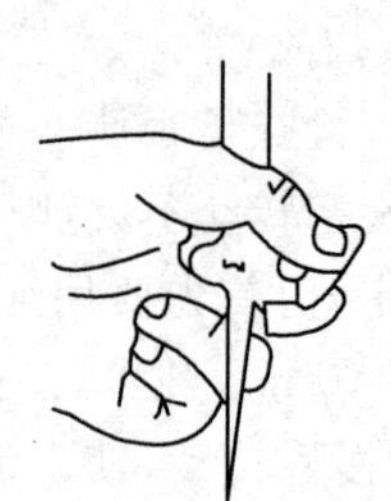

图 3－20　旋塞转动的姿势

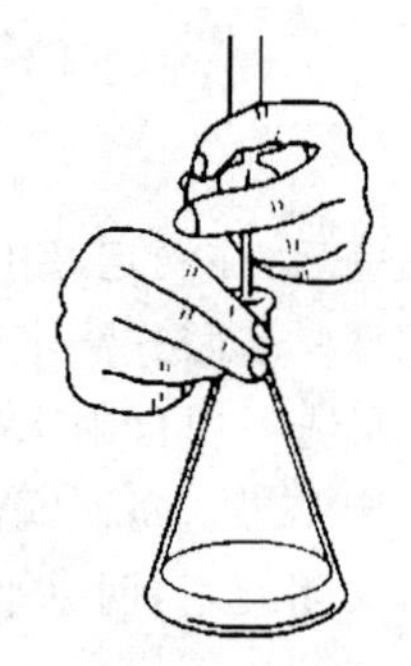

图 3－21　滴定姿势

(7) 滴定操作　滴定过程的关键在于掌握滴定管的操作方法及溶液的混匀方法。

使用酸式滴定管滴定时，身体直立，以左手的拇指、食指和中指轻轻地拿住旋塞柄，无名指及小指抵住旋塞下部并手心弯曲，食指和中指由下向上各顶住旋塞柄一端，拇指在上面配合转动(图 3－20)。转动旋塞时应注意不要让手掌顶出旋塞而造成漏液。右手持锥形瓶使滴定管管尖伸入瓶内，边滴定边摇动锥形瓶(图 3－21)，瓶底应向同一方向(顺时针)做圆周运动，不可前后振荡，以免溅出溶液。滴定和摇动溶液要同时进行，不能脱节。在整个滴定过程中，左手一直不能离开旋塞而任溶液自流。锥形瓶下面的桌面上可衬白纸，使终点易于观察。

使用碱式滴定管时，左手拇指在前，食指在后，捏挤玻璃珠外面的乳胶管，溶液即可流出，但不可捏挤玻璃珠下方的乳胶管，否则会在管嘴处出现气泡。滴定速度不可过快，要使溶液逐滴流出而不连成线。滴定速度一般为 10 mL/min，即 3～4 滴/s。

滴定过程中，要注意观察标准溶液的滴落点。开始滴定时，离终点很远，滴入标准溶液时一般不会引起可见的变化，但滴到后来，滴落点周围会出现暂时性的颜色变化并立即消失。随着离终点的越来越近，颜色消失渐慢，在接近终点时，新出现的颜色暂时地扩散到较大范围，但转动锥形瓶 1～2 圈后仍完全消失，此时应不再边滴边摇，而应滴一滴摇几下。通常最后滴入半滴，溶液颜色突然变化，而且半分钟内不褪，则表示终点已到达。滴加半滴溶液时，可慢慢控制旋塞，使液滴悬挂管尖而不滴落，用锥形瓶内壁将液滴擦下，再用洗瓶以少量纯水将之冲入锥形瓶中。

滴定过程中，尤其临近终点时，应用洗瓶将溅在瓶壁上的溶液洗下去，以免引起误差。

滴定也可在烧杯中进行。滴定时边滴边用玻璃棒搅拌烧杯中的溶液（也可使用电动搅拌器）。

滴定完毕，应将剩余的溶液从滴定管中倒出，用水洗净。对于酸式滴定管，若较长时间放置不用，还应将旋塞拔出，洗去润滑脂，在旋塞与栓管之间夹一小纸片，再系上橡皮筋。

3.3 物质处理和溶液配制

3.3.1 物质的干燥

3.3.1.1 液体的干燥

在有机化学实验中，在蒸掉溶剂和进一步提纯所提取的物质之前，常常需要除掉溶液或液体中含有的水分，一般可用某种无机盐或无机氧化物作为干燥剂来达到干燥的目的。

（1）干燥剂的分类

① 和水能结合成水合物的干燥剂，如氯化钙、硫酸镁和硫酸钠等。

② 和水起化学反应，形成另一种化合物的干燥剂，如五氧化二磷、氧化钙等。

③ 能吸附水的干燥剂，如分子筛、硅胶等。

（2）干燥剂的选择　选择干燥剂时，首先必须考虑干燥剂和被干燥物质的化学性质。能和被干燥物质起化学反应的干燥剂，通常是不能使用的。干燥剂也不应该溶解在被干燥的液体里。其次还要考虑干燥剂的干燥能力、干燥速度、价格和被干燥液体的干燥程度等。下面介绍几种最常用的干燥剂。

① 无水氯化钙　由于它吸水能力强（在 30 ℃以下形成 $CaCl_2 \cdot 6H_2O$），价格便宜，所以在实验室中使用广泛。但它的吸水速度不快，因而用于干燥的时间较长。

工业上生产的氯化钙往往还含有少量的氢氧化钙，因此这一干燥剂不能用于酸或酸性物质的干燥。同时氯化钙还能和醇、酚、酰胺、胺以及某些醛和酯等形成配合物，所以也不能用于这些化合物的干燥。

② 无水硫酸镁　它是很好的中性干燥剂，价格不太贵，干燥作用快，可用于干燥不能用氯化钙来干燥的许多化合物，如某些醛、酯等。

③ 无水硫酸钠　它是中性干燥剂，吸水能力很大（在 32.4 ℃以下，形成 $Na_2SO_4 \cdot 10H_2O$），使用范围也很广。但它的吸水速度较慢，且最后残留的少量水分不易被它吸收。因此，这一干燥剂常适用于含水量较多的溶液的初步干燥，残留水分再用更强的干燥剂来进一步干燥。硫酸钠的水合物（$Na_2SO_4 \cdot 10H_2O$）在 32.4 ℃就要分解而失水，所以温度在 32.4 ℃以上时不宜用它作干燥剂。

④ 碳酸钾　吸水能力一般（形成 $K_2CO_3 \cdot 2H_2O$），可用于胺、酮、酯等的干燥；但不能用于酸、酚和其他酸性物质的干燥。

⑤ 氢氧化钠和氢氧化钾　用于胺类的干燥比较有效。因为氢氧化钠（或氢氧化钾）能和很多有机化合物起反应（例如酸、酚、酯和酰胺等），也能溶于某些液体有机化合物中，所以它的使用范围很有限。

⑥ 氧化钙　适用于低级醇的干燥。氧化钙和氢氧化钙均不溶于醇类，对热都很稳定，又均不挥发，故不必从醇中除去，即可对醇进行蒸馏。由于它具有碱性，所以它不能用于酸性化合物和酯的干燥。

⑦ 金属钠　用于干燥乙醚、脂肪烃和芳烃等。这些物质在用钠干燥以前，首先要用氯化钙等干燥剂把其中的大量水分去掉。使用时，金属钠要用刀切成薄片，最好是用金属钠压丝机(图 3-22)把钠压成细丝后投入溶液中，以增大钠和液体的接触面。

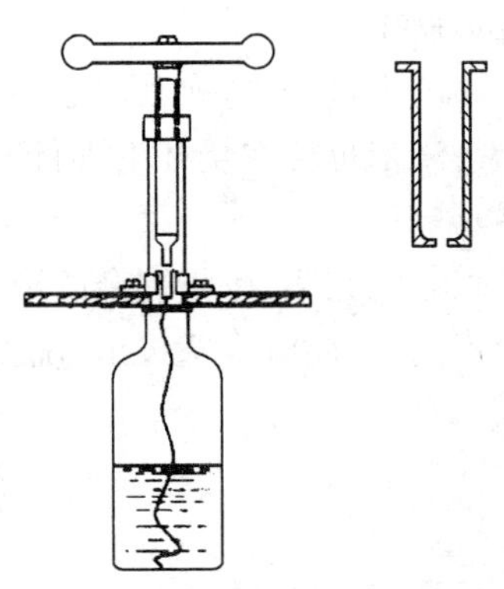
图 3-22　金属钠压丝机

⑧ 分子筛(4A,5A)　用于中性物质的干燥。它的干燥能力强，一般用于要求含水量很低的物质的干燥。分子筛价格很贵，使用后常常在真空加热下活化，再重新使用。

(3) 操作方法　把干燥剂放入溶液或液体里，一起振荡，放置一定时间后将溶液和干燥剂分离。干燥剂的用量不能过多，否则由于固体干燥剂的表面吸附，被干燥物质会有较多的损失；如果干燥剂用量太少，则加入的干燥剂便会溶解在所吸附的水中，在此情况下，可用吸管除去水层，再加入新的干燥剂。所用的干燥剂颗粒不要太大，但也不要呈粉状，颗粒太大，表面积减小，吸水作用不大；粉状干燥剂在干燥过程中容易成泥浆状，分离困难。温度越低，干燥剂的干燥效果越大，所以干燥宜在室温下进行。

在蒸馏之前，必须把干燥剂和液体分离。

各类有机化合物常用的干燥剂如表 3-1 所示。

表 3-1　各类有机化合物常用的干燥剂

有机化合物	干　燥　剂
烃	氯化钙、金属钠、分子筛
卤烃	氯化钙、硫酸镁、硫酸钠
醇	碳酸钾、硫酸镁、硫酸钠、氧化钙
醚	硫酸镁、金属钠、硫酸钠
醛	硫酸镁、硫酸钠
酮	碳酸钾；氯化钙(高级酮干燥用)
酯	硫酸镁、硫酸钠、碳酸钾
硝基化合物	氯化钙、硫酸镁、硫酸钠
有机酸、酚	硫酸镁、硫酸钠
胺	氢氧化钠、氢氧化钾、碳酸钾

3.3.1.2　固体的干燥

固体在空气中自然晾干是最简便、最经济的干燥方法。把要干燥的物质先放在滤纸上面或多孔性瓷板上面压干，再在一张滤纸上薄薄地摊开并覆盖起来，放在空气中慢慢地晾干。

烘干可以很快地使物质干燥。把要烘干的物质放在表面皿或蒸发皿中，放在水浴上、砂浴上或两层隔开的石棉铁丝网的上层烘干，也可放在恒温烘箱中或用红外线灯烘干。在烘干过程中，要注意防止过热。容易分解或升华的物质，最好放在干燥器或真空干燥器中干燥。如烘干少量物质，也可用图 3－23 所示的手枪式真空恒温干燥器干燥，手枪把内可装入合适的干燥剂。

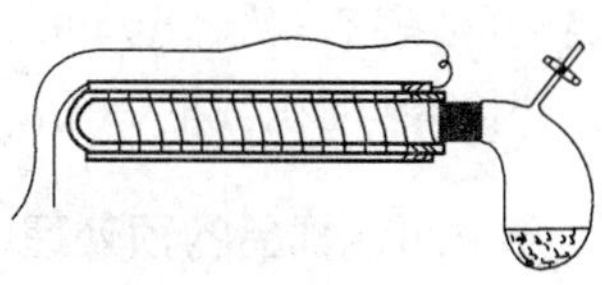
图 3－23 真空恒温干燥器

3.3.2 溶液的配制

3.3.2.1 一般溶液的配制

溶液的配制一般是指把固态试剂溶于水（或其他溶剂）配制成溶液或把液态试剂（或浓溶液）加水稀释为所需的稀溶液。

（1）配制饱和溶液时，所需溶质的量应比计算量稍多，加热使之溶解后冷却，待结晶析出后再用，这样可保证溶液饱和。

（2）配制易水解盐的溶液，必须把它们先溶解在相应的酸溶液[如 $SnCl_2$，$SbCl_3$，$Bi(NO_3)_3$ 和 $Hg(NO_3)_2$]或碱溶液（如 Na_2S，Na_2CO_3 等）中以抑制水解。对于易氧化的盐[如 $FeSO_4$，$SnCl_2$，$Hg_2(NO_3)_2$]，不仅需要酸化溶液，而且应在该溶液中加入相应的纯金属。

（3）试剂溶解时如有较高的溶解热产生，则配制溶液的操作一定要在烧杯中进行。在配制过程中，加热和搅拌可加速溶解，但搅拌不宜太猛，更不能使搅棒触及烧杯壁。

3.3.2.2 基准物质与标准溶液

标准溶液就是指一种已知准确浓度的溶液。在滴定分析中，不论采用哪种滴定方式，都离不开标准溶液，都是利用标准溶液的浓度和用量来计算待测组分的含量。因此，在滴定分析中，必须正确配制标准溶液并准确标定标准溶液的浓度。

（1）基准物质　能用于直接配制或标定标准溶液的物质称为基准物质。作为基准物质必须具备下列条件：

① 物质的组成与化学式完全相符，若含结晶水，其含量也应相符。

② 物质的纯度足够高，一般要求其纯度在 99.9%。

③ 性质稳定，在保存或称量过程中其组成不变，如不易吸水、吸收 CO_2 等。

④ 试剂最好具有较大的摩尔质量，这样，称量量相应较多，从而可减小称量误差。例如，$Na_2B_4O_7 \cdot 10H_2O$ 和 Na_2CO_3 作为标定盐酸标准溶液的基准物质，符合上述前三条要求，但前者摩尔质量大于后者，因此 $Na_2B_4O_7 \cdot 10H_2O$ 更适合作为标定盐酸标准溶液的基准物质。

3.3.2.3 标准溶液的配制

标准溶液的配制可分为直接配制法和间接配制法。

（1）直接配制法　准确称取一定量的基准物质，溶于水后转入容量瓶中定容，根据所称物质的质量和定容的体积即可计算出该标准溶液的准确浓度。例如，准确称取 1.226 g 基准物质 $K_2Cr_2O_7$，用水溶解后置于 250 mL 容量瓶中，加水稀释至刻度，即可得到 0.01667 mol · L^{-1} 的 $K_2Cr_2O_7$ 标准溶液。

（2）间接配制法　许多化学试剂，由于它们的纯度或稳定性不够等原因，不能直接配制成标准溶液。此时可先将它们配制成近似浓度的溶液，然后再用基准物质或已知浓度的标准溶液来标定该标准溶液的准确浓度，这种配制标准溶液的方法称为间接配制法，也称标定法。如欲配制准确浓度为 0.1 mol · L^{-1} 的 NaOH 标准溶液，可先在普通天平上称取 4 g NaOH，用水将其溶解后，稀释至 1 L 左右，然后用基准物质如邻苯二甲酸氢钾或已知浓度的 HCl 标准溶液标定其准确浓度。

3.3.3 样品的预处理

在分析化学工作中，一般需要将实验试样分解，使待测物质完全转入溶液中制备为分析试液。试样分解和分析试液的制备是分析工作的重要环节，一般要求试样分解完全，待测物质不损失，同时还要避免引入对测定产生干扰的物质。

实验室中供学生直接取用的样品多为固体试样，颗粒较细，通常只有零点零几克至零点几克，而直接从现场采集的样品通常是大颗粒，样品量较大，组分在颗粒中分布不均匀。为保证所取试样具有代表性，应从物料的不同部位合理采取有代表性的一小部分试样，称为原始平均试样。原始平均试样需要进行粉碎、过筛、缩分等处理得到分析试样。

3.3.3.1 分析样品的采样

采集原始分析试样时，应根据样品的存放情况选择合理的取样点。对于采集多少原始试样才具有代表性，人们总结了一个经验公式：

$$Q \geqslant kd^a$$

式中：Q 为平均试样的最低质量(kg)；d 为试样中最大颗粒直径(mm)；k 为物料的均匀系数(0.02～1.00，均匀度差的取值较大)；a 为物料的易破碎系数(1.8～2.5，我国地质部门将其定为 2)。

3.3.3.2 分析试样的制备

由于原始取样的量一般很大(往往有十几千克至几十千克)，且组分在颗粒中分布不均匀，要将其处理成 100～300 g 的分析试样，需要进行粉碎、过筛、缩分等处理。所谓缩分，是将样品合理地留用一半。经过多次缩分后可使实验室保留样品大大减少，常用的手工缩分方法是四分法。

若是土壤等较为易粉碎的少量样品，可直接在研钵中研细；若是硬度较高的样品，则需要用球磨机磨碎后再做处理。

所有样品在使用前应按其检测项目的不同做进一步的处理，如烘干等，再用称量瓶分装后置于干燥器中备用。其他种类试样的准备要求参见《分析化学手册》。

3.3.3.3 分析试样的预处理

分析试样的预处理包括试样的分解和预分离富集。定量分析一般采用湿法分析，即将试样分解后制成溶液，然后进行测定。正确的分解方法应使试样分解完全，且分解过程中待测组分不应损失。另外，还应尽量避免引入干扰组分。分解试样的方法很多，主要有酸溶法、碱溶法和熔融法，操作时可根据试样的性质和分析的要求选用适当的分解方法。

实际试样中往往有多种组分共存，测定其中某一种组分时，共存的其他组分可能对其测定产生干扰，因此，必须采用适当的方法消除干扰。加掩蔽剂是最简单的消除干扰的方法，但并非对任何干扰组分都能起作用。在许多情况下，需要选用适当的分离方法使待测组分与其他干扰组分分离。有时，试样中待测组分含量太低，需要用适当的方法将待测组分富集后再进行测定。

分析试样的溶解方法：用溶剂溶解试样时，应先将盛有试样的烧杯适当倾斜，然后把量筒嘴靠近烧杯壁，让溶剂慢慢顺着杯壁流入(或使溶剂沿玻璃棒慢慢流入)，溶剂加入后，用玻璃棒搅拌，使之完全溶解。溶解会产生气体的试样时，先用少量水将其润湿成糊状，用洁净的表面皿将烧杯盖上，然后用滴管将溶剂自杯嘴逐滴加入，以防生成的气体将试样带出，溶解后用蒸馏水冲洗表面皿。

对于需要加热才能溶解的试样，加热时要盖上表面皿，同时要防止溶液剧烈沸腾和崩溅。冷却后同样用蒸馏水冲洗表面皿。盛放试样的烧杯都要用表面皿盖上，以防脏物落入。溶解时放在烧杯中的玻璃棒不要随意取出，以免溶液损失。

3.4 物质的分离与提纯

3.4.1 结晶与重结晶

晶体从溶液中析出的过程称为结晶。

结晶是提纯固态物质的重要方法之一。结晶时要求溶质的浓度达到饱和。要使溶质的浓度达到饱和程度，通常有两种方法，一种是蒸发法，即通过蒸发、浓缩或汽化，减少一部分溶剂使溶液达到饱和而结晶析出。此法主要用于溶解度随温度改变而变化不大的物质(如氯化钠)。另一种是冷却法，即通过降低温度使溶液冷却达到饱和而析出晶体。此法主要用于溶解度随温度下降而明显减小的物质(如硝酸钾)。有时需将两种方法结合使用。

晶体颗粒的大小与结晶条件有关。如果溶质的溶解度小，或溶液的浓度高，或溶剂的蒸发速度快，或溶液冷却快，析出的晶粒就细小，反之，就可得到较大的晶体颗粒。在实际操作中，常根据需要控制适宜的结晶条件，以得到大小合适的晶体颗粒。

当溶液发生过饱和现象时，可以振荡容器、用玻璃棒搅动或轻轻地摩擦器壁，或投入几粒晶种，来促使晶体析出。

当第一次得到的晶体纯度不符合要求时，可将所得的晶体溶于少量溶剂中，再进行蒸发(或冷却)、结晶、分离，如此反复操作称为重结晶。重结晶是提纯固体物质常用的重要方法之一，它适用于溶解度随温度改变而有显著变化的物质的提纯。有些物质的纯化，需经过几次重结晶才能完成。

从有机化学反应中制得的固体产物，常含有少量杂质。除去这些杂质的最有效方法之一就是用适当的溶剂来进行重结晶。重结晶的一般过程是使待重结晶物质在较高的温度(接近溶剂沸点)下溶于合适的溶剂里，趁热过滤以除去不溶物质和有色的杂质(加活性炭煮沸脱色)，将滤液冷却，使晶体从过饱和溶液里析出，而可溶性杂质仍留在溶液里；然后进行减压过滤，把晶体从母液中分离出来。洗涤晶体以除去吸附在晶体表面上的母液。

3.4.1.1 溶剂的选择

首先要正确地选择溶剂，这对重结晶操作有很重要的意义。在选择溶剂时，必须考虑被溶解物质的成分和结构，相似的物质相溶。例如，含羟基的物质一般都能或多或少地溶解在水里，高级醇(由于碳链的增长)在水中的溶解度就显著地减小，而在乙醇和碳氢化合物中的溶解度就相应地增大。

溶剂必须符合下列条件：

(1) 不与重结晶的物质发生化学反应；

(2) 在高温时，重结晶物质在溶剂中的溶解度较大，而在低温时则很小；

(3) 杂质的溶解度或是很大(待重结晶物质析出时，杂质仍留在母液内)或是很小(待重结晶物质溶解在溶剂里，借过滤除去杂质）；

(4) 容易和重结晶物质分离。

此外，也需适当地考虑溶剂的毒性、易燃性、价格和溶剂回收等因素。

常用溶剂及其沸点如表 3－2 所示。

表 3－2　常用溶剂及其沸点

溶　　剂	沸点/℃	溶　　剂	沸点/℃	溶　　剂	沸点/℃
水	100	乙酸乙酯	77	氯　　仿	61.7
甲　　醇	65	冰醋酸	118	四氯化碳	76.5
乙　　醇	78	二硫化碳	46.5	苯	80
甲基叔丁基醚	54	丙　　酮	56	粗汽油	90～150

为了选择合适的溶剂，除需要查阅化学手册外，有时还需要采用试验的方法。其方法是：取几支小试管，各放入约 0.2 g 待重结晶的物质，分别加入 0.5～1 mL 不同种类的溶剂，加热到完全溶解，冷却后能析出最多量晶体的溶剂，一般可认为是最合适的。如果固体物质在 3 mL热溶剂中仍不能全溶，可以认为该溶剂不适用于重结晶。如果固体在热溶剂中能溶解，而冷却后无晶体析出，这时可用玻璃棒在液面下的试管内壁上摩擦，可以促使晶体析出，若还得不到晶体，则说明此固体在该溶剂中的溶解度很大，这样的溶剂不适用于重结晶。如果物质易溶于某一溶剂而难溶于另一溶剂，且该两溶剂能互溶，那么就可以用两者配成的混合溶剂来进行试验。常用的混合溶剂有乙醇与水、甲醇与甲基叔丁基醚、苯与甲基叔丁基醚等。

3.4.1.2　操作

通常在锥形瓶中进行重结晶，因为这样便于取出生成的晶体。使用易挥发或易燃的溶剂时，为了避免溶剂的挥发和发生着火事故，把待重结晶的物质放入锥形瓶中，锥形瓶上应装上回流冷凝管，溶剂可由冷凝管上口加入。先加入少量溶剂，加热到沸腾，然后逐渐地添加溶剂（加入后，再加热煮沸），直到固体全部溶解为止。但应注意，不要因为重结晶的物质中含有不溶解的杂质而加入过量的溶剂。除高沸点溶剂外，一般都在水浴上加热。不要忘记：在加入可燃性溶剂时，要先把灯火移开，防止着火事故的发生。

所得到的热饱和溶液，如果含有不溶的杂质，应乘热把这些杂质过滤除去。溶液中存在的有色杂质，一般可利用活性炭脱色。活性炭的用量，以能完全除去颜色为度；为了避免过量，应分成小量，逐次加入。须在溶液的沸点以下加活性炭，并不断搅动，以免发生暴沸。每加一次后，都须再把溶液煮沸片刻，然后用保温漏斗或布氏漏斗趁热过滤；应选用优质滤纸，或用双层滤纸，以免活性炭透过滤纸进入滤液中。过滤时，可用表面皿覆盖漏斗（凸面向下），以减少溶剂的挥发。

静置等待结晶时，必须使过滤的热溶液慢慢地冷却，这样所得的晶体比较纯净。一般地讲，溶液浓度较大、冷却较快时，析出的晶体较细，所得的晶体也不够纯净。热的滤液在碰到冷的吸滤瓶壁时，往往很快析出晶体，但其质量往往不好，常需把滤液重新加热使晶体完全溶解，再让它慢慢冷却下来。有时晶体不易析出，则可用玻璃棒摩擦器壁或投入晶种（同一物质的晶体），可促使晶体较快地析出；为了使晶体更完全地从母液中分离出来，最后可用冰水浴将盛溶液的容器冷却。

晶体全部析出后,仍用布氏漏斗于减压下将晶体滤出。

在重结晶操作中,一般都需要用相当量的溶剂。用有机液体作溶剂时,应考虑溶剂的回收,把使用过的溶剂倒入指定的溶剂回收瓶里。

3.4.2 过滤

过滤是最常用的分离方法之一。当沉淀和溶液经过过滤器时,沉淀留在过滤器上,溶液通过过滤器而进入接受容器中,所得溶液为滤液,而留在过滤器上的沉淀称为滤饼。过滤时,应根据沉淀颗粒的大小、状态及溶液的性质选用合适的过滤器和采取相应的措施。黏度小的溶液比黏度大的过滤快,热的比冷的过滤快,减压过滤比常压过滤快。如果沉淀是胶状的,可在过滤前加热破坏。

常用的过滤方法有常压过滤(普通过滤)、减压过滤和热过滤三种。

3.4.2.1 常压过滤

(1) 用滤纸过滤

① 滤纸的选择 滤纸分定性滤纸和定量滤纸两种。在定量分析中,当需将滤纸连同沉淀一起灼烧后称质量,就采用定量滤纸。在无机定性实验中常用定性滤纸。

滤纸按孔隙大小分为"快速"、"中速"和"慢速"三种;按直径大小分为 7 cm、9 cm、11 cm 等几种。应根据沉淀的性质选择滤纸的类型,如 $BaSO_4$ 为细晶型沉淀,应选用"慢速"滤纸;NH_4MgPO_4 为粗晶型沉淀,宜选用"中速"滤纸,$Fe_2O_3 \cdot nH_2O$ 为胶状沉淀,需选用"快速"滤纸过滤。滤纸直径的大小由沉淀量的多少来决定,一般要求沉淀的总体积不得超过滤纸锥体高度的 1/3,滤纸的大小还应与漏斗的大小相应,一般滤纸上沿应低于漏斗上沿约 1 cm。

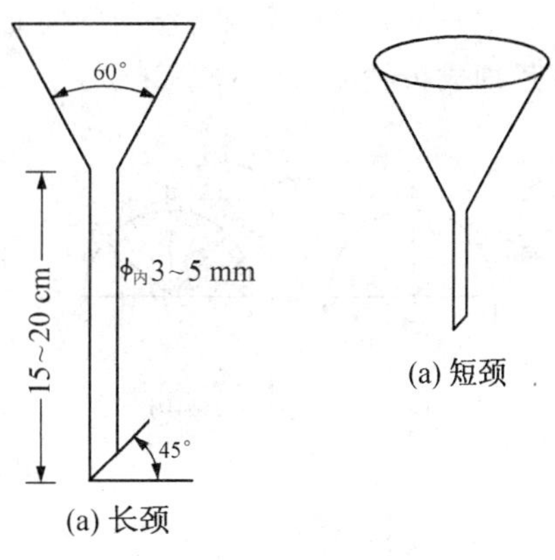

图 3-24 漏斗

② 漏斗的选择 普通漏斗大多是用玻璃做的,但也有用搪瓷、塑料做的。漏斗分长颈和短颈两种,长颈漏斗颈长约 15~20 cm,颈的直径一般为 3~5 mm,颈口处磨成 45°角,漏斗锥体角应为 60°,如图 3-24 所示。

普通漏斗的规格按半径划分,常用的有 30 mm、40 mm、60 mm、100 mm、120 mm 等几种。使用时应依据溶液体积的大小来选择半径适当的漏斗。

③ 滤纸的折叠 滤纸一般按四折法折叠,折叠时应先把手洗净擦干,以免弄脏滤纸。滤纸的折叠方法是:先将滤纸整齐地对折,然后再对折,如图 3-25 所示,为保证滤纸与漏斗密合,第二次对折时不要折死,先把锥体打开,放入漏斗(漏斗内壁应干净且干燥),如果上边缘不十分密合,可以稍微改变滤纸的折叠角度,使滤纸与漏斗密合,此时可以把第二次的折叠边折死。

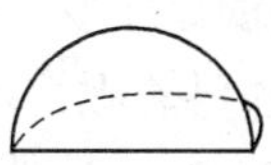
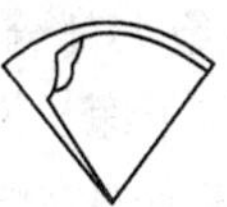
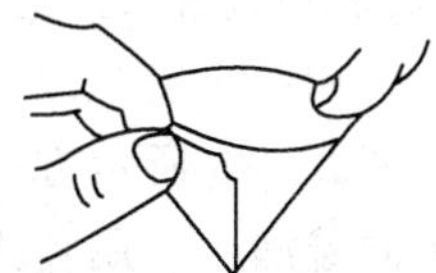

图 3-25 滤纸的折叠

将折叠好的滤纸放在准备好(与滤纸大小相适应)的漏斗中,打开三层的一边对准漏斗出口短的一边。用食指按紧三层的一边(为使滤纸和漏斗内壁贴紧而无气泡,常在三层厚的外层滤纸折角处撕下一小块(保留以备擦拭烧杯中的残留沉淀用),用洗瓶吹入少量去离子水(或蒸馏水)将滤纸润湿,然后轻轻按滤纸,使滤纸的锥体上部与漏斗间无气泡,而下部与漏斗内壁形成缝隙。按好后加水至滤纸边缘,这时漏斗颈内应全部充满水,形成水柱。由于液柱的重力可起抽滤作用,故可加快过滤速度。若未形成水柱,可用手指堵住漏斗下口,稍掀起滤纸的一边,用洗瓶向滤纸和漏斗的空隙处加水,使漏斗充满水,压紧滤纸边,慢慢松开堵住下口的手指,此时应形成水柱,如仍不能形成水柱,可能是漏斗形状不规范。漏斗颈不干净也影响水柱的形成,这时应重新清洗。

将准备好的漏斗放在漏斗架上,漏斗下面放一承接滤液的洁净烧杯,其容积应为滤液总量的5~10倍,并斜盖以表面皿。漏斗颈口长的一边紧贴杯壁,使滤液沿烧杯壁流下。漏斗放置位置的高低,以漏斗颈下口不接触滤液为度。

热过滤的滤纸采用折叠式滤纸,这样过滤的速度会加快。过滤折叠式滤纸又叫菊花形滤纸,其折叠顺序如下:

(1) 先将圆形滤纸等折成1/4,得折痕1—2,2—3,2—4;再在2—3与2—4间对折出2—6,在1—2与2—4间对折出2—5(图3-26a)。

(2) 将1—2与2—6对折产生2—7;将2—3与2—5对折产生2—8(图3-26b)。

(3) 将1—2与2—5对折产生2—10;将2—3与2—6对折产生2—9(图3-26c)。

(4) 在上述相邻两折痕的中间向相反方向对折一次,得到折扇一样的排列(图3-26d),展开后即成折叠滤纸(图3-26e)。

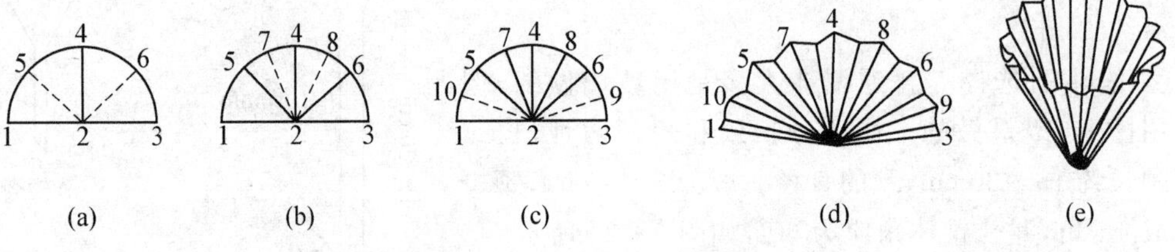

图3-26 折叠式滤纸的折法

④ 过滤和转移 过滤操作多采用倾析法,如图3-27所示,即待烧杯中的沉淀静置沉降后,只将上面的清液倾入漏斗中,而不是一开始就将沉淀和溶液搅浑后过滤。溶液应从烧杯尖口处沿玻璃棒流入漏斗中,而玻璃棒的下端对着三层滤纸处,但不要触到滤纸。一次倾入的溶液最多不要超过滤纸高的2/3,以免少量沉淀由于毛细管作用越过滤纸上沿而损失。倾析完成后,在烧杯内用少量洗涤液[如去离子水(或蒸馏水)]将沉淀作初步洗涤,再用倾析法过滤,如此重复3~4次。

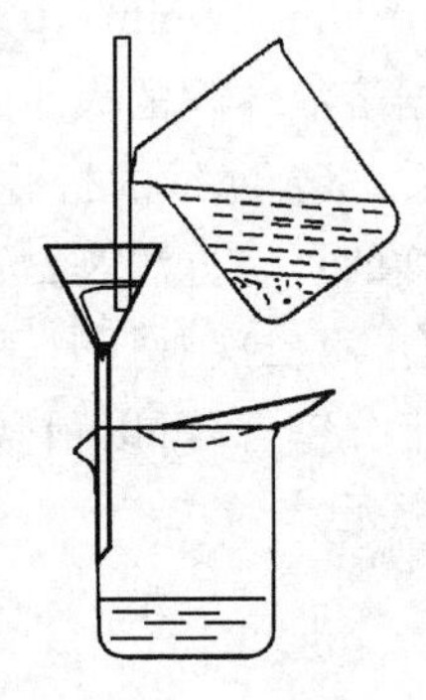

图3-27 过滤

为了把沉淀转移到滤纸上,先用少量洗涤液把沉淀搅起,立即按上述方法转移到滤纸上,如此重复几次,一般可将绝大部分沉淀转移到滤纸上。残留少量沉淀,按图3-28所示方法全部转移干净。左手持烧杯倾斜着在漏斗上方,烧杯嘴向着漏斗。用食指将玻璃棒横架在烧杯口上,玻璃棒的下端向着滤纸的三层处,用洗瓶吹出少量洗涤液冲洗烧杯内壁,沉淀连同溶液沿玻璃棒流入漏斗中。

⑤ 洗涤　沉淀转移到滤纸上以后，仍需在滤纸上进行洗涤，以除去沉淀表面吸附的杂质和残留的母液。其方法是将洗瓶喷出的洗涤液，从滤纸边沿稍下部位开始，按螺旋形向下移动，将沉淀集中到滤纸锥体的下部，如图 3－29 所示。注意：洗涤时切勿将洗涤液冲在沉淀上，否则容易溅出。

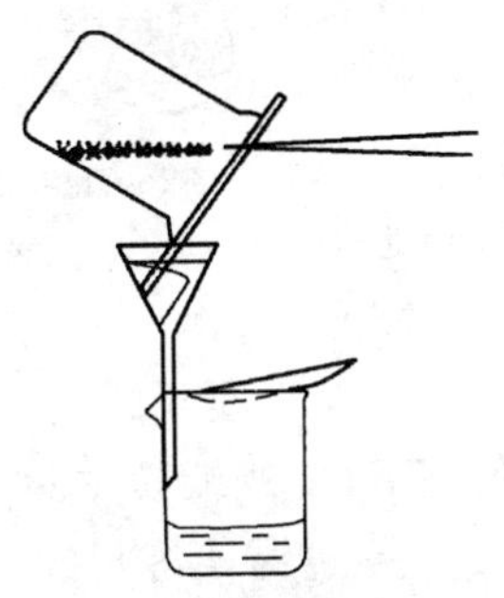

图 3－28　沉淀的转移

图 3－29　沉淀的洗涤

为提高洗涤效率，应本着"少量多次"的原则，即每次使用少量的洗涤液，洗后尽量沥干，多洗几次。

选用什么样的洗涤剂洗涤沉淀，应由沉淀性质而定。晶形沉淀，可用冷的稀沉淀剂洗涤，利用洗涤剂产生的同离子效应，可降低沉淀的溶解量；但若沉淀剂为不易挥发的物质，则只好用水或其他溶剂来洗涤；对非晶形沉淀，需用热的电解质溶液为洗涤剂，以防止产生胶溶现象，多数采用易挥发的铵盐作洗涤剂；对溶解度较大的沉淀，可采用沉淀剂加有机溶剂来洗涤，以降低沉淀的溶解度。

(2) 用微孔玻璃漏斗(或坩埚)过滤　对于烘干后即可称量的沉淀可用微孔玻璃漏斗(或坩埚)过滤。微孔玻璃漏斗和坩埚如图 3－30、图 3－31 所示。此种过滤器皿的滤板是用玻璃粉末在高温下熔结而成。按照微孔的孔径，由大到小分为六级：G1～G6(或称 1 号至 6 号)，1 号的孔径最大(80～1200 μm)，6 号的孔径最小(2μm 以下)。在定量分析中一般用 G3～G5 规格(相当于慢速滤纸过滤细晶型沉淀)。使用此类滤器时，需用抽气法过滤。不能用微孔玻璃漏斗和坩埚过滤强碱性溶液，因它会损坏漏斗或增大坩埚的微孔。

图 3－30　微孔玻璃漏斗

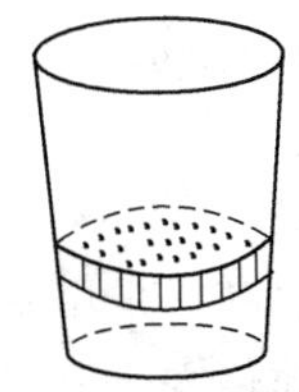

图 3－31　微孔玻璃坩埚

(3) 用纤维棉过滤　有些浓的强酸、强碱和强氧化性溶液，过滤时不能用滤纸，因为溶液会和滤纸作用而破坏滤纸，此时可用石棉纤维来代替，但此法不适用于分析或滤液需要保留的情况。

3.4.2.2　减压过滤

减压过滤也称吸滤或抽滤，其装置如图 3－32 所示，利用水泵中急速的水流不断把空气带走,从而使吸滤瓶内的压力减小,在布氏漏斗内的液面与吸滤瓶之间形成一个压力差,从而提高过滤速度。在连接水泵的橡皮管和吸滤瓶之间往往要安装一个安全瓶,以防止因关闭水阀或水泵后流速的改变引起水倒吸,进入吸滤瓶将滤液沾污或冲稀。也正因为如此,在停止过滤时,应先从吸滤瓶上拔掉橡皮管,然后才关闭自来水龙头或水泵,以防止自来水(或水)倒吸入吸滤瓶内。安装时,布氏漏斗通过橡皮塞与吸滤瓶相连,布氏漏斗的下端斜口应正对吸滤瓶的侧管,橡皮塞与瓶口间必须紧密不漏气,吸滤瓶的侧管用橡皮管与安全瓶相连,安全瓶与水泵侧管相连。滤纸要比布氏漏斗内径略小,但必须能全部盖没漏斗的瓷孔。将滤纸放入并用同一溶剂将滤纸润湿后,打开水龙头或水泵稍微抽吸一下,使滤纸紧贴漏斗的底部,然后通过玻璃棒向漏斗内转移溶液。注意:加入的溶液的量不要超过漏斗容积的 2/3。打开水龙头或水泵,等溶液抽干后再转移沉淀,继续抽滤,直至沉淀抽干。滤毕,先拔掉橡皮管,再关水龙头或水泵,用玻璃棒轻轻掀起滤纸边缘,取出滤纸和沉淀,滤液则由吸滤瓶上口倾出。洗涤沉淀时,应关小水龙头或暂停抽滤,加入洗涤剂使其与沉淀充分接触后,再开大水龙头或水泵将沉淀抽干。

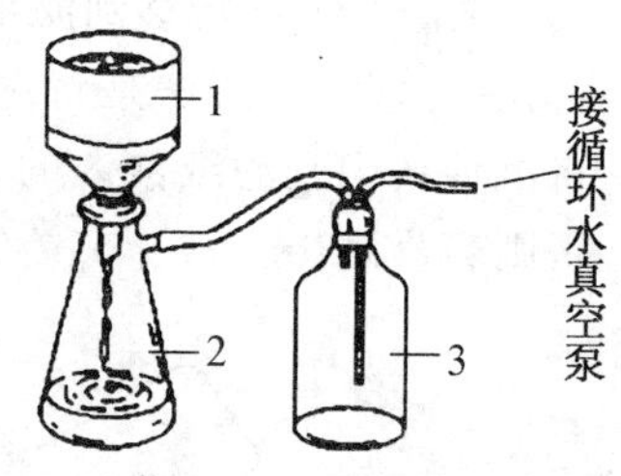

图 3-32　减压过滤的装置
1-布氏漏斗;2-吸滤瓶;3-安全瓶

减压过滤能够加快过滤速度,并能使沉淀抽吸得较干燥。热溶液和冷溶液都可选用减压过滤。若为热过滤,则过滤前应将布氏漏斗放入烘箱(或用吹风机)预热,抽滤前用同一热溶剂润湿滤纸。析出的晶体与母液分离,常用布氏漏斗进行减压过滤。为了更好地将晶体与母液分开,最好用洁净的玻璃(瓶)塞将晶体在布氏漏斗上挤压,使母液尽量抽干。晶体表面残留的母液可用少量的溶剂洗涤,这时抽气应暂时停止。把少量溶剂均匀地洒在布氏漏斗内的滤饼上,使全部晶体刚好被溶剂没过为宜。用玻璃棒或不锈钢刮刀搅松晶体(勿把滤纸捅破),使晶体润湿后稍候片刻,再开泵把溶剂抽干,如此重复两次,就可把滤饼洗涤干净。

3.4.2.3　热过滤

若溶液在温度降低时易析出结晶,则可用热滤漏斗进行过滤(图 3-33)。过滤时把玻璃漏斗放在铜质的热滤漏斗内,热滤漏斗内装有热水(水不要装得太满,以免加热至沸后溢出)以维持溶液的温度。也可以事先把玻璃漏斗在水浴上用蒸气预热,再使用。热过滤选用的玻璃漏斗颈越短越好。

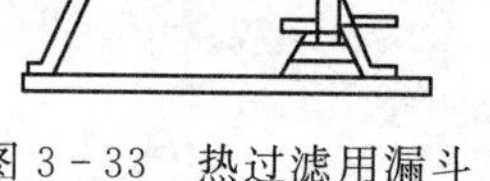
图 3-33　热过滤用漏斗

3.4.2.4　离心分离法

当被分离的沉淀量很少时,采用一般的方法过滤后,沉淀会吸附在滤纸上,难以取下,这时可以用离心分离法,其操作简单而迅速。实验室常用的有手摇离心机和电动离心机两种,后者如图 3-34 所示。操作时,把盛有沉淀与溶液混合物的离心试管(或小试管)放入离心机的套管内,再在这套管的相对位置的空套管内放一同样大小的试管,内装与混合物等体积的水,以保持转动时平衡。然后缓慢而均匀地摇动(或启动)离心机,再逐渐加速,1～2 min 后,停止摇动(或转动),使离心机自然停下。在任何情况下,启动离心机都不能用力过猛(或速度太快),也不

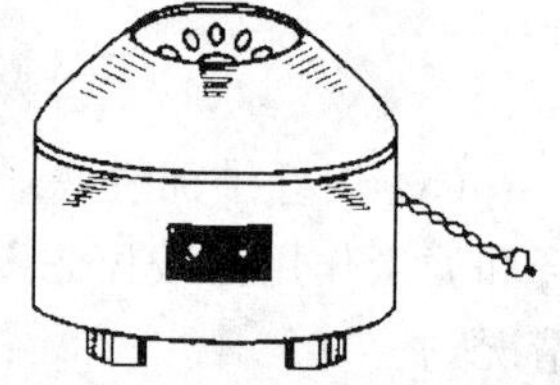
图 3-34　电动离心机

能用外力强制停止，否则会使离心机损坏，而且易发生危险。试管离心时一般用中速，时间1～2 min。

由于离心作用，离心后的沉淀紧密聚集于离心试管的尖端，上方的溶液通常是澄清的，可用滴管小心地吸出上方的清液，也可将其倾出。如果沉淀需要洗涤，可以加入少量洗涤液，用玻璃棒充分搅动，再进行离心分离，如此重复操作两三遍即可。

3.4.3　常压蒸馏和减压蒸馏

3.4.3.1　常压蒸馏

蒸馏是分离和提纯液态有机化合物最常用的重要方法之一。应用这一方法，不仅可以把挥发性物质与不挥发性物质分离，还可以把沸点不同的物质以及有色的杂质等分离。

在通常情况下，纯粹的液态物质在大气压强下有确定的沸点。如果在蒸馏过程中，沸点发生变动，那就说明物质不纯。因此，可借蒸馏的方法来测定物质的沸点和定性地检验物质的纯度。某些有机化合物往往能和其他组分形成二元或三元共沸混合物，它们也有一定的沸点(共沸点)。因此，不能认为蒸馏温度恒定的物质都是纯物质。

(1) 蒸馏装置　蒸馏装置主要包括蒸馏烧瓶、冷凝管和接受器三部分。

圆底烧瓶是蒸馏时最常用的容器，它与蒸馏头组合习惯上称为蒸馏烧瓶。圆底烧瓶容量应由所蒸馏的液体的体积来决定，通常所蒸馏的原料液体的体积应占圆底烧瓶容量的 1/3～2/3。如果装入的液体量过多，当加热到沸腾时，液体可能冲出，或者液体飞沫被蒸气带出，混入馏出液中；如果装入的液体量太少，在蒸馏结束时，相对地会有较多的液体残留在瓶内蒸不出来。

蒸馏装置的装配方法：把温度计插入螺口接头中，螺口接头装配到蒸馏头上磨口。调整温度计的位置，务必使在蒸馏时它的水银球能完全被蒸气所包围，这样才能正确地测量出蒸气的温度，通常水银球的上端应恰好位于蒸馏头支管的底边所在的水平线上(图 3 - 35a)。在铁架台上，首先固定好圆底烧瓶的位置；装上蒸馏头，以后在装其他仪器时，不宜再调整蒸馏烧瓶的位置。在另一铁架台上，用铁夹夹住冷凝管的中上部分，调整铁架台与铁夹的位置，使冷凝管的中心线和蒸馏头支管的中心线成一直线。移动冷凝管，把蒸馏头的支管和冷凝管严密地连接起来；铁夹应调节到正好夹在冷凝管的中央部位，再装上接引管和接受器。在蒸馏挥发性小的液体时，也可不用接引管。在同一实验桌上装置几套蒸馏装置且相互间的距离较近时，每两套装置的相对位置必须是蒸馏烧瓶对蒸馏烧瓶，或是接受器对接受器；避免使一套装置的蒸馏烧瓶与另一套装置的接受器紧密相邻，这样有着火的危险。

如果蒸馏出的物质易受潮分解，可在接引管上连接一个氯化钙干燥管，以防止湿气的侵入；如果蒸馏的同时还放出有毒气体，那么尚需装配气体吸收装置(图 3 - 35b)。

如果蒸馏出的物质易挥发、易燃或有毒，也需装配气体吸收装置。

要把反应混合物中挥发性物质蒸出时，可用一根 75°弯管把圆底烧瓶和冷凝管连接起来(图 3 - 35c)。

当蒸馏沸点高于 140 ℃的物质时，应该换用空气冷凝管(图 3 - 35d)。

微量液体的蒸馏用微型蒸馏装置(图 3 - 36)。因为市场上供应的成套微型玻璃仪器的蒸馏头的收集阱的容量为 4 mL 左右，所以大于 4 mL 的液体或需换接馏分的体系用图 3 - 36a 所示装置，而小于4 mL的液体又不需要换接馏分的体系用图 3 - 36b 所示装置。图 3 - 36c 所示装置用来蒸馏沸点高于 140 ℃的物质。安装微型蒸馏装置时要注意温度计水银球的位置，

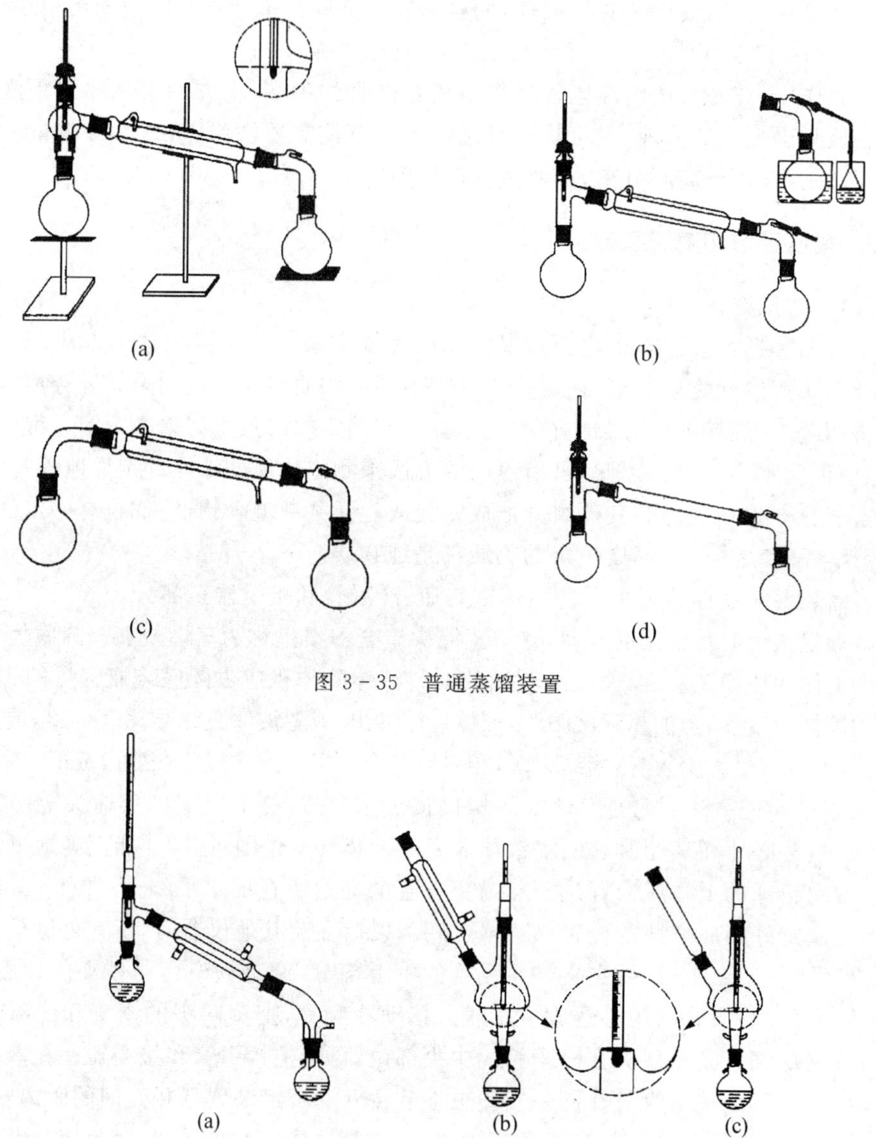

图 3-35　普通蒸馏装置

图 3-36　微型蒸馏装置

水银球的上端与微型蒸馏头收集阱的边沿对齐,用短橡皮管把温度计固定到温度计套管上,再插入微型蒸馏头的上口。

(2) 蒸馏操作　蒸馏装置装好后,取下螺口接头,把要蒸馏的液体经长颈漏斗倒入圆底烧瓶里。漏斗的下端须伸到蒸馏头支管的下面。若液体里有干燥剂或其他固体物质,应在漏斗上放滤纸,或放一小撮松软的棉花或玻璃毛等,以滤去固体。也可取下圆底烧瓶,把液体小心地倾倒入瓶里,而把干燥剂留在原来的容器中。注意:在蒸馏液体中不应有干燥剂。然后往烧瓶里放入几粒沸石。沸石的作用是防止液体暴沸,使沸腾保持平稳。当液体加热到沸点时,沸石能产生细小的气泡,成为沸腾中心。在持续沸腾时,沸石可以继续有效,但一旦停止沸腾或中途停止蒸馏,则原有的沸石即失效,在再次加热蒸馏前,应补加新的沸石。如果事先忘记加入沸石,则决不可在液体加热到接近沸腾时补加,因为这样往往会引起剧烈的暴沸,使部分液体冲出瓶外，有时还易发生着火事故。正确的做法应该是：待液体冷却后，再行补加。如果蒸馏的液体很稠或含有较多的固体物质，加热时很容易发生局部过热和暴沸现象，加入的沸石也往往失效。在这种情况下，可以选用适当的热浴加热，例如，可采用油浴或电热套。

选用合适的热浴加热，还是在石棉铁丝网上加热（烧瓶底部一般应紧贴在石棉铁丝网上），要根据蒸馏液体的沸点、温度和易燃程度等情况来决定。

用套管式冷凝管时，套管中应通入自来水，自来水用橡皮管接到下端的进水口，而从上端出来，用橡皮管导入下水道。

加热前，应再次检查仪器是否装配严密，必要时，应做最后调整。开始加热时，可以让温度上升稍快些。开始沸腾时，应密切注意蒸馏烧瓶中发生的现象；当冷凝的蒸气环由瓶颈逐渐上升到温度计水银球的周围时，温度计的水银柱就很快地上升。调节火焰或浴温，使从冷凝管流出液滴的速度约为每秒钟1～2滴。应当在实验记录本上记录下第一滴馏出液滴入接受器时的温度。当温度计的读数稳定时，另换接受器集取。如果温度变化较大，须多换几个接受器集取。所用的接受器都必须洁净，且事先都称量过。记录下每个接受器内馏分的温度范围和质量。若要集取的馏分的温度范围已有规定，即可按规定集取。馏分的沸点范围越窄，馏分的纯度越高。

蒸馏的速度不应太慢，否则易使水银球周围的蒸气短时间中断，致使温度计上的读数有不规则的变动；蒸馏速度也不能太快，否则易使温度计读数不准确。在蒸馏过程中，温度计的水银球上应始终附有冷凝的液滴，以保证温度计的读数是气液两相的平衡温度。

蒸馏低沸点易燃液体（例如乙醚）时，附近应禁止有明火，绝不能用灯火直接加热，也不能用正在灯火上加热的水浴加热，而应该用预先热好的水浴（用灯火加热水浴时，要把易挥发易燃物质远离灯火）。为了保持必需的温度，可以适时地向水浴中添加热水。

当烧瓶中仅残留少量液体时，应停止蒸馏。

3.4.3.2　减压蒸馏

很多有机化合物，特别是高沸点的有机化合物，在常压下蒸馏往往发生部分或全部分解。在这种情况下，应该采用减压蒸馏方法。一般的高沸点有机化合物，当压强降低到2666 Pa(20 mmHg)时，其沸点要比常压下的沸点低100～120 ℃。物质的沸点和压强是有一定关系的，可通过如图3-37所示的沸点-压强经验计算图近似地推算出高沸点物质在不同压强下的沸点。例如，水杨酸乙酯常压下的沸点为234 ℃，现欲找其在20 mmHg（按照国际单位制，压强的单位应该用Pa，1 mmHg＝133.322 Pa，此处引用原图，故仍使用mmHg）的沸点为多少度，可在图3-37的B线上找出相当于234 ℃的点，将此点与C线上20 mmHg处的点连成一直线，把此线延长与A线相交，其交点所示的温度就是水杨酸乙酯在20 mmHg时的沸点，约为118 ℃。

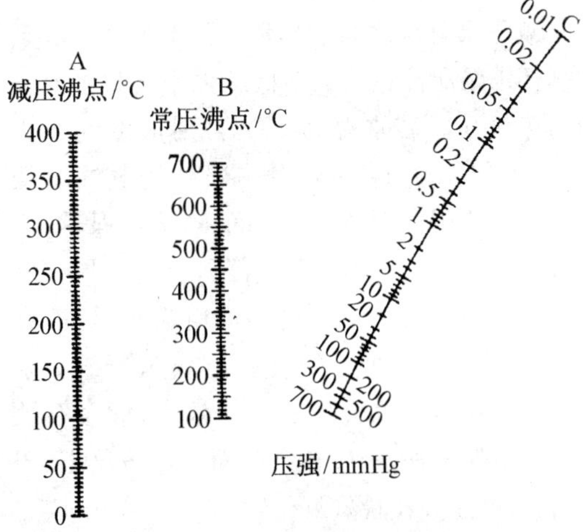

图3-37　有机液体的沸点-压强经验计算图

（1）减压蒸馏装置　减压蒸馏装置通常由蒸馏烧瓶、冷凝管、接受器、水银压强计、干燥塔、缓冲用的吸滤瓶和减压泵等组成。简便的减压蒸馏装置如图 3－38 所示。

减压蒸馏烧瓶通常用克氏蒸馏烧瓶。它也可以由圆底烧瓶和蒸馏头之间装配二口连接管 A 组成(图 3－38)或由圆底烧瓶和克氏蒸馏头组成。它有两个瓶口：带支管的瓶口装配插有温度计的螺口接头，而另一瓶口则装配插有毛细管 C 的螺口接头。毛细管的下端调整到离烧瓶底约1～2 mm 处，其上端套一段短橡皮管，最好在橡皮管中插入一根直径约为 1 mm 的金属丝，用螺旋夹 D 夹住，以调节进入烧瓶的空气量，使液体保持适当程度的沸腾。在减压蒸馏时，空气由毛细管进入烧瓶，冒出小气泡，成为液体沸腾的汽化中心，同时又起一定的搅拌作用，这样可以防止液体暴沸，使沸腾保持平稳，这对减压蒸馏是非常重要的。

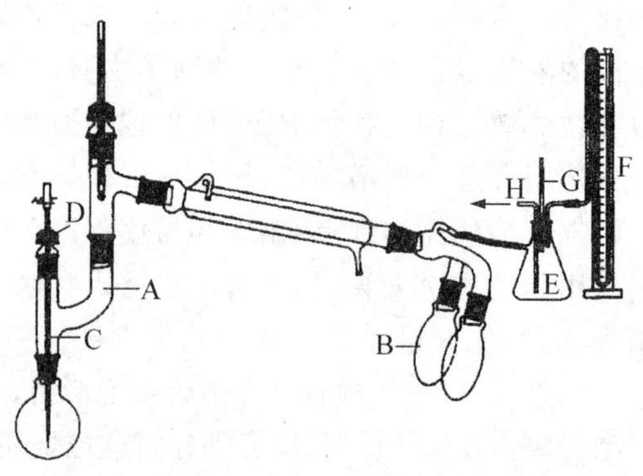

图 3－38　减压蒸馏装置

A－二口连接管；B－接受器；C－毛细管；D－螺旋夹；E－缓冲用的吸滤瓶；F－水银压强计；G－二通旋塞；H－导管

减压蒸馏装置中的接受器 B 通常用蒸馏烧瓶或带磨口的厚壁试管等，因为它们能耐外压，但不要用锥形瓶作接受器。蒸馏时，若要集取不同的馏分而又要不中断蒸馏，则可用多头接引管(图 3－39)；多头接引管的上部有一个支管，仪器装置由此支管抽真空。多头接引管与冷凝管的连接磨口要涂有少许甘油或凡士林，以便转动多头接引管，使不同的馏分流入指定的接受器中。

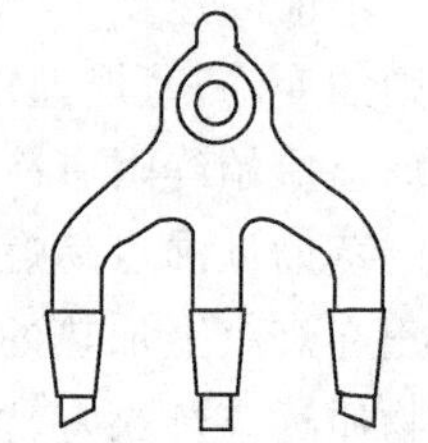
图 3－39　多头接引管

接受器(或带支管的接引管)用耐压的厚橡皮管与作为缓冲用的吸滤瓶 E 连接起来。吸滤瓶的瓶口上装一个三孔橡皮塞，一孔连接水银压强计 F，一孔接二通旋塞 G，另一孔插导管 H。导管的下端应接近瓶底，上端与减压泵相连接。

减压泵可用水泵、循环水泵或油泵。水泵和循环水泵所能达到的最低压强为当时水温下的水蒸气压。若水温为 18 ℃，则水蒸气压为 2 kPa(15.5 mmHg)。这对一般减压蒸馏已经可以了。使用油泵要注意油泵的防护保养，不使有机物质、水、酸等的蒸气侵入泵内。易挥发有机物质的蒸气可被泵内的油所吸收，把油染污，这会严重地降低泵的效率；水蒸气凝结在泵里，会使油乳化，也会降低泵的效率；酸会腐蚀泵。为了保护油泵，应在泵前面装设净化塔(图 3－40)，里面放粒状氢氧化钠(或钠石灰)和活性炭(或分子筛)等以除去水蒸气、酸气和有机物蒸气。因此，用油泵进行减压蒸馏时，在接受器和油泵之间，应顺次装上冷阱、水银压强计、净化塔和缓冲用的吸滤瓶，其中缓冲瓶的作用是使仪器装置内的压强不发生太突然的变化以及防止泵油的倒吸。冷阱可放在广口保温瓶内，用冰-盐或干冰-乙醇冷却剂冷却。

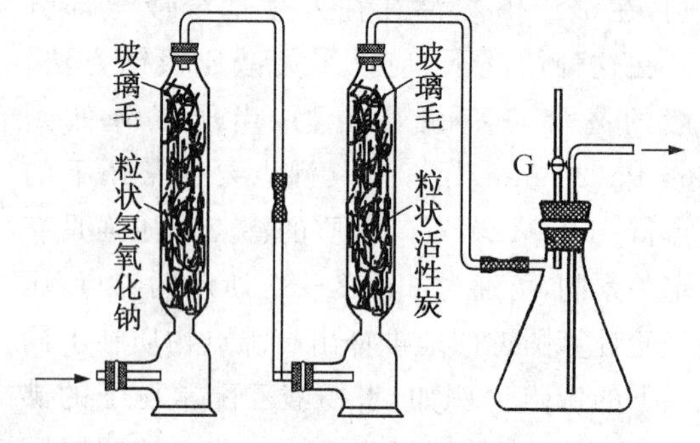

图 3－40　吸除酸气、水蒸气和有机物蒸气的净化塔

减压蒸馏装置内的压强，可用水银压强计来测定。一般用如图 3－38 所示的水银压强计 F。系统压强测定方法如下：先记下压强计 F 中两臂水银柱高度差(mmHg)，然后用当时的大

气压强(mmHg)减去这个差值,即得。蒸馏装置常用的压强计是一端封闭的"U"形管水银压强计(图 3-41),管后木座上装有可滑动的刻度标尺。测定压强时,通常把滑动标尺的零点调整到"U"形管右臂的水银柱顶端线上,根据左臂的水银柱顶端线所指示的刻度,可以直接读出装置内压强。这种水银压强计的缺点是:① 填装水银比较困难和费时,必须细心地将封闭管内和水银中的空气排除干净;② 使用一段时间后,空气和其他脏物会进入"U"形管中,严重地影响其准确性;③ 由于毛细管作用,读数不够精确;④ 若突然放入空气,水银迅猛上升,会把压强计冲破。为了维护"U"形管水银压强计,避免水银受到污染,在蒸馏系统与水银压强计之间放一冷阱;在蒸馏过程中,待系统内的压强稳定后,还可经常关闭压强计上的旋塞,使之与减压系统隔绝,当需要观察压强时再临时开启旋塞。

另有一种改进的"U"形管水银压强计(图 3-42),这种压强计填装水银方便,清洗也较容易,若空气突然进入也不会损坏压强计。

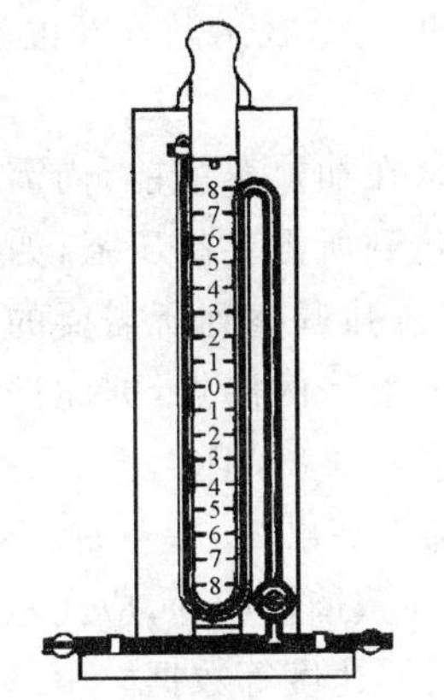

图 3-41 "U"形管水银压强计

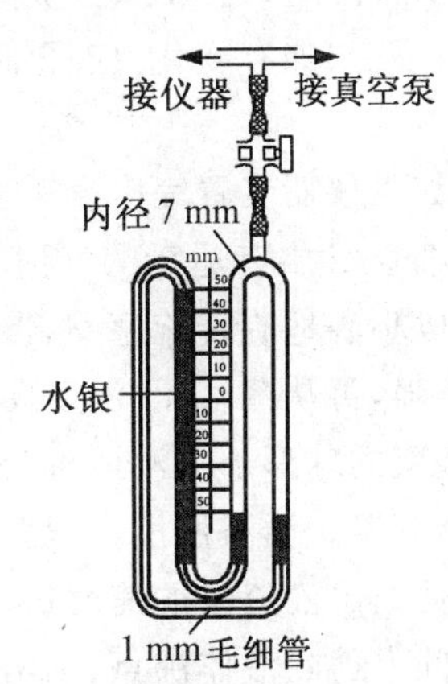

图 3-42 改进的"U"形管水银压强计

若蒸馏少量液体,可把冷凝管省掉,而采用如图 3-43 所示的装置。克氏蒸馏头的支管通过真空接引管连到圆底烧瓶上(作为接受器)。液体沸点在减压下低于 140～150 ℃时,可使水冲到接受器上面,进行冷却,冷却水经过下面的漏斗,由橡皮管引入水槽。

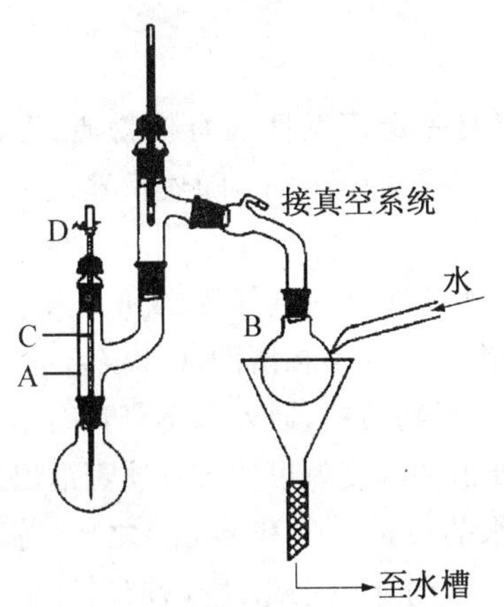

图 3-43 减压蒸馏装置

A-克氏蒸馏头;B-接受器;C-毛细管;D-螺旋夹

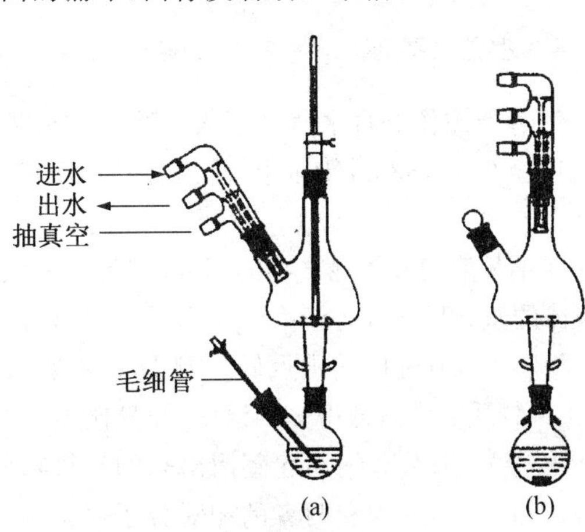

图 3-44 微型减压蒸馏装置

若蒸馏微量液体，可用微型减压蒸馏装置（图 3－44）。用冷凝指替代冷凝管，毛细管从侧口插入蒸馏烧瓶（图 3－44a）。电磁搅拌代替毛细管（图 3－44b）效果也很好，操作方便。温度计与温度计套管的连接要牢固，最好在橡皮管外用金属丝扎紧，防止抽真空时温度计滑脱。如果只是蒸出溶剂而不测馏出温度，则可不安装温度计。

（2）操作方法　按如图 3－38 所示安装完毕仪器装置，在开始蒸馏以前，必须先检查装置的气密性，以及装置能减压到何种程度。在圆底烧瓶中放入约占其容量 1/3～1/2 的蒸馏物质。先用螺旋夹 D 把套在毛细管 C 上的橡皮管完全夹紧，打开旋塞 G，然后开动泵。逐渐关闭旋塞 G，从水银压强计观察仪器装置所能达到的减压程度（如果需要严格检查整个系统的气密情况，可以在泵与缓冲瓶之间接一个三通旋塞）。检查时，先开动油泵，待达到一定的真空度后，关闭三通旋塞，这时螺旋夹 D 应完全夹紧（橡皮管内不插入金属丝），空气不能进入烧瓶内，使仪器装置与泵隔绝（此时泵应与大气相通）。如果仪器装置十分严密，那么压强计上的水银柱高度应保持不变；如有变化，应仔细观察有可能漏气的地方，找出漏气部位。恢复常压后，才能进行修整。

经过检查，如果仪器装置完全合乎要求，可开始蒸馏。在加热蒸馏前，尚需调节螺旋夹 D 和旋塞 G，使毛细管 C 中有适量的气泡冒出，同时使仪器达到所需要的压强，如果压强低于所需要的压强，可以小心地旋转旋塞 G，慢慢地引入空气，把压强调整到所需要的压强。如果达不到所需要的压强，可从蒸气压-温度曲线查出在该压强下液体的沸点，据此进行蒸馏。然后用油浴加热。烧瓶的球形部分浸入油浴中部分应占其体积的 2/3，但注意不要使瓶底和浴槽底部接触。逐渐升温。油浴温度一般要比被蒸馏液体的沸点高出 20 ℃左右。液体沸腾后，再调节油浴温度，使馏出液流出的速度每秒钟不超过一滴。在蒸馏过程中，应注意水银压强计的读数，记录下时间、压强、液体沸点、油浴温度和馏出液流出的速度等数据。

蒸馏完毕时，停止加热，撤去油浴，旋开螺旋夹 D，慢慢地打开旋塞 G，使仪器装置与大气相通（注意：这一操作须特别小心，一定要慢慢地旋开旋塞，使压强计中的水银柱慢慢地恢复到原状，如果引入空气太快，水银柱会很快地上升，有冲破"U"形管压强计的可能），然后关闭油泵。待仪器装置内的压强与大气压强相等后，方可拆卸仪器。

3.4.4　水蒸气蒸馏

水蒸气蒸馏操作是将水蒸气通入不溶或难溶于水但有一定挥发性的有机物质（近 100 ℃时其蒸气压至少为 1333.2 Pa）中，使该有机物质在低于 100 ℃的温度下，随着水蒸气一起蒸馏出来。

两种互不相溶的液体混合物的蒸气压，等于两液体单独存在时的蒸气压之和。当组成混合物的两液体的蒸气压之和等于大气压强时，混合物就开始沸腾。互不相溶的液体混合物的沸点，要比每一物质单独存在时的沸点低。因此，在不溶于水的有机物质中，通入水蒸气进行水蒸气蒸馏时，在比该物质的沸点低得多的温度，而且比 100 ℃还要低的温度就可使该物质蒸馏出来。

在馏出物中，随水蒸气一起蒸馏出来的有机物质同水的质量（m_A 和 m_{H_2O}）之比，等于两者的分压（p_A 和 p_{H_2O}）分别和两者的相对分子质量（M_A 和 18）的乘积之比，所以馏出液中有机物质同水的质量之比可按下式计算：

$$\frac{m_A}{m_{H_2O}}=\frac{M_A\times p_A}{18\times p_{H_2O}}$$

例如，苯胺和水的混合物用水蒸气蒸馏时，苯胺的沸点是 184.4 ℃，苯胺和水的混合物在 98.4 ℃就沸腾。在这个温度下，苯胺的蒸气压是 5599.5 Pa，水的蒸气压是 95725.5 Pa，两者相加等于 101325 Pa。苯胺的相对分子质量为 93，所以馏出液中苯胺与水的质量比等于

$$\frac{93\times5599.5}{18\times95725.5}=\frac{1}{3.3}$$

由于苯胺略溶于水，这样计算所得的仅是近似值。

水蒸气蒸馏是分离和提纯有机化合物的重要方法之一，常用于下列各种情况：

(1) 混合物中含有大量的固体，通常的蒸馏、过滤、萃取等方法都不适用；

(2) 混合物中含有焦油状物质，采用通常的蒸馏、萃取等方法非常困难；

(3) 在常压下蒸馏会发生分解的高沸点有机物质。

水蒸气蒸馏装置如图 3－45a 所示，主要由水蒸气发生器 A、三口或二口圆底烧瓶 D 和长的直型水冷凝管 F 组成。若反应在圆底烧瓶内进行，可在圆底烧瓶上装配蒸馏头(或克氏蒸馏头)代替三口烧瓶(图 3－45b)。铁质发生器 A 通常可用二口或三口烧瓶代替，器内盛水约占其容量的 1/2，可从其侧面的玻璃水位管察看器内的水平面。长玻璃管 B 为安全管，管的下端接近器底，根据管中水柱的高低，可以估计水蒸气压强的大小。圆底烧瓶 D 应当用铁夹夹紧，其中口通过螺口接头插入水蒸气导管 C，其侧口插入馏出液导管 E。导管 C 外径一般不小于 7 mm，以保证水蒸气畅通，其末端应接近烧瓶底部，以便水蒸气和蒸馏物质充分接触并起搅动作用。导管 E 应略微粗一些，其外径约为 10 mm，以便蒸气能畅通地进入冷凝管中。若管 E 的直径太小，蒸气的导出将会受到一定的阻碍，这会增加烧瓶 D 中的压强。导管 E 在弯曲处前的一段应尽可能短一些，在弯曲处后的一段则允许稍长一些，因它可起部分冷凝作用。用长的直型水冷凝管 F 可以使馏出液充分冷却。由于水的蒸发潜热较大，所以冷却水的流速也宜稍大一些。发生器 A 的支管和水蒸气导管 C 之间用一个“T”形管相连接。在“T”形管的支管上套一段短橡皮管，用螺旋夹旋紧，它可以用以除去水蒸气中冷凝下来的水分。在操作过程中，如果发生不正常现象，应立刻打开夹子，使之与大气相通。

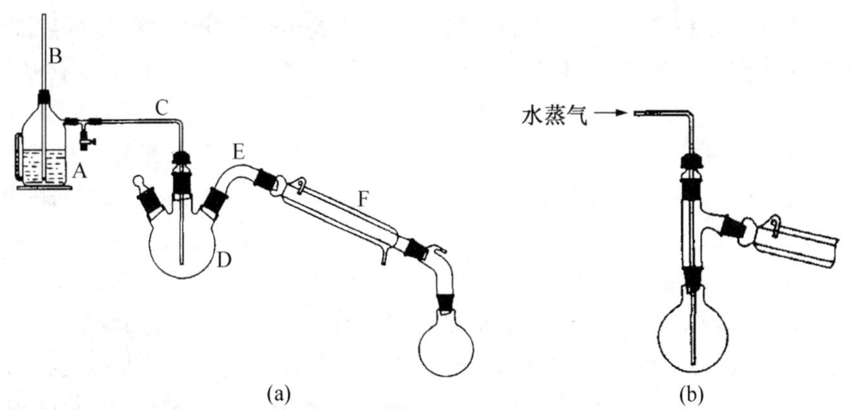

图 3－45 水蒸气蒸馏装置

A－水蒸气发生器；B－安全管；C－水蒸气导管；

D－三口圆底烧瓶；E－馏出液导管；F－冷凝管

不同容量规格的仪器都能装配成如图 3－45 所示的水蒸气蒸馏装置。把要蒸馏的物质倒入烧瓶 D 中，其量约为烧瓶容量的 1/3。操作前，水蒸气蒸馏装置应经过检查，必须严密不漏

气。开始蒸馏时，先把"T"形管上的夹子打开，用直接火把发生器里的水加热到沸腾。当有水蒸气从"T"形管的支管冲出时，再旋紧夹子，让水蒸气通入烧瓶中，这时可以看到瓶中的混合物翻腾不息，不久在冷凝管中就出现有机物质和水的混合物。调节火焰，使瓶内的混合物不致飞溅得太厉害，并控制馏出液的速度约为每秒钟 2～3 滴。为了使水蒸气不致在烧瓶 D 内过多地冷凝，在蒸馏时通常也可用小火将烧瓶 D 加热。在操作时，要随时注意安全管中的水柱是否发生不正常的上升现象，以及烧瓶中的液体是否发生倒吸现象。一旦发生这种现象，应立刻打开夹子，移去火焰，找出发生故障的原因；必须把故障排除后，方可继续蒸馏。

当馏出液澄清透明不再含有有机物质的油滴时，可停止蒸馏。这时应首先打开夹子，然后移去火焰。

简化的水蒸气蒸馏装置可用蒸馏装置代替，在蒸馏烧瓶中加入适量的水，进行蒸馏操作，当温度计的读数至 100 ℃时，停止蒸馏。用这一方法进行微量样品的水蒸气蒸馏特别方便。

3.4.5 分馏

若液体混合物中的各组分沸点相差很大，可用普通蒸馏法分离开；但若其沸点相差不太大，则用普通蒸馏法就难以精确分离，而应当用分馏的方法分离。

如果将两种挥发性液体的混合物进行蒸馏，在沸腾温度下，其气相与液相达成平衡，出来的蒸气中含有较多量易挥发物质的组分。将此蒸气冷凝成液体，其组成与气相组成等同，即含有较多的易挥发组分，而残留物中却含有较多量的高沸点组分。这就是进行了一次简单的蒸馏。如果将由蒸气凝成的液体重新蒸馏，即又进行一次气液平衡，再度产生的蒸气中所含的易挥发物质组分又有所增高，同样，将此蒸气再经过冷凝而得到的液体中易挥发物质的组成当然也高。这样，我们可以利用一连串的有系统的重复蒸馏，最后能得到接近纯组分的两种液体。

应用这样反复多次的简单蒸馏，虽然可以得到接近纯组分的两种液体，但是这样做既费时间，且在重复多次蒸馏操作中的损失又很大，所以通常利用分馏来进行分离。

利用分馏柱进行分馏，实际上就是在分馏柱内使混合物进行多次汽化和冷凝。当上升的蒸气与下降的冷凝液互相接触时，上升的蒸气部分冷凝放出热量使下降的冷凝液部分汽化，两者之间发生了热量交换。其结果，上升蒸气中易挥发组分增加，而下降的冷凝液中高沸点组分增加。如此重复多次，就等于进行了多次的气液平衡，即达到了多次蒸馏的效果。这样，靠近分馏柱顶部易挥发组分的比率高，而在烧瓶里高沸点组分的比率高。当分馏柱的效率足够高时，开始从分馏柱顶部出来的几乎是纯净的易挥发组分，而最后在烧瓶里残留的则几乎是纯净的高沸点组分。

实验室最常用的分馏柱有球形分馏柱、维氏分馏柱和赫姆帕分馏柱，如图 3－46 所示。球形分馏柱的分馏效率较差，分馏柱中的填充物通常为玻璃环，玻璃环可用细玻璃管割制而成，它的长度相当于玻璃管的直径。若分馏柱长为 30 cm，直径为 2 cm，则可用直径为 4～6 mm 的玻璃管制成的环。一般说来，上述三种分馏柱的分馏效率都是很差的，但若将 300 W 电炉丝切割成单圈或用金属丝网绕制成 θ 型（直径3～4 mm）填料装入赫姆帕分馏柱，可显著提高分馏效率。若欲分离沸点相近的液体混合物，必须用精密分馏装置。

简单的分馏装置如图 3－47 所示。分馏装置的装配原则和蒸馏装置完全相同。在装配及操作时，更应注意勿使分馏头的支管折断。

微量液体的分馏用微型分馏装置（图 3－48），其装配原则和应用范围与微型蒸馏装置完全相同。

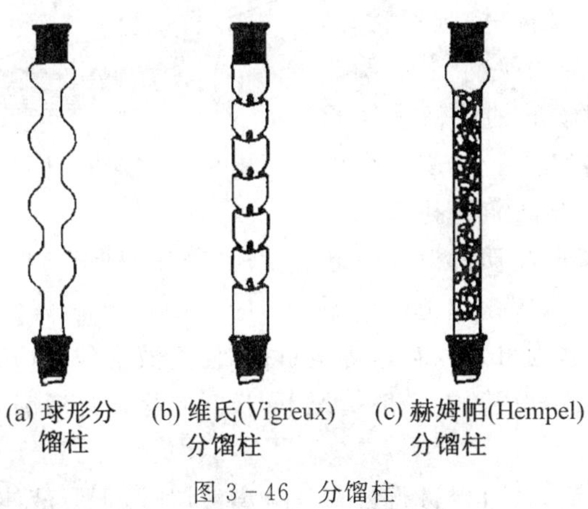

图 3-46 分馏柱

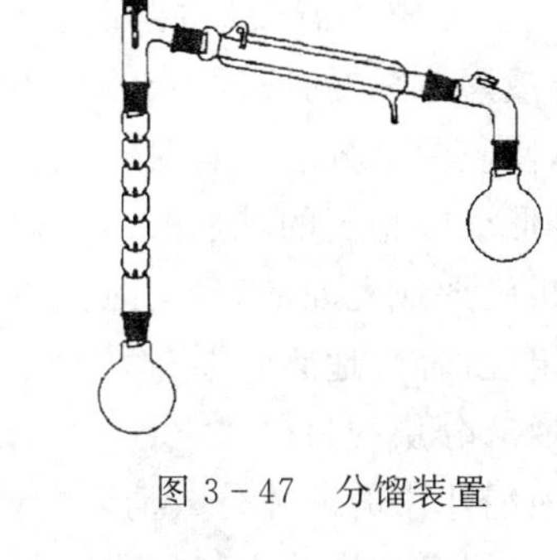

图 3-47 分馏装置

把待分馏的液体倒入烧瓶中，其体积以不超过烧瓶容量的 1/2 为宜，投入几根上端封闭的毛细管或几粒沸石。安装好的分馏装置，经过检查合格后，可开始加热。

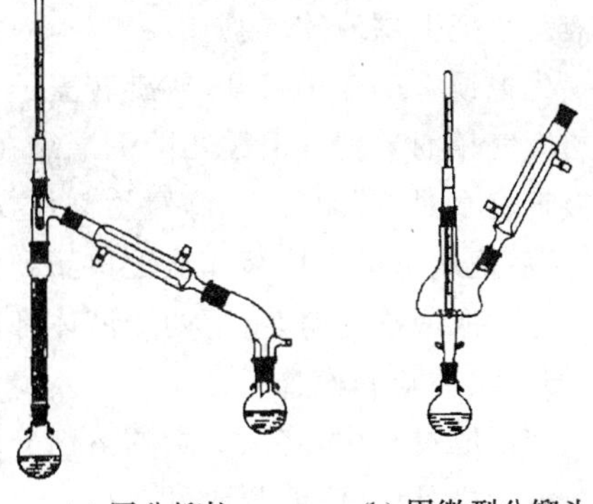

图 3-48 微型分馏装置

分馏操作时应注意下列几点：

(1) 应根据待分馏液体的沸点范围，选用合适的热浴加热，不要在石棉铁丝网上用直接火加热，以便使浴温缓慢而均匀地上升。

(2) 待液体开始沸腾，蒸气进入分馏柱中时，要注意调节浴温，使蒸气环缓慢而均匀地沿分馏柱壁上升。若室温低或液体沸点较高，为减少柱内热量的散发，宜将分馏柱用石棉绳和玻璃布等包缠起来。

(3) 当蒸气上升到分馏柱顶部，开始有液体馏出时，更应密切注意调节浴温，控制馏出液的速度为每 2～3 秒钟一滴。如果分馏速度太快，那么馏出物纯度将下降；但也不宜太慢，以致上升的蒸气时断时续，馏出温度有所波动。

(4) 根据实验规定的要求，分段收集馏分。实验完毕时，应称量各段馏分。

3.4.6 提取(萃取和洗涤)

萃取和洗涤是利用物质在不同溶剂中的溶解度不同来进行分离的操作。萃取和洗涤在原理上是一样的，只是目的不同。从混合物中提取的物质，如果是我们所需要的，这种操作就叫做萃取或提取；如果是我们所不要的，这种操作就叫做洗涤。

3.4.6.1 液-液萃取

通常用分液漏斗来进行液-液萃取。必须事先检查分液漏斗的盖子和旋塞是否严密，以防分液漏斗在使用过程中发生泄漏而造成损失(检查的方法通常是先用水试验)。

在萃取或洗涤时，先将液体与萃取用的溶剂(或洗液)由分液漏斗的上口倒入，盖好盖子，振荡漏斗，使两液层充分接触。振荡的操作方法一般是先把分液漏斗倾斜，使漏斗的上口略朝下，如图 3-49 所示，右手捏住漏斗上口颈部，并用食指根部压紧盖子，以免盖子松开，左手握住旋塞;握持旋塞的方式既要能防止振荡时旋塞转动或脱落,又要便于灵活地旋开旋塞。振荡后,令漏斗仍保持倾斜状态,旋开旋塞,放出蒸气或产生的气体,使内外压力平衡;若在漏斗内盛有易挥发的溶剂,如乙醚、苯等,或用碳酸钠溶液中和酸液,振荡后,更应注意及时旋开旋塞,放出气体。振荡数次以后,将分液漏斗放在铁环上(最好把铁环用石棉绳缠扎起来),静置之,使乳浊液分层。有时有机溶剂和某些物质的溶液一起振荡,会形成较稳定的乳浊液,在这种情况下,应该避免剧烈振荡。如果已形成乳浊液,且一时又不易分层,则可加入食盐等电解质,使溶液饱和,以减低乳浊液的稳定性;轻轻地旋转漏斗,也可使其加速分层。在一般情况下,长时间静置分液漏斗,可达到使乳浊液分层的目的。

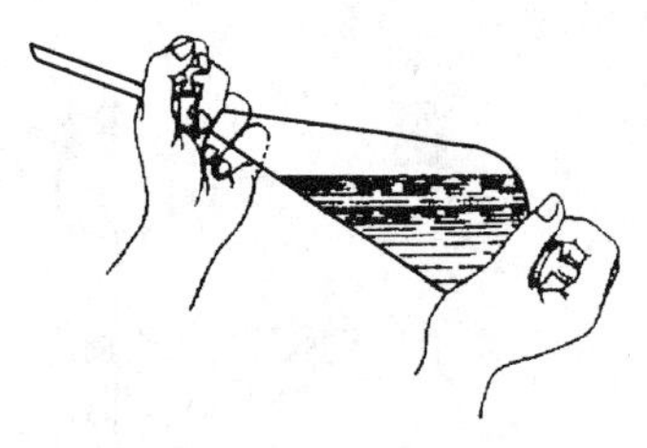

图 3-49 分液漏斗的使用

分液漏斗中的液体分成清晰的两层以后,就可以进行分离。分离液层时,下层液体应经旋塞放出,上层液体应从上口倒出。如果上层液体也经旋塞放出,则漏斗旋塞下面颈部所附着的残液就会把上层液体弄脏。

先把顶上的盖子打开(或旋转盖子,使盖子上的凹缝或小孔对准漏斗上口颈部的小孔,使之与大气相通),把分液漏斗的下端靠在接受器的壁上。旋开旋塞,让液体流下,当液面间的界限接近旋塞时,关闭旋塞,静置片刻,这时下层液体往往会增多一些。再把下层液体仔细地放出,然后把剩下的上层液体从上口倒到另一个容器里。

在萃取或洗涤时,上下两层液体都应该保留到实验完毕时;否则,如果中间的操作发生错误,便无法补救和检查。

在萃取过程中,将一定量的溶剂分多次萃取,其效果要比一次萃取为好。

微量样品的液-液萃取可在小试管中进行,用毛细滴管向试管液体中不断鼓气泡,使混合物充分混合。静置分层后,再用毛细滴管将两层液体分开。重复上述操作,可达到萃取的目的。

3.4.6.2 液-固萃取

从固体混合物中萃取所需要的物质,最简单的方法是把固体混合物先行研细,放在容器里,加入适当溶剂,用力振荡,然后用过滤或倾析的方法把萃取液和残留的固体分开。若被提取的物质特别容易溶解,也可以把固体混合物放在放有滤纸的锥形玻璃漏斗中,用溶剂洗涤。这样,所要萃取的物质就可以溶解在溶剂里,而被滤取出来。如果萃取物质的溶解度很小,则用洗涤方法要消耗大量的溶剂和很长的时间。在这种情况下,一般用索氏(Soxhlet)提取器(图 3-50)来萃取,将滤纸做成与提取器大小相适应的套袋,然后把固体混合物放置在纸套袋内,装入提取器内。溶剂的蒸气从烧瓶进到冷凝管中,冷凝后回流到固体混合物里,溶剂在提取器内到达一定的高度时,就与所提取的物质一起从侧面的虹吸管流入烧瓶中。溶剂就这样在仪器内循环流动,把所要提取的物质集中到下面的烧瓶里。

小量或半微量样品的萃取可在如图 3-51 所示的简易索氏提取器中进行。在冷凝管的下端熔接一个玻璃挂钩,将底部为砂芯的玻璃小吊篮悬挂其上,篮中放入待萃取的固体,冷凝管安装到圆底烧瓶上,组成简易索氏提取器。从冷凝管上口加入适量的萃取剂,加热回流,进行萃取。

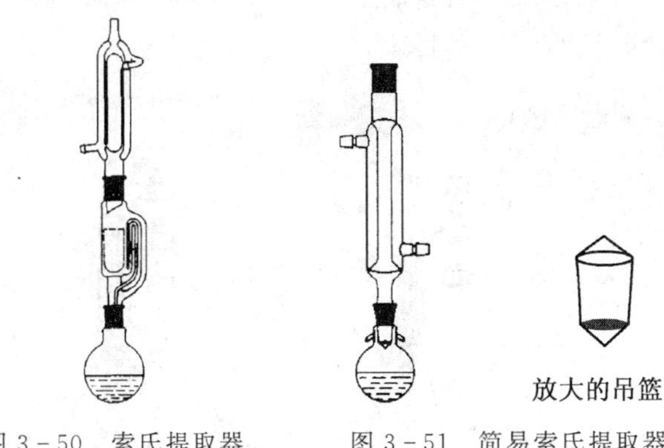

图 3-50 索氏提取器　　图 3-51 简易索氏提取器

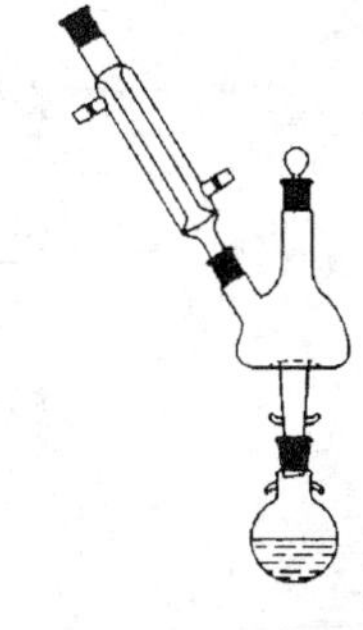

图 3-52 用微型蒸馏头进行固-液萃取

微量固体样品的萃取可用微型蒸馏装置(图 3-52),固体样品放在微型蒸馏头的接收阱中,加满萃取剂。圆底烧瓶中也加入适量萃取剂。加热,萃取剂冷凝回流到收集阱中,再溢流到烧瓶中,达到萃取的目的。

3.4.7 升华

固体物质具有较高的蒸气压时,往往不经过熔融状态就直接变成蒸气,蒸气遇冷,再直接变成固体,这种过程叫做升华。

容易升华的物质含有不挥发性杂质时,可以用升华方法进行精制。用这种方法制得的产品,纯度较高,但损失较大。

升华前,必须把待升华的物质干燥。

把待精制的物质放入蒸发皿中。用一张穿有若干小孔的圆滤纸把锥形漏斗的口包起来,把此漏斗倒盖在蒸发皿上,漏斗颈部塞一团疏松的棉花,如图 3-53a 所示。

在沙浴上或石棉铁丝网上将蒸发皿加热,逐渐地升高温度,使待精制的物质汽化,蒸气通过滤纸孔,遇到冷的漏斗内壁,又凝结为晶体,附在漏斗的内壁和滤纸上。穿小孔的滤纸可防止升华后形成的晶体落回到下面的蒸发皿中。较大量物质的升华,可在烧杯中进行。烧杯上放置一个通冷水的烧瓶,使蒸气在烧瓶底部凝结成晶体并附着在瓶底上(图 3-53b)。

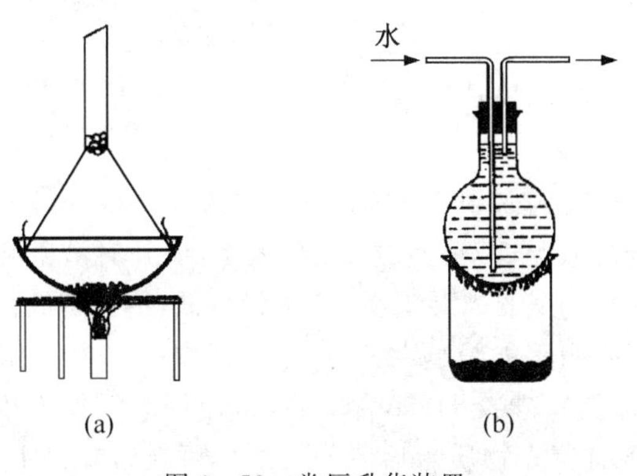

图 3-53 常压升华装置

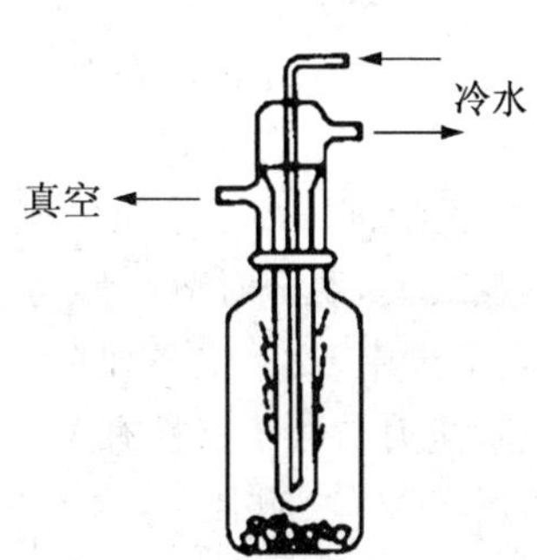

图 3-54 减压升华装置

减压下的升华可用图 3-54、图 3-55 所示的装置进行。依据升华物质的量,选择适当的减压升华装置。被升华的固体凝结在冷凝指的外体壳上。

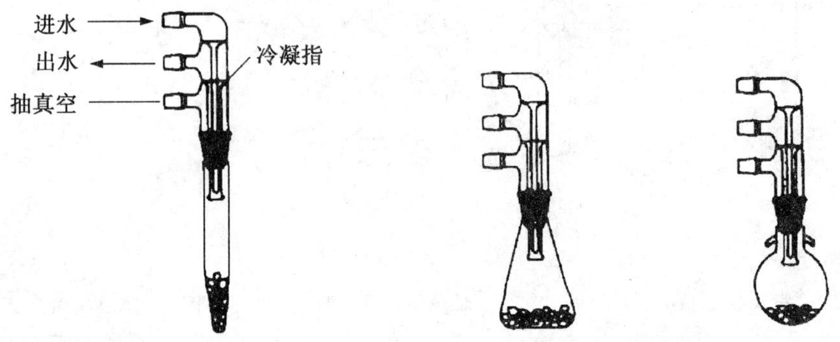

图 3-55　减压升华装置

3.4.8　层析

3.4.8.1　薄层色谱

薄层色谱是一种微量、快速和简便的色谱方法。它可用于分离混合物、鉴定和精制化合物,是近代有机分析化学中用于定性和定量的一种重要手段。它展开时间短(几十分钟就能达到分离目的),分离效率高(可达到 300～4000 块理论塔板数),需要样品少(数微克)。如果把吸附层加厚,样品点成一条线时,又可用作制备色谱,用以精制样品。薄层色谱特别适用于挥发性小的化合物,以及那些在高温下易发生变化、不宜用气相色谱分析的化合物。

薄层色谱属于固-液吸附色谱。样品在涂在玻璃板上的吸附剂(固定相)和溶剂(移动相,又称展开剂)之间进行分离。由于各种化合物的吸附能力各不相同,在展开剂上移时,它们进行不同程度的解吸,从而达到分离的目的。

(1) 比移值(R_f 值)　比移值是表示色谱图上斑点位置的一个数值(图 3-56)。它可以按下式计算:

$$R_f = \frac{a}{b}$$

式中:a——溶质的最高浓度中心至样点中心的距离;

b——溶剂前沿至样点中心的距离。

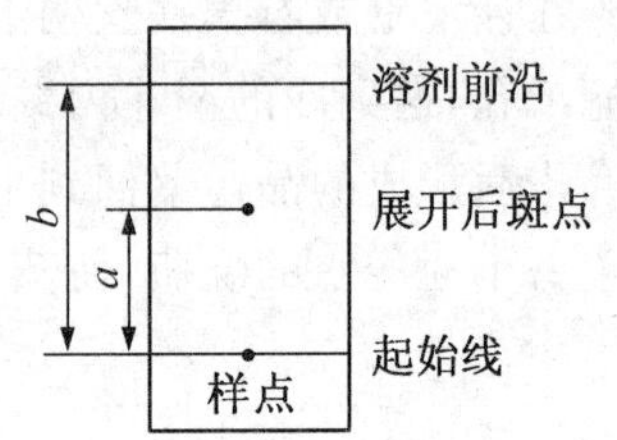

图 3-56　色谱图中斑点位置的鉴定

良好的分离,R_f 值应在 0.15～0.75 之间,否则应该调换展开剂重新展开。

(2) 吸附剂　薄层色谱的吸附剂最常用的是硅胶和氧化铝,其颗粒大小一般为 260 目以上。颗粒太大,展开时溶剂移动速度太快,分离效果不好;反之,颗粒太小,展开时溶剂移动太慢,斑点不集中,效果也不理想。吸附剂的活性与其含水量有关,含水量越低,活性越高。化合物的吸附能力与分子极性有关,分子极性越强,吸附能力越大。

国产硅胶有:硅胶 G(含有煅石膏作黏合剂)、硅胶 H(不含煅石膏,使用时需加入少量聚乙烯醇、淀粉等作黏合剂用)和硅胶 HF_{254}(含有荧光物质),后者使用之后可在紫外光下观察,有机化合物在亮的荧光板上呈暗色斑点。硅胶经常用于湿法铺层。

(3) 铺层及活化　实验室常用 20 cm×50 cm,20 cm×10 cm,20 cm×20 cm 的玻璃板来铺层。玻璃板要预先洗净擦干。将吸附剂调成糊状进行涂布。例如,称取硅胶 G 20～50 g,放入研钵中,加入水 40～50 mL,调成糊状;此糊大约可涂 5 cm×20 cm 的板 20 块左右,涂层厚 0.25 mm。注意,硅胶 G 糊易凝结,所以必须现用现配,不宜久放。

为了得到厚度均匀的涂层,可以用涂布器铺层。将洗净的玻璃板在涂布器中间摆好,夹紧,在涂布槽中倒入糊状物,将涂布器自左至右迅速推进,糊状物就均匀涂于玻璃板上(图 3-57)。如果没有涂布器也可以进行手工涂布,但这样涂的板厚度不易控制。

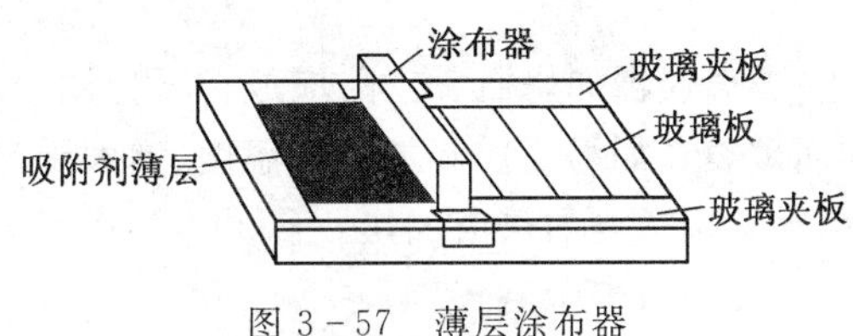

图 3-57　薄层涂布器

涂好的薄层板在室温晾干后,置于烘箱内进行活化,在 105～110 ℃保持 30 min。活化之后的板应放在干燥箱内保存。硅胶板的活性可以用二甲氨基偶氮苯、靛酚蓝和苏丹红三个染料的氯仿溶液来点样,以己烷∶乙酸乙酯=9∶1 为展开剂进行测定。

(4) 展开　薄层色谱的展开需要在密闭的容器中进行。将选择好的展开剂放入展开缸中,使缸内空气饱和几分钟,再将点好样品的板放入展开(图 3-58)。

薄层色谱展开剂的选择也要根据样品的极性、溶解度和吸附剂活性等因素来考虑,绝大多数采用有机溶剂。

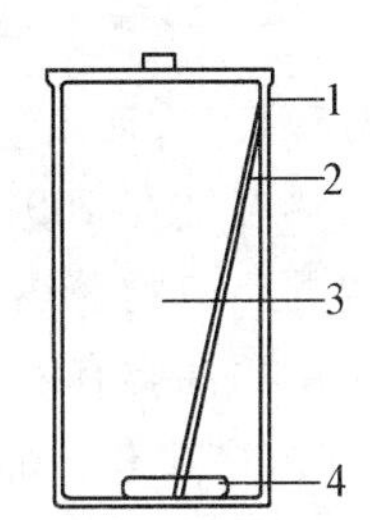

图 3-58　直立式展开

1-层析缸;2-薄层板;3-展开剂蒸气;4-小皿盛展开剂

(5) 显色　被分离物质如果是有色组分,展开后薄层板上即呈现出有色斑点。如果化合物本身无色,则可在紫外灯下观察有无荧光斑点;或是用碘蒸气熏的方法来显色,将薄层板放入装有少量碘的密闭容器中,许多有机化合物都能和碘形成棕色斑点。但当薄层板取出之后,在空气中碘逐渐挥发,谱图上的棕色斑点就消失了,所以显色之后,要立即用铅笔将斑点位置画出。此外,还可以根据化合物的特性采用试剂进行喷雾显色,如芳香族伯胺可与二甲氨基苯甲醛生成黄-红色的希夫(Schiff)碱,酸可用酸碱指示剂显色等。

3.4.8.2　纸色谱

纸色谱属于分配色谱的一种。样品溶液点在滤纸上,通过层析而相互分开。在这里滤纸仅是惰性载体;吸附在滤纸上的水作为固定相,而含有一定比例水的有机溶剂(通常称为展开剂)为流动相。展开时,被层析样品内的各组分由于它们在两相中的分配系数不同而可达到分离的目的。所以,纸色谱是液-液分配色谱。

纸色谱的优点是操作简便、便宜,所得色谱图可以长期保存。其缺点是展开时间较长,一般需要几小时,因为溶剂上升的速度随着高度增加而减慢。

纸色谱所用的滤纸与普通滤纸不同,两面要比较均匀,不含杂质。通常作定性试验时可采用国产 1 号层析滤纸,大小可根据需要自由选择,一般上行法所用滤纸的长度约为 20～30 cm,宽度视样品个数而定。

纸色谱的点样、展开及显色与薄层色谱类似。由于影响 R_f 值的因素较多,所以总是通过与已知物对比的方法进行未知物的鉴定。

3.5　化学反应操作技术

3.5.1　加热与热浴

玻璃仪器如烧瓶、烧杯，应放在石棉铁丝网上加热；如果直接用明火加热，仪器容易受热不均而破裂。如果要控制加热的温度、增大受热面积、使反应物质受热均匀、避免局部过热而分解，最好用适当的热浴加热。

3.5.1.1　水浴

加热温度不超过 100 ℃时，最好用水浴加热。加热温度在 90 ℃以下时，可将盛物料的容器部分浸在水中（注意勿使容器接触水浴底部），调节火焰的大小，把水温控制在需要的范围以内。如果需加热到 100 ℃时，可用沸水浴；也可把容器放在水浴的环上，利用水蒸气来加热。如欲停止加热，只要把浴底的火焰移开，水即停止沸腾，容器的温度就会很快地下降。

3.5.1.2　油浴

加热温度在 100～250 ℃时，可以用油浴。油浴的优点在于温度容易控制在一定范围内，容器内的反应物受热均匀。容器内反应物的温度一般要比油浴温度低 20 ℃左右。

常用的油类有液体石蜡、豆油、棉籽油、硬化油（如氢化棉籽油）等。新用的植物油受热到 220 ℃时，往往有一部分分解而易冒烟，所以加热以不超过 200 ℃为宜，用久以后，可加热到 220 ℃。药用液体石蜡可加热到 220 ℃，硬化油可加热到 250 ℃左右。

用油浴加热时，要特别当心，防止着火。当油的冒烟情况严重时，即应停止加热。万一着火，也不要慌张，可首先关闭煤气灯，再移去周围易燃物，然后用石棉板盖住油浴口，火即可熄灭。油浴中应悬挂温度计，以便随时调节灯焰，控制温度。

加热完毕后，把容器提离油浴液面，仍用铁夹夹住，放置在油浴上面。待附着在容器外壁上的油流完后，用纸和干布把容器擦净。

3.5.1.3　电热套

圆底烧瓶或三口烧瓶用大小相同的电热套加热十分方便和安全。用调压器来控制电热套，可任意调节加热的程度。电热套的电阻丝是用玻璃布包裹着的，加热过度会使玻璃布熔融变硬，容易碎裂。更不可让有机液体或酸、碱、盐溶液流到电热套中，那样将造成电阻丝的短路或腐蚀，使电热套损坏。电热套与电磁搅拌器组合可用于多种加热搅拌装置。

3.5.1.4　沙浴

加热的温度较高，可加热到 350 ℃。一般用铝或不锈钢盘装沙子，将容器半埋在沙子中。沙浴的缺点是沙子传热较差，沙浴温度分布不均匀。容器底部的沙子要深些，四周的沙子要厚些，用温度计控制沙浴的温度，温度计水银球紧靠容器。如果把沙盘放在带电加热板的电磁搅拌器上使用，很适合微量合成的各种加热过程。

3.5.2　冷却

最简便的冷却方法是将盛有反应物的容器放在冷水浴中。如果要在低于室温的条件下进行反应，则可用水和碎冰的混合物作冷却剂，它的冷却效果要比单用冰块的大，因为它能和容器更好地接触。如果水的存在并不妨碍反应的进行，则可以把碎冰直接投入反应物中，这样能更有效地保持低温。

如果需要把反应混合物保持在 0 ℃以下，常用碎冰（或雪）和无机盐的混合物作冷却剂。制冰盐冷却剂时，应把盐研细，然后和碎冰（或雪）按一定比例均匀混合（混合比例参见表 3－3）。

表 3－3

盐　类	100 份碎冰（或雪）中加入盐的质量份数	混合物能达到的最低温度/℃
NH_4Cl	25	－15
$NaNO_3$	50	－18
NaCl	33	－21
$CaCl_2 \cdot 6H_2O$	100	－29
$CaCl_2 \cdot 6H_2O$	143	－55

在实验室中，最常用的冷却剂是碎冰和食盐的混合物，它实际上能冷却到－5～－18 ℃的低温。用固体二氧化碳（“干冰”）和乙醇、乙醚或丙酮的混合物，可达到更低的温度（－50～－78 ℃）。

3.5.3　搅拌

用固体和液体或互不相溶的液体进行反应时，为了使反应混合物能充分接触，应该进行强烈的搅拌或振荡。在反应物量小，反应时间短，而且不需要加热或温度不太高的操作中，用手摇动容器就可达到充分混合的目的。用回流冷凝装置进行反应时，有时需做间歇的振荡，这时可将固定烧瓶和冷凝管的夹子暂时松开，一只手扶住冷凝管，另一只手拿住瓶颈做圆周运动；每次振荡后，应把仪器重新夹好。也可用振荡整个铁架台的方法（这时夹子应夹牢）使容器内的反应物充分混合。

在那些需要用较长时间进行搅拌的实验中，最好用电动搅拌器。电动搅拌的效率高，节省人力，还可以缩短反应时间。

图 3－59 是适合不同需要的机械搅拌装置。搅拌棒是用电动搅拌器带动的。在装配机械搅拌装置时，可采用简单的橡皮管密封（图 3－59a，b）或用液封管（图 3－59c）密封。搅拌棒与玻璃管或液封管应配合得合适，不太松也不太紧，搅拌棒能在中间自由地转动。根据搅拌棒的长度（不宜太长）选定三口烧瓶和电动搅拌器的位置。先将搅拌器固定好，用短橡皮管（或连接器）把已插入封管中的搅拌棒连接到搅拌器的轴上，然后小心地将三口烧瓶套上去，至搅拌棒的下端距瓶底约 5 mm 时将三口烧瓶夹紧。检查这几件仪器安装得是否正直，搅拌器的轴和搅拌棒应在同一直线上。用手试验搅拌棒转动是否灵活，再以低转速开动搅拌器，试验运转情况。当搅拌棒与封管之间不发出摩擦声时才能认为仪器装配合格，否则需要进行调整。最后装上冷凝管、滴液漏斗（或温度计），用夹子夹紧。整套仪器应安装在同一个铁架台上。

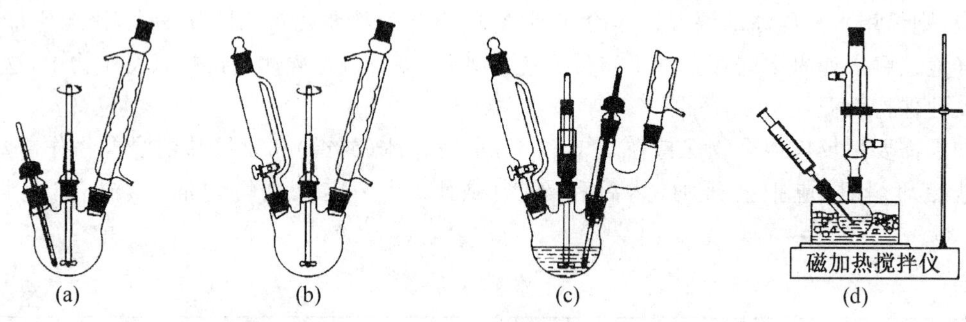

图 3-59　机械搅拌装置

用橡皮管密封时，在搅拌棒和紧套的橡皮管之间用少量凡士林或甘油润滑。用液封管时，可在封管中装液体石蜡、甘油或浓硫酸。

搅拌棒通常用玻璃棒制成。玻璃棒必须选用圆和直的。棒的下端可在火焰上烧制成不同式样，见图 3-60 所示。

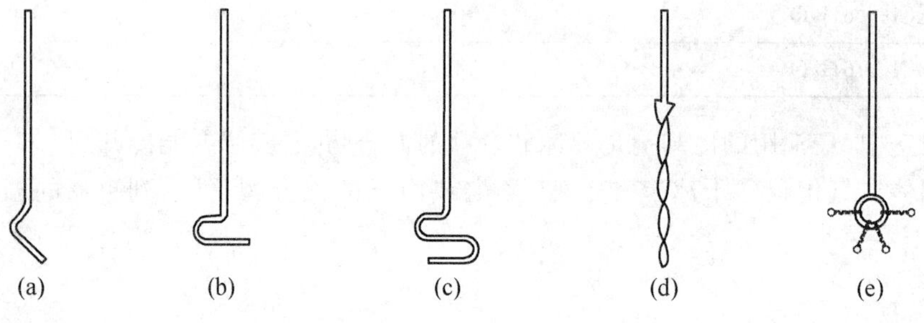

图 3-60　搅拌棒

聚四氟乙烯塞子、橡胶"O"形圈密封的磨口玻璃仪器密封件和通水冷却的不锈钢制的磨口玻璃仪器密封件已在实验室中使用，十分方便。有条件的实验室可以选用。

此外，也可以使用电磁搅拌器对反应物进行搅拌。在反应烧瓶中加一个长度合适的电磁搅拌子，在烧瓶的下面放电磁搅拌机，调节磁铁转动速度，就可以控制烧瓶中搅拌子的转动速度。图 3-59d是微量合成用的沙浴加热电磁搅拌的反应装置。

3.5.4　常用反应装置及仪器装配

3.5.4.1　常用的反应装置

常用的反应装置如图 3-61、3-62、3-63、3-64 和 3-65 所示。

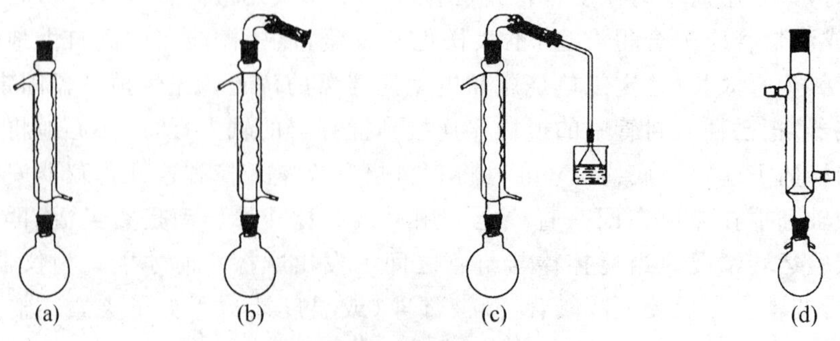

图 3-61　回流冷凝装置

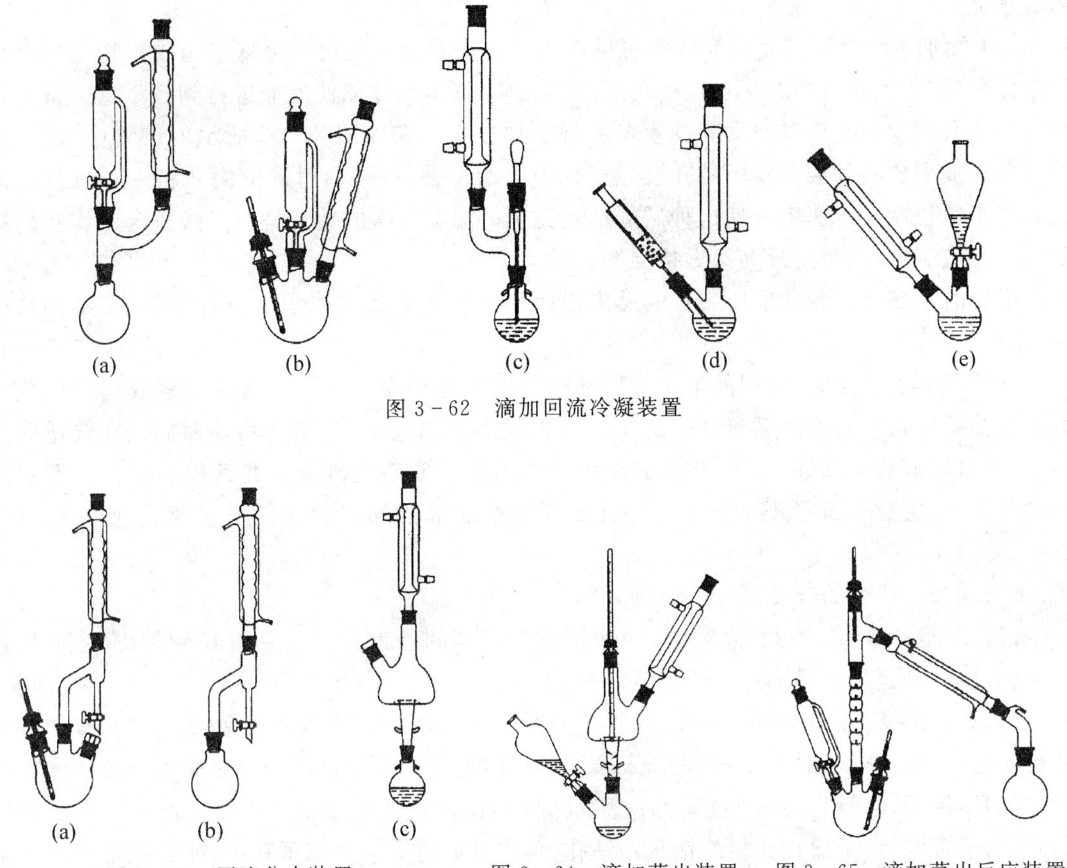

图 3－62　滴加回流冷凝装置

图 3－63　回流分水装置　图 3－64　滴加蒸出装置　图 3－65　滴加蒸出反应装置

（1）回流冷凝装置　在室温下，有些反应速率很小或难于进行。为了使反应尽快地进行，常常需要使反应物质较长时间地保持沸腾。在这种情况下，就需要使用回流冷凝装置，使蒸气不断地在冷凝管内冷凝而返回反应器中，以防止反应瓶中的物质逃逸损失。图 3－61a 是最简单的回流冷凝装置，将反应物质放在圆底烧瓶中，在适当的热源上或热浴中加热。直立的冷凝管夹套中自下至上通入冷水，使夹套充满水，水流速度不必很快，能保持蒸气充分冷凝即可。加热的程度也需控制，使蒸气上升的高度不超过冷凝管的 1/3。

如果反应物怕受潮，可在冷凝管上端口上装接氯化钙干燥管来防止空气中湿气侵入（见图 3－61b）。如果反应中会放出有害气体（如溴化氢），可加接气体吸收装置（图 3－61c）。

微量合成常用如图 3－61d 所示的回流反应装置。

（2）滴加回流冷凝装置　有些反应进行剧烈，放热量大，如将反应物一次加入，会使反应失去控制；有些反应为了控制反应物选择性，也不能将反应物一次加入。在这些情况下，可采用滴加回流冷凝装置（图 3－62），将一种试剂逐渐滴加进去。常用恒压滴液漏斗（图 3－62a、b）和小分液漏斗（图 3－62e）滴加，微量合成时可用滴管或注射器（图 3－62c、d）滴加。

（3）回流分水反应装置　在进行某些可逆平衡反应时，为了使正向反应进行到底，可将反应产物之一不断地从反应混合物体系中除去，常采用回流分水装置除去生成的水。在图 3－63a、b 的装置中，有一个分水器，回流下来的蒸气冷凝液进入分水器，分层后，有机层自动被送回烧瓶，而生成的水可从分水器中放出去。在微量制备中，用图 3－63c 中微型分馏头做分水器。

(4) 滴加蒸出反应装置 有些有机反应需要一边滴加反应物一边将产物或产物之一蒸出反应体系，防止产物发生二次反应。可逆平衡反应，蒸出产物能使反应进行到底。这时常用与图 3-64 和图 3-65 类似的反应装置来进行这种操作。在如图 3-65 所示的装置中，反应产物可单独或形成共沸混合物不断在反应过程中蒸馏出去，并可通过滴液漏斗将一种试剂逐渐滴加进来以控制反应速率或使这种试剂消耗完全。图 3-64 的装置是用于微量合成实验的滴加蒸出反应装置，用微型分馏头做接受器。

必要时可在上述各种反应装置的反应烧瓶外面用冷水浴或冰水浴进行冷却，在某些情况下，也可用热浴加热。

在装配实验装置时，使用的玻璃仪器和配件应该是洁净干燥的。圆底烧瓶或三口烧瓶的大小应使反应物大约占烧瓶容量的 1/3 至 1/2，最多不超过 2/3。首先将烧瓶固定在合适的高度(下面可以放置煤气灯、电炉、热浴或冷浴)，然后逐一安装上冷凝管和其他的配件。需要加热的仪器，需夹住仪器受热最少的部位，如圆底烧瓶靠近瓶口处。冷凝管则应夹住其中央部位。

3.5.4.2 仪器的连接、装配和拆卸

(1) 仪器的连接 有机化学实验中所用玻璃仪器间的连接一般采用两种形式，一种是靠塞子连接，一种是靠仪器本身上的磨口连接。

① 塞子连接 连接两件玻璃仪器的塞子有软木塞和橡皮塞两种。塞子应与仪器接口尺寸相匹配，一般以塞子的 1/2～2/3 插入仪器接口内为宜。塞子材质的选择取决于被处理物的性质(如腐蚀性、溶解性等)和仪器的应用范围(如在低温还是高温，在常压下还是减压下操作)。塞子选定后，用适宜孔径的钻孔器钻孔，再将玻璃管等插入塞子孔中，即可把仪器等连接起来。由于塞子钻孔费时间，塞子连接处易漏，通道细窄流体阻力大，塞子易被腐蚀、往往污染被处理物等缺点，在大多数场合中塞子连接已被磨口连接所取代。

② 标准磨口连接 除了少数玻璃仪器(如分液漏斗的旋塞和磨塞，其磨口部位是非标准磨口)外，绝大多数仪器上的磨口是标准磨口。我国标准磨口采用国际通用技术标准，常用的是圆台形标准磨口。玻璃仪器的容量大小及用途不同，可采用不同尺寸的标准磨口。常用的标准磨口系列见表 3-4 所示。

表 3-4 常用标准磨口系列

标 号	10	12	14	19	24	29	34
大端直径/mm	10.0	12.5	14.5	18.8	24.0	29.2	34.5

标号的数值是磨口大端直径(用 mm 表示)的整数值。每件仪器上带内磨口还是外磨口取决于仪器的用途。带有相同标号的一对磨口可以互相严密连接。带有不同标号的一对磨口需要用一个大小接头或小大接头过渡才能紧密连接。常用标号和容量或长度表示仪器的规格。

使用标准磨口仪器时应注意以下事项：

a. 必须保持磨口表面清洁，特别是不能沾有固体杂质，否则磨口不能紧密连接。硬质沙粒还会给磨口表面造成永久性的损伤，破坏磨口的严密性。

b. 标准磨口仪器使用完毕必须立即拆卸、洗净，各个部件分开存放，否则磨口的连接处会

发生黏结，难以拆开。非标准磨口部件（如滴液漏斗的旋塞）不能分开存放，应在磨口内夹上纸条以免日久黏结。

盐类或碱类溶液会渗入磨口连接处，蒸发后析出固体物质，易使磨口黏结，所以不宜用磨口仪器长期存放这些溶液。使用磨口装置处理这些溶液时，应在磨口涂润滑剂。

c. 在常压下使用时，磨口一般毋需润滑以免玷污反应物或产物。为防止黏结，也可在磨口靠大端的部位涂敷很少量的润滑脂（凡士林、真空活塞脂或硅脂）。如果要处理盐类溶液或强碱性物质，则应将磨口的全部表面涂上一薄层润滑脂。

减压蒸馏使用的磨口仪器必须涂润滑脂（真空活塞脂或硅脂）。在涂润滑脂之前，应将仪器洗刷干净，磨口表面一定要干燥。

从内磨口涂有润滑脂的仪器中倾出物料前，应先将磨口表面的润滑脂用有机溶剂擦拭干净（用脱脂棉或滤纸蘸石油醚、乙醚、丙酮等易挥发的有机溶剂），以免物料受到污染。

d. 只要正确遵循使用规则，磨口很少会打不开。一旦发生黏结，可采取以下措施：

（ⅰ）将磨口竖立，往上面缝隙间滴几滴甘油。如果甘油能慢慢地渗入磨口，最终能使连接处松开。

（ⅱ）用热风吹，用热毛巾包裹，或在教师指导下小心地用灯焰烘烤磨口的外部几秒钟（仅使外部受热膨胀，内部还未热起来），再试验能否将磨口打开。

（ⅲ）将黏结的磨口仪器放在水中逐渐煮沸，常常也能使磨口打开。

（ⅳ）用木板沿磨口轴线方向轻轻地敲外磨口的边缘，振动也会使磨口松开。

如果磨口表面已被碱性物质腐蚀，黏结的磨口就很难打开了。

(2) 仪器的装配　在有机化学实验室内，学生使用同标号（如 19 号）的标准磨口仪器，组装起来非常方便，每件仪器的利用率高，互换性强，用较少的仪器即可组装成多种多样的实验装置。

一套磨口连接的实验装置，尤其像装有机械搅拌这样动态操作的实验装置，每件仪器都要用夹子固定在同一个铁架台上，以防止各件仪器振动频率不协调而破损仪器。现以滴加蒸出反应装置（图 3-64）为例说明仪器装配过程及注意事项：首先选定三口烧瓶的位置，它的高度由热源（如煤气灯或电炉）的高度决定。然后以三口烧瓶的位置为基准，依次装配分馏柱、蒸馏头、直形冷凝管、接引管和接受瓶。调整两支温度计在螺口接头中的位置并固定好。将螺口接头装配到相应磨口上，再装上恒压滴液漏斗。除像接引管这种小件仪器外，其他仪器每装配好一件都要求用铁夹固定到铁架台上，然后再装另一件。在用铁夹子固定仪器时，既要保证磨口连接处严密不漏，又不要使上件仪器的重力全都压在下件仪器上，即顺其自然将每件仪器固定好，尽量做到各处不产生应力。夹子的双钳必须有软垫（软木片、石棉绳、布条、橡皮等），决不能让金属与玻璃直接接触。冷凝管与接引管、接引管与接受瓶间的连接最好用磨口接头连接专用的弹簧夹固定。微型仪器较小，应该使用三指夹子才能夹紧。接受瓶应用升降台垫牢。一台滴加蒸出反应装置组装得是否标准应该是，从正面看，分馏柱和桌面垂直，其他仪器顺其自然；从侧面看，所有仪器处在同一个平面上；在常压下进行操作的仪器装置必须有一处与大气相通。

(3) 仪器装置的拆卸　仪器装置操作后要及时拆卸。拆卸时，按装配相反的顺序逐个拆除，后装配上的仪器先拆卸下来。在松开一个铁夹子时，必须用手托住所夹的仪器，特别是像恒压滴液漏斗等倾斜安装的仪器，决不能让仪器对磨口施加侧向压力，否则仪器就要损坏。拆卸下来的仪器连接磨口涂有密封油脂时，要用石油醚棉花球擦洗干净。用过的仪器及时洗刷干净，干燥后放置。

4 化学实验基本操作技能

实验 1　玻璃仪器的认领、洗涤及干燥

一、实验目的

1. 熟悉化学实验室规则和玻璃器皿的领用要求。

2. 熟悉常见玻璃器皿及其用途。

3. 掌握常用玻璃器皿的洗涤、干燥及保存方法。

二、实验原理

(一) 常用玻璃器皿的洗涤

化学实验室经常使用的玻璃仪器和瓷器，必须保证清洁，才能使实验得到准确的结果，所以学会清洗玻璃仪器是进行化学实验的重要环节。

洗涤仪器的方法很多，应根据实验的要求、污物的性质和玷污的程度来选择。一般来说，附着在仪器上的污物有尘土和其他不溶性物质、可溶性物质、有机物质和油污等。针对不同情况可以分别用下列方法洗涤：

(1) 刷洗或水洗　用试管刷刷洗可以使附着在仪器上的尘土和其他不溶性物质脱落下来，用水洗则可除去可溶性物质。

(2) 用去污粉或肥皂可以洗去油污和有机物质，若仍洗不干净，可用热的碱溶液洗。

(3) 用浓盐酸洗，可以洗去附着在器壁上的氧化剂，如 MnO_2 等污物。

(4) 用氢氧化钠-高锰酸钾洗液洗，可以洗去油污和有机物质。洗后在器壁上留下的二氧化锰沉淀可再用盐酸洗。

(5) 在进行精确的定量实验时，即使少量杂质亦会影响实验的准确性，因而要求用铬酸洗液来洗涤仪器。铬酸洗液是等体积的浓硫酸和饱和重铬酸钾溶液的混合物，具有很强的氧化性、酸性和去污能力。使用铬酸洗液时必须注意如下几点：

① 使用洗液前最好用水或去污粉把仪器洗一遍。

② 应该尽量把仪器的水去掉，以免把洗液冲稀。

③ 洗液用后倒回原瓶，可以重复使用，装洗液的瓶塞盖紧，以防止洗液吸水而被冲淡。

④ 不要用洗液去洗涤具有还原性的污物(如某些有机物)。

⑤ 洗液具有很强的腐蚀性，会灼伤皮肤和损坏衣物，使用时要小心，如洗液溅到皮肤或衣物上，应立即用水冲洗。

(6) 用上述方法洗涤后，还要用自来水冲洗，但自来水中含有 Ca^{2+}、Mg^{2+}、Cl^- 等离子，如果实验中不允许这些杂质存在，则应该再用少量的蒸馏水荡两次，以便把它们洗去。

洗净的仪器壁上不应附着不溶物、油污，器壁可被水完全湿润。把仪器倒转过来，水即顺器壁流下，器壁上只留下一层既薄又均匀的水膜，不挂水珠，这表示仪器已经洗干净。

已洗净的仪器不能再用布或纸抹，因为布和纸的纤维会留在器壁上弄脏仪器。

(二) 玻璃器皿的干燥

洗净的玻璃器皿可用下述方法干燥：

(1) 烘干　洗净的仪器，可以放在恒温箱内烘干。放置仪器时应注意使仪器的口朝下，不能倒置的仪器则应单放，应该在恒温箱的最下层放一瓷盆，承收从仪器滴下的水珠，以免损坏电炉丝。

(2) 烤干　烧杯或蒸发皿可置于石棉网上用火烤干。试管烘烤干燥时可将试管略为倾斜，管口向下，不断转动试管，赶掉水气，最后管口朝上，以便把水气赶尽。

也可以在不加热的情况下干燥仪器，主要有以下几种方法：

(1) 晾干　洗净的仪器可以倒置于干净的实验柜内或放在仪器架上晾干。

(2) 吹干　用压缩空气(或吹风机)把仪器吹干。

(3) 用有机溶剂干燥　有些有机溶剂可以和水互相溶解，如在仪器内加入少量酒精，转动仪器，使酒精与器壁的水混合，然后倾出混合液，残留在仪器壁的酒精挥发后就可使仪器干燥。

带有刻度的计量仪器，不能用加热的方法进行干燥，以免影响其精密度。

三、仪器与试剂

仪器　玻璃仪器、烘箱、酒精灯、电吹风机、试管刷、试管架。

试剂　$K_2Cr_2O_7$、H_2SO_4、去污粉、肥皂等。

四、实验步骤

1. 按照教师发给的实验仪器清单，领取玻璃仪器一套。领取仪器时应仔细清点，当发现规格、数量不符合以及仪器有破损时应在洗涤前及时调换。

2. 配制 $K_2Cr_2O_7-H_2SO_4$ 洗液(选做)。

称取重铬酸钾(粗)10 g，置于 400 mL 烧杯内，加入 20 mL 水，加热使之溶解。等冷却后，在不断搅拌下徐徐注入 175 mL 浓硫酸即成。配好的洗液应为深褐色，储于细口瓶中备用。经多次使用后洗涤效率降低时，可加入适量的 $KMnO_4$ 粉末即可再生。用时防止它被水稀释。

3. 在教师指导下，对已领取的玻璃仪器进行分类，选择合适的方法进行清洗。

4. 将清洗干净的玻璃仪器依不同要求，采用不同方法(自然晾干、烘干、烤干、吹干等)进行干燥。

5. 将清洗、干燥过的玻璃仪器按指定位置(仪器橱、架等)存放好。

五、思考题

1. 为保证化学实验结果的准确性，实验中要用的玻璃器皿都必须洗净到器壁能被水完全润湿、不挂水珠，你对这种观点有何评论？

2. 铬酸洗液是怎样配制的？配制过程中应注意什么？新配制的铬酸洗液是什么颜色？如

果用铬酸洗液清洗还原性污物，铬酸洗液的颜色会发生什么变化？

3. 举例说明不同的玻璃器皿、不同的污物要用不同的洗涤剂、不同的清洗方法进行清洗。

实验 2　分析天平操作训练

一、实验目的

1. 了解电子分析天平的构造。
2. 掌握电子分析天平的正确操作和使用规则。
3. 学会直接称量法、固定称量法和差减称量法。

二、实验原理

电子分析天平的构造和使用见“电子天平”一节。

三、仪器与试剂

仪器　电子分析天平、称量瓶、角匙、烧杯。

试剂　试样（NaCl 或细沙）。

四、实验步骤

（一）固定称量法练习

（1）查看天平是否水平，如不水平，要调节天平脚至水平。

（2）接通电源，轻按“ON”后出现“0.0000 g”。

（3）将表面皿放在秤盘中央，待稳定后按“O/T”键去皮，出现“0.0000 g”时即可称量。

（4）用洁净的角匙将试样加在表面皿中央，开始时加入少量试样，然后慢慢地将试样敲入表面皿中，待显示需称量的质量后，记录其质量 m。

（二）差减称量法练习（称量 0.4～0.5 g 样品）

（1）取一只洁净、干燥的称量瓶，在电子天平上准确称量，记下质量为 m_1。

（2）从称量瓶中小心倾出 0.4～0.5 g 的试样至小烧杯中，并准确称量倾出后称量瓶和试样重 m_2。

（3）再从称量瓶中倾出 0.4～0.5 g 的试样至另一小烧杯中，并准确称量倾出后称量瓶和试样重 m_3。

五、数据处理

（一）第一份样品的质量

倾出前称量瓶＋样品重　$m_1=$

倾出后称量瓶＋样品重　$m_2=$

样品重　$m_1-m_2=$

（二）第二份样品的质量

再次倾出后称量瓶＋样品重　$m_3=$

样品重 $m_2 - m_3 =$

六、注意事项

1. 固定称量法操作时应注意：

(1) 加样或取出试样时，试样决不能撒落在秤盘上。

(2) 称好的试样必须定量地由表面皿直接转入接受器。若试样为可溶性盐类，沾在表面皿上的少量试样粉末可用蒸馏水吹洗倾入接受器。

2. 差减法称量操作时应注意：

(1) 倾出试样时要耐心，可重复操作，若倾出超过太多所需质量的试样时，则只能弃去重来。

(2) 盛有试样的称量瓶除放在表面皿和秤盘上或用纸条包裹住拿在手中外不得放在其他地方，以免沾污。

(3) 黏在瓶口上的试样应尽量处理干净，以免黏到瓶盖上或丢失。

(4) 要在接受器的上方打开瓶盖，以免可能黏附在瓶盖上的试样撒落在别处。

3. 若天平出现故障，应及时报告指导教师，不得擅自处理，以免损坏天平。

4. 称量完毕，按要求检查好天平，并在天平使用记录本上进行登记。

七、思考题

1. 称量的方法有哪几种？固定称量法和差减法各有何优缺点？分别在什么情况下选用这两种方法？

2. 在实验中记录称量数据应准确至几位？为什么？

3. 电子天平的“去皮”称量是怎样进行的？

实验 3 溶液的配制

一、实验目的

1. 了解和学习实验室常用溶液的配制方法。

2. 学习容量瓶和移液管的使用方法。

3. 巩固天平称量操作，练习减量法称量并配制标准草酸溶液。

二、实验原理

化学实验通常配制的溶液有一般溶液和标准溶液。

(一) 一般溶液的配制

配制一般溶液常用以下三种方法：

(1) 直接水溶法 对易溶于水而不发生水解的固体试剂，例如 $NaOH$、$H_2C_2O_4$、HNO_3、$NaCl$ 等，配制其溶液时，可用托盘天平称取一定量的固体于烧杯中，加入少量蒸馏水，搅拌溶解后稀释至所需体积，再转移入试剂瓶中。

(2) 间接水溶法 对易水解的固体试剂如 $FeCl_3$、$SbCl_3$、$BiCl_3$ 等，配制其溶液时，称取一定量的固体，加入适量一定浓度的酸（或碱）使之溶解，再以蒸馏水稀释，摇匀转入试剂瓶。

在水中溶解度较小的固体试剂，在选用合适的溶剂溶解后，稀释，摇匀转入试剂瓶。例如，固体 I_2，可先用 KI 水溶液溶解。

(3) 稀释法　对于液态试剂，如盐酸、H_2SO_4、HNO_3、HAc 等，配制其稀溶液时，先用量筒量取所需量的浓溶液，然后用适量的蒸馏水稀释。配制 H_2SO_4 溶液时，需特别注意，应在不断搅拌下将浓 H_2SO_4 缓慢地倒入盛水的容器中，切不可将操作顺序倒过来。

一些见光容易分解或易发生氧化还原反应的溶液，要防止在保存期间失效。如 Sn^{2+} 及 Fe^{2+} 溶液应分别放入一些 Sn 粒和 Fe 屑。$AgNO_3$、KI 等溶液应储于干净的棕色瓶中。容易发生化学腐蚀的溶液应储于合适的容器中。

(二) 标准溶液的配制

已知准确浓度的溶液称为标准溶液。配制标准溶液的方法有两种：

(1) 直接法　用分析天平准确称取一定量的基准试剂于烧杯中，加入适量的离子交换水溶解后，转入容量瓶，再用离子交换水稀释至刻度，摇匀。其准确浓度可由称量数据及稀释体积求得。

(2) 标定法　不符合基准试剂条件的物质，不能用直接法配制标准溶液，但可先配成近似于所需浓度的溶液，然后用基准试剂或已知准确浓度的标准溶液标定它的浓度。

当需要通过稀释法配制标准溶液的稀溶液时，可用移液管准确吸取其浓溶液至容量瓶中配制。

三、仪器与试剂

仪器　托盘天平、容量瓶(100 mL、50 mL)、滴瓶、吸量管(5 mL)。

试剂　浓硫酸，NaOH(s)、$CuSO_4$(s)、$H_2C_2O_4 \cdot 2H_2O$(AR)、NaCl(1.000 mol · L^{-1})。

四、实验步骤

(一) 粗配溶液

(1) 碱溶液的配制　用固体 NaOH 配制 50 mL 2 mol · L^{-1} 氢氧化钠溶液，储于滴瓶中。

(2) 酸溶液的配制　用浓硫酸配制 50 mL 3 mol · L^{-1} 硫酸溶液，储于滴瓶中。

(3) 盐溶液的配制　用硫酸铜晶体配制 50 mL 0.1 mol · L^{-1} 的硫酸铜溶液，储于滴瓶中。

(二) 精配溶液

(1) 准确配制 250 mL 草酸溶液(留作酸碱滴定时用)。

用减量法准确称取 0.5～0.6 g $H_2C_2O_4 \cdot 2H_2O$(AR)试样于 100 mL 烧杯中，用适量蒸馏水溶解后，按基本操作所述将草酸定量转入 250 mL 容量瓶中，最后用滴管慢慢滴加蒸馏水至刻线，摇匀。然后倒入试剂瓶中。计算出该标准溶液的浓度，贴好标签备用。

(2) 用稀释法配制 0.1000 mol · L^{-1} 的 NaCl 溶液。

用已知浓度为 1.000 mol · L^{-1} 的 NaCl 溶液配制 50 mL 0.1000 mol · L^{-1} 的 NaCl 溶液。(注意：应该用量筒、烧杯配制还是用移液管或吸量管、容量瓶来配制？)

五、思考题

1. 稀释浓硫酸时应如何操作？为什么？

2. 用容量瓶配溶液时，要不要先把容量瓶干燥？要不要用被稀释溶液洗三遍？为什么？

3. 用容量瓶稀释溶液时，能否用量筒取浓溶液？

4. 用移液管移取液体前，为什么要用被取液洗涤？

5. 配制有明显热效应的溶液时，应注意哪些问题？

6. 用容量瓶配制标准溶液时，是否可用托盘天平称取基准试剂？

实验 4 缓冲溶液配制及酸度计的使用

一、实验目的

1. 掌握缓冲溶液的配制原理和方法。

2. 熟悉有关缓冲溶液配制的计算公式。

3. 了解缓冲溶液的有关性质。

4. 学习用 pH 计测定溶液的 pH 值。

二、实验原理

在一定程度上能抵抗外加少量酸、碱或稀释，而保持溶液 pH 值基本不变的作用称为缓冲作用。具有缓冲作用的溶液称为缓冲溶液。

缓冲溶液一般是由共轭酸碱对组成的，例如弱酸和弱酸盐。如果缓冲溶液由弱酸和弱酸盐(例如 HAc－NaAc)组成，则

$$c(H^+)\approx K_{a,HAc}\cdot\frac{c(HAc)}{c(Ac^-)}$$

$$pH=pK_{a,HAc}-\lg\frac{c(HAc)}{c(Ac^-)}$$

因为缓冲溶液中具有抗酸成分和抗碱成分，所以加入少量强酸或强碱，其 pH 值基本上是不变的。稀释缓冲溶液时，酸和盐的浓度比值不改变，适当稀释不影响其 pH 值。

缓冲容量是衡量缓冲溶液缓冲能力大小的尺度。缓冲容量的大小与缓冲组分浓度和缓冲组分的比值有关。缓冲组分浓度越大，缓冲容量越大；缓冲组分比值为 1∶1 时，缓冲容量最大。

在实际工作中，常常需要配制一定 pH 值的缓冲溶液。

三、仪器与试剂

仪器　pHS－3C 酸度计、试管、量筒(100 mL，10 mL)、烧杯(100 mL，50 mL)、吸量管(10 mL)等。

试剂　HAc(0.1 mol·L^{-1})、NaAc(0.1 mol·L^{-1}，1 mol·L^{-1})、NaH_2PO_4(0.1 mol·L^{-1})、

Na_2HPO_4(0.1 mol·L^{-1})、$NH_3·H_2O$(0.1 mol·L^{-1})、NH_4Cl(0.1 mol·L^{-1})、HCl(0.1 mol·L^{-1})、NaOH (0.1 mol·L^{-1},1 mol·L^{-1})、pH=4 的 HCl、pH=10 的 NaOH、pH=4.00 的标准缓冲溶液、pH=9.18 的标准缓冲溶液、甲基红溶液。

材料　广泛 pH 试纸、精密 pH 试纸、吸水纸等。

四、实验步骤

(一) 缓冲溶液的配制与 pH 值的测定

按照表 4-1,通过计算配制三种不同 pH 值的缓冲溶液。然后用精密 pH 试纸和 pH 计分别测定它们的 pH 值。比较理论计算值与两种测定方法实验值是否相符(溶液留作后面实验用)。

(二) 缓冲溶液的性质

(1) 取 3 支试管,依次加入蒸馏水、pH=4 的 HCl 溶液、pH=10 的 NaOH 溶液各 3 mL,用 pH 试纸测其 pH 值。然后向各试管中加入 5 滴 0.1 mol·L^{-1} HCl 溶液,再测其 pH 值。用相同的方法,试验 5 滴 0.1 mol·L^{-1} NaOH 溶液对上述三种溶液 pH 值的影响,将结果记录在表 4-2中。

(2) 取 3 支试管,依次加入自己配制的 pH=4.0、pH=7.0、pH=10.0 的缓冲溶液各 3 mL。然后向各试管中加入 5 滴 0.1 mol·L^{-1} HCl 溶液,测其 pH 值。用相同的方法,试验 5 滴 0.1 mol·L^{-1} NaOH 溶液对上述三种缓冲溶液 pH 值的影响。将实验结果记录在表4-2中。

(3) 取 4 支试管,依次加入 pH=4.0 的缓冲溶液,pH=4 的 HCl 溶液,pH=10.0 的缓冲溶液,pH=10 的 NaOH 溶液各 1 mL,用精密 pH 试纸测定各试管中溶液的 pH 值。然后向各管中加 10 mL 水,混匀后再用精密 pH 试纸测其 pH 值,试验稀释对上述四种溶液 pH 值的影响。将实验结果记录于表 4-2 中。

根据以上实验结果,说明缓冲溶液有什么性质?

(三) 缓冲溶液的缓冲容量

(1) 缓冲容量与缓冲组分浓度的关系　取 2 支大试管,在一试管中加入 0.1 mol·L^{-1} HAc 和 0.1 mol·L^{-1} NaAc 溶液各 3 mL,于另一试管中加入 1 mol·L^{-1} HAc 和 1 mol·L^{-1} NaAc 溶液各 3 mL,混匀后测定两试管内溶液的 pH 值(是否相同?)。在两试管中分别滴入 2 滴甲基红指示剂,溶液呈何颜色?(甲基红在 pH<4.2 时呈红色,pH>6.3 时呈黄色)。然后在两试管中分别逐滴加入 1 mol·L^{-1} NaOH 溶液(每加入 1 滴 NaOH 均需摇匀),直至溶液的颜色变成黄色。记录各试管中所滴入 NaOH 的滴数,说明哪一试管中缓冲溶液的缓冲容量大。

(2) 缓冲容量与缓冲组分比值的关系　取 2 支试管,用吸量管在一试管中加入 0.1 mol·L^{-1} NaH_2PO_4 和 Na_2HPO_4 溶液各 10 mL,另一试管中加入 2 mL 0.1 mol·L^{-1} NaH_2PO_4 和 18 mL 0.1 mol·L^{-1} Na_2HPO_4 溶液,混合均匀后再用精密 pH 试纸分别测量两试管中溶液的 pH 值。然后在每支试管中各加入 1.8 mL 0.1 mol·L^{-1} NaOH 溶液,混匀后再用精密 pH 试纸分别测量两试管中溶液的 pH 值。说明哪一试管中缓冲溶液的缓冲容量大。

五、数据记录及处理

表 4-1 缓冲溶液的配制与 pH 值的测定

实验号	理论 pH 值	各组分的体积/mL（总体积 50 mL）		精密 pH 试纸测定 pH 值	pH 计测定 pH 值
甲	4.0	0.1 mol·L^{-1} HAc			
		0.1 mol·L^{-1} NaAc			
乙	7.0	0.1 mol·L^{-1} NaH_2PO_4			
		0.1 mol·L^{-1} Na_2HPO_4			
丙	10.0	0.1 mol·L^{-1} $NH_3\cdot H_2O$			
		0.1 mol·L^{-1} NH_4Cl			

表 4-2 缓冲溶液的性质

实验号	溶液类别	pH 值	加 5 滴 HCl 溶液后 pH 值	加 5 滴 NaOH 溶液后 pH 值	加 10 mL 水后 pH 值
1	蒸馏水				
2	pH=4 的 HCl 溶液				
3	pH=10 的 NaOH 溶液				
4	pH=4.0 的缓冲溶液				
5	pH=7.0 的缓冲溶液				
6	pH=10.0 的缓冲溶液				

六、思考题

1. 为什么缓冲溶液具有缓冲作用？

2. 用 pH 计测量溶液的 pH 值时，已经标定的仪器，“定位”调节器能否改变位置，为什么？

实验 5 玻璃管的简单加工

一、实验目的

1. 了解酒精喷灯的构造和原理，掌握酒精喷灯的使用方法。
2. 学习玻璃管的截断、弯曲、拉伸等简单加工。
3. 为以后的实验准备好毛细管和弯管。

二、实验原理

(一) 酒精喷灯的构造、原理及使用技术

酒精喷灯有挂式与座式两种，其构造如图 4－1 所示。挂式喷灯的酒精储存在悬挂在高处的储罐内，而座式喷灯的酒精则储存于作为灯座的酒精壶内。

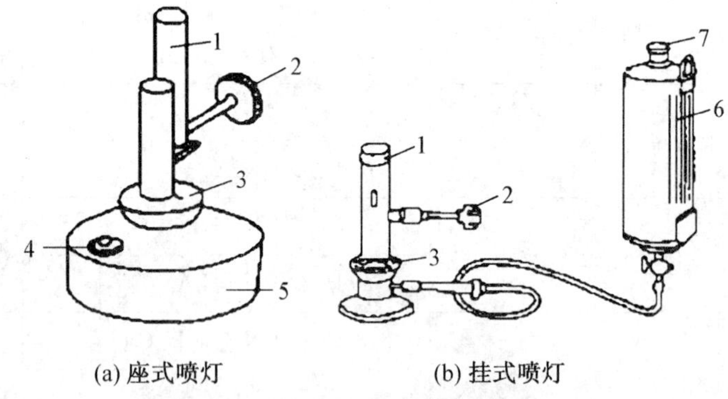

图 4－1　酒精喷灯的类型与构造

1－灯管；2－空气调节器；3－预热盘；4－铜帽；5－酒精壶；6－酒精储罐；7－盖子

使用挂式喷灯时，打开挂式喷灯酒精储罐下口的开关，并先在预热盘中注入适量的酒精，然后点燃盘中的酒精，以加热灯管。待盘中的酒精将燃尽时，开启空气调节器，这时由于酒精在灼热的灯管内汽化，并与来自气孔的空气混合，即燃烧并形成高温火焰(温度可达 400～1000 ℃)。调节阀门可以控制火焰的大小。用毕，关紧调节器即可使灯熄灭。此时酒精储罐下口的开关也应关闭。座式喷灯使用方法基本与挂式相同，仅少了开关储罐一道手续。酒精喷灯在使用时应特别注意：

(1) 在开启调节器，点燃管口气体以前，必须充分灼热灯管，否则酒精不能全部汽化，会有液体酒精由管口喷出，导致“火雨”(尤其是挂式喷灯)，甚至引起燃烧事故。当一次预热不能点燃喷灯时，可在火焰完全熄灭后重新往预热盘中加入酒精，再次预热。连续两次预热后仍不能点燃喷灯时，则需要用探针疏通酒精蒸气出口，出气顺畅后方可再次预热。

(2) 座式喷灯内酒精储量不能超过容积的 2/3，连续使用时间不能超过 30 min。若需要超过 30 min，应在使用 30 min 后暂时熄灭喷灯，待冷却后，添加酒精再继续使用。座式喷灯的铜帽必须拧紧，不得有漏气、漏液现象，以免引起火灾。

(3) 挂式喷灯酒精储罐出口至灯具进口之间的橡皮管连接必须可靠，不得有漏液现象，否则容易失火。

(二) 玻璃管的加工技术

玻璃管的加工有截断、弯曲、拉伸等。

(1) 玻璃管的清洁和截断　所加工的玻璃管应清洁和干燥，加工后的玻璃管(棒)视实验要求可用自来水或蒸馏水清洗，制备熔点管的玻璃管则要先用洗涤剂洗涤，再用蒸馏水清洗，干燥后再进行加工。

玻璃管的截断操作分为两步：第一步，先用三角锉刀锉痕。锉痕时，左手拇指按住玻璃管要截断的地方，右手握住锉刀，在要截断的地方朝一个方向锉出一个稍深的凹痕。切不可来回锉，否则，不但锉痕多，而且易使锉刀变钝。凹痕的长短约占管周的 1/6。第二步，锉出凹痕后，用两手握住玻璃管凹痕的两边，两个拇指分别按在凹痕的背面两边，轻轻向前推，同时用力急速向两边拉，玻璃管即平整断开。当玻璃太短时，为了安全，可用布包住凹痕的两边再折。折断时尽可能远离眼睛，以免玻璃碎粒飞入眼睛。

玻璃管的断口很锋利，易划破皮肤，也不易插入塞子的孔中，所以须在火焰中烧熔，使之光滑。将玻璃管呈 45°角在氧化焰边缘处一边烧一边来回转动直至平滑即可。

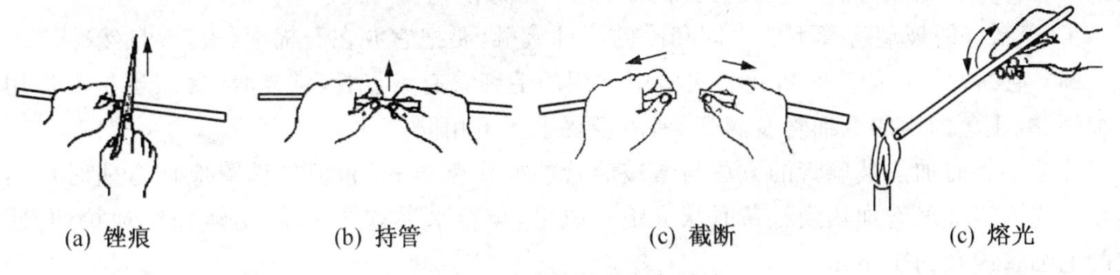

图 4-2　玻璃管的截断与熔光

(2) 玻璃管的弯曲　将一定长度的玻璃管在小火上预热，然后双手持玻璃管，把需要弯曲的部位在氧化焰中加热，缓慢而均匀地转动玻璃管，以增大玻璃的受热面积，如图 4-3(a)所示。当玻璃管发黄变软时，从火焰中取出，正确地把它弯成所需的角度。弯玻璃管时，两手在上面，弯曲部位在两手的中间下方，如图 4-3(b)所示。弯好后，两手平持玻璃管，固定勿使其变形，稍冷后，放在石棉板(网)上继续冷却。要求所弯的玻璃管角度准确，整个玻璃管在同一平面上，弯曲部位粗细均匀，不扁不曲不扭，如图 4-4(a)所示。如果玻璃管要弯成较小的角度，可分几次弯成：先弯成一个较大的角度，然后在第一次受热部位偏左(或偏右)处做第二次、第三次加热弯曲……直到弯成所需的角度，如图 4-3(c)所示。也可将玻璃管的一端塞住或封闭，待玻璃管加热到发黄变软后从火焰中取出，一边往管中吹气，一边弯曲，以免凹陷或扭曲。

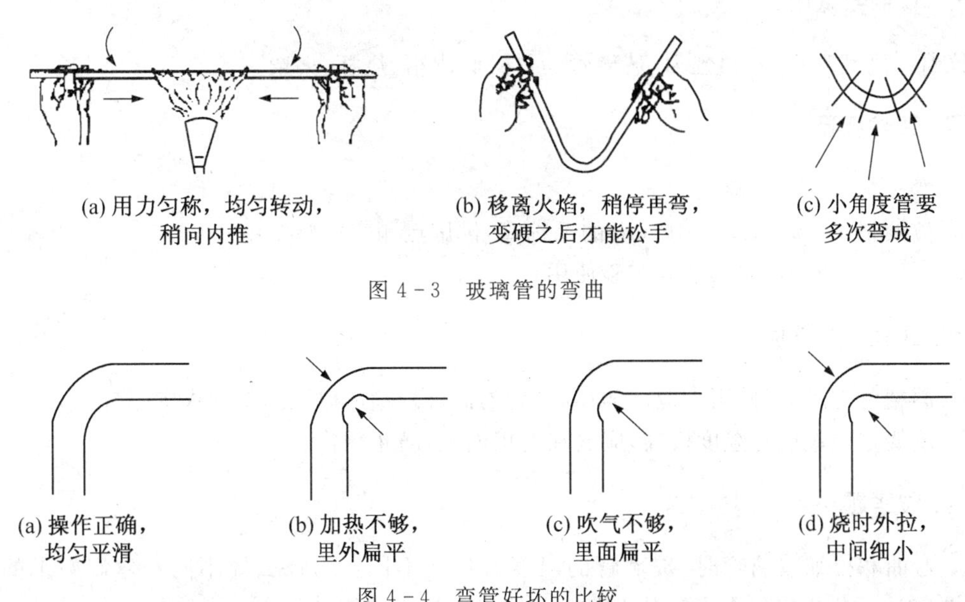

图 4-3　玻璃管的弯曲

图 4-4　弯管好坏的比较

有机化学实验中常用的玻璃弯管有 45°、75°、90°、135°等。初学者容易出现的问题有：弯曲部分变细了、扭曲了、瘪了等，为此，在玻璃的弯曲时需注意如下问题：

① 加热部分要稍宽些，同时要不时转动使其受热均匀。

② 不能一面加热一面弯曲，一定要等玻璃管烧软后离开火焰再弯，弯曲时两手用力要均

匀，不能有扭力、拉力和推力。

③ 玻璃管弯曲角度较大时，不能一次弯成，应先弯成一定角度，然后将加热中心部位稍偏离原中心部位再加热弯曲，直至达到所要求的角度为止。

④ 弯制好的玻璃弯管不能立即和冷的物件接触，要把它放在石棉网(板)上自然冷却。

(3) 毛细管的拉制　有机化学实验中常用的毛细管有熔点管、沸点管、薄层层析点样用的毛细管、减压蒸馏用的毛细管及滴管等，内径要求各不相同。

拉毛细管时加热玻璃管的方法与弯玻璃管的操作基本相同，但玻璃管应比弯曲时加热得更软一些。当玻璃管加热到红黄时从火焰中取出，顺着水平方向转动，由慢而快地拉伸，使拉成的毛细管内径约 1 mm。

一些初学者容易出现的问题及克服方法是：

① 玻璃管尚未烧柔软就拉，把玻璃管拉成了哑铃形，所以一定要等玻璃管烧软化后再拉，软化程度要比弯玻璃管强一些。

② 玻璃管尚未离开火焰就拉，毛细管很快被拉断，所以要等玻璃管烧软化后离开火焰再拉，拉的速度应先慢后快。应根据毛细管内径要求而定，内径小的可快点，内径大的可慢点。

③ 拉后的毛细管未等冷却就立即放在台子上，致使毛细管两端弯曲或破裂，所以拉毛细管时，两手要端平，使玻璃管烧软化后离开火焰向相反方向拉，拉后稍停片刻再放到石棉网(板)上冷却。

(4) 沸石的制备　将废玻璃管烧软后拉开再团回，拉开再团回，重复多次，使玻璃中进入大量空气，直至玻璃成乳白色，再拉长，然后截成 1 cm 左右保存，可作蒸馏时的沸石使用。

三、仪器与试剂

仪器　酒精喷灯、三角锉刀、玻璃管、石棉网、酒精、烧杯、火柴。

四、实验步骤

1. 弯一根 120°的玻璃管。
2. 拉两根长 16 cm、内径 1 mm 的毛细管，供熔点测定实验使用。
3. 制作一些沸石，供蒸馏等实验使用。

五、实验注意事项

1. 酒精为易燃品，使用中应多加小心，切勿洒、溢在容器外面，引起火灾。
2. 刚烧过的玻璃管温度极高，应放在石棉网上，防止烫伤。

六、思考题

1. 弯曲和拉细玻璃管时，玻璃管的温度有什么不同？为什么要不同？弯制好了的玻璃管，如果和冷的物件接触会发生什么不良的后果？怎样才能避免？
2. 在强热玻璃管(棒)之前，应用小火加热，在加工完毕后又需小火“退火”，这是为什么？
3. 使用酒精喷灯时应注意哪些问题？

实验6 熔点测定

一、实验目的

1. 熟悉熔点测定的原理。
2. 掌握用毛细管法测定熔点的操作。
3. 进行温度计校正,测定一未知样品的熔点范围。

二、实验原理

通常,固体有机物加热到一定温度时,可从固态转变成液态(固态和液态平衡共存),此时的温度称为该物质的熔点。用毛细管法测定熔点时,固体物质开始熔化(称始熔或初熔)和完全熔化(称终熔或全熔)的温度是不相同的。从始熔到终熔的温度范围,称熔距或熔程。对纯固体物质而言,熔距不超过1 ℃,如有少量杂质存在,则该物质的初熔温度降低、熔距增大。因此,测定固态化合物的熔点,可以判定该物质的纯度。

三、仪器与试剂

仪器 泰勒熔点管、200 ℃温度计、酒精灯、铁架台、铁夹、木塞、表面皿、毛细管、30 cm玻璃管。

试剂 液体石磺、苯甲酸(AR)、未知样品。

四、实验步骤

(一) 熔点管的制备

将在实验5中拉制的长16 cm、内径1 mm的毛细管两端用小火封闭,然后截成2根熔点管。封口时将毛细管呈45°在酒精灯小火外沿边转边烧,将端口烧熔并形成一个玻璃珠。使用前,应当手持毛细管,逐根对着亮光,察看其封口部位是否严密,有否缝隙,以免测试时渗漏进溶液使实验失败。

(二) 样品的填装

取0.1～0.2 g干燥样品,放在干净的表面皿上,用玻璃棒或不锈钢刮刀研成粉末并集成一堆。将毛细管的开口插入样品堆中,样品即挤入毛细管内。把开口一端向上竖立,轻轻敲击使样品落于管底。或者取一根长约30 cm的玻璃管,垂直于一干净的玻璃片或蒸发皿上,将装有样品的毛细管(开口向上)自玻璃管的上端自由落下,重复几次,使管内样品高约2～3 mm。操作要迅速以防吸潮。要准确测定熔点,样品一定要研得极细,装得结实,使热量的传导迅速而均匀。

(三) 熔点测定装置

用毛细管法测熔点使用加热装置,其主要要求是使受热均匀。实验装置如图4-5所示,所用的泰勒熔点管,又称b形管或熔点测定管。该管管口装有开口软木塞,温度计插入其中,刻度面向开口处,把装好样品的毛细管用橡皮圈固定在温度计上,样品部分应靠在温度计水银球的中部。b形管中装入加热介质(溶液),装入高度要超过上侧管一些,温度计插入熔点测定管中的深度以水银球恰在熔点测定管的两侧管的中部为宜。按图中所示部位加热，受热的溶液沿管做上升运动，管内液体因温度差而发生对流，使温度较为均匀。

在测定熔点时，样品熔点在 220 ℃以下的，可采用液体石蜡或浓硫酸作加热介质。

(四) 熔点的测定方法

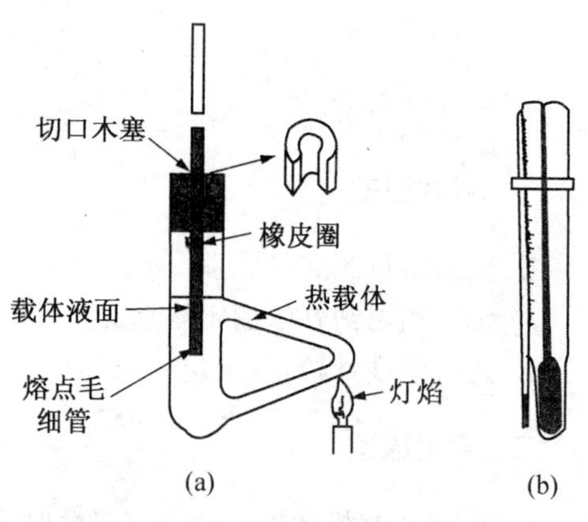

图 4-5　泰勒熔点管测熔点装置

当上述准备工作完成后，把装置放在光线充足的地方操作。决定熔点测定成败的关键之一是控制加热速度，目的是使热能透过毛细管，使样品受热熔化时的熔化温度与温度计所示温度一致。一般方法是先快速加热测定化合物的大概熔点，再作第二次测定。第一次测完后，待热浴的温度下降约 30 ℃时，换另一根样品管，慢慢地加热，以每分钟上升约 5 ℃的速度升温。当热浴温度达到熔点下约 15 ℃时，减缓加热速度，使每分钟升温 1～2 ℃，愈接近熔点升温速度应愈慢。一般可在加热途中试将热源移去，观察温度是否上升，如停止加热温度也停止上升，说明加热速度是比较合适的。当接近熔点时，加热要更慢，每分钟约上升 0.2～0.3 ℃，此时要特别注意毛细管中样品的情况，当毛细管中样品开始塌落和有润湿现象，出现小滴液体时，表示样品已开始熔化，为初熔，记下此时的温度。继续微热至固体样品全部熔化(终熔)，记下温度。两个温度之间的范围即为该化合物的熔程。例如，某化合物在 112 ℃时开始萎缩塌落、有液滴出现，114 ℃全部成为透明液体，应记录如下：熔点 112～114 ℃。

要求测定 2 个样品(苯甲酸和未知样品)的熔点。测定熔点至少要有两次重复的数据，每次都必须使用未测定过的毛细管和样品，不能使用已测过熔点的样品管，因为有些物质会产生部分分解，有些会转变成具有不同熔点的其他结晶形式。

实验完毕，待熔点浴冷却后，方可将热浴倒回瓶内。温度计冷却后，先用废纸擦去溶液才可用水冲洗，否则，容易发生水银柱断裂或温度计炸裂。

五、数据记录及处理

1. 记录已知样品苯甲酸的熔点范围，利用苯甲酸熔点(122.4 ℃)进行温度计校正，得出温度计误差结论(始熔温度、终熔温度平均值与标准数据之差)。

2. 未知样品测定数据及校正数据(始熔温度—终熔温度)。

六、实验注意事项

1. 固定温度计的橡皮圈不要浸入加热介质中，它在热介质中会溶胀或炭化，从而脱落，或使加热介质颜色变深。

2. 当用浓硫酸作加热介质时，应特别小心，勿使其接触皮肤，以免灼伤，最好带上护目镜。当有机物杂质触及硫酸时，会使硫酸变黑，妨碍熔点的观察，可加入少许硝酸钾(或硝酸钠)晶体共热使之脱色。

3. 有机化合物的熔点范围是用开始熔化至全部熔化时的温度范围来表示的，故不能取平均值。如测定两次，则每次结果分别列出，也不能取两次测定的平均值。

七、思考题

1. 测熔点时，若有下列情况将产生什么结果？

(1) 熔点管壁太厚。

(2) 熔点管底部未完全封闭，尚有一针孔。

(3) 熔点管不洁净。

(4) 样品未完全干燥或含有杂质。

(5) 样品研得不细或装得不紧密。

(6) 加热太快。

2. 是否可以使用第一次测过熔点时已经熔化的有机化合物再做第二次测定呢？为什么？

实验 7　蒸馏及沸点测定

一、实验目的

1. 掌握蒸馏的操作方法。
2. 掌握常量法（即蒸馏法）测定沸点的方法。
3. 蒸馏 30 mL 工业酒精，并测其沸点。

二、实验原理

在一定的温度下液体化合物有一定的蒸气压，液体的饱和蒸气压随温度上升而增大。当液体的蒸气压与外界压强或所给压强相等时，液体开始沸腾，此时的温度称为该液体的沸点。

蒸馏就是将液体化合物加热至沸腾变为蒸气，又将蒸气冷凝为液体化合物这两个过程的联合操作。利用蒸馏可将易挥发的物质和不易挥发的物质分离开来，也可将沸点不同的液体混合物的各组分分离开来，达到分离、提纯的目的。但液体混合物各组分的沸点必须相差较大（如相差 30 ℃以上），才能得到较好的分离效果。

纯净的液体有机化合物在一定的压强下有恒定的沸点，它的沸程一般为 0.5～1.5 ℃（可利用蒸馏来测定沸点）。所以测定沸点也是判别有机物的纯度及鉴定有机物的一种方法，但具有固定沸点的液体不一定都是纯净的化合物，因为某些有机化合物常常和其他组分形成二元或三元共沸点混合物，它们也有一定的沸点。

用蒸馏法测定沸点叫常量法，其用量较大，要有 10 mL 以上。若样品不多，需采用微量法。

为了消除在蒸馏过程中的过热现象和保证沸腾的平稳状态，常加入几粒素烧瓷片或沸石或一端封口的毛细管，因为它们能防止加热时的暴沸现象，故把它们叫做止暴剂或助沸剂。

三、仪器与试剂

仪器　50 mL 圆底烧瓶、蒸馏头、温度计、螺口接头、球形冷凝管、接引管（具小嘴）、接受瓶、锥形瓶、铁架台、铁十字夹、电热套。

试剂　工业酒精。

四、实验步骤

(一) 蒸馏装置

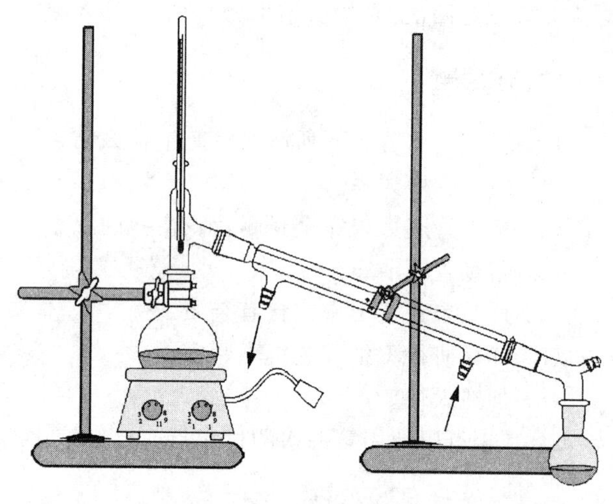

图 4-6　普通蒸馏装置

蒸馏装置如图 4-6 所示，由圆底烧瓶、蒸馏头、温度计、冷凝管、接受器组成。

首先选择蒸馏用圆底烧瓶的大小，一般是被蒸馏液的体积占烧瓶容积的1/3～2/3 为宜。用铁夹夹住瓶颈上端，根据烧瓶下面热源的高度，确定烧瓶的高度，并将其固定在铁架台上。在圆底烧瓶上安装蒸馏头，其竖口插入温度计(量程应适合被蒸馏物的温度范围)。温度计水银球上端与蒸馏头支管结合部的下沿保持水平。蒸馏头的支管依次连接直形冷凝管(注意冷凝管的进水口应在下方，出水口应在上方)，铁夹应夹在冷凝管的中央。还应再准备 2～3 个已称重的干燥、清洁的接受瓶，以收集不同的馏分。用橡皮管连接水龙头与冷凝管的进水口，再用另一根橡皮管连接冷凝管的出水口，另一端放在水槽内。

在安装时，一般是由下(从加热源)而上，由左(从蒸馏烧瓶)向右依次连接。有时还要根据最后的接受瓶的位置(有时还显得过低、过高)，反过来调整蒸馏烧瓶与加热源的高度。在安装时，可使用升降台或小方木块作为垫高用具，以调节热源或接受瓶的高度。

在蒸馏装置安装完毕后，应从三个方面检查：从正面看，温度计、蒸馏烧瓶、热源的中心轴线在同一条直线上，可简称为"上下一条线"，不要出现装置的歪斜现象。从侧面看，接受瓶、冷凝管、蒸馏烧瓶的中心轴线在同一平面上，可简称为"左右同一面"，不要出现装置的扭曲或曲折等现象。在安装中，应使夹蒸馏烧瓶、冷凝管的铁夹伸出的长度大致一样，使装置符合规范。第三是装置要稳定、牢固，各磨口接头要相互连接，且严密，铁夹要夹牢，装置不要出现松散或稍一碰就晃动的情况。能符合这些要求的蒸馏装置将具有实用、整齐、美观、牢固的优点。

(二) 蒸馏操作

从蒸馏装置上取下温度计，把长颈漏斗放在蒸馏头口上，经漏斗加入 30 g(约 30 mL)工业乙醇(也可取下蒸馏烧瓶，左手持烧瓶，支管朝上，沿着瓶颈小心地加入)，投入几粒沸石，装上温度计。将各接口处逐一再次连接紧密，同时要检查蒸馏系统内应有接通大气的通路。

向冷凝管缓缓通入冷水，把上口流出的水引入水槽。然后加热，最初宜用小火，以免蒸馏烧瓶因局部受热不均而破裂，慢慢增强加热强度，使之沸腾进行蒸馏，调节加热强度，使蒸馏速度以每秒钟滴下 1～2 滴馏液为宜，应当在实验记录本上记录下第一滴馏出液滴入接受器时的温度。当温度计的读数稳定时，另换一个已知重量的接受器(小圆底烧瓶)收集馏液，并记下该时温度(该两点即酒精的沸程)。

当瓶内仅剩少量液体(约 0.5 mL)时，即可停止蒸馏，不要把液体蒸干。撤去热源，停止通冷却水。取下接受器，按相反顺序拆卸装置，并进行清洗与干燥。

五、数据记录及处理

称重,计算酒精纯度。产品需回收。

六、实验注意事项

1. 在加热蒸馏前就应加入止暴剂,当加热后发觉未加止暴剂或原有止暴剂失效时,千万不能匆忙投入止暴剂,因为当液体在沸腾或接近沸腾时投入止暴剂,将会引起更大的暴沸,严重时会引起火灾。所以,应使沸腾的液体冷却至沸点以下后才能补加止暴剂。切记,如蒸馏中途停止,后来需要继续蒸馏,也必须在加热前补添新的止暴剂。

2. 蒸馏时,加热不可过猛,否则产生过热蒸气,使测得的沸点偏高;加热不足,蒸馏速度太慢,易使水银球周围的蒸气短时间中断,温度计读数发生上下波动。所以,蒸馏过程中温度计的水银球上应始终附有冷凝液,以保持气液两相平衡。

七、思考题

1. 什么叫沸点? 液体的沸点和大气压有什么关系? 文献里记载的某物质的沸点是否即为你们实验室里该物质的沸点?

2. 蒸馏时加入沸石的作用是什么? 如果蒸馏前忘记加沸石,能否立即将沸石加至将近沸腾的液体中? 当重新蒸馏时,用过的沸石能否继续使用?

3. 为什么蒸馏时最好控制馏出液的速度为 1～2 滴/s?

4. 如果液体具有恒定的沸点,那么能否认为它是纯物质?

实验 8　萃　　取

一、实验目的

学习萃取的原理及操作方法。

二、实验原理

萃取是指选用一种溶剂加入到某混合物中时,这种溶剂只对混合物中某一物质有极好的相溶性而对其他物质不相溶(也不起化学反应)的提取操作方法。它也是分离和提纯有机化合物常用的操作方法之一。通常被萃取的是固态或液态的物质。从液体中萃取常用分液漏斗。

在萃取过程中,溶质在两种互不相溶的溶剂之间分配,其分配的量取决于: ① 溶质在两种溶剂中的溶解度;② 所用溶剂的体积。在一定温度下,溶质在两种互不相溶的溶剂中的浓度比是个常数,如下式所示:

$$\frac{c_A}{c_B}=K$$

称分配定律。

设用 B 溶剂从 A 溶液中萃取 X。B 的用量为 S(mL),X 在 A 中最初含量为 m_0(g),A 的体积为 V(mL),萃取一次、二次、……、n 次后溶质 X 在 A 中的剩余量分别为 m_1、m_2、……、

m_n。第一次萃取后，A 溶液中 X 的浓度为：

$$c_A = m_1/V$$

B 溶剂中 X 的浓度为：

$$c_B = (m_0 - m_1)/S$$

按分配定律得：

$$K = \frac{c_A}{c_B} = \frac{m_1/V}{(m_0 - m_1)/S}$$

整理得：

$$m_1 = m_0\left(\frac{KV}{KV+S}\right)$$

同理，第二次萃取后：

$$K = \frac{m_2/V}{(m_1 - m_2)/S}$$

$$m_2 = m_1\left(\frac{KV}{KV+S}\right) = m_0\left(\frac{KV}{KV+S}\right)^2$$

第 n 次萃取后：

$$m_n = m_0\left(\frac{KV}{KV+S}\right)^n$$

因为$\frac{KV}{KV+S}<1$，所以 n 越大，m_n 越小，因此溶剂分 n 次萃取比用全量溶剂作一次萃取效果好。

例如：在 15 ℃时 4 g 正丁酸溶于 100 mL 水的溶液，用 100 mL 苯来萃取正丁酸。15 ℃时正丁酸在水与苯中的分配系数 $K=1/3$，若一次使用 100 mL 苯来萃取，则萃取后正丁酸在水溶液中的剩余量为：

$$m_1 = 4\times\frac{1/3\times 100}{1/3\times 100+100}\text{g} = 1.0\ \text{g}$$

萃取效率为$\frac{4-1}{4}\times 100\% = 75\%$。

若将 100 mL 苯分成三次萃取，即每次用 33.33 mL 苯来萃取，经过第三次萃取后，正丁酸在水溶液中的剩余量为：

$$m_3 = 4\times\left(\frac{1/3\times 100}{1/3\times 100+33.33}\right)^3\text{g} = 0.5\ \text{g}$$

萃取效率为$\frac{4-0.5}{4}\times 100\% = 87.5\%$。

从上面的计算可知，用同体积的溶液，分多次萃取比一次萃取效果好。

三、仪器与试剂

仪器　分液漏斗、移液管、碱式滴定管、锥形瓶。

试剂 0.2 mol·L^{-1}氢氧化钠标准溶液、冰醋酸、乙醚、酚酞指示剂。

四、实验步骤

以乙醚从醋酸水溶液中萃取醋酸。

(一) 一次萃取

用移液管准确移取10 mL冰醋酸与水的混合液(冰醋酸与水以1∶19的体积比相混合),放入分液漏斗中。用30 mL乙醚萃取。注意远离火源,否则易引起火灾。加入乙醚后,先用右手捏住分液漏斗上口颈部,并用食指根部压紧(或手掌心顶住)玻璃塞,以防玻璃塞松开。左手的小指、无名指并在一起收拢,托住分液漏斗的底部(活塞的柄朝上),中、食指夹着活塞柄的一边,另一边用拇指按稳。这样既可以防止振荡时旋塞转动或脱落,又便于灵活地旋开活塞(漏斗颈向上倾斜30°～45°,如图3-49所示)。双手一起朝同一方向轻轻振摇数下。振摇后,使漏斗仍保持倾斜状态,旋开活塞,放出蒸气或产生的气体,以使内外压力平衡。重复如此操作2～3次后,再用力振摇一定时间,使乙醚与醋酸水溶液两不相溶的液体充分接触,提高萃取率。若振摇时间太短,则影响萃取率。

将分液漏斗静置于铁圈上,待完全分层后,小心地旋开活塞,放出下层水溶液于50 mL锥形瓶中。加入3～4滴酚酞指示剂,用0.2 mol·L^{-1}氢氧化钠标准溶液滴定,记录消耗标准溶液的体积,分液漏斗中乙醚从上口倒入指定容器。

(二) 多次萃取

准确移取10 mL冰醋酸与水的混合液于分液漏斗中,用10 mL乙醚如上法萃取,分出乙醚溶液。水溶液再用10 mL乙醚萃取,再分出乙醚溶液后,水溶液仍用10 mL乙醚萃取。如此前后共计三次。最后将用乙醚第三次萃取后的水溶液放入50 mL锥形瓶中,用0.2 mol·L^{-1}氢氧化钠标准溶液滴定。

五、数据记录及处理

(一) 一次萃取

计算:① 留在水中的醋酸量及百分率;② 留在乙醚中的醋酸量及百分率。

(二) 多次萃取

计算:① 留在水中的醋酸量及百分率;② 留在乙醚中的醋酸量及百分率。

根据上述两种不同步骤所得数据(表4-3),比较萃取醋酸的效率。

表4-3 萃取实验数据记录

项 目	一次萃取(30 mL乙醚)	多次萃取(分三次萃取,每次用10 mL乙醚)
消耗NaOH体积/mL		
留在水中醋酸量/g		
留在乙醚中醋酸量/g		
萃取百分率		

六、实验注意事项

1. 若有机溶液与某些溶液的水溶液形成的乳浊液比较稳定,可加入饱和食盐水等,再轻轻振摇，静置长些时间使其分层。

2. 水层从下面快放完时，须等片刻，观察是否还有水层出现，如有应缓慢将此水层再放入三角烧瓶中，如此反复几次，将水层尽可能分离完全。上层液体则应从分液漏斗上口倒入指定容器中。

七、思考题

1. 影响萃取法萃取效率的因素有哪些？
2. 在分液漏斗中振摇混合液时，如果形成稳定的乳浊液，将如何处理？
3. 使用分液漏斗前必须检查哪些项目？分液漏斗用完后又应怎样处理？

实验 9　重　结　晶

一、实验目的

1. 学习用重结晶法提纯固态化合物的原理和方法。
2. 掌握抽滤、热过滤操作和折叠滤纸的方法。

二、实验原理

从化学反应中制得的固体产品，常含有少量杂质。除去这些杂质的最有效方法之一，就是用适当的溶剂进行重结晶，其基本原理是利用溶剂对被提纯物质及杂质的溶解度不同，使被提纯物质从过饱和溶液中析出，而让杂质全部或大部分仍留在溶液中；或者杂质在选定的热溶剂中的溶解度很小，通过过滤而除去，从而达到提纯的目的。重结晶的一般过程是使待重结晶物质在较高的温度(接近溶剂沸点)下溶于合适的溶剂里，趁热过滤除去不溶物质和有色的杂质(可加活性炭煮沸脱色)；将滤液冷却，使晶体从过饱和溶液里析出，而可溶性杂质仍留在溶液里，然后进行减压过滤，把晶体从母液中分离出来。

三、仪器与试剂

仪器　台秤、150 mL 烧瓶、水真空泵、热水漏斗、布氏漏斗、表面皿、锥形瓶。

试剂　乙酰苯胺、活性炭。

四、实验步骤

称取 2 g 粗乙酰苯胺放于 150 mL 烧瓶中，加入 50 mL 水和几粒沸石，加热煮沸，至乙酰苯胺完全溶解；若不溶，适当补加少量热水。稍冷，加入少量(约 0.3 g)活性炭，再煮沸5 min，趁热用热水漏斗和折叠滤纸过滤，滤液收集在一洁净的烧杯中。过滤过程中，热水漏斗和滤液分别保持小火加热。滤液在室温下冷却，乙酰苯胺析出。抽气过滤，用广口玻璃瓶塞挤压晶体，继续抽滤，尽量抽干母液。然后拔去抽滤瓶上的橡皮管，关闭水泵，布氏漏斗上加进少量冷纯水，浸没晶体，用玻璃棒小心搅动，再接上橡皮管，打开水泵抽滤至干。如此重复洗涤两次，取出晶体，放在表面皿上晾干，或在 100 ℃以下烘干，称重。

五、数据记录及处理

称重，计算得率。

六、实验注意事项

1. 乙酰苯胺溶解过程中会出现油珠状物，这不是杂质，而是由于溶液温度超过 83 ℃，未溶于水但已熔化的乙酰苯胺，此时应继续加热至油状物溶解为止。

2. 热水量每次 3～5 mL，若补加水后未溶物并未减少，则可能是不溶性杂质，可不必再加水，但为防止过滤时有晶体析出，水的量可比沸腾时达到饱和溶液的添加量稍多些。

3. 活性炭可以吸附有色杂质而达到脱色的目的，使用时应注意以下几点：用量根据杂质颜色深浅而定；不能在沸腾的溶液中加入活性炭，否则会因暴沸使溶液溅出；如果发现滤液中有活性炭时，应重新过滤。

七、思考题

1. 重结晶法一般包括哪几个步骤？各步骤的主要目的分别是什么？
2. 重结晶时，溶剂的用量为什么不能过多，也不能过少？正确的应该如何控制？
3. 用活性炭脱色为什么要待固体物质完全溶解而且需待溶液稍冷后再加入？
4. 热过滤时，为什么要尽可能减少溶剂的挥发？如何减少其挥发？
5. 在布氏漏斗中洗涤晶体要注意什么问题？如果滤纸大于布氏漏斗底面有什么不好之处？关闭水泵之前为什么要先拆开水泵与抽滤瓶之间的连接？
6. 使用有机溶剂重结晶时，哪些操作容易着火？怎样才能避免？

实验 10 离子交换法制备纯水

一、实验目的

1. 了解用离子交换法制取纯水的原理和方法。
2. 学习电导率仪的使用方法。
3. 掌握水质检验的原理和方法。

二、实验原理

（一）离子交换法净化水的原理

天然水中含有各种杂质，如泥沙、无机盐、有机物和某些气体等。水中无机盐杂质主要是钠、钙、镁的酸式碳酸盐、硫酸盐和氯化物。工农业生产、科学研究和生活用水对水质各有一定的要求，通常需要对水进行净化处理。常用的方法有蒸馏法、电渗析法和离子交换法。

离子交换法是利用离子交换树脂能与其他物质的离子进行选择性离子交换反应，从而使水中杂质离子除去。净化后的水称为去离子水。工业上常用离子交换法净化水。

离子交换树脂是一种人工合成的高分子化合物。这种化合物的分子中包括两部分，一部分是交联成网状的立体高分子骨架，另一部分是连在骨架上的可解离的活性基团。当活性基团与水接触时，能交换吸附溶解在水中的阳离子或阴离子。含有酸性基团、能进行阳离子交换的称为阳离子交换树脂，例如磺酸基（$—SO_3^- H^+$）；含有碱性基团、能进行阴离子交换的称为阴离子交换树脂，如季胺基（$—RN^+(CH_3)OH^-$）。

原料水（本实验用自来水）流经阳离子交换树脂柱时，水中的阳离子（如 Na^+、Mg^{2+}、Ca^{2+}）被阳离子交换树脂交换吸附，并发生如下反应：

$$RSO_3^- H^+ + Na^+ \rightleftharpoons RSO_3^- Na^+ + H^+$$

$$2RSO_3^- H^+ + Ca^{2+} \rightleftharpoons (RSO_3^-)_2 Ca^{2+} + 2H^+$$

$$2RSO_3^- H^+ + Mg^{2+} \rightleftharpoons (RSO_3^-)_2 Mg^{2+} + 2H^+$$

从阳离子交换树脂柱出来的水再流经阴离于交换树脂时，水中的阴离子（如 Cl^-、SO_4^{2-} 等）被阴离子交换树脂交换吸附，并发生如下反应：

$$RN^+(CH_3)OH^- + Cl^- \rightleftharpoons RN^+(CH_3)Cl^- + OH^-$$

阳离子交换树脂中产生的 H^+ 和阴离子交换树脂中产生的 OH^- 结合生成水：

$$H^+ + OH^- = H_2O$$

为了进一步提高水的质量，通常在阴离子交换树脂柱的后面串联一个由阳离子交换树脂与阴离子交换树脂（按体积比 1∶2）混合均匀的交换柱，其作用相当于多级交换。

在离子交换树脂上进行的离子交换反应是可逆的，既可以将原水中杂质离子除去以达到纯化的目的，又可将已经被水中杂质离子交换过的失效的阴、阳离子交换树脂，经过适当处理后复原，恢复交换能力，使树脂再生。

阳离子交换树脂的再生是加入适当浓度的酸（一般用 5%～10%的盐酸），其反应为：

$$RSO_3^- Na^+ + H^+ \rightleftharpoons RSO_3^- H^+ + Na^+$$

洗至 pH≈6 为止。

阴离子交换树脂的再生，可用 5%的 NaOH 溶液，反应为：

$$RN^+(CH_3)Cl^- + OH^- \rightleftharpoons RN^+(CH_3)OH^- + Cl^-$$

再生后的树脂用蒸馏水洗至 pH≈7～8。混合型交换树脂的再生应先按阴、阳离子交换树脂的不同密度，在饱和食盐水中将其分离，再分别与阴、阳树脂再生。

（二）水质鉴定

（1）水质的好坏，主要表现为水中的杂质特别是离子数量的多少，所以水质的鉴定主要是测定水中离子的含量。常用的方法是用电导率仪测定水的电导率大小。水的电导率越小，杂质离子的含量越低，表明水的纯度越高。

（2）Ca^{2+} 的检验（用钙指示剂）：游离的钙指示剂呈蓝色，在 pH＞12 的碱性溶液中，它能与 Ca^{2+} 结合显红色。在此 pH 值下 Mg^{2+} 不干扰 Ca^{2+} 的检验，因为此时 Mg^{2+} 已生成 $Mg(OH)_2$ 沉淀。

Mg^{2+} 的检验（用镁试剂Ⅰ）：在碱性溶液中，紫红色的镁试剂Ⅰ被 $Mg(OH)_2$ 沉淀吸附而显天蓝色。

Cl^- 的检验：用 $AgNO_3$ 溶液。

SO_4^{2-} 的检验：用 $BaCl_2$ 溶液。

三、仪器与试剂

仪器 732 型强酸性阳离子交换树脂、717 型强碱性阴离子交换树脂、DDS－11A 型电导率仪。

试剂 HCl(3 mol · L^{-1})、NaOH(1 mol · L^{-1},2 mol · L^{-1})、HNO_3(1 mol · L^{-1})、$AgNO_3$(0.1 mol · L^{-1})、$BaCl_2$(1 mol · L^{-1})、NaCl(1 mol · L^{-1})、钙指示剂、镁试剂Ⅰ。

(注：树脂的预处理工作,可由实验预准备室完成)。

四、实验步骤

(一) 树脂的预处理

(1) 732 型强酸性阳离子交换树脂的处理 取 732 型阳离子交换树脂约 40 g 于烧杯中,用自来水反复漂洗,除去其中色素、水溶性杂质及其他夹杂物,直至水澄清无色后,改用纯水浸泡 4 h。再用 3 mol · L^{-1} HCl 溶液浸泡 4 h。倾去盐酸溶液,最后用纯水洗至水中检不出 Cl^-(洗至 pH＝3～4)。

(2) 717 型强碱性阴离子交换树脂的处理 取 717 型阴离子交换树脂约 80 g,如同上法漂洗和浸泡后,改用 1 mol · L^{-1} NaOH 溶液浸泡 4 h。倾去 NaOH 溶液,再用纯水洗至 pH＝8～9。

(二) 交换柱的制作及纯水的制取

(1) 交换柱下部空气的排除 按图 4－7 或 4－8 所示安装仪器。取下端带有活塞的玻璃管,管内底部放入一些玻璃丝。然后加入蒸馏水至管的 1/3 高,排除管下部玻璃丝中的空气。

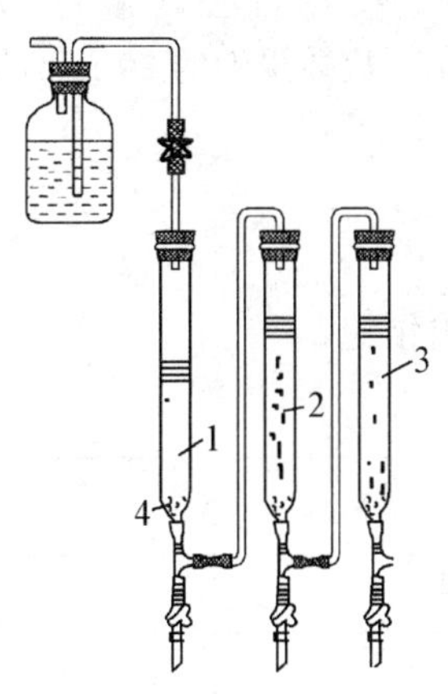

图 4－7 树脂交换装置

1－阳离子交换柱;2－阴离子交换柱;3－混合离子交换柱;4－玻璃纤维

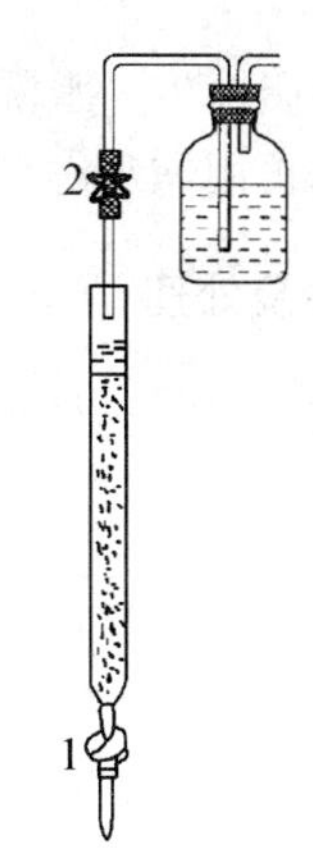

图 4－8 树脂再生装置

1－流出液控制夹;2－进液控制夹

(2) 装柱 如图 4－8 所示,将前面处理好的树脂混合后与水一起倒入玻璃管中,与此同时打开玻璃管的活塞,让水缓慢流出(水的流速不能太快,防止树脂床露出水面),使树脂均匀自然沉降。填充的树脂床的高度约 40 cm,床上部的水高为 4～6 cm。

(3) 交换 将自来水慢慢流入柱中,同时打开活塞,控制水的流出速度为每分钟 60 滴左右(柱中液面的位置应始终略高于树脂),当流出的水约 100 mL 后,接取流出液(称离子交换水)作水质检验。

(三) 水质检验

(1) 电导率的测定　用小烧杯取 2/3 杯离子交换水(取水时,必须先用被测水荡洗烧杯 2～3 次),用电导率仪测定其电导率,记录数据。同时测定自来水的电导率,进行比较。

(2) 用钙指示剂检测 Ca^{2+}　取 1 mL 样品,加入 2 滴 2 mol · L^{-1} NaOH 溶液,再加入少许指示剂,观察溶液颜色,判断有无 Ca^{2+}。

(3) 用镁试剂Ⅰ检测 Mg^{2+}　取 1 mL 样品,加 1 滴 2 mol · L^{-1} NaOH 溶液,再加入少许镁试剂Ⅰ溶液,观察有无天蓝色沉淀产生,判断有无 Mg^{2+} 存在。

(4) 用 $AgNO_3$ 溶液检验 Cl^-　在 1 mL 样品中,加 2 滴 1 mol · L^{-1} HNO_3 溶液酸化,再加入 2 滴 0.1 mol · L^{-1} $AgNO_3$ 溶液,观察有无白色沉淀生成。

(5) 用 Ba^{2+} 溶液检验 SO_4^{2-}　在 1 mL 样品中,加入 2 滴 1 mol · L^{-1} $BaCl_2$ 溶液,观察有无白色沉淀产生。

(四) 树脂的再生

树脂使用一段时间失去正常的交换能力后,可按如下方法再生:

(1) 树脂的分离　放出交换柱内的水,加入适量 1 mol · L^{-1} NaCl 溶液,用一支长玻棒充分搅拌,阴阳树脂因比重不同而分成两层,阴离子树脂在上,阳离子树脂在下,用倾泻法将上层阴离子树脂倒入烧杯中,重复此操作直至阴阳离子树脂完成分离为止。将剩下的阳离子树脂倒入另一烧杯中。

(2) 阴离子树脂再生　用自来水漂洗树脂 2～3 次,倾出水后加入 1 mol · L^{-1} NaOH 溶液(没过树脂面)浸泡约 20 min,倾去碱液,再用适量 1 mol · L^{-1} NaOH 溶液洗涤 2～3 次,最后用纯水洗至pH＝8～9。

(3) 阳离子树脂再生　水洗程序同上,然后用 3 mol · L^{-1} 盐酸浸泡约 20 min,用3 mol · L^{-1} 盐酸洗涤 2～3 次,再用纯水洗至水中检不出 Cl^-。

五、数据记录及处理

将检测结果填入表 4 - 4 中,并根据实验检测结果作出结论。

表 4 - 4

水　样	电导率/$\mu S \cdot cm^{-1}$	Ca^{2+}	Mg^{2+}	Cl^-	SO_4^{2-}
去离子水					
自来水					

六、实验注意事项

1. 装好的离子交换柱应没有气泡,否则会降低柱的交换率,必须重装。

2. 用钙指示剂检验水样中的钙离子时,要调节溶液 pH 约为 12,因为在此 pH 值下,镁离子的存在不干扰钙离子的检验,镁离子以 $Mg(OH)_2$ 沉淀析出。

七、思考题

1. 天然水中主要的无机盐杂质是什么? 试述离子交换法制备去离子水的原理。

2. 从各交换柱底部所取得水样的水质是否相同？为什么？

3. 进行水的离子鉴定时，所用的试管为什么要用蒸馏水冲洗？

实验 11　葡萄糖变旋性的测定

一、实验目的

1. 加深对葡萄糖变旋性的理解，学会测定葡萄糖变旋性的实验方法。

2. 初步掌握旋光仪的使用方法。

二、实验原理

葡萄糖广泛存在于自然界中，以游离态存在于蜂蜜和多种水果中，以化合态存在于淀粉、各种糖和植物纤维中，葡萄糖在血液中占 0.08%～0.15%，是正常血液的必要成分，若含量偏离此数值，过高或过低，都会患病。葡萄塘在溶液中显现旋光性，即当一束偏振光透过溶液时便发生旋转。表 4-5 中列出了一些糖在水溶液中的旋光率。

表 4-5　某些糖在水溶液中的旋光率

糖	$[\alpha]_D^{20}$	糖	$[\alpha]_D^{20}$
半乳糖	+83.9°	乳糖	+52.4°
葡萄糖	+52.5°	麦芽糖	+136.0°
甘露糖	+14.1°	蔗糖	+66.5°

葡萄糖这一名称只用于 2，3，4，5，6-五羟基己醛的一对非对映立体异构体。只有葡萄糖的(+)-旋光形式存在于生物体中，(+)-旋光葡萄糖将平面偏振光向右旋转，其旋光率为 $[\alpha]_D^{20}=+52.5°$。

```
  H     O
   \   //
    ¹C
     |
H—²C—OH
     |
HO—³C—H
     |
H—⁴C—OH
     |
H—⁵C—OH
     |
   ⁶CH₂OH
```

葡萄糖

葡萄糖表现出醛基和羟基的典型反应，同时也表现出其特有的性质，这是由于同一分子中存在着两种类型的官能团的缘故。葡萄糖分子中自身能互相反应，这种现象对于研究碳水化合物是很重要的。醛和醇反应生成半缩醛或缩醛，其主反应是

$$\mathrm{RCHO} + \mathrm{R'OH} \rightleftharpoons \mathrm{RCH(OH)OR'}$$

醇 R′OH 加到醛的羰基上，葡萄糖分子中含有羟基和醛基，第 5 号碳原子上的羟基与羰基非常靠近，这样在葡萄糖分子内部，就为生成半缩醛提供了极好的机会。5 -碳原子上的—OH 加在＞C ═O 上，便形成了一个由五个碳原子和一个氧原子组成的六元环。这样，产品半缩醛中就出现了与氧相距很远的、与实际不符的“长键”。

与碳原子相同，氧原子也能以大致为正四面体角度形成共价键，因此氧取代环中的碳并不会引起结构的严重变形。上述反应中形成的六元环，其形状和大小都与环己烷的环大致相同。因此，可以假定葡萄糖环有两种形式，即船形体和椅形体，其中椅形体更为稳定。当葡萄糖关闭成为环状半缩醛时，一种是 1 -碳上的 H 处于水平位置，相对于环的平面来说称为 α -型（图 4 - 9a），另一种构型如图 4 - 9b 所示，1 -碳上的 H 处于垂直位置，OH 处于水平位置，称为 β -型。

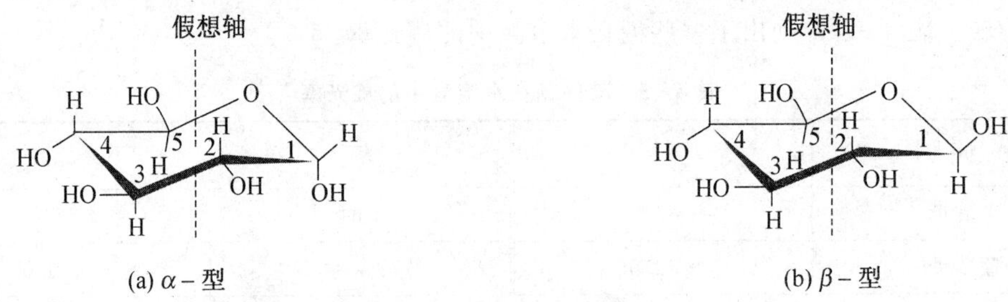

图 4 - 9　葡萄糖的环形式

任何环状形式的葡萄糖样品都同时存在 α -型和 β -型。

因为醛转化成半缩醛是可逆的，故葡萄糖溶液中分子的开链形式和环状形式之间存在着动态平衡，即

环	开链	环
←β -型⟷	醛形式⟷	α -型→
←64%	浓度极低	36%→

室温时平衡浓度如上所示。在酸或碱的催化下，平衡可以快速达到。单独的 α -型或 β -型都可以用结晶的方法以纯固体形式从适当的溶剂中分离出来。

碳水化合物的 α -型或 β -型之间的平衡称为变旋作用。之所以如此称呼，是因为由任一种纯旋光形式配成的溶液都会转化成具有两种旋光形式的平衡组成。因此，原来的旋光性质发生了改变。

α -葡萄糖的水溶液变旋作用进行得相当缓慢，加入酸或碱能够加快达到平衡的速度。能买到的大多数葡萄糖固体样品（特别是结晶状样品）中，α -型在其中总是占多数，被 β -型“玷污”的量则多少不一。

三、仪器与试剂

仪器　旋光仪（1 台）。

试剂 葡萄糖、果糖、蔗糖。

四、实验步骤

1. 取 100 mL 蒸馏水至锥形瓶中，加入 10.0 g α-型葡萄糖，摇荡至全部溶解。

2. 按下列操作进行旋光度的测定：

(1) 取一 10 cm 旋光仪液槽，充满蒸馏水后放至仪器中。

(2) 调节标尺旋转读数为零。大多数仪器的目镜视野都分为两半，测量时转动检偏器至视野的两半，两半亮度相等，便可读下数据。为熟练掌握两半亮度相等的技术，可多练习几次。将视野分为两半便于从仪器上得到重复的数据，因为眼睛对并排的光强比对单一光束强度的改变更易于鉴别。

(3) 用少量的 0.1 $g \cdot mL^{-1}$ 糖溶液润洗旋光仪液槽两次，然后盛满，擦干液槽的外部，放入仪器中。

(4) 转动检偏器棱镜表盘至视野的两半光强再次相等。当旋光仪液槽中装有旋光性物质时，检偏器棱镜一定要向右或向左旋转，才能得到两半相等的光强。廉价旋光仪的读数可读至 0.1°，性能较好的仪器则经常可读至 0.01°。表盘从零点向右转动（顺时针）该数为"＋"，向左转动（逆时针）读数为"－"。记录浓度为 0.1 $g \cdot mL^{-1}$ 的糖溶液的转动方向和转动度数，且有

$$[\alpha]_D^{20} = \frac{\alpha}{cl}$$

实验时样品管中液层厚度 l 的值为 1 dm。

3. 计算溶液的旋光率。将测得值与纯 α-葡萄糖的值 $[\alpha]_D^{20} = +113°$ 进行比较。注意，实验是在室温下进行的，而查得的值是在 20 ℃时测定的，而且样品中也可能含有一些 β-葡萄糖，其 $[\alpha]_D^{20} = +19.7°$。

4. 将旋光仪液槽中的溶液倒回原来的溶液中，加入 2～3 滴浓氨溶液，搅匀，再次进行测量。看旋光度是否发生了变化？变化了多少度？

5. 将溶液保留在旋光仪中。如果变化极快，可每隔 2～3 min 测量一次旋光度；如果变化不快，则可每隔 15～20 min 测量一次。在旋光度数值稳定下来以后，读取最后的数值。

6. 由最后的旋光度数值计算旋光率，并将所得旋光率数值与表 4-5 所列的 α-葡萄糖和 β-葡萄糖平衡值相比较。

五、数据记录及处理

1. 将上述测量结果列成表。

2. 讨论葡萄糖的变旋性。

六、实验注意事项

果糖是另一种单糖，以自由态和结合态两种形式广泛存在于自然界中，与葡萄糖及其有关的甘露糖和半乳糖不同，果糖除了五个羟基外，还含有位于 2-碳原子上的一个酮羰基。注意，果糖其实是葡萄糖的结构异构体，又是其官能异构体。

果糖表现出很强的左旋性，其旋光率的平衡值为 $[\alpha]_D^{20} = -92°$。长久以来果糖一直被称为左旋糖，与葡萄糖被称作右旋糖相对应。

通过分子中的一个羟基加至酮羰基上而生成环的方法，可以使果糖出现变旋光性。这是因为生成了半缩酮，半缩酮有两种形式，取决于加成发生在羰基的哪一侧。但是果糖比葡萄糖的情况要复杂得多，因为果糖根据用于加至羰基上的羟基是5-碳原子的，还是6-碳原子的，既可生成五元环，也可生成六元环。

七、思考题

1. 什么叫变旋性？如何测定葡萄糖的变旋性？
2. 旋光仪测定旋光度的原理是什么？
3. 测量葡萄糖的变旋性有什么实际意义？

实验 12　氯化钠的提纯

一、实验目的

1. 学会用化学方法提纯粗食盐，同时为进一步精制成试剂级纯度的氯化钠提供原料。
2. 熟练台秤的使用以及常压过滤、减压过滤、蒸发浓缩、结晶和干燥等基本操作。
3. 学习食盐中 Ca^{2+}、Mg^{2+}、SO_4^{2-} 的定性检验方法。

二、实验原理

粗食盐中含有泥沙等不溶性杂质及溶于水中的 K^+、Ca^{2+}、Mg^{2+}、SO_4^{2-} 等离子。将粗食盐溶于水后，用过滤的方法可以除去不溶性杂质。Ca^{2+}、Mg^{2+}、SO_4^{2-} 等离子需要用化学方法除去。其他可溶性杂质含量少，蒸发浓缩后不结晶，仍留在母液中。有关的离子反应方程式如下：

$$SO_4^{2-} + Ba^{2+} = BaSO_4(s)$$

$$Ca^{2+} + CO_3^{2-} = CaCO_3(s)$$

$$Ba^{2+} + CO_3^{2-} = BaCO_3(s)$$

$$2Mg^{2+} + CO_3^{2-} + 2OH^- = Mg(OH)_2 \cdot MgCO_3(s)$$

三、仪器与试剂

仪器　台秤、烧杯(100 mL)2 个、普通漏斗、漏斗架、布氏漏斗、吸滤瓶、量筒(10 mL 1 个，50 mL 1 个)、泥三角、坩埚钳、蒸发皿。

试剂　HCl (2 mol · L^{-1})、NaOH (2 mol · L^{-1})、$BaCl_2$(1 mol · L^{-1})、Na_2CO_3(1 mol · L^{-1})、$(NH_4)_2C_2O_4$(0.5 mol · L^{-1})、粗食盐、镁试剂。

材料　pH 试纸、滤纸。

四、实验步骤

(一) 粗食盐的提纯

(1) 粗食盐的称量和溶解　在台秤上称量 8.0 g 粗食盐，放入 100 mL 烧杯中，加入30 mL

水，加热、搅拌使盐溶解。

(2) SO_4^{2-} 离子的除去　在煮沸的粗食盐溶液中，边搅拌边逐滴加入 1 mol · L^{-1} $BaCl_2$ 溶液(约 2 mL)。为了检验沉淀是否完全，可将酒精灯移开，待沉淀下降后，在上层清液中加入 1～2 滴 $BaCl_2$ 溶液，观察是否有浑浊现象，如无浑浊，说明 SO_4^{2-} 已沉淀完全；如有混浊，则要继续滴加 $BaCl_2$ 溶液，直到沉淀完全为止。然后小火加热 5 min，以使沉淀颗粒长大而便于过滤。用普通漏斗过滤，保留滤液，弃去沉淀。

(3) Ca^{2+}、Mg^{2+}、Ba^{2+} 等离子的除去　在滤液中加入 1 mL 2 mol · L^{-1} NaOH 溶液和 3 mL mol · L^{-1} Na_2CO_3 溶液，加热至沸。同上法用 Na_2CO_3 溶液检验沉淀是否完全。继续煮沸 5 min。用普通漏斗过滤，保留滤液，弃去沉淀。

(4) 调节溶液的 pH 值　在滤液中逐滴加入 2 mol · L^{-1} HCl 溶液，充分搅拌，并用玻璃棒蘸取滤液在 pH 试纸上试验，直到溶液呈微酸性(pH＝4～5)为止。

(5) 蒸发浓缩　将溶液转移到蒸发皿中，用小火加热，蒸发浓缩至溶液呈稀粥状为止，但切不可将溶液蒸干。

(6) 结晶、减压过滤、干燥　让浓缩液冷却至室温。用布氏漏斗减压过滤。再将晶体转移到蒸发皿中，在石棉网上用小火加热，以干燥之。冷却后，称其质量，计算收率。

(二) 产品纯度的检验

取粗食盐和提纯后的精盐各 1 g，分别溶解于 5 mL 去离子水中，然后各分成三份，盛于试管中。按下面的方法对照检验它们的纯度。

(1) SO_4^{2-} 的检验　加入 2 滴 1 mol · L^{-1} $BaCl_2$ 溶液，观察有无白色 $BaSO_4$ 沉淀产生。

(2) Ca^{2+} 的检验　加入 2 滴 0.50 mol · L^{-1} $(NH_4)_2C_2O_4$ 溶液，观察有无白色的 CaC_2O_4 沉淀生成。

(3) Mg^{2+} 的检验　加入 2～3 滴 2.0 mol · L^{-1} NaOH 溶液，使呈碱性，再加入几滴镁试剂(对硝基偶氮间苯二酚)，如有蓝色沉淀产生，表示存在 Mg^{2+}。

五、思考题

1. 在除去 Ca^{2+}、Mg^{2+}、SO_4^{2-} 时，为什么要先加入 $BaCl_2$ 溶液？过量的 Ba^{2+} 如何除去？
2. 蒸发前为什么要用 HCl 将溶液的 pH 调至 4～5？
3. 蒸发时为什么不可将溶液蒸干？

实验 13　硫酸铜的提纯

一、实验目的

1. 通过氧化还原反应，了解用化学法提纯粗硫酸铜的方法。
2. 学习台秤的使用以及溶解、加热、过滤、蒸发、结晶等基本操作。

二、实验原理

可溶性晶体物质中的杂质可用重结晶法除去。根据物质溶解度的不同，一般可先用溶解、过滤的方法，除去易溶于水的物质中所含难溶于水的杂质；然后用重结晶法分离少量易溶于水的杂质。重结晶的原理是由于物质的溶解度一般随温度的降低而减小，当热的饱和溶液冷却时，待提纯的物质首先以结晶析出，而少量杂质由于尚未达到饱和，仍留在溶液(母液)中。

粗硫酸铜中含有不溶性杂质和可溶性杂质如 $FeSO_4$、$Fe_2(SO_4)_3$ 等。不溶性杂质可用溶解过滤法除去。杂质 $FeSO_4$ 需加氧化剂 H_2O_2 氧化为 Fe^{3+}，然后再调节溶液的 pH 值(一般控制在 pH 值约为 4)，使 Fe^{3+} 水解为 $Fe(OH)_3$ 沉淀而通过过滤除去。

$$2Fe^{2+}+H_2O_2+2H^+ = 2Fe^{3+}+2H_2O$$

$$Fe^{3+}+3H_2O = Fe(OH)_3+3H^+$$

除去 Fe^{3+} 后的滤液，用 KSCN 溶液检验没有 Fe^{3+} 存在后，即可蒸发浓缩，冷却结晶。其他微量可溶性杂质在硫酸铜结晶时，仍留在母液中，过滤时可与硫酸铜分离。

不同温度下硫酸铜的溶解度见表 4-6 所示。

表 4-6 硫酸铜的溶解度($g\ CuSO_4/100\ g\ H_2O$)

温度/℃	0	10	20	30	40	60	100
溶解度/g	14.3	17.4	20.7	25.0	28.5	40.0	75.4

三、仪器与试剂

仪器 台秤(公用)、研钵、漏斗及漏斗架、布氏漏斗及抽滤瓶、蒸发皿、点滴板。

试剂 粗硫酸铜、H_2SO_4 (1 mol·L^{-1})、NaOH(0.5 mol·L^{-1})、H_2O_2(3%)、氨水(6 mol·L^{-1})、KSCN(1 mol·L^{-1})、HCl (2 mol·L^{-1})。

材料 pH 试纸、滤纸。

四、实验步骤

(一) 粗硫酸铜晶体的提纯

(1) 称量和溶解 用研钵将粗硫酸铜磨成粉末后，再用台秤称取 5 g 放入洁净的 100 mL 小烧杯中，用量筒量取 20 mL 蒸馏水加入小烧杯中。加热并用玻棒搅拌，促使溶解。当硫酸铜完全溶解时，立即停止加热。

(2) 沉淀 往溶液中滴加 1 mL 3% H_2O_2 溶液，将溶液加热，同时逐滴加入 0.5 mol·L^{-1}NaOH 溶液直到溶液的 pH 值约为 4(用 pH 试纸检验)，再加热片刻，静置，使水解生成的红棕色 $Fe(OH)_3$ 沉淀沉降。

(3) 过滤 将上述含 $Fe(OH)_3$ 沉淀的溶液趁热常压过滤，滤液直接用洁净的蒸发皿接收。

(4) 蒸发和结晶 取过滤所得滤液 2～3 滴于白色洁净的点滴板上，加 1 滴 1 mol·L^{-1} KSCN 溶液，观察颜色变化，如有血红色出现，则 Fe^{3+} 未除净，需再按上述步骤除去。如无血红色生成，则 Fe^{3+} 已完全除去。往蒸发皿滤液中滴加 1 mol·L^{-1} H_2SO_4 酸化，调节 pH 值至 1～2，然后小火加热，蒸发(勿加热过猛，以免液体溅出)，浓缩至液面刚出现薄层晶膜时，立即停止加热(注意切勿蒸干)，让蒸发皿冷至室温，再将蒸发皿放在盛有冷水的烧杯中冷却，使晶体 $CuSO_4·5H_2O$ 析出。

(5) 减压过滤分离　将蒸发皿内物质全部转移到布氏滤斗中减压过滤，并尽量抽干，且用干净的玻璃棒轻轻挤压布氏漏斗上的晶体，尽可能除去晶体间夹带的母液及水分。停止抽滤，取出晶体，母液倒入回收瓶中回收。用台秤称量晶体，计算产率。

(二) 产品纯度检验

(1) 称取 1 g 粗硫酸铜晶体，放在小烧杯中，用 10 mL 蒸馏水使之溶解，加入 1 mL 1 mol · L^{-1} H_2SO_4 酸化，然后加 2 mL 3% H_2O_2 溶液，煮沸片刻，使其中的 Fe^{2+} 氧化成 Fe^{3+}。

(2) 待溶液冷却后，逐滴加入 6 mol · L^{-1} 氨水，直至生成的沉淀完全溶解，形成深蓝色的溶液为止。此时 Fe^{3+} 成为 $Fe(OH)_3$ 沉淀，而 Cu^{2+} 则成为 $[Cu(NH_3)_4]^{2+}$，化学方程式如下：

$$Fe^{3+} + 3NH_3 \cdot H_2O = Fe(OH)_3 \downarrow + 3NH_4^+$$

$$2Cu^{2+} + SO_4^{2-} + 2NH_3 \cdot H_2O = Cu_2(OH)_2SO_4 \downarrow + 2NH_4^+$$

$$Cu_2(OH)_2SO_4 + 8NH_3 \cdot H_2O = 2[Cu(NH_3)_4]^{2+} + 2OH^- + SO_4^{2-} + 8H_2O$$

(3) 常压过滤，并用 6 mol · L^{-1} 氨水洗涤，直到蓝色洗去为止，此时滤纸上留下的是棕黄色 $Fe(OH)_3$ 沉淀。此部分滤液可弃去。

(4) 滴加热的 2 mol · L^{-1} HCl 溶液 3mL 到滤纸上，以溶解 $Fe(OH)_3$，接收此部分滤液。

(5) 往滤液中滴入 2 滴 1 mol · L^{-1} KSCN 溶液，观察血红色的生成：

$$Fe^{3+} + nSCN^- = [Fe(SCN)_n]^{3-n}$$

血红色愈深则 Fe^{3+} 含量愈高，可根据血红色的深浅来比较 Fe^{3+} 的多少，保留此血红色溶液与下面的实验作比较。

(6) 称取 1 g 提纯过的硫酸铜晶体，重复上面的操作，比较两种溶液血红色的深浅，评定其纯度。

五、思考题

1. 粗硫酸铜中杂质 Fe^{2+} 为什么要氧化为 Fe^{3+} 除去？
2. 在除 Fe^{3+} 时，为什么要调节 pH 值为 4 左右？pH 值太大或太小有什么影响？
3. 总结和比较常压过滤和减压过滤的特点、适用范围及操作中应注意的事项。
4. 回收率如何计算？

5 物质的基本性质实验

实验14　化学反应速率和化学平衡

一、实验目的

1. 了解浓度、温度和催化剂对化学反应速率的影响。
2. 测定$(NH_4)_2S_2O_8$与KI反应的速率、反应级数、速率常数和反应的活化能。
3. 掌握浓度、压力和温度对化学平衡的影响。

二、实验原理

(一) 化学反应速率

在水溶液中$(NH_4)_2S_2O_8$和KI发生如下反应：

$$S_2O_8^{2-} + 3I^- \longrightarrow 2SO_4^{2-} + I_3^- \tag{1}$$

实验证明，此反应的反应速率与反应物浓度的关系可用下式表示：

$$\frac{\Delta c(S_2O_8^{2-})}{\Delta t} = kc^m(S_2O_8^{2-}) \cdot c^n(I^-)$$

式中：$\Delta c(S_2O_8^{2-})$——Δt时间里$S_2O_8^{2-}$的浓度变化；

$c(S_2O_8^{2-})$，$c(I^-)$——$S_2O_8^{2-}$，I^-的起始浓度；

Δt——反应开始到溶液刚出现蓝色的时间；

k——反应速率常数；

m，n——反应物$S_2O_8^{2-}$，I^-的反应级数，$(m+n)$为该反应的总级数。

为了能测出在一定时间(Δt)内$S_2O_8^{2-}$浓度的变化，在$(NH_4)_2S_2O_8$溶液和KI溶液混合的同时，加入一定体积已知浓度的$Na_2S_2O_3$溶液和作为指示剂的淀粉溶液，这样在反应(1)进行的同时，还进行着下列反应：

$$2S_2O_3^{2-} + I_3^- \longrightarrow S_4O_6^{2-} + 3I^- \tag{2}$$

反应(2)进行得非常快，几乎瞬时可完成，而反应(1)比反应(2)慢很多，所以由反应(1)生成的I_2立即与$S_2O_3^{2-}$作用，生成无色的$S_4O_6^{2-}$和I^-。因此，在反应开始时看不到碘与淀粉作用显示的蓝色。但是，一旦$Na_2S_2O_3$耗尽，反应(1)生成的微量I_2很快就与淀粉作用而显示出蓝色。

从反应(1)和(2)可以看出，每消耗1 mol $S_2O_8^{2-}$就要消耗2 mol $S_2O_3^{2-}$，即

$$\Delta c(S_2O_8^{2-})=\frac{1}{2}\Delta c(S_2O_3^{2-})$$

由于在 Δt 时间内 $S_2O_3^{2-}$ 几乎耗尽，其浓度可视为零，所以 $\Delta c(S_2O_3^{2-})$ 实际是开始时的 $Na_2S_2O_3$ 浓度。

由 Δt 和 $\Delta c(S_2O_8^{2-})$ 可得到反应速率。再由不同浓度下测得的反应速率计算该反应的反应级数 $m+n$，具体推导如下：

$$\frac{v_1}{v_2}=\frac{kc_1^m(S_2O_8^{2-})\cdot c_1^n(I^-)}{kc_2^m(S_2O_8^{2-})\cdot c_2^n(I^-)}$$

若 $c_1^n(I^-)=c_2^n(I^-)$（用表 5-1 中实验序号 1 和 2 的结果），则

$$\frac{v_1}{v_2}=\frac{c_1^m(S_2O_8^{2-})}{c_2^m(S_2O_8^{2-})}$$

v_1、v_2、$c_1(S_2O_8^{2-})$、$c_2(S_2O_8^{2-})$ 都已知道，就能求出 m。

用同样的方法把表 5-1 中实验序号 1 和 3 的结果代入

$$\frac{v_1}{v_3}=\frac{kc_1^m(S_2O_8^{2-})\cdot c_1^n(I^-)}{kc_3^m(S_2O_8^{2-})\cdot c_3^n(I^-)}$$

所以

$$\frac{v_1}{v_3}=\frac{c_1^n(I^-)}{c_3^n(I^-)}$$

由上式求出 n，即得到反应级数 $m+n$。

从下式可以求出反应速率常数：

$$\frac{\Delta c(S_2O_8^{2-})}{\Delta t}=kc^m(S_2O_8^{2-})\cdot c^n(I^-)$$

$$k=\frac{\Delta c(S_2O_8^{2-})}{\Delta t\cdot c^m(S_2O_8^{2-})\cdot c^n(I^-)}$$

反应速率常数与反应温度间有如下关系：

$$\lg k=-\frac{E_a}{2.303RT}+C$$

式中：E_a——反应的活化能；

R——摩尔气体常数（$8.314\ J\cdot mol^{-1}\cdot K^{-1}$）；

C——给定反应的特性常数。

测得不同温度时的 k 值，以 $\lg k$ 对 $1/T$ 作图，得一直线，则

$$斜率=-\frac{E_a}{2.303R}$$

由此式可求得反应的活化能 E_a。

（二）化学平衡

浓度、压强和温度是影响化学平衡的主要因素。

三、仪器与试剂

仪器　恒温水浴 1 台、量筒(10 mL 4 个，5 mL 2 个)、烧杯(50 mL 5 个)、秒表 1 块、玻璃棒或电子搅拌器。

试剂　HCl(浓)、$NH_3 \cdot H_2O$(2.0 $mol \cdot L^{-1}$)、$(NH_4)_2S_2O_8$(0.2 $mol \cdot L^{-1}$)、KI(0.2 $mol \cdot L^{-1}$)、$Na_2S_2O_3$(0.01 $mol \cdot L^{-1}$)、KNO_3(0.2 $mol \cdot L^{-1}$)、$(NH_4)_2SO_4$(0.2 $mol \cdot L^{-1}$)、$Cu(NO_3)_2$(0.02 $mol \cdot L^{-1}$)、$CuCl_2$(0.10 $mol \cdot L^{-1}$)、$MgCl_2$(0.10 $mol \cdot L^{-1}$)、NH_4Cl(1.0 $mol \cdot L^{-1}$)、$FeCl_3$(0.10 $mol \cdot L^{-1}$，1.0 $mol \cdot L^{-1}$)、KSCN(0.10 $mol \cdot L^{-1}$，1.0 $mol \cdot L^{-1}$)、淀粉溶液(0.2%)。

材料　充满 NO_2 气体的注射器 1 支、充有 NO_2 气体的试管(用塞子塞紧)3 支或者充有 NO_2 气体的双链球。

四、实验步骤

(一) 反应速率

(1) 浓度对反应速率的影响　在室温下用量筒取 20 mL 的 0.2 $mol \cdot L^{-1}$ KI 溶液、8 mL 的 0.01 $mol \cdot L^{-1}$ $Na_2S_2O_3$ 溶液和 4 mL 的 0.2%淀粉溶液，加到 100 mL 烧杯中混合均匀。然后用量筒量取 20 mL 的0.2 $mol \cdot L^{-1}$ $(NH_4)_2S_2O_8$ 溶液，迅速加到烧杯中，同时记录时间，并不断用玻璃棒搅拌。当溶液刚出现蓝色，停止记时。

用同样方法按照表 5-1 中实验序号 2 及 3 的用量进行另外两次实验。为了使每次实验的溶液离子强度和总体积保持不变，不足的量分别用 0.2 $mol \cdot L^{-1}$ KNO_3 溶液和 0.2 $mol \cdot L^{-1}$ $(NH_4)_2SO_4$ 溶液补充。

将上述实验结果填入表 5-1。

(2) 温度对反应速率的影响　按表 5-1 序号 3 的用量，将 KI、$Na_2S_2O_3$、KNO_3 和淀粉溶液加到 100 mL 的烧杯中，$(NH_4)_2S_2O_8$ 溶液加到另一小烧杯中，然后在冰水浴中冷却。待两只烧杯中溶液都冷却到比室温低 10 ℃时，将$(NH_4)_2S_2O_8$ 溶液加到混合溶液中，立即开始记时，并不断搅拌。当溶液刚出现蓝色时，停止计时。

在高于室温 10 ℃及 15 ℃的条件下重复上述实验(在恒温水浴中操作)。将上述实验结果填入表 5-2 内。

(3) 催化剂对反应速率的影响　Cu^{2+} 可以加快$(NH_4)_2S_2O_8$ 氧化 KI 的反应速率。按表 5-1实验序号 3 的用量，把 KI、$Na_2S_2O_3$、KNO_3 和淀粉溶液加到 100 mL 烧杯中，再加入 1 滴 0.02 $mol \cdot L^{-1}$ $Cu(NO_3)_2$ 溶液，搅匀，然后迅速加入 20 mL $(NH_4)_2S_2O_8$ 溶液，开始记时并搅拌。当溶液刚出现蓝色时，停止记时。

(二) 化学平衡

(1) 浓度对化学平衡的影响

① 在 1 mL 0.10 $mol \cdot L^{-1}$$CuCl_2$ 溶液中，滴加浓盐酸至黄绿色，再用水稀释，有何变化？为什么？

② 在 0.10 $mol \cdot L^{-1}$$MgCl_2$ 溶液中滴加 2.0 $mol \cdot L^{-1}$$NH_3 \cdot H_2O$ 溶液，有无沉淀生成？再加入 1.0 $mol \cdot L^{-1}$$NH_4Cl$ 溶液时，有无变化？

③ 在 3 支试管中均加入 2 mL 去离子水、1 滴 0.10 $mol \cdot L^{-1}$ $FeCl_3$ 溶液和 1 滴

0.10 mol·L^{-1}KSCN 溶液。在第一支试管中再加入 2 滴 1.0 mol·$L^{-1}$$FeCl_3$ 溶液，在第二支试管中再加入 2 滴 1.0 mol·L^{-1}KSCN 溶液。比较 3 支试管中溶液颜色的深浅。

(2) 压力对化学平衡的影响　取 1 支充满 NO_2 气体的注射器(针头孔眼已堵死)，用力推压活塞，观察气体颜色的变化。

(3) 温度对化学平衡的影响　取 3 支充有 NO_2 气体并用塞子塞紧的试管，1 支浸入冰水中，1 支浸入沸水中，另一支保持在室温，比较 3 支试管中气体颜色的深浅。

五、数据记录及处理

1. 在实验报告上完成表 5-1 和表 5-2。
2. 计算反应级数、反应速率常数及反应的活化能。
3. 根据表 5-1 实验序号 3 和本实验 1(3)的结果，说明催化剂对该反应速率的影响。

表 5-1

实验序号		1	2	3
试剂用量/mL	0.2 mol·$L^{-1}$$(NH_4)_2S_2O_8$ 溶液	20	5	20
	0.2 mol·L^{-1} KI 溶液	20	20	5
	0.01 mol·$L^{-1}$$Na_2S_2O_3$ 溶液	8	8	8
	0.2%淀粉溶液	4	4	4
	0.2 mol·$L^{-1}$$KNO_3$ 溶液	0	0	0
	0.2 mol·$L^{-1}$$(NH_4)_2SO_4$ 溶液	0	15	0
52 mL 溶液中试剂的起始浓度/mol·L^{-1}	$(NH_4)_2S_2O_8$ 溶液			
	KI 溶液			
	$Na_2S_2O_3$ 溶液			
反应时间 Δt				
反应速率 v				
反应速率常数 k				

表 5-2

实验序号	3	4	5	6
反应温度/℃				
反应时间/s				
反应速率 v				
反应速率常数 k				
$\lg k$				
$1/T$				

六、思考题

1. 影响化学反应速率的因素有哪些？

2. 本实验用溶液的体积来表示各反应物的用量，为什么用量筒而不用移液管来量取它们的体积？这样做对实验的准确性有无影响？

3. 为什么溶液呈蓝色的时间与加入 $Na_2S_2O_3$ 溶液的量有直接关系？如果加入的 $Na_2S_2O_3$ 溶液过少，对实验有何影响？实验中当蓝色出现后，反应是否就终止了？

4. 若用 I^-（或 I_3^-）的浓度变化来表示该反应的速率，则 v 和 k 是否和用 $S_2O_8^{2-}$ 的浓度变化表示的一样？

5. 实验所用试剂 KNO_3 和 $(NH_4)_2SO_4$ 起什么作用？

实验 15　电解质溶液和电离平衡

一、实验目的

1. 加深理解弱电解质的电离平衡及影响平衡移动的因素。
2. 了解盐类的水解反应和影响水解的因素。
3. 学习缓冲溶液的配制方法并试验其性质。
4. 掌握离心分离操作和离心机、pH 试纸的使用。

二、实验原理

强电解质在水溶液中完全电离。弱酸或弱碱等一类弱电解质在水溶液中仅部分电离，电离出来的离子与未电离的弱电解质分子间存在着电离平衡，其平衡常数称为弱电解质的电离常数，用 K_a（表示弱酸）或 K_b（表示弱碱）来表示。

如果往弱电解质的水溶液中加入含有与其相同离子的强电解质时，使弱电解质的电离度降低，这种效应称为同离子效应。

弱酸及其盐或弱碱及其盐的混合溶液，能在一定程度上对少量外来的酸或碱起缓冲作用，即当外加少量酸或碱，或适当稀释时，此混合溶液的 pH 值基本上保持不变，这种溶液叫做缓冲溶液。该溶液的 pH 值为：

$$pH = pK_a - \lg \frac{c(\text{酸})}{c(\text{盐})}$$

$$pH = 14 - pK_b + \lg \frac{c(\text{碱})}{c(\text{盐})}$$

盐类的水解反应是酸碱中和反应的逆反应。水解后溶液的酸碱性决定于盐的类型。强酸弱碱盐水解后溶液呈酸性，其 $pH<7$；强碱弱酸盐水解后溶液呈碱性，其 $pH>7$；弱酸弱碱盐强烈水解，其溶液的酸碱性取决于生成的弱碱和弱酸的相对强度，随其中较强者，溶液可分别呈中性、酸性或碱性。强酸强碱盐不水解，溶液呈中性。

因为水解反应是一吸热反应并以平衡状态存在，所以升高溶液的温度时，有利于水解的进行。

如果盐类水解的产物溶解度很小，那么它们水解后会产生沉淀。以 $Bi(NO_3)_3$ 为例：

$$Bi(NO_3)_3 + H_2O \rightleftharpoons BiONO_3 \downarrow + 2HNO_3$$

产生的 $BiONO_3$ 白色沉淀是 $Bi(OH)_2NO_3$ 脱水后的产物。如加入一定浓度的 HNO_3 溶液，则上述平衡向左移动，可抑制 $Bi(NO_3)_3$ 的水解以防止沉淀的产生，得到澄清的溶液。因此实验室配制这一类盐的水溶液时，通常是先将盐溶于相应的酸中，然后再稀释成所需要的浓度。

如果两种盐都能水解，且其中一种盐水解后溶液呈酸性，另一种盐水解后溶液呈碱性，那么当这两种盐溶液相混合时，发生酸碱中和反应，使两种盐的水解彼此加剧并都进行得很彻底。例如 $Al_2(SO_4)_3$ 溶液和 Na_2CO_3 溶液混合前有：

$$Al^{3+} + 3H_2O \rightleftharpoons Al(OH)_3 + 3H^+$$

$$CO_3^{2-} + 2H_2O \rightleftharpoons H_2CO_3 + 2OH^-$$

混合后由于 H^+ 与 OH^- 结合生成难电离的 H_2O，因此上述两平衡都被破坏（向右移动）而产生 $Al(OH)_3$ 沉淀和 CO_2 气体：

$$3CO_3^{2-} + 2Al^{3+} + 6H_2O \rightleftharpoons 3H_2CO_3 + 2Al(OH)_3 \downarrow$$

$$\hookrightarrow 3H_2O + 3CO_2 \uparrow$$

三、仪器与试剂

仪器　试管、试管夹、离心试管、酒精灯、量筒、离心机。

试剂　锌粒、NH_4Ac、$Fe(NO_3)_3 \cdot 9H_2O$、$Bi(NO_3)_3$、HCl(0.1 mol·L^{-1}，6 mol·L^{-1})、HAc(0.1 mol·L^{-1})、HNO_3(6 mol·L^{-1})、$NH_3 \cdot H_2O$(0.1 mol·L^{-1})、NaOH(0.1 mol·L^{-1}，2 mol·L^{-1})、NaAc(0.1 mol·L^{-1})、NH_4Cl(0.1 mol·L^{-1})、NaCl(0.1 mol·L^{-1})、Na_2CO_3(0.1 mol·L^{-1})、$Al_2(SO_4)_3$(0.1 mol·L^{-1})、甲基橙溶液、酚酞溶液。

材料　广泛 pH 试纸、精密 pH 试纸(pH3.8～5.4)。

四、实验步骤

(一) 强电解质与弱电解质性质的比较

(1) 用广泛 pH 试纸分别测定 0.1 mol·L^{-1} HCl 溶液和 0.1 mol·L^{-1} HAc 溶液的 pH 值，并与计算值比较。

(2) 分别在两支试管中加入 0.1 mol·L^{-1} HCl 溶液和 0.1 mol·L^{-1} HAc 溶液各 5 滴，再各滴加甲基橙指示剂 1 滴，观察溶液的颜色（如现象不明显，可各加入 1 mL 蒸馏水稀释后再观察）。

(3) 在两支试管中各加入 2 mL 0.1 mol·L^{-1} HCl 溶液和 0.1 mol·L^{-1} HAc 溶液，再各加一小颗锌粒（用砂纸除去表面氧化层），微热之，观察在哪一个试管中反应较为激烈？说明原因。

将实验结果和计算的 pH 值填入表 5-3 中。

表 5-3 强、弱电解质性质比较

	加甲基橙后溶液的颜色	pH 值		加锌粒并微热下反应现象
		测定值	计算值	
0.1 mol·L^{-1} HCl				
0.1 mol·L^{-1} HAc				

由实验结果比较 HCl 和 HAc 的酸性有何不同？为什么？

(二) 同离子效应

(1) 往两支小试管中各加入 1 mL 0.1 mol·L^{-1} HAc 溶液及 1 滴甲基橙指示剂，摇匀，溶液呈何颜色？在其中一支试管中加入 NH_4Ac 固体少许，摇动试管使其溶解后与另一试管比较，溶液的颜色有何变化？说明原因。

(2) 往两支小试管中各加入 1 mL 0.1 mol·L^{-1} $NH_3·H_2O$ 溶液及 1 滴酚酞指示剂，摇匀，溶液呈何颜色？在其中一支试管中加入 NH_4Ac 固体少许，观察指示剂颜色的变化。试说明两支试管中颜色不同的原因。

结合上述两个实验，说明有哪些因素影响弱电解质的电离平衡移动。

(三) 缓冲溶液的配制及性质

(1) 缓冲溶液的配制　用 0.1 mol·L^{-1} HAc 溶液和 0.1 mol·L^{-1} NaAc 溶液配制pH＝4.1 的缓冲溶液10 mL，应该怎样配制？应先通过计算，再按计算的量用小量筒量取(尽可能读准至小数点后一位)后，混合均匀。用精密 pH 试纸检查所配溶液是否符合要求(保留溶液，留作下面实验用)。

(2) 缓冲溶液的性质　取 3 支小试管，各加入所配得的 HAc－NaAc 缓冲溶液 3 mL，分别进行如下实验：

① 在第一支试管中加 3 滴 0.1 mol·L^{-1} HCl 溶液，摇匀后用精密 pH 试纸测其 pH 值。

② 在第二支试管中加 3 滴 0.1 mol·L^{-1} NaOH 溶液，摇匀后用精密 pH 试纸测其 pH 值。

③ 在第三支试管中加入 2 mL 蒸馏水，用精密 pH 试纸测其 pH 值。

将①、②、③的实验结果与实验(1)比较，可得出什么结论？解释其原因。

(3) 对照实验　在两支试管中各加入 3 mL 蒸馏水，用广泛 pH 试纸测其 pH 值，然后分别加入 0.1 mol·L^{-1} HCl 溶液和 0.1 mol·L^{-1} NaOH 溶液各 3 滴，再用广泛 pH 试纸测其 pH 值。

通过对比缓冲溶液与水在加少量酸或加少量碱后的 pH 值变化实验，你对缓冲溶液的性质能得出什么结论？

(四) 盐类的水解和影响水解平衡的因素

(1) 盐类的水解与溶液的酸碱性　用广泛 pH 试纸分别测定浓度均为 0.1 mol·L^{-1}的 NaAc、NH_4Cl、NaCl、Na_2CO_3、$Al_2(SO_4)_3$等溶液的 pH 值。写出水解反应的离子方程式，并解释之。

(2) 影响水解平衡的因素

① 温度

a. 在两支小试管中分别加入 1 mL 0.1 mol·L^{-1} NaAc 溶液，并各加入 1 滴酚酞指示剂，将其中一支试管中的溶液加热至沸腾，比较两支试管中溶液的颜色变化，并解释实验现象。

b. 取少量 $Fe(NO_3)_3 \cdot 9H_2O$ 固体，加蒸馏水约 6 mL，使之溶解后将溶液分成三份，将其中的第一份加热至沸后与另外两份比较，观察现象，并说明原因；另两份留作下面的实验用。

② 溶液的酸度

a. 往第二份 $Fe(NO_3)_3$ 溶液中加 6 $mol \cdot L^{-1}$ HNO_3 溶液 2～3 滴，与第三份比较，有何现象？说明原因。

b. 往试管中加入少量 $Bi(NO_3)_3$ 固体，用蒸馏水使之溶解，有何现象？用广泛 pH 试纸测其 pH 值，再滴加 6 $mol \cdot L^{-1}$ HNO_3 溶液，又有何现象？最后再加入蒸馏水稀释又有何现象？根据平衡移动原理解释观察到的现象，由此了解实验室配制 $Bi(NO_3)_3$ 溶液时应如何配制。

③ 双水解反应　取两支离心试管，都分别先加入 1 mL 0.1 $mol \cdot L^{-1}$ $Al_2(SO_4)_3$ 溶液，再加入 1 mL 0.1 $mol \cdot L^{-1}$ Na_2CO_3 溶液后，有何现象？从水解平衡的观点解释之。用尖嘴玻棒充分搅拌混合液，离心分离并用蒸馏水洗涤沉淀后，往一支试管中加入 6 $mol \cdot L^{-1}$ HCl 溶液，另一支试管中加入 2 $mol \cdot L^{-1}$ NaOH 溶液，观察沉淀溶解的情况，证明沉淀是何物？写出有关的反应方程式。

从本实验总结出有哪些因素可影响盐类水解。

五、思考题

1. 在 HAc 和 $NH_3 \cdot H_2O$ 的水溶液中分别加入 NH_4Ac 固体，均会使弱电解质的电离度下降。试分析分别是哪种离子在起作用。

2. 为什么 $NaHCO_3$ 水溶液呈碱性而 $NaHSO_4$ 水溶液呈酸性？

3. 如何配制 Sn^{2+}，Sb^{3+}，Fe^{3+} 等盐的水溶液？

4. 若将 10 mL 0.2 $mol \cdot L^{-1}$ HAc 溶液与 10 mL 0.1 $mol \cdot L^{-1}$ NaOH 溶液混合，所得溶液是否具有缓冲能力？这溶液的 pH 值在什么范围？若将 0.2 $mol \cdot L^{-1}$ HAc 溶液和 0.2 $mol \cdot L^{-1}$ NaOH 溶液等体积混合，结果又怎样？

实验 16　多相离子平衡

一、实验目的

1. 通过实验加深对溶度积规则及沉淀平衡的理解。
2. 试验沉淀的生成、溶解和相互转化的条件。
3. 进一步学习离心分离操作和离心机的使用。

二、实验原理

在难溶电解质的饱和溶液中，未溶解的难溶电解质与溶解后形成的离子间存在着多相离子平衡。在一定温度下，难溶电解质饱和溶液中离子浓度的系数次方的乘积是个常数，此常数即为该难溶电解质的溶度积，用 $K_{sp}^{\ominus}$ 表示。将存在于溶液中两种离子实际浓度系数次方的乘积称为离子积，用 J 表示。

将离子积 J 与溶度积 $K_{sp}^{\ominus}$ 进行比较，根据溶度积规则即可判断沉淀的生成或溶解情况。

如设法降低含有难溶电解质的饱和溶液中某一离子的浓度，使离子积 J 小于相应的溶度积 $K_{sp}^{\ominus}$，则沉淀就溶解。

如果溶液中含有两种或两种以上的离子都能与加入的某种试剂（称为沉淀剂）反应，生成难溶电解质，沉淀的先后次序取决于所需沉淀剂离子浓度的大小。所需沉淀剂离子浓度较小的先沉淀，较大的后沉淀，这种先后沉淀的现象称为分步沉淀。对于某混合溶液，如果能被沉淀剂沉淀的离子的浓度均相同，且生成的沉淀为同一类型，则可按沉淀的溶度积大小直接判断沉淀生成的先后次序；如果能被沉淀剂沉淀的离子浓度不相同或生成的沉淀不是同一类型，则生成沉淀的先后次序需按它们所需沉淀剂离子浓度的大小来确定。

向难溶电解质沉淀物中加入另一种沉淀剂时，若能生成更难溶的电解质，则反应将向生成更难溶的电解质方向进行。这种把一种沉淀转化为另一种沉淀的过程，叫做沉淀的转化。对于同一类型的难溶电解质，溶度积较大的沉淀可以转化为溶度积更小的另一种沉淀。对于不同类型的难溶电解质，则需要以溶解度的大小来判断，一般说来，一种溶解度较小的难溶电解质易转化为另一种溶解度更小的物质。例如，用足够大浓度的 Cl^- 溶液，可以使 Ag_2CrO_4（砖红色）沉淀转化为 AgCl（白色）沉淀，反应如下：

$$\underrightarrow{Ag_2CrO_4(s) + 2Cl^-(aq) \rightleftharpoons 2AgCl(s) + CrO_4^{2-}(aq)}$$

反应进行方向

$K_{sp}^{\ominus}$	9.0×10^{-12}	1.56×10^{-10}
溶解度	$1.31\times10^{-4}\,mol\cdot L^{-1}$	$1.25\times10^{-5}\,mol\cdot L^{-1}$

三、仪器与试剂

仪器　试管、离心管、酒精灯、离心机。

试剂　$NaNO_3$、HAc（2 $mol\cdot L^{-1}$）、HCl（2 $mol\cdot L^{-1}$，浓）、HNO_3（6 $mol\cdot L^{-1}$，浓）、$NH_3\cdot H_2O$（2 $mol\cdot L^{-1}$）、NaCl（0.1 $mol\cdot L^{-1}$，0.01 $mol\cdot L^{-1}$）、$Pb(NO_3)_2$（0.1 $mol\cdot L^{-1}$）、K_2CrO_4（0.1 $mol\cdot L^{-1}$）、Na_2S（0.1 $mol\cdot L^{-1}$）、KI（0.01 $mol\cdot L^{-1}$）、$AgNO_3$（0.1 $mol\cdot L^{-1}$）、$MgCl_2$（0.1 $mol\cdot L^{-1}$）、NH_4Cl（1 $mol\cdot L^{-1}$）、$MnSO_4$（0.1 $mol\cdot L^{-1}$）、$ZnSO_4$（0.1 $mol\cdot L^{-1}$）、$CuSO_4$（0.1 $mol\cdot L^{-1}$）、$Hg(NO_3)_2$（0.1 $mol\cdot L^{-1}$）。

四、实验步骤

（一）沉淀的生成

（1）在一支试管中加 10 滴 0.1 $mol\cdot L^{-1}$ $Pb(NO_3)_2$ 溶液，然后加入 10 滴 0.1 $mol\cdot L^{-1}$ K_2CrO_4 溶液，观察有无沉淀生成。

（2）在一支试管中加 10 滴 0.1 $mol\cdot L^{-1}$ $Pb(NO_3)_2$ 溶液，再加入 10 滴 0.1 $mol\cdot L^{-1}$ Na_2S 溶液，观察有无沉淀生成。

（3）在三支干燥的试管中各加入 10 滴 0.1 $mol\cdot L^{-1}$ $Pb(NO_3)_2$ 溶液，然后在第一支试管中加入 10 滴 0.1 $mol\cdot L^{-1}$ NaCl 溶液，第二支试管中加入 10 滴 0.01 $mol\cdot L^{-1}$ NaCl 溶液，第三支试管中加入 10 滴 0.1 $mol\cdot L^{-1}$ KI 溶液，观察每支试管中是否均有沉淀生成。

注意：为了使实验获得正确的结论，必须在干燥的试管中进行，加入试剂后应摇匀，放置片刻再观察，还可以用一支试管加入适量蒸馏水作对比观察。

试以溶度积规则解释上述现象。

(二) 分步沉淀

(1) 在一支离心试管中加入3滴0.1 mol·L^{-1} Na_2S溶液和3滴0.1 mol·L^{-1} K_2CrO_4溶液,加蒸馏水稀释至5 mL,摇匀后逐滴加入0.1 mol·L^{-1} $Pb(NO_3)_2$溶液,边滴边振荡,观察首先生成的沉淀是黑色的还是黄色的?离心分离,吸出上层清液,并往清液中继续滴加0.1 mol·L^{-1} $Pb(NO_3)_2$溶液,观察新生成沉淀的颜色。用溶度积规则解释上述颜色先后变化的原因。

(2) 在一支离心试管中加入0.1 mol·L^{-1} NaCl溶液和0.1 mol·L^{-1} K_2CrO_4溶液各3滴,并用蒸馏水稀释至2 mL,摇匀后逐滴加入0.1 mol·L^{-1} $AgNO_3$溶液,边滴边振荡,观察有何现象?当白色沉淀中即将开始杂有砖红色沉淀时,停止加入$AgNO_3$溶液,离心分离,吸出上层清液,并往清液中继续滴加0.1 mol·L^{-1} $AgNO_3$溶液。观察并比较离心分离前后所生成的沉淀颜色有何变化。试以溶度积规则解释之。

(三) 沉淀的转化

(1) 在离心试管中加入10滴0.1 mol·L^{-1} $Pb(NO_3)_2$溶液,再逐滴加入0.1 mol·L^{-1} K_2CrO_4溶液10滴,振荡,有何种颜色的沉淀生成?离心分离,弃去上层清液,往沉淀中滴加0.1 mol·L^{-1} Na_2S水溶液,边加边振荡,观察沉淀颜色的变化。

(2) 在离心试管中加入10滴0.1 mol·L^{-1} $AgNO_3$溶液,再逐滴加入10滴0.1 mol·L^{-1} K_2CrO_4溶液,振荡,观察生成沉淀的颜色。离心分离,弃去上层清液,往沉淀中滴加0.1 mol·L^{-1} NaCl溶液,边加边振荡,观察有何现象。

试以有关沉淀的溶度积数据解释上述观察到的现象,总结出沉淀转化的条件。

(四) 沉淀的溶解

(1) 生成弱电解质　在两支试管中各加入0.1 mol·L^{-1} $MgCl_2$溶液及2 mol·L^{-1} $NH_3 \cdot H_2O$数滴,此时试管中生成的沉淀是什么?再往其中一支试管中滴加2 mol·L^{-1} HCl溶液,另一支试管中滴加1 mol·L^{-1} NH_4Cl溶液,观察两支试管中的沉淀是否均溶解?用离子平衡移动的观点解释上述现象,并写出反应方程式。

(2) 生成配合物　在试管中加入5滴0.1 mol·L^{-1} $AgNO_3$溶液,再加入0.1 mol·L^{-1} NaCl溶液5滴,振荡,有何现象?再逐滴加入2 mol·L^{-1} $NH_3 \cdot H_2O$,边加边振荡,又有何现象?解释之,并写出反应方程式。

(3) 盐效应对溶解度的影响　往试管中加入2滴0.1 mol·L^{-1} $Pb(NO_3)_2$溶液,再逐滴加入0.01 mol·L^{-1} KI溶液至刚生成沉淀为止,然后再往试管中加入少量$NaNO_3$固体,振荡试管,观察沉淀是否溶解。

(4) 难溶硫化物的生成和溶解　在四支离心试管中分别加入10滴0.1 mol·L^{-1} $MnSO_4$,0.1 mol·L^{-1} $ZnSO_4$,0.1 mol·L^{-1} $CuSO_4$,0.1 mol·L^{-1} $Hg(NO_3)_2$溶液,再各加入10滴0.1 mol·L^{-1} Na_2S溶液,观察生成沉淀的颜色。分别将沉淀离心分离,弃去上层清液,用所得沉淀进行如下实验:

① 往沉淀中分别加入1 mL 2 mol·L^{-1} HAc溶液,观察沉淀是否溶解。

② 将不溶解的沉淀离心分离后,弃去清液,往沉淀中加入1 mL 2 mol·L^{-1} HCl溶液,再观察沉淀是否溶解。

③ 将还不溶解的沉淀离心分离,弃去清液,在沉淀中加入1 mL 6 mol·L^{-1} HNO_3溶液,

并加热,观察沉淀是否溶解。

④ 将仍不溶解的沉淀离心分离,弃去清液,用少量蒸馏水洗涤沉淀后,加入 0.5 mL 浓 HNO_3,沉淀是否溶解?如不溶解,再加入 1.5 mL 浓盐酸并搅拌,观察沉淀是否溶解。HgS 沉淀与王水(即 1 体积浓硝酸与 3 体积浓盐酸的混合液)的反应为:

$$3HgS+2NO_3^-+12Cl^-+8H^+ \xlongequal{} 3[HgCl_4]^{2-}+3S\downarrow+2NO\uparrow+4H_2O$$

列表比较以上四种金属硫化物的颜色及它们在酸中的溶解情况,并加以解释。

五、思考题

1. 沉淀生成的条件是什么?试根据溶度积规则判断实验内容"沉淀的生成"之(3)的实验中能否产生沉淀?

2. 什么叫分步沉淀?通过计算判断实验内容"分步沉淀"的实验中沉淀的先后次序。

3. 计算 Ag_2CrO_4 沉淀与 NaCl 溶液反应的平衡常数,估计反应的可能性及主要现象。如在 AgCl 沉淀中加入 K_2CrO_4 溶液,有何现象?为什么?

实验 17　氧化还原反应

一、实验目的

1. 掌握电极的本性,电对的氧化型或还原型物质的浓度及介质的酸碱性对电极电势、对氧化还原反应的方向、产物、速率的影响。

2. 通过实验了解原电池电动势。

二、实验原理

水溶液中的氧化还原反应能否自发进行,取决于参与反应的两电对的电极电势值的大小,电极电势值大的氧化态能将电极电势值小的还原态氧化,非标准状态下的电极电势可由能斯特方程计算(温度在 298 K 时):

$$\varphi=\varphi^{\ominus}+\frac{0.0592}{n}\lg\frac{[\text{氧化型}]^a}{[\text{还原型}]^b}$$

其具体表达式即 n、a、b 的值要根据电极反应写出,有些离子特别是含氧酸根离子的电极电势还与溶液的 pH 有关。

原电池中,电池电动势 E 等于正极的电极电势减去负极的电极电势,即

$$E=\varphi(+)-\varphi(-)$$

三、仪器与试剂

仪器　试管、烧杯、伏特计(或酸度计)、检流器、表面皿、"U"形玻璃管。

试剂　(1) 固体药品:琼脂、氟化铵、氯化钾。

(2) 液体药品:HAc (6 mol · L^{-1})、H_2SO_4(1 mol · L^{-1}, 3 mol · L^{-1})、NaOH(6 mol · L^{-1})、NH_3 · H_2O(浓)、$ZnSO_4$(1 mol · L^{-1})、$CuSO_4$(1 mol · L^{-1})、KI(0.1 mol · L^{-1})、

KBr (0.1 mol·L^{-1})、$FeCl_3$(0.1 mol·L^{-1})、$Fe_2(SO_4)_3$(0.1 mol·L^{-1})、$FeSO_4$(1 mol·L^{-1})、$K_2Cr_2O_7$(0.4 mol·L^{-1})、$KMnO_4$(0.01 mol·L^{-1})、Na_2SO_3(0.1 mol·L^{-1})、KIO_3(0.1 mol·L^{-1})、氯水(饱和)、氯化钾(饱和)、四氯化碳。

材料：电极(锌片、铜片、铁片、炭棒)、导线、砂纸、火柴。

四、实验步骤

(一) 电极电势和氧化还原反应

(1) 在试管中加入 0.5 mL 0.1 mol·L^{-1}碘化钾溶液和 2 滴 0.1 mol·L^{-1}三氯化铁溶液,摇匀后加入 0.5 mL 四氯化碳,充分振荡,观察四氯化碳层有无变化。

(2) 用 0.1 mol·L^{-1}溴化钾溶液代替碘化钾溶液进行同样实验,观察现象。

(3) 在 0.5 mL 0.1 mol·L^{-1}溴化钾溶液中加氯水 4～5 滴,摇匀后加入 0.5 mL 四氯化碳,充分振荡,观察四氯化碳层颜色有无变化。

根据上述实验现象定性地比较 Cl_2/Cl^-、Br_2/Br^-、I_2/I^-、Fe^{3+}/Fe^{2+} 四个电对电极电势的相对高低。

(二) 浓度和酸度对电极电势的影响

(1) 浓度影响

① 在两只 50 mL 烧杯中,分别加入 30 mL 1 mol·L^{-1}硫酸锌和 1 mol·L^{-1}硫酸铜溶液。在硫酸锌溶液中插入锌片,硫酸铜溶液中插入铜片组成两个电极,中间以盐桥相通。用导线将锌片和铜片分别与伏特计(或酸度计)的负极和正极相接,测量原电池的电动势,如图 5-1 所示。

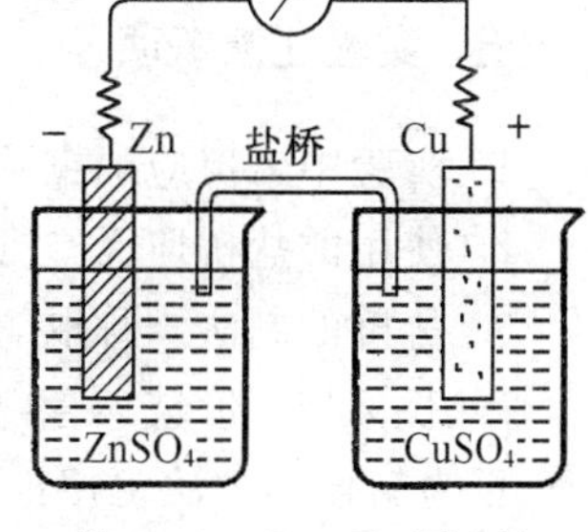

图 5-1　Cu-Zn 原电池

② 在硫酸铜溶液中注入浓氨水至生成的沉淀溶解为止,形成深蓝色的溶液:

$$Cu^{2+} + 4NH_3 \rightleftharpoons [Cu(NH_3)_4]^{2+}$$

观察原电池的电动势有何变化。

③ 再在硫酸锌溶液中,加浓氨水至生成的沉淀完全溶解为止:

$$Zn^{2+} + 4NH_3 \rightleftharpoons [Zn(NH_3)_4]^{2+}$$

观察电动势又有何变化。利用能斯特方程式来解释实验现象。

(2) 酸度影响　在两只 50 mL 烧杯中,分别注入 1 mol·L^{-1}硫酸亚铁和 0.4 mol·L^{-1}重铬酸钾溶液。在硫酸亚铁溶液中插入铁片,重铬酸钾溶液中插入碳棒组成两个半电池。将铁片和碳棒通过导线分别与伏特计的负极和正极相接,中间以盐桥相通,测量原电池的电动势。

在重铬酸钾溶液中,慢慢加入 1 mol·L^{-1}硫酸溶液,观察电动势有何变化?再在重铬酸钾溶液中,逐滴加入 6 mol·L^{-1}氢氧化钠溶液,观察电动势有什么变化。

(三) 介质的酸碱性对氧化还原产物的影响

在 3 支试管中,各加入 0.5 mL 0.1 mol·L^{-1}亚硫酸钠溶液,在第一支试管中加入0.5 mL 1 mol·L^{-1}硫酸溶液,第二支试管中加 0.5 mL 水,第三支试管中加入 0.5 mL 6 mol·L^{-1}氢氧化钠溶液,然后往 3 支试管中各滴几滴 0.01 mol·L^{-1}高锰酸钾溶液,观察反应产物有何不同。写出反应式。

(四) 浓度和酸度对氧化还原反应方向的影响

(1) 浓度的影响

① 往盛有 1 mL 水、1 mL 四氯化碳和 1 mL 0.1 mol·L^{-1}硫酸铁溶液的试管中，注入 1 mL 0.1 mol·L^{-1}碘化钾溶液。振荡后观察四氯化碳层的颜色。

② 往盛有 1 mL 四氯化碳、1 mL 0.1 mol·L^{-1}硫酸亚铁、1 mL 0.1 mol·L^{-1}硫酸铁溶液的试管中，注入 1 mL 0.1 mol·L^{-1}碘化钾溶液，振荡后观察四氯化碳层的颜色与上一实验中四氯化碳层颜色有无区别。

③ 在实验(1)①的试管中，加入氟化铵固体少许，振荡试管，观察四氯化碳层颜色的变化。说明浓度对氧化还原反应方向的影响。

(2) 酸度的影响　将 0.1 mol·L^{-1} KIO_3 溶液与 0.1 mol·L^{-1} KI 溶液混合，观察有无变化。再滴入几滴 3 mol·L^{-1} H_2SO_4 溶液，观察有何变化。再加入 6 mol·L^{-1} NaOH 溶液使溶液呈碱性，观察又有何变化。写出反应方程式。

(五) 酸度对氧化还原反应速率的影响

在 2 支各盛有 1 mL 0.1 mol·L^{-1} 溴化钾溶液的试管中，分别加 3 mol·L^{-1} 硫酸、6 mol·L^{-1}醋酸溶液 0.5 mL，然后各加入 2 滴 0.01 mol·L^{-1}高锰酸钾溶液，观察并比较两支试管中紫红色褪色的快慢等现象。分别写出反应方程式。

五、实验注意事项

1. 实验中未反应的铜片一律回收，不许随意倒掉，注意节约。
2. 使用的盐桥应无空气泡，以免导电不良。
3. 盐桥的制法。称取 1 g 琼脂，放在 100 mL 饱和氯化钾溶液中浸泡一会儿，加热煮成糊状，趁热倒入“U”形玻璃管(里面不能留有气泡)中，冷却后即成。

更为简便的方法可用饱和氯化钾溶液装满“U”形玻璃管，两管口以小棉花球塞住(管里面不要留有气泡)即可使用。

六、思考题

1. 在 KI (或 KBr)与 $FeCl_3$ 混合溶液中，为什么要加入 CCl_4？
2. 电极电势越大，反应是否进行得越快？
3. 重铬酸钾与盐酸反应能否制得氯气？与氯化钠溶液反应能否制得氯气？为什么？

实验 18　配合物形成时性质的改变

一、实验目的

1. 了解配合物形成时几种性质的改变。
2. 利用配合物形成，分离和鉴定溶液中可能存在的几种金属离子。

二、实验原理

配合物形成时表现出颜色、溶解性、酸性以及氧化还原性的改变。

$$H_3BO_3 + 2\begin{matrix}H_2C-OH\\ |\\ HC-OH\\ |\\ H_2C-OH\end{matrix} = \left[\begin{matrix}H_2C-O & & O-CH_2\\ | & \rangle B\langle & |\\ H-C-O & & O-CH\\ | & & |\\ H_2C-OH & & HO-CH_2\end{matrix}\right]^- + 3H_2O + H^+$$

$$2HgCl_2 + SnCl_2 = Hg_2Cl_2(s) + SnCl_4$$

$$Hg_2Cl_2 + SnCl_2 + 2Cl^- = 2Hg(s) + [SnCl_6]^{2-}$$

三、仪器与试剂

仪器　电动离心机、点滴板、试管、酒精灯。

试剂　(1) 酸　HCl(2.0 mol·L^{-1},浓)、HNO_3(2.0 mol·L^{-1},浓)、H_3BO_3(0.10 mol·L^{-1})、H_2O_2(3%)。

(2) 碱　$NH_3 \cdot H_2O$(2.0 mol·L^{-1},6.0 mol·L^{-1})。

(3) 盐　$AgNO_3$(0.1 mol·L^{-1})、$Hg(NO_3)_2$(0.10 mol·L^{-1})、$NiSO_4$(0.10 mol·L^{-1})、$CuSO_4$(0.10 mol·L^{-1})、$Na_2S_2O_3$(0.10 mol·L^{-1})、NaCl(0.10 mol·L^{-1})、$CaCl_2$(0.10 mol·L^{-1})、$FeCl_3$(0.10 mol·L^{-1})、KI(0.10 mol·L^{-1})、$HgCl_2$(0.10 mol·L^{-1})、$SnCl_2$(0.10 mol·L^{-1})、KSCN(0.10 mol·L^{-1})、Na_2H_2Y(0.10 mol·L^{-1})、KBr(0.10 mol·L^{-1})、NaF(0.10 mol·L^{-1})、Na_2S(0.10 mol·L^{-1})、$CoCl_2$(0.10 mol·L^{-1})、NH_4Cl(1 mol·L^{-1})、未知混合液。

(4) 其他　甘油(或甘露醇)、丁二肟。

材料　pH 试纸。

四、实验步骤

(一) 配合物形成时颜色的改变

(1) 在 $FeCl_3$ 溶液(0.10 mol·L^{-1})中加入 KSCN 溶液(0.10 mol·L^{-1}),观察溶液颜色的变化。再加入几滴 NaF 溶液(1.0 mol·L^{-1})),摇荡试管,又有何变化?解释现象并写出反应方程式。

(2) 在试管中加入几滴 $CuSO_4$ 溶液(0.10 mol·L^{-1}),不断滴加 $NH_3 \cdot H_2O$ 溶液(2.0 mol·L^{-1}),至生成的沉淀又溶解,观察溶液的颜色有何改变。写出反应方程式。

(3) 在 $NiSO_4$ 溶液(0.10 mol·L^{-1})中加入 $NH_3 \cdot H_2O$ 溶液(6.0 mol·L^{-1}),观察溶液的颜色。然后加入 2 滴丁二肟,注意生成物的颜色和状态。

(二) 形成配合物时难溶物溶解度的改变

(1) 在几滴 NaCl 溶液(0.10 mol·L^{-1})中加入 $AgNO_3$ 溶液(0.10 mol·L^{-1}),离心分离,弃去清液,在沉淀中加入 $NH_3 \cdot H_2O$ 溶液(2.0 mol·L^{-1}),沉淀是否溶解?为什么?若再加几滴 HNO_3 溶液(2.0 mol·L^{-1}),又有何现象?

(2) 在试管中加入下列溶液:NaCl(0.10 mol·L^{-1})、KBr(0.10 mol·L^{-1})、KI(0.10 mol·L^{-1})各 3 滴,然后逐滴加入 $AgNO_3$ 溶液(0.10 mol·L^{-1}),直到沉淀完全,注意观察先后生成的沉淀的颜色,离心分离,弃去清液,在沉淀中滴加过量的 $NH_3 \cdot H_2O$ 溶液(2.0 mol·L^{-1}),哪种沉淀能溶解?将未溶解的沉淀离心分离,弃去清液,在沉淀中加入过量

的 $Na_2S_2O_3$ 溶液(0.10 mol·L^{-1}),又有哪种沉淀能溶解?将剩下的沉淀再离心分离,在沉淀中加入过量的 KI 溶液(2.0 mol·L^{-1}),沉淀是否溶解?写出有关反应方程式。

(3) 在几滴 Na_2S 溶液(0.10 mol·L^{-1})中加入 $Hg(NO_3)_2$ 溶液(0.10 mol·L^{-1})至沉淀生成,离心分离,弃去清液,在沉淀中加入几滴 HNO_3 溶液(浓),沉淀是否溶解?再加几滴 HCl 溶液(浓),又怎样?写出反应方程式。

(4) 某溶液中可能含有 Fe^{3+}、Ag^{+} 和 Cu^{2+},试分离并鉴定之,写出有关反应方程式。

(三) 形成配合物时酸性的改变

(1) 取一条完整的 pH 试纸,在它的一端蘸上半滴甘油(或甘露醇)溶液,记下被甘油润湿处的 pH 值,待甘油不再扩散时,在距离甘油扩散边缘 0.5～1.0 cm 干试纸处,蘸上半滴 H_3BO_3 溶液(0.10 mol·L^{-1}),待 H_3BO_3 溶液扩散到甘油区形成重叠时,记下重叠与未重叠处的 pH 值。说明 pH 值变化的原因和写出反应方程式。

(2) 用 $CaCl_2$ 溶液(0.10 mol·L^{-1})和 Na_2H_2Y 溶液(0.10 mol·L^{-1})分别代替甘油和 H_3BO_3,重复实验(1),说明 pH 值变化的原因,写出反应方程式。

(四) 形成配合物时,形成体氧化还原性的改变

(1) 在 $HgCl_2$ 溶液(0.10 mol·L^{-1})中,滴加 2 滴 $SnCl_2$ 溶液(0.10 mol·L^{-1}),有何现象?再多加几滴 $SnCl_2$ 溶液,稍等一会儿,又有何现象?写出反应方程式。

(2) 在 $HgCl_2$ 溶液(0.10 mol·L^{-1})中,滴加 KI 溶液(2.0 mol·L^{-1})至生成的沉淀又溶解。再过量几滴,然后滴加 $SnCl_2$ 溶液(0.10 mol·L^{-1}),和实验(1)比较,有何不同?

(3) 在 $CoCl_2$(0.10 mol·L^{-1})溶液中滴加 3% H_2O_2 溶液,观察有无变化。

(4) 在 $CoCl_2$(0.10 mol·L^{-1})溶液中加几滴 NH_4Cl 溶液(1.0 mol·L^{-1}),再滴加 $NH_3 \cdot H_2O$(6.0 mol·L^{-1}),观察现象。然后滴加 3% H_2O_2 溶液,观察溶液颜色的变化。写出有关的反应方程式。比较实验(3)、(4)有何不同?

五、思考题

1. HgS 不溶于单一酸,但却能溶于王水,为什么?
2. 比较 $[Ag(NH_3)_2]^{+}$、$[Ag(S_2O_3)_2]^{3-}$ 和 $[AgI_2]^{-}$ 的稳定性。
3. 如何正确地使用电动离心机?

实验 19　碱金属和碱土金属

一、实验目的

1. 学习钠、钾、镁、钙单质的主要性质。
2. 比较镁、钙、钡的碳酸盐、铬酸盐和硫酸盐的溶解性。
3. 比较锂和镁的某些盐类的难溶性。
4. 观察焰色反应,并掌握其实验方法。

二、实验原理

1. 碱土金属(M)在空气中燃烧时,生成正常氧化物 MO,同时生成相应的氮化物 M_3N_2,

这些氮化物遇水时能生成氢氧化物，并放出氨气。钠、钾在空气中燃烧分别生成过氧化钠和超氧化钾。碱金属和碱土金属密度较小，由于它们易与空气或水反应，保存时需浸在煤油、石蜡中以隔绝空气和水。

2. 碱金属和碱土金属（除铍以外）都能与水反应生成氢氧化物，同时放出氢气。反应的激烈程度随金属性增强而加剧。实验时必须十分注意安全，应防止钠、钾与皮肤接触，因为钠、钾与皮肤上的湿气作用所放出的热可能引燃金属烧伤皮肤。

3. 碱金属的绝大多数盐类均易溶于水。碱土金属的碳酸盐均难溶于水。锂、镁的氟化物和磷酸盐也难溶于水。

4. 碱金属和碱土金属盐类的焰色反应特征颜色见表 5-4 所示。

表 5-4

盐　类	锂	钠	钙	锶	钡
特征颜色	红	黄	橙红	洋红	绿

三、仪器与试剂

仪器　镊子、瓷坩埚、表面皿。

试剂　(1) 酸　H_2SO_4(0.2 mol·L^{-1})、HCl (2.0 mol·L^{-1}，浓)、HAc(2.0 mol·L^{-1})。

(2) 盐　$KMnO_4$(0.01 mol·L^{-1})、NaCl (0.01 mol·L^{-1}，1.0 mol·L^{-1})、$MgCl_2$(0.1 mol·L^{-1})、Na_2CO_3(饱和)、$CaCl_2$(0.1 mol·L^{-1}，0.5 mol·L^{-1})、$BaCl_2$(0.1 mol·L^{-1}，0.5 mol·L^{-1})、K_2CrO_4(0.5 mol·L^{-1})、Na_2SO_4(0.5 mol·L^{-1})、LiCl (2.0 mol·L^{-1})、NaF (1.0 mol·L^{-1})、Na_3PO_4(1.0 mol·L^{-1})、KCl (1.0 mol·L^{-1})、$SrCl_2$(0.5 mol·L^{-1})。

(3) 固体　钠、钾、镁、钙。

(4) 其他　酚酞试液。

材料　滤纸、红色石蕊试纸、小刀、镍铬丝、砂纸。

四、实验步骤

(一) 钠、钾、镁、钙在空气中的燃烧反应

(1) 用镊子取黄豆粒大小金属钠，用滤纸吸干表面上的煤油，立即放入坩埚中，加热到钠开始燃烧时停止加热，观察焰色；冷却到室温，观察产物的颜色；加 2 mL 去离子水使产物溶解，再加 2 滴酚酞试液，观察溶液的颜色；加 0.2 mol·L^{-1} H_2SO_4 溶液酸化后，加 1 滴 0.01 mol·L^{-1} $KMnO_4$ 溶液，观察反应现象。写出有关反应方程式。

(2) 用镊子取绿豆粒大小金属钾，用滤纸吸干表面上的煤油，立即放入坩埚中，加热到钾开始燃烧时停止加热，观察焰色；冷却到接近室温，观察产物颜色；加 2 mL 去离子水溶解产物，再加 2 滴酚酞试液，观察溶液颜色。写出有关反应方程式。

(3) 取 0.3 g 左右镁粉，放入坩埚中加热使镁粉燃烧，反应完全后，冷却到接近室温，观察产物颜色；将产物转移到试管中，加 2mL 去离子水，立即用湿润的红色石蕊试纸检查逸出的气体，然后用酚酞试液检查溶液酸碱性。写出有关反应方程式。

(4) 用镊子取一小块金属钙，用滤纸吸干表面上的煤油后，直接在氧化焰中加热，反应完

全后，重复实验内容(3)。

(二) 钠、钾、镁、钙与水的反应

(1) 在烧杯中加去离子水约 30 mL，取黄豆粒大小金属钠，用滤纸吸干煤油，放入水中观察反应情况，检验溶液的酸碱性。

(2) 取绿豆粒大小金属钾，重复上述实验(1)，比较两者反应的激烈程度。为了安全，应事先准备好表面皿，当钾放入水中时，立即盖在烧杯上。

(3) 在两支试管中各加 2 mL 水，一支不加热，另一支加热至沸腾；取两根镁条，用砂纸擦去氧化膜，将镁条分别放入冷、热水中，比较反应的激烈程度，检验溶液的酸碱性。

(4) 取一小块金属钙，用滤纸吸干煤油，使其与冷水反应，比较镁、钙与水反应的激烈程度。

(三) 盐类的溶解性

(1) 在三支试管中分别加入 1 mL 0.1 $mol \cdot L^{-1}$ $MgCl_2$ 溶液、0.1 $mol \cdot L^{-1}$ $CaCl_2$ 溶液和 0.1 $mol \cdot L^{-1}$ $BaCl_2$ 溶液，再各加入 5 滴饱和 Na_2CO_3 溶液，静置沉降，弃去清液，试验各沉淀物是否溶于 2.0 $mol \cdot L^{-1}$ HAc 溶液。

(2) 在三支试管中分别加入 1 mL 0.1 $mol \cdot L^{-1}$ $MgCl_2$ 溶液、0.1 $mol \cdot L^{-1}$ $CaCl_2$ 溶液和 0.1 $mol \cdot L^{-1}$ $BaCl_2$ 溶液，再各加 5 滴 0.5 $mol \cdot L^{-1}$ K_2CrO_4 溶液，观察有无沉淀产生。若有沉淀产生，则分别试验沉淀是否溶于 2 $mol \cdot L^{-1}$ HAc 溶液或 2 $mol \cdot L^{-1}$ HCl 溶液。

(3) 以 0.5 $mol \cdot L^{-1}$ Na_2SO_4 溶液代替 K_2CrO_4 溶液，重复上述实验(2)。

(4) 在两支试管中分别加入 0.5 mL 2.0 $mol \cdot L^{-1}$ LiCl 溶液和 0.1 $mol \cdot L^{-1}$ $MgCl_2$ 溶液，再分别加入 0.5 mL 1.0 $mol \cdot L^{-1}$ NaF 溶液，观察有无沉淀产生。用饱和 Na_2CO_3 溶液代替 NaF 溶液，重复这一实验内容，观察有无沉淀产生，若无沉淀，可加热观察是否产生沉淀。以 1.0 $mol \cdot L^{-1}$ Na_3PO_4 溶液代替 Na_2CO_3 溶液重复上述实验，现象如何？

(四) 焰色反应

将镍铬丝顶端小圆环蘸上浓 HCl 溶液，在氧化焰中烧至接近无色，再蘸 2.0 $mol \cdot L^{-1}$ LiCl 溶液，在氧化焰中灼烧，观察火焰的颜色。以同样的方法试验 1.0 $mol \cdot L^{-1}$ NaCl 溶液、1.0 $mol \cdot L^{-1}$ KCl 溶液、0.5 $mol \cdot L^{-1}$ $CaCl_2$ 溶液、0.5 $mol \cdot L^{-1}$ $SrCl_2$ 溶液和 0.5 $mol \cdot L^{-1}$ $BaCl_2$ 溶液。比较 0.01 $mol \cdot L^{-1}$、1.0 $mol \cdot L^{-1}$ NaCl 溶液和 0.5 $mol \cdot L^{-1}$ Na_2SO_4 溶液焰色反应持续时间的长短。

五、实验注意事项

1. 镍铬丝最好不要混用，用前一定要蘸浓 HCl 溶液并烧至近无色。
2. 试验钾盐溶液时，用蓝色钴玻璃滤掉钠的焰色进行观察。

六、思考题

1. 为什么碱金属和碱土金属单质一般都放在煤油中保存？它们的化学活泼性如何递变？
2. 为什么 $BaCO_3$、$BaCrO_4$ 和 $BaSO_4$ 在 HAc 或 HCl 溶液中有不同的溶解情况？
3. 为什么说焰色是由金属离子而不是非金属离子引起的？

实验 20 氮 和 磷

一、实验目的

1. 掌握硝酸、亚硝酸及其盐的重要性质。
2. 了解磷酸盐的主要性质。
3. 掌握 NH_4^+、NO_2^-、NO_3^- 和 PO_4^{3-} 等离子的鉴定方法。

二、实验原理

鉴定 NH_4^+ 方法有两种，一是 NH_4^+ 与 OH^- 反应，生成 $NH_3(g)$，使红色石蕊试纸变蓝；二是 NH_4^+ 与奈斯勒试剂($K_2[HgI_4]$的碱性溶液)反应生成红棕色沉淀，反应方程式如下：

$$NH_4^+ + 2[HgI_4]^{2-} + 4OH^- = \left[\begin{array}{ccc} & Hg & \\ O & & NH_2 \\ & Hg & \end{array}\right] I(s) + 7I^- + 3H_2O$$

亚硝酸是稍强于醋酸的弱酸，它极不稳定，仅存在于冷的稀溶液中，加热或浓缩便发生分解：

$$2HNO_2 = H_2O + N_2O_3(\text{浅蓝色})$$

$$N_2O_3 = NO + NO_2$$

亚硝酸盐在溶液中尚稳定，它是极毒、致癌物质，其中氮的氧化值为+3，在酸性介质中作氧化剂，一般被还原为 NO；与强氧化剂作用时，则被氧化成硝酸盐。

硝酸具有强氧化性，它与许多非金属反应，主要还原产物是 NO。浓硝酸与金属反应主要生成 NO_2，稀硝酸与金属反应通常生成 NO，活泼金属能将稀硝酸还原为 NH_4^+。

NO_2^- 与 $FeSO_4$ 溶液在 HAc 介质中反应生成棕色的$[Fe(NO)(H_2O)_5]^{2+}$(简写为$[Fe(NO)]^{2+}$)，此方法用于鉴定 NO_2^-：

$$Fe^{2+} + NO_2^- + 2HAc = Fe^{3+} + NO + H_2O + 2Ac^-$$

$$Fe^{2+} + NO = [Fe(NO)]^{2+}$$

NO_3^- 与 $FeSO_4$ 溶液在浓 H_2SO_4 介质中反应生成棕色$[Fe(NO)]^{2+}$：

$$2Fe^{2+} + NO_3^- + 4H^+ = 3Fe^{3+} + NO + 2H_2O$$

$$Fe^{2+} + NO = [Fe(NO)]^{2+}$$

在试液与浓 H_2SO_4 液层界面处生成的$[Fe(NO)]^{2+}$呈棕色环状。此方法用于鉴定 NO_3^-，称为棕色环法。当有 NO_2^- 存在时，会干扰对 NO_3^- 的鉴定，必须预先消除，方法是在酸性条件下加尿素并微热：

$$2NO_2^- + 2H^+ + CO(NH_2)_2 = 2N_2 + CO_2 + 3H_2O$$

磷酸盐和磷酸一氢盐中，只有碱金属(锂除外)和铵的盐类易溶于水，其他磷酸盐都难溶于水。大多数磷酸二氢盐易溶于水。焦磷酸盐和三聚磷酸盐都具有配位作用，例如，

$$Cu^{2+} + 2P_2O_7^{4-} \xlongequal{} [Cu(P_2O_7)_2]^{6-}$$

$$Ca^{2+} + P_3O_{10}^{5-} \xlongequal{} [CaP_3O_{10}]^{3-}$$

PO_4^{3-} 与$(NH_4)_2MoO_4$ 溶液在硝酸介质中反应生成黄色的磷钼酸铵沉淀。此反应可用于鉴定 PO_4^{3-} 。

三、仪器与试剂

仪器　点滴板、水浴锅。

试剂　(1) 酸　HNO_3(2.0 mol·L^{-1}，浓)、H_2SO_4(1.0 mol·L^{-1}，6.0 mol·L^{-1}，浓)、HAc (2.0 mol·L^{-1})。

(2) 碱　NaOH(2.0 mol·L^{-1}，6.0 mol·L^{-1})

(3) 盐　NH_4Cl(0.1 mol·L^{-1})、$BaCl_2$ (0.2 mol·L^{-1})、$NaNO_2$ (0.1 mol·L^{-1}，1.0 mol·L^{-1})、KI (0.02 mol·L^{-1})、$KMnO_4$ (0.01 mol·L^{-1})、KNO_3 (0.1 mol·L^{-1})、Na_3PO_4 (0.1 mol·L^{-1})、Na_2HPO_4 (0.1 mol·L^{-1})、NaH_2PO_4 (0.1 mol·L^{-1})、$CaCl_2$ (0.1 mol·L^{-1})、$CuSO_4$ (0.1 mol·L^{-1})、$Na_2P_2O_7$ (0.5 mol·L^{-1})、Na_2CO_3 (0.1 mol·L^{-1})、$Na_5P_3O_{10}$(0.1 mol·L^{-1})、$AgNO_3$(0.1 mol·L^{-1})。

(4) 固体　硫粉、锌粉、铜屑、$FeSO_4 \cdot 7H_2O$、$CO(NH_2)_2$。

(5) 其他　奈斯勒(Nessler)试剂、淀粉试液、钼酸铵试剂。

材料　红色石蕊试纸。

四、实验步骤

(一) NH_4^+ 的鉴定

(1) 在试管中加少量 0.1 mol·L^{-1} NH_4Cl 溶液和 2 mol·L^{-1} NaOH 溶液，微热，用湿润的红色石蕊试纸在管口检验逸出的气体。写出有关反应方程式。

(2) 在滤纸条上加 1 滴奈斯勒试剂，代替红色石蕊试纸重复上面实验，观察现象。

(二) 硝酸和硝酸盐的性质

(1) 在试管中加入少量硫粉，加 1 mL 浓 HNO_3，煮沸片刻(最好在通风橱内进行)，冷却后取少量溶液，用 0.2 mol·L^{-1} $BaCl_2$ 溶液检验有无 SO_4^{2-} 存在。写出反应方程式。

(2) 在试管中加入少量铜屑，加入几滴浓 HNO_3，观察现象。然后迅速倒掉溶液以回收铜。写出反应方程式。

(3) 在试管中加入少量锌粉，加入 1 mL 2 mol·L^{-1} HNO_3 溶液(如不反应可微热)。取清液检验是否有 NH_4^+ 生成。写出有关反应方程式。

(三) 亚硝酸和亚硝酸盐的性质

(1) 不稳定性　在试管中加 10 滴 1 mol·L^{-1} $NaNO_2$ 溶液，若室温较高，应将试管放在冷水中冷却，然后滴加 6 mol·L^{-1} H_2SO_4 溶液，观察液相和液面上气体的颜色，解释现象。写出有关反应方程式。

(2) 氧化性　在 0.5 mL 0.1 mol·L^{-1} $NaNO_2$ 溶液中加 1 滴 0.02 mol·L^{-1} KI 溶液，有无变化？然后加 0.1 mol·L^{-1} H_2SO_4 溶液酸化，再加淀粉试液，有何变化？写出离子反应方程式。

(3) 还原性 用 0.1 mol · L^{-1} $NaNO_2$ 溶液和 0.01 mol · L^{-1} $KMnO_4$ 溶液，用 1 mol · L^{-1} H_2SO_4 试验 $NaNO_2$ 的还原性。写出离子反应方程式。

(四) NO_2^- 和 NO_3^- 的鉴定

(1) 取 1 mL 0.1 mol · L^{-1} KNO_3 溶液，加少量 $FeSO_4 \cdot 7H_2O$ 晶体，振荡溶解后，斜持试管，沿管壁小心滴加 20～25 滴浓 H_2SO_4，静置片刻，观察两种液体界面处的棕色环。写出有关反应方程式。

(2) 取 1 滴 0.1 mol · L^{-1} $NaNO_2$ 溶液稀释至 1 mL，加少量 $FeSO_4 \cdot 7H_2O$ 晶体，振荡溶解，加入 2 mol · L^{-1} HAc 溶液，观察现象。写出有关反应方程式。

(3) 取 0.1 mol · L^{-1} KNO_3 溶液和 0.1 mol · L^{-1} $NaNO_2$ 溶液各 2 滴于一试管中，稀释至 1 mL，再加少量尿素及 2 滴 1 mol · L^{-1} H_2SO_4 以消除 NO_2^- 对检验 NO_3^- 的干扰，然后按步骤(1)进行棕色环试验。

(五) 磷酸盐的性质

(1) 用 pH 试纸分别测定下列溶液的 pH 值：0.1 mol · L^{-1} Na_3PO_4 溶液，0.1 mol · L^{-1} Na_2HPO_4 溶液和 0.1 mol · L^{-1} NaH_2PO_4 溶液。写出这些盐类的水解方程式。

(2) 在 3 支试管中各加入 10 滴 0.1 mol · L^{-1} $CaCl_2$ 溶液，然后分别滴加 0.1 mol · L^{-1} Na_3PO_4 溶液，0.1 mol · L^{-1} Na_2HPO_4 溶液和 0.1 mol · L^{-1} NaH_2PO_4 溶液，观察各试管中是否有沉淀生成。写出有关离子反应方程式。

(3) 取 1 滴 0.1 mol · L^{-1} $CaCl_2$ 溶液，滴加 0.1 mol · L^{-1} Na_2CO_3 溶液至产生沉淀，再滴加 0.1 mol · L^{-1} $Na_5P_3O_{10}$ 溶液，观察现象。写出有关离子反应方程式。

(4) 在试管中加入几滴 0.1 mol · L^{-1} $CuSO_4$ 溶液，然后逐滴加入 0.5 mol · L^{-1} $Na_4P_2O_7$ 溶液至过量，观察现象。写出有关离子反应方程式。

(六) PO_4^{3-} 的鉴定

取 5 滴 0.1 mol · L^{-1} Na_3PO_4 溶液，加 10 滴浓 HNO_3，再加 20 滴钼酸铵试剂，在水浴上微热到 40～45 ℃，观察黄色沉淀的产生。写出反应方程式。

(七) 三种白色晶体的鉴别

有三种白色晶体，可能是 $NaHCO_3$、Na_2CO_3 和 NH_4NO_3。分别取少量固体加水溶解，利用有关离子鉴定知识加以鉴别。写出实验现象及有关反应方程式。

五、思考题

1. 用奈斯勒试剂鉴定 NH_4^+ 时，为什么加 NaOH 使 NH_3 逸出？能否将试剂直接加入含 NH_4^+ 的溶液中进行鉴定？
2. 浓硝酸与金属或非金属反应时，主要的还原产物是什么？
3. NO_3^- 的存在是否干扰 NO_2^- 的鉴定？
4. 用钼酸铵试剂鉴定 PO_4^{3-} 时为什么要在硝酸介质中进行？

实验 21 过氧化氢、硫及其化合物

一、实验目的

1. 掌握过氧化氢的主要性质。

2. 掌握硫化氢的还原性、亚硫酸及其盐的性质、硫代硫酸及其盐的性质和过二硫酸盐的氧化性。

3. 学会 H_2O_2、S^{2-}、SO_3^{2-} 和 $S_2O_3^{2-}$ 的鉴定方法。

二、实验原理

H_2O_2 具有强氧化性。它也能被更强的氧化剂氧化为氧气。在酸性溶液中，H_2O_2 与 $Cr_2O_7^{2-}$ 反应生成蓝色的过氧化物 CrO_5，该化合物不稳定，放置或摇动时便分解。利用这一性质可以鉴定 H_2O_2、Cr(Ⅲ)和 Cr(Ⅵ)，主要反应是：

$$Cr_2O_7^{2-}+4H_2O_2+2H^+ = 2CrO_5+5H_2O$$

H_2S 具有强还原性。在含有 S^{2-} 的溶液中加入稀盐酸，生成的 H_2S 气体能使湿润的 $Pb(Ac)_2$ 试纸变黑。在碱性溶液中，S^{2-} 与 $[Fe(CN)_5NO]^{2-}$ 反应生成紫色配合物：

$$S^{2-}+[Fe(CN)_5NO]^{2-} = [Fe(CN)_5NOS]^{4-}$$

这两种方法用于鉴定 S^{2-}。

SO_2 溶于水生成不稳定的亚硫酸，它是二元中强酸。H_2SO_3 及其盐常用作还原剂，但遇强还原剂时也起氧化作用。SO_2 或 H_2SO_3 可与某些有机物发生加成反应，生成无色加成物，所以它们具有漂白性，而加成物受热往往容易分解。SO_3^{2-} 与 $[Fe(CN)_5NO]^{2-}$ 反应生成红色配合物，加入饱和 $ZnSO_4$ 溶液和 $K_4[Fe(CN)_6]$ 溶液，会使红色明显加深。这种方法用于鉴定 SO_3^{2-}。

亚硫酸盐与硫作用生成不稳定的硫代硫酸盐，硫代硫酸盐遇酸容易分解，如：

$$Na_2SO_3+S \overset{\triangle}{=} Na_2S_2O_3$$

$$S_2O_3^{2-}+2H^+ = SO_2+S+H_2O$$

$Na_2S_2O_3$ 常用作还原剂，能将 I_2 还原为 I^-，本身被氧化为连四硫酸钠：

$$2S_2O_3^{2-}+I_2 = S_4O_6^{2-}+2I^-$$

这一反应在分析化学上用于碘量法容量分析。另外，$S_2O_3^{2-}$ 能与某些金属离子形成配合物。$S_2O_3^{2-}$ 与 Ag^+ 反应能生成白色的 $Ag_2S_2O_3$ 沉淀：

$$2Ag^++S_2O_3^{2-} = Ag_2S_2O_3(s)$$

$Ag_2S_2O_3(s)$能迅速分解为 Ag_2S 和 H_2SO_4：

$$Ag_2S_2O_3(s)+H_2O = Ag_2S+H_2SO_4$$

这一过程伴随颜色由白色变为黄色、棕色，最后为黑色。这一方法用于鉴定 $S_2O_3^{2-}$。

$K_2S_2O_8$ 或$(NH_4)_2S_2O_8$ 是过二硫酸的重要盐类。它们与 H_2O_2 相似，含有过氧键，是强氧化剂，能将 I^-、Mn^{2+} 和 Cr^{3+} 等氧化成相应的高氧化态化合物，例如，

$$2Mn^{2+}+5S_2O_8^{2-}+8H_2O = 2MnO_4^-+10SO_4^{2-}+16H^+$$

有 $AgNO_3$ 存在时，该反应将迅速进行(银的催化作用)。

应当指出，当溶液中同时存在 S^{2-}、SO_3^{2-} 和 $S_2O_3^{2-}$ 需要逐个加以鉴定时，必须先加 $PbCO_3$ 固体，生成 PbS 以消除 S^{2-} 的干扰，再离心分离，取其清液分别鉴定 SO_3^{2-} 和 $S_2O_3^{2-}$。

三、仪器与试剂

仪器 点滴板、滴管。

试剂 (1) 酸 H_2SO_4(1.0 mol·L^{-1})、HNO_3(浓)、HCl(2.0 mol·L^{-1},6.0 mol·L^{-1},浓)、HAc(2.0 mol·L^{-1})。

(2) 盐 KI (0.1 mol·L^{-1})、$Pb(NO_3)_2$(0.5 mol·L^{-1})、$KMnO_4$(0.01 mol·L^{-1})、$K_2Cr_2O_7$(0.1 mol·L^{-1})、$FeCl_3$(0.01 mol·L^{-1})、NaCl (0.1 mol·L^{-1})、$ZnSO_4$(0.1 mol·L^{-1},饱和)、$CdSO_4$(0.1 mol·L^{-1})、$CuSO_4$(0.1 mol·L^{-1})、$Hg(NO_3)_2$(0.1 mol·L^{-1})、Na_2S(0.1 mol·L^{-1})、$Na_2[Fe(CN)_5NO]$(1%)、$K_3[Fe(CN)_6]$(0.1 mol·L^{-1})、$Na_2S_2O_3$(0.1 mol·L^{-1})、Na_2SO_3(0.1 mol·L^{-1})、$AgNO_3$(0.1 mol·L^{-1})、KBr(0.1 mol·L^{-1})、$(NH_4)_2S_2O_8$(0.2 mol·L^{-1})、$BaCl_2$(1.0 mol·L^{-1})、$MnSO_4$(0.1 mol·L^{-1})、KI(0.1 mol·L^{-1})。

(3) 固体 MnO_2、硫粉、$K_2S_2O_8$。

(4) 其他 CCl_4、戊醇、SO_2 溶液(饱和)、H_2S 溶液(饱和)、H_2O_2 溶液(3%)、碘水(0.01 mol·L^{-1},饱和)、淀粉试液、品红溶液、氯水溶液(饱和)。

材料 蓝色石蕊试纸、$Pb(Ac)_2$ 试纸。

四、实验步骤

(一) 过氧化氢的性质

(1) 在试管中加入 0.5 mL 0.1 mol·L^{-1}KI 溶液,酸化后加 5 滴 3%H_2O_2 溶液和 10 滴 CCl_4,充分振荡,比较溶液颜色,写出离子反应方程式。

(2) 在试管中加 1 mL 0.5 mol·L^{-1} $Pb(NO_3)_2$ 溶液,再加饱和 H_2S 溶液至沉淀生成,离心分离,弃去清液,水洗沉淀后加入 3%H_2O_2 溶液,观察现象。写出反应方程式。

(3) 取 0.5 mL 0.01 mol·$L^{-1}$$KMnO_4$ 溶液,酸化后滴加 3%H_2O_2 溶液,观察现象。写出离子反应方程式。

(4) 在试管中加入 1 mL 3% H_2O_2 溶液和少量 MnO_2(s),观察反应情况,并在管口附近用火柴余烬检验逸出的气体。

(5) 取 3%H_2O_2 溶液和戊醇各 10 滴,加 5 滴 1.0 mol·L^{-1} H_2SO_4 溶液和 1 滴0.1 mol·L^{-1} $K_2Cr_2O_7$ 溶液,摇荡试管,观察现象。

(二) 硫化氢和硫化物的性质

(1) 取几滴 0.01 mol·L^{-1} $KMnO_4$ 溶液,用稀 H_2SO_4 酸化后,再滴加饱和 H_2S 溶液,观察现象。写出反应方程式。

(2) 试验 0.01 mol·$L^{-1}$$FeCl_3$ 溶液与饱和 H_2S 溶液的反应,根据现象写出反应方程式。

(3) 在 5 支试管中分别加入下列溶液(0.1 mol·L^{-1})各 5 滴:NaCl、$ZnSO_4$、$CdSO_4$、$CuSO_4$ 和 $Hg(NO_3)_2$,然后各加 1mL 饱和 H_2S 溶液,观察是否都有沉淀析出,记录各种沉淀的颜色;离心分离,弃去清液,在沉淀中分别加入数滴 2 mol·L^{-1}HCl 溶液,看沉淀是否溶解;将不溶解的沉淀离心分离,弃去清液,加 6 mol·L^{-1} HCl 溶液,看沉淀是否溶解;将仍不溶解的沉淀离心分离出来,用少量去离子水洗涤沉淀 1~2 次,加数滴浓 HNO_3 并微热,沉淀是否溶解;如不溶解,再加数滴浓 HCl,使 HCl 与 HNO_3 的体积比约为 3∶1,并微热使沉淀全部溶解。

根据实验结果，比较上述金属硫化物的溶解性。

(4) 在点滴板上加 1 滴 0.1 $mol \cdot L^{-1}$ Na_2S 水溶液，再加 1 滴 1% $Na_2[Fe(CN)_5NO]$ 溶液，出现紫红色表示有 S^{2-}。写出离子反应方程式。

(5) 在试管中加数滴 0.1 $mol \cdot L^{-1}$ Na_2S 溶液和 6 $mol \cdot L^{-1}$ HCl 溶液，微热之，在管口用湿润的 $Pb(Ac)_2$ 试纸检查逸出的气体。

(三) 多硫化物的生成和性质

在试管中加入 0.1 $mol \cdot L^{-1}$ Na_2S 溶液和少量硫粉，加热数分钟，观察溶液颜色的变化。吸取清液于另一支试管中，加入 6 $mol \cdot L^{-1}$ HCl 溶液，用湿润的 $Pb(Ac)_2$ 试纸检查逸出的气体。写出有关反应方程式。

(四) 亚硫酸的性质

(1) 取 5 滴饱和碘水，加 1 滴淀粉试液，再加数滴饱和 SO_2 溶液，观察现象。写出反应方程式。

(2) 取 5 滴饱和 H_2S 溶液，滴加饱和 SO_2 溶液，观察现象。写出反应方程式。

(3) 取 1 mL 品红溶液，加入 1～2 滴饱和 SO_2 溶液，摇荡后静置片刻，观察溶液颜色的变化，微热后又有何变化？

记录以上实验现象，总结 H_2SO_3 的化学性质。

(4) 在点滴板上加饱和 $ZnSO_4$ 溶液和 0.1 $mol \cdot L^{-1}$ $K_4[Fe(CN)_6]$溶液各 1 滴，再加 1 滴 1% $Na_2[Fe(CN)_5NO]$溶液，最后加 1 滴含 SO_3^{2-} 的溶液，用玻璃棒搅动，出现红色表示有 SO_3^{2-}。

(五) 硫代硫酸及其盐的性质

(1) 在试管中加入几滴 0.1 $mol \cdot L^{-1}$ $Na_2S_2O_3$ 溶液和 2 $mol \cdot L^{-1}$ HCl 溶液，摇荡片刻，观察现象，用湿润的蓝色石蕊试纸检验逸出的气体。

(2) 取 5 滴 0.01 $mol \cdot L^{-1}$碘水，加 1 滴淀粉试液，逐滴加入 0.1 $mol \cdot L^{-1}$ $Na_2S_2O_3$ 溶液，观察颜色变化。

(3) 取 5 滴饱和氯水，滴加 0.1 $mol \cdot L^{-1}$ $Na_2S_2O_3$ 溶液，用 1 $mol \cdot L^{-1}$ $BaCl_2$ 溶液检查是否有 SO_4^{2-} 存在。

(4) 在试管中加 0.1 $mol \cdot L^{-1}$ $AgNO_3$ 溶液和 0.1 $mol \cdot L^{-1}$ KBr 溶液各 2 滴，观察沉淀颜色，然后加 0.1 $mol \cdot L^{-1}$ $Na_2S_2O_3$ 溶液使沉淀溶解。

记录以上实验现象，写出有关反应方程式。

(5) 在点滴板上加 2 滴 0.1 $mol \cdot L^{-1}$ $Na_2S_2O_3$ 溶液，再滴加 0.1 $mol \cdot L^{-1}$ $AgNO_3$ 溶液至产生白色沉淀，利用沉淀物分解时颜色的变化，确认 $S_2O_3^{2-}$ 的存在。

(六) 过硫酸盐的氧化性

(1) 在试管中加 0.5 mL 0.1 $mol \cdot L^{-1}$ KI 溶液和 10 滴 1 $mol \cdot L^{-1}$ H_2SO_4 溶液，再加数滴 0.2 $mol \cdot L^{-1}$$(NH_4)_2S_2O_8$ 溶液和淀粉溶液，观察颜色变化。写出反应方程式。

(2) 取几滴 0.1 $mol \cdot L^{-1}$ $MnSO_4$ 溶液，加入 2 mL 1 $mol \cdot L^{-1}$ H_2SO_4 溶液和 1 滴 0.1 $mol \cdot L^{-1}$ $AgNO_3$ 溶液，再加入少量$(NH_4)_2S_2O_8$ 固体，在水浴中加热片刻，观察溶液颜色的变化。写出反应方程式。

五、思考题

1. 实验室长期放置的 H_2S、Na_2S 和 Na_2SO_3 溶液会发生什么变化，为什么？
2. 在鉴定 $S_2O_3^{2-}$ 时，如果 $Na_2S_2O_3$ 比 $AgNO_3$ 的量多，将会出现什么情况，为什么？
3. 如何区别(1) Na_2SO_3 和 Na_2SO_4；(2) Na_2SO_3 和 $Na_2S_2O_3$；(3) $K_2S_2O_8$ 和 K_2SO_4？

实验 22 卤　　素

一、实验目的

1. 掌握卤素单质的氧化性和卤化氢的还原性。
2. 掌握卤素含氧酸盐的氧化性。
3. 学会 Cl^-、Br^- 和 I^- 的鉴定方法。

二、实验原理

氯、溴、碘的氧化性强弱次序为：$Cl_2 > Br_2 > I_2$。卤化氢的还原性强弱次序为：$HI > HBr > HCl$。HBr 和 HI 能分别将浓 H_2SO_4 还原为 SO_2 和 H_2S。Br^- 和 I^- 能被 Cl_2 氧化为 Br_2 和 I_2，在 CCl_4 中，分别呈橙黄色和紫色。当 Cl_2 过量时，I_2 被氧化为无色的 IO_3^-。

Cl^-、Br^- 和 I^- 能与 Ag^+ 反应生成难溶于水的 AgCl(白)、AgBr(淡黄)、AgI(黄)沉淀，它们的溶度积常数依次减小，都不溶于稀 HNO_3。AgCl 能溶于稀氨水或$(NH_4)_2CO_3$ 溶液，生成配离子$[Ag(NH_3)_2]^+$，再加稀 HNO_3 时，AgCl 会重新沉淀出来，由此可以鉴定 Cl^- 的存在。AgBr 和 AgI 不溶于稀氨水或$(NH_4)_2CO_3$ 溶液，它们在 HAc 介质中能被 Zn 还原为 Ag，从而使 Br^- 和 I^- 转入溶液中，再用氯水将其氧化为单质，再根据 Br_2 和 I_2 在 CCl_4 中的颜色来鉴定 Br^- 和 I^- 的存在与否。

次氯酸及其盐具有强氧化性。在酸性条件下卤酸盐都具有强氧化性。

三、仪器与试剂

仪器　离心机、滴管。

试剂　(1) 酸　H_2SO_4(2.0 mol · L^{-1}, 1 : 1, 浓)、HCl(2.0 mol · L^{-1}, 浓)、HNO_3(2.0 mol · L^{-1})、HAc(6.0 mol · L^{-1})。

(2) 碱　NaOH (2.0 mol · L^{-1})、$NH_3 \cdot H_2O$ (2.0 mol · L^{-1})。

(3) 盐　KI (0.1 mol · L^{-1})、KBr(0.1 mol · L^{-1}, 0.5 mol · L^{-1})、$KClO_3$(饱和)、$KBrO_3$(饱和)、KIO_3(0.1 mol · L^{-1})、$NaHSO_3$(0.1 mol · L^{-1})、NaCl(0.1 mol · L^{-1})、$AgNO_3$(0.1 mol · L^{-1})、$Na_2S_2O_3$(0.1 mol · L^{-1})、$(NH_4)_2CO_3$(12%)。

(4) 固体　NaCl、KBr、KI、锌粒。

(5) 其他　氯水、品红溶液、淀粉溶液、CCl_4。

材料　pH 试纸、淀粉 KI 试纸、$Pb(Ac)_2$ 试纸。

四、实验步骤

（一）卤化氢的还原性

在 3 支干燥的试管中分别加入米粒大小 NaCl、KBr 和 KI 固体，再分别加入 2～3 滴浓 H_2SO_4，观察反应物的颜色和状态，并分别用湿润的 pH 试纸、淀粉-KI 试纸和 $Pb(Ac)_2$ 试纸检验逸出的气体（应在通风橱内逐个进行实验，并立即清洗试管）。写出有关反应方程式，比较 HCl、HBr 和 KI 的还原性。

（二）氯、溴、碘含氧酸盐的氧化性

（1）取 2 mL 氯水，逐滴加入 2 mol·L^{-1} NaOH 溶液至呈弱碱性，将溶液分装在 3 支试管中，然后在第 1 支试管中加入 10 滴 2 mol·L^{-1} HCl 溶液，用湿润的淀粉 KI 试纸检验逸出的气体；在第 2 支试管中滴加 5 滴 0.1 mol·L^{-1} KI 溶液及 1 滴淀粉试液；在第 3 支试管中滴加 3 滴品红溶液。观察现象，判断反应产物。写出有关反应方程式。

（2）在 10 滴饱和 $KClO_3$ 溶液中加 3 滴浓 HCl，并检验逸出的气体。写出反应方程式。

（3）取 2～3 滴 0.1 mol·L^{-1} KI 溶液，加 4 滴饱和 $KClO_3$ 溶液，再逐滴加入 H_2SO_4 溶液（1+1），不断摇荡，观察溶液先呈黄色（生成 I_3^-），又变为紫黑色（有 I_2 析出），最后为无色（生成 IO_3^-）。写出每一步的反应方程式。

（4）取几滴饱和 $KBrO_3$ 溶液，酸化后加入数滴 0.5 mol·L^{-1} KBr 溶液，摇荡，观察溶液颜色的变化，并用淀粉 KI 试纸检验逸出的气体。写出离子反应方程式。

（5）以 0.1 mol·L^{-1} KI 溶液代替 KBr 溶液，重复上述实验内容。

（6）取 0.5 mL 0.1 mol·L^{-1} KIO_3 溶液，酸化后加数滴 CCl_4，再加数滴 0.1 mol·L^{-1} $NaHSO_3$ 溶液，摇荡，观察 CCl_4 层的颜色。写出离子反应方程式。

（三）Cl^-、Br^- 和 I^- 的鉴定

（1）取 2 滴 0.1 mol·L^{-1} NaCl 溶液和 1 滴 2 mol·L^{-1} HNO_3 溶液，加 2 滴 0.1 mol·L^{-1} $AgNO_3$ 溶液，观察现象。在沉淀中加入数滴 2 mol·L^{-1}氨水溶液，摇荡使沉淀溶解，再加数滴 2 mol·L^{-1} HNO_3 溶液，观察又有何变化。写出有关离子反应方程式。

（2）取 2 滴 0.1 mol·L^{-1} KBr 溶液，加 1 滴 2 mol·L^{-1} H_2SO_4 溶液和 0.5 mL CCl_4，再逐滴加入氯水，边加边摇荡，观察 CCl_4 层颜色的变化，确认 Br^- 的存在。

（3）用 0.1 mol·L^{-1} KI 溶液代替 KBr，重复上述实验，确认 I^- 的存在。

（四）混合溶液中 Cl^-、Br^- 和 I^- 的分离与鉴定

在试管中各加入 2 滴 0.1 mol·L^{-1} NaCl 溶液、0.1 mol·L^{-1}KBr 溶液和 0.1 mol·L^{-1} KI 溶液，混匀。设计方法将其分离并鉴定。给定试剂为：2 mol·L^{-1} HNO_3 溶液，0.1 mol·L^{-1} $AgNO_3$ 溶液，12%$(NH_4)_2CO_3$ 溶液，6 mol·L^{-1} HAc 溶液，锌粒，CCl_4 和饱和氯水。图示分离和鉴定步骤，写出现象及有关离子方程式。

附：参考方案

混匀后加 2 滴 2 mol·L^{-1} HNO_3 溶液，再加 0.1 mol·L^{-1} $AgNO_3$ 溶液至沉淀完全，离心分离，弃去清液，沉淀用去离子水洗涤 2 次。

（1）在上面的沉淀中加 10～15 滴 12%$(NH_4)_2CO_3$ 溶液，充分摇荡后在水浴中加热 1 min，离心分离，吸取清液，保留沉淀。在清液中加 2 滴 0.1 mol·L^{-1} KI 溶液，若有黄色 AgI

沉淀产生，表示清液中有 Cl^- 存在。

(2) 将保留的沉淀用去离子水洗涤 2 次，在沉淀中加数滴水和少量锌粉(或锌粒)，再加 1 mL 6 mol·L^{-1} HAc 溶液，加热，搅动，离心分离，吸取清液于另一支试管中，加入 0.5 mL CCl_4，再逐滴加入饱和氯水，边加边振荡，观察 CCl_4 层从紫红色→棕黄色，表示有 Br^- 和 I^- 存在。

五、思考题

1. 如何鉴别 HCl、SO_2 和 H_2S 三种气体？
2. NaClO 与 KI 反应时，若溶液的 pH 值过高会有何结果？
3. 根据标准电极电势，结合实验说明 ClO_3^-、BrO_3^- 和 IO_3^- 氧化性的相对强弱。
4. 鉴定 Cl^- 时先加 HNO_3，为什么？鉴定 Br^- 和 I^- 时先加 H_2SO_4，为什么？

实验 23 铬、锰、铁、钴、镍的重要化合物性质与应用

一、实验目的

1. 掌握 d 区重要元素铬、锰、铁、钴、镍氢氧化物的酸碱性及氧化还原性。
2. 掌握铬、锰重要氧化态之间的转化反应及其条件。
3. 掌握铁、钴、镍配合物的生成和性质。
4. 掌握锰、铁、钴、镍硫化物的生成和溶解性。
5. 学习 Cr^{3+}、Mn^{2+}、Fe^{2+}、Fe^{3+}、Co^{2+}、Ni^{2+} 的鉴定方法。

二、实验原理

铬、锰和铁、钴、镍分别为第四周期的第ⅥB、第ⅦB 和第Ⅷ族元素，它们都能形成多种氧化值的化合物。铬的重要氧化值为＋3 和＋6；锰的重要氧化值为＋2、＋4、＋6 和＋7；铁、钴、镍的重要氧化值都是＋2 和＋3。几种元素的重要化合物的性质如下：

(一) 铬的重要化合物性质

$Cr(OH)_3$ 是典型的灰蓝色的两性氢氧化物，能与过量的 NaOH 反应生成绿色 $[Cr(OH)_4]^-$。Cr(Ⅲ)在酸性溶液中很稳定，但在碱性溶液中具有较强的还原性，易被 H_2O_2 氧化成 CrO_4^{2-}。

铬酸盐与重铬酸盐互相可以转化，溶液中存在下列平衡：

$$2CrO_4^{2-} + 2H^+ \rightleftharpoons Cr_2O_7^{2-} + H_2O$$

因重铬酸盐的溶解度较铬酸盐的溶解度大，故向重铬酸盐溶液中加入 Ag^+、Pb^{2+}、Ba^{2+} 等离子时，通常生成铬酸盐沉淀。例如，

$$Cr_2O_7^{2-} + Ba^{2+} + H_2O = 2BaCrO_4\downarrow(\text{黄色}) + 2H^+$$

在酸性条件下 $Cr_2O_7^{2-}$ 具有强氧化性，可氧化乙醇，反应方程式如下：

$$2Cr_2O_7^{2-}(\text{橙色}) + 3C_2H_5OH + 16H^+ = 4Cr^{3+}(\text{绿色}) + 3CH_3COOH + 11H_2O$$

通过此实验，可判断是否酒后驾车或酒精中毒。

（二）锰的重要化合物性质

Mn^{2+} 在碱性条件下具有还原性，易被空气中的氧气所氧化，反应方程式如下：

$$Mn^{2+} + 2OH^- = Mn(OH)_2 \downarrow \text{（白色）}$$

$$2Mn(OH)_2 + O_2 = 2MnO(OH)_2 \downarrow \text{（棕红色）}$$

在酸性溶液中，Mn^{2+} 很稳定，只有强氧化剂如 $NaBiO_3$、PbO_2、$S_2O_8^{2-}$ 等才能将它氧化成 MnO_4^-。

$$2Mn^{2+} + 5NaBiO_3 + 14H^+ = 2MnO_4^- + 5Bi^{3+} + 5Na^+ + 7H_2O$$

+6 价的 MnO_4^{2-} 能稳定存在于强碱溶液中，而在酸性或弱碱性溶液中会发生歧化：

$$3MnO_4^{2-} + 2H_2O = 2MnO_4^- + MnO_2 + 4OH^-$$

+7 价的 MnO_4^- 是强氧化剂，介质的酸碱性不仅影响它的氧化能力，也影响它的还原产物。在酸性介质中，其还原产物是 Mn^{2+}；在弱碱性（或中性）介质中，其还原产物是 MnO_2；在强碱性介质中，其还原产物是 MnO_4^{2-}。

（三）铁、钴、镍重要化合物的性质

Fe(Ⅱ)、Co(Ⅱ)、Ni(Ⅱ)的氢氧化物依次为白色、粉红和绿色。

$Fe(OH)_2$ 具有很强的还原性，易被空气中的氧氧化，生成 $Fe(OH)_3$（红棕色）。$Fe(OH)_2$ 主要呈碱性，酸性很弱，但能溶于浓碱溶液形成 $[Fe(OH)_6]^{4-}$ 离子。

$CoCl_2$ 溶液与 OH^- 反应，先生成蓝色 $Co(OH)_2$ 沉淀，稍放置生成粉红色 $Co(OH)_2$ 沉淀。$Co(OH)_2$ 也能被空气中的氧氧化，生成 $CoO(OH)$（褐色）。$Co(OH)_2$ 显两性，不仅能溶于酸，而且能溶于过量的浓碱形成 $[Co(OH)_4]^{2-}$ 离子。

$Ni(OH)_2$ 在空气中是稳定的，只有在碱性溶液中用强氧化剂（如 Br_2、NaClO、Cl_2）才能将其氧化成黑色 NiO(OH)。$Ni(OH)_2$ 显碱性。

Fe(Ⅲ)、Co(Ⅲ)、Ni(Ⅲ)的氢氧化物都显碱性，颜色依次为红棕色、褐色、黑色。若将 Fe(Ⅲ)、Co(Ⅲ)、Ni(Ⅲ)的氢氧化物溶于酸，则分别得到三价的 Fe^{3+} 和二价的 Co^{2+}、Ni^{2+}，这是因为在酸性溶液中，Co^{3+}、Ni^{3+} 是强氧化剂，它们能将 Cl^- 氧化为 Cl_2，反应方程式如下（M 为 Co、Ni）：

$$2M^{3+} + 2Cl^- = 2M^{2+} + Cl_2$$

Co(Ⅲ)、Ni(Ⅲ)氢氧化物的获得，通常是由 Co(Ⅱ)、Ni(Ⅱ)盐在碱性条件下被强氧化剂（Br_2、NaClO、Cl_2）氧化而得到。例如，

$$2Ni^{2+} + 6OH^- + Br_2 = 2Ni(OH)_3 + 2Br^-$$

铁、钴、镍均能生成多种配合物。Fe^{2+}、Fe^{3+} 与氨水反应只生成氢氧化物沉淀，而不生成氨合物。Co^{2+}、Ni^{2+} 均能与过量的氨水反应，分别生成 $[Co(NH_3)_6]^{2+}$（土黄色）和 $[Ni(NH_3)_6]^{2+}$（蓝紫色）。$[Co(NH_3)_6]^{2+}$ 容易被空气中的 O_2 氧化为 $[Co(NH_3)_6]^{3+}$（棕红色）。Fe^{2+} 与 $[Fe(CN)_6]^{3-}$ 反应，或 Fe^{3+} 与 $[Fe(CN)_6]^{4-}$ 反应，都生成蓝色沉淀，分别用于鉴定 Fe^{2+} 和 Fe^{3+}。酸性溶液中 Fe^{3+} 与 SCN^- 反应也用于鉴定 Fe^{3+}。Co^{2+} 也能与 SCN^- 反应，生成不稳定的 $[Co(NCS)_4]^{2-}$，在丙酮等有机溶剂中产物较稳定，此反应用于鉴定 Co^{2+}。Ni^{2+}

与丁二酮肟在弱碱性条件下反应生成鲜红色的内配盐，此反应常用于鉴定 Ni^{2+}。

三、仪器与试剂

仪器 离心机、离心管、试管、酒精灯。

试剂 HCl (2 mol · L^{-1}，浓)、H_2SO_4(2 mol · L^{-1})、HNO_3(6 mol · L^{-1}，浓)、H_2S(饱和)、NaOH(2 mol · L^{-1}，6 mol · L^{-1}，40%)、$NH_3 \cdot H_2O$(2 mol · L^{-1}，6 mol · L^{-1}，浓)、$MnSO_4$(0.1 mol · L^{-1})、Na_2SO_3(0.1 mol · L^{-1})、$CrCl_3$(0.1 mol · L^{-1})、K_2CrO_4(0.1 mol · L^{-1})、$K_2Cr_2O_7$(0.1 mol · L^{-1})、$KMnO_4$(0.01 mol · L^{-1})、$BaCl_2$(0.1 mol · L^{-1})、$FeCl_3$(0.1 mol · L^{-1})、$CoCl_2$(0.1 mol · L^{-1}，0.5 mol · L^{-1})、$FeSO_4$(0.1 mol · L^{-1})、$SnCl_2$(0.1 mol · L^{-1})、$NiSO_4$(0.1 mol · L^{-1}，0.5 mol · L^{-1})、$K_3[Fe(CN)_6]$(0.1 mol · L^{-1})、$K_4[Fe(CN)_6]$(0.1 mol · L^{-1})、NH_4Cl(0.1 mol · L^{-1})、$(NH_4)_2Fe(SO_4)_2 \cdot 6H_2O$(s)、$NH_4Cl$(s)、$MnO_2$(s)、KSCN(s)、戊醇(或乙醚)、$H_2O_2$(3%)、溴水、碘水、丁二酮肟、丙酮、淀粉溶液。

材料 淀粉-KI 试纸。

四、实验步骤

(一) 低价氢氧化物的生成和性质

(1) $Cr(OH)_3$ 用 0.1 mol · L^{-1} $CrCl_3$ 溶液和 2 mol · L^{-1} NaOH 溶液制取 $Cr(OH)_3$ 沉淀，观察沉淀的颜色和状态。把沉淀分成三份，一份放置在空气中，观察沉淀颜色是否变化；另两份分别滴入 2 mol · L^{-1} HCl 溶液和 6 mol · L^{-1} NaOH 溶液，观察沉淀是否溶解。写出反应方程式。

(2) $Mn(OH)_2$ 在三支试管中各加入几滴 0.1 mol · L^{-1} $MnSO_4$ 溶液和 2 mol · L^{-1} NaOH(均预先加热除氧)溶液，观察现象。迅速检验两支试管中 $Mn(OH)_2$ 酸碱性(分别加 2 mol · L^{-1} HCl 溶液和 40%NaOH 溶液)，振荡第三支试管，观察现象。写出反应方程式。

(3) $Fe(OH)_2$ 在一支试管中放入 1 mL 蒸馏水和 2 滴 2 mol · L^{-1} H_2SO_4 溶液，煮沸以赶尽溶于其中的氧，冷却后往试管中加入少量固体$(NH_4)_2Fe(SO_4)_2 \cdot 6H_2O$。在另一支试管中加入 1 mL 2 mol · L^{-1} NaOH 溶液，煮沸赶尽氧气，冷却后，用长滴管吸取 NaOH 溶液，迅速插入亚铁溶液底部，慢慢挤出，观察沉淀的颜色和状态。把沉淀分成三份，一份放置在空气中，观察沉淀颜色是否变化；另两份分别滴入 2 mol · L^{-1} HCl 溶液和 40%NaOH 溶液，观察沉淀是否溶解。写出反应方程式。

(4) $Co(OH)_2$ 用 0.5 mol · L^{-1} $CoCl_2$ 溶液和 2 mol · L^{-1} NaOH 溶液制取 $Co(OH)_2$ 沉淀，观察沉淀的颜色和状态。把沉淀分成三份，一份放置在空气中，观察沉淀颜色是否变化；另两份分别滴入 2 mol · L^{-1} HCl 溶液和 40% NaOH 溶液，观察沉淀是否溶解。写出反应方程式。

(5) $Ni(OH)_2$ 用 0.5 mol · L^{-1} $NiSO_4$ 溶液代替 $CoCl_2$ 溶液，重复实验(4)。

通过以上实验，总结低价氢氧化物的性质，尤其是 $Fe(OH)_2$、$Co(OH)_2$、$Ni(OH)_2$ 还原性的相对强弱。

(二) 高价氢氧化物的生成和性质

(1) $Fe(OH)_3$ 用 0.1 mol · L^{-1} $FeCl_3$ 溶液和 2 mol · L^{-1} NaOH 溶液制取 $Fe(OH)_3$ 沉

淀，观察沉淀的颜色和状态。把沉淀分成三份，一份加浓 HCl，检查是否有 Cl_2 产生；另两份分别滴入2 mol·L^{-1} HCl溶液和40% NaOH溶液，观察沉淀是否溶解。写出反应方程式。

(2) $Co(OH)_3$　用0.5 mol·$L^{-1}$$CoCl_2$ 溶液，加几滴溴水，然后加入 2 mol·L^{-1} NaOH 溶液，摇荡试管，观察现象。离心分离，弃去清液，在沉淀中滴加浓 HCl，并用淀粉-KI试纸检查逸出的气体。写出反应方程式。

(3) $Ni(OH)_3$　用0.5 mol·$L^{-1}$$NiSO_4$ 溶液代替 $CoCl_2$ 溶液，重复实验(2)。

通过以上实验，比较 Fe^{3+}、Co^{3+}、Ni^{3+} 氧化性的强弱。

(三) Cr^{3+} 的还原性和 Cr^{3+} 的鉴定

取几滴0.1 mol·$L^{-1}$$CrCl_3$ 溶液，逐滴加入6 mol·L^{-1}NaOH溶液，观察沉淀颜色，继续滴加 NaOH 至沉淀溶解，观察溶液颜色的变化。然后滴加3% H_2O_2 溶液，微热，观察现象。待试管冷却后，再补加几滴 H_2O_2 和0.5 mL戊醇(或乙醚)，慢慢滴入 6 mol·L^{-1} HNO_3 溶液，摇荡试管，观察现象。写出有关反应方程式。

(四) CrO_4^{2-} 和 $Cr_2O_7^{2-}$ 的相互转化

(1) 取几滴0.1 mol·$L^{-1}$$K_2CrO_4$ 溶液，逐滴加入2 mol·L^{-1} H_2SO_4 溶液，观察现象。再逐滴加入2 mol·L^{-1}NaOH溶液，观察有何变化。写出反应方程式。

(2) 在两支试管中分别加入几滴0.1 mol·L^{-1} K_2CrO_4 溶液和0.1 mol·L^{-1} $K_2Cr_2O_7$ 溶液，然后分别滴加0.1 mol·L^{-1} $BaCl_2$ 溶液，观察现象。最后再分别滴加2 mol·L^{-1} HCl 溶液，观察现象。写出有关反应方程式。

(五) $Cr_2O_7^{2-}$、MnO_4^-、Fe^{3+} 的氧化性

(1) 取2滴0.1 mol·L^{-1} $K_2Cr_2O_7$ 溶液，滴加饱和 H_2S 溶液，观察现象。写出反应方程式。

(2) 取三支试管，各加入少量0.01 mol·$L^{-1}$$KMnO_4$ 溶液，然后在第一支试管中加入几滴2 mol·L^{-1} H_2SO_4 溶液，在第二支试管中加入几滴蒸馏水，在第三支试管中加入几滴6 mol·L^{-1}NaOH溶液，最后再往各试管中分别滴加几滴0.1 mol·$L^{-1}$$Na_2SO_3$ 溶液，振荡溶液，观察紫红色溶液的变化。写出反应方程式。

(3) 取几滴0.1 mol·$L^{-1}$$FeCl_3$ 溶液，滴加0.1 mol·$L^{-1}$$SnCl_2$ 溶液，观察现象。写出反应方程式。

(六) 锰酸盐的生成及不稳定性

(1) 取适量0.01 mol·$L^{-1}$$KMnO_4$ 溶液，加入过量40% NaOH溶液，再加入少量 MnO_2 固体，微热，搅拌，静置片刻，离心，绿色清液即 K_2MnO_4 溶液。

(2) 取少量绿色清液，滴加2 mol·$L^{-1}$$H_2SO_4$ 溶液，观察现象。写出反应方程式。

(3) 取少量绿色清液，加入少许 NH_4Cl 固体，振荡试管，使 NH_4Cl 溶解，微热，观察现象。写出反应方程式。

(七) 铁、钴和镍的配合物

(1) 取2滴0.1 mol·L^{-1} $K_4[Fe(CN)_6]$溶液，然后滴加0.1 mol·L^{-1} $FeCl_3$ 溶液；取2滴0.1 mol·L^{-1} $K_3[Fe(CN)_6]$溶液，滴加0.1 mol·L^{-1} $FeSO_4$溶液。观察现象，写出有关反应方程式。

(2) 取几滴0.5 mol·$L^{-1}$$CoCl_2$ 溶液，滴加少量1 mol·$L^{-1}$$NH_4Cl$ 溶液，然后逐滴加入6 mol·L^{-1}氨水，观察沉淀的颜色。振荡后在空气中放置，观察溶液的颜色变化。写出反应方程式。

(3) 取几滴 0.1 mol·L^{-1} $CoCl_2$ 溶液，加入少量 KSCN 晶体，再加入几滴丙酮，摇荡后观察现象。写出反应方程式。

(4) 取几滴 0.1 mol·L^{-1} $NiSO_4$ 溶液，滴加少量 2 mol·L^{-1}氨水，振荡试管，观察沉淀的颜色。再继续加入过量的浓氨水至沉淀溶解为止，观察反应产物的颜色。再加 2 滴丁二酮肟溶液，观察有何变化。写出有关的反应方程式。

五、思考题

1. 写出本实验的所有反应方程式。

2. 比较 $Fe(OH)_3$、$Al(OH)_3$、$Cr(OH)_3$ 的性质。设计实验，分离并鉴定含 Fe^{3+}、Al^{3+}、Cr^{3+} 的混合液。

实验 24　铜、银、锌、镉、汞的重要化合物性质及应用

一、实验目的

1. 掌握 Cu^{2+}、Ag^{+}、Zn^{2+}、Cd^{2+}、Hg^{2+} 的氧化物和氢氧化物的酸碱性及稳定性。
2. 掌握 Cu^{2+}、Ag^{+}、Zn^{2+}、Cd^{2+}、Hg^{2+} 的重要配合物的性质。
3. 掌握铜(Ⅰ)与铜(Ⅱ)之间、汞(Ⅰ)与汞(Ⅱ)之间的转化反应及其条件。
4. 掌握 Cu^{2+}、Ag^{+}、Zn^{2+}、Cd^{2+}、Hg^{2+} 硫化物的生成和溶解性。
5. 了解铜(Ⅰ)、银、汞卤化物的溶解性。
6. 学习 Cu^{2+}、Ag^{+}、Zn^{2+}、Cd^{2+}、Hg^{2+} 的鉴定方法。

二、实验原理

在周期系中，Cu、Ag 属ⅠB 族元素，Zn、Cd、Hg 为ⅡB 族元素，它们化合物的重要性质如下：

(一) 氢氧化物的酸碱性和脱水性

Cu^{2+}、Zn^{2+}、Cd^{2+} 都能与 NaOH 反应生成相应的氢氧化物沉淀，其中 $Cu(OH)_2$ 不稳定，当加热至 90 ℃时，生成 CuO；Ag^{+} 与 NaOH 反应生成的 Ag(OH)更不稳定，在室温下迅速分解为 Ag_2O；在室温下，Hg^{2+} 与 NaOH 反应只生成 HgO。

$Zn(OH)_2$ 为两性氢氧化物，$Cu(OH)_2$ 呈较弱的两性(偏碱)，其余氧化物或氢氧化物都显碱性。

(二) 硫化物的性质

Cu^{2+}、Ag^{+}、Zn^{2+}、Cd^{2+}、Hg^{2+} 与饱和的 H_2S 溶液反应都能生成相应的硫化物沉淀，其中 ZnS 能溶于稀 HCl；CdS 难溶于稀 HCl，但能溶于浓 HCl；利用黄色的 CdS 的生成反应可以鉴定 Cd^{2+}。Ag_2S 和 CuS 能溶于浓 HNO_3，HgS 只能溶于王水。

(三) 配位性

Cu^{2+}、Cu^{+}、Ag^{+}、Zn^{2+}、Cd^{2+}、Hg^{2+} 都形成氨合物。$[Cu(NH_3)_2]^{+}$ 是无色的，不稳定，易被空气中的 O_2 氧化为深蓝色的$[Cu(NH_3)_4]^{2+}$。Cu^{2+}、Ag^{+}、Zn^{2+}、Cd^{2+}、Hg^{2+} 与适量氨水反

应生成氢氧化物、氧化物或碱式盐沉淀，而后溶于过量的氨水中（有的需要有 NH_4Cl 存在）。Hg^{2+} 与过量的 I^- 反应生成无色的$[HgI_4]^{2-}$，它与 NaOH 的混合物称为奈斯勒试剂，可用来鉴定 NH_4^+。

在弱酸性条件下，Cu^{2+} 与$[Fe(CN)_6]^{4-}$ 生成红棕色的沉淀 $Cu_2[Fe(CN)_6]$，此反应可用来检验 Cu^{2+}。

在碱性条件下，Zn^{2+} 与二苯硫腙反应形成粉红色的螯合物，此反应用于鉴定 Zn^{2+}。

（四）氧化性

（1）Cu^{2+} 的氧化性　在加热的碱性溶液中，Cu^{2+} 能氧化醛或糖类，并有暗红色的 Cu_2O 生成。

$$2[Cu(OH)_4]^{2-} + C_6H_{12}O_6 \xlongequal{\triangle} Cu_2O + C_6H_{12}O_7 + 2H_2O + 4OH^-$$

在较浓 HCl 中，Cu^{2+} 能将 Cu 氧化成一价铜$[CuCl_2]^-$，用水稀释生成白色的 CuCl 沉淀。Cu^{2+} 还能与 I^- 反应生成 CuI 沉淀和 I_2。

$$4I^- + 2Cu^{2+} \xlongequal{\quad} 2CuI\ (s,\text{白色}) + I_2$$

（2）Ag^+ 的氧化性　含有$[Ag(NH_3)_2]^+$ 的溶液在加热时能将醛类和某些糖类氧化，本身被还原为 Ag。

（3）Hg^{2+} 的氧化性　在酸性条件下 Hg^{2+} 具有较强的氧化性。例如，$HgCl_2$ 与 $SnCl_2$ 反应生成 Hg_2Cl_2 白色沉淀，进一步生成黑色 Hg，这一反应用于 Hg^{2+} 或 Sn^{2+} 的鉴定。

（五）铜（Ⅰ）与铜（Ⅱ）之间、汞（Ⅰ）与汞（Ⅱ）之间的转化

水溶液中的 Cu^+ 不稳定，易歧化为 Cu^{2+} 和 Cu。CuCl 和 CuI 难溶于水，通过加合反应可分别生成相应的配离子$[CuCl_2]^-$ 和 $[CuI_2]^-$ 等，它们在水溶液中较稳定。$CuCl_2$ 溶液与铜屑及浓盐酸混合后加热可制得$[CuCl_2]^-$，加水稀释时会析出 CuCl 晶体。

Hg_2^{2+} 在水溶液中较稳定，不易歧化为 Hg^{2+} 和 Hg。但 Hg_2^{2+} 与氨水、饱和 H_2S 或 KI 溶液反应生成的 Hg（Ⅰ）化合物都能歧化为 Hg（Ⅱ）的化合物和 Hg。例如，Hg_2^{2+} 与 I^- 反应先生成 Hg_2I_2，当 I^- 过量时则生成 $[HgI_4]^{2-}$ 和 Hg。

（六）银（Ⅰ）的系列反应

Ag^+ 与稀 HCl 反应生成 AgCl 沉淀，AgCl 溶于 $NH_3 \cdot H_2O$ 溶液生成$[Ag(NH_3)_2]^+$，再加入稀 HNO_3 又生成 AgCl 沉淀，或加入 KI 溶液生成 AgI 沉淀。利用这一系列反应可鉴定 Ag^+。当加入相应的试剂时，还可以实现$[Ag(NH_3)_2]^+$、AgBr(s)、$[Ag(S_2O_3)_2]^{3-}$、AgI(s)、$[Ag(CN)_2]^-$、Ag_2S(s)的依次转化。AgCl、AgBr、AgI 等也能通过加合反应分别生成$[AgCl_2]^-$、$[AgBr_2]^-$、$[AgI_2]^-$ 等配离子。

三、仪器与试剂

仪器　离心机、点滴扳、水浴锅。

试剂　HNO_3（2 mol·L^{-1}，浓）、HCl（2 mol·L^{-1}，6 mol·L^{-1}，浓）、H_2SO_4（2 mol·L^{-1}）、HAc（2 mol·L^{-1}）、H_2S（饱和）、NaOH（2 mol·L^{-1}，6 mol·L^{-1}）、$NH_3 \cdot H_2O$（2 mol·L^{-1}，6 mol·L^{-1}）、$Cu(NO_3)_2$（0.1 mol·L^{-1}）、KI（0.1 mol·L^{-1}，2 mol·L^{-1}）、$AgNO_3$（0.1 mol·L^{-1}）、$CuCl_2$（1 mol·L^{-1}）、KBr（0.1 mol·L^{-1}）、NaCl（0.1 mol·L^{-1}）、

$Na_2S_2O_3$(0.1 mol·L^{-1})、$K_4[Fe(CN)_6]$(0.1 mol·L^{-1})、$Hg_2(NO_3)_2$(0.1 mol·L^{-1})、$Zn(NO_3)_2$(0.1 mol·L^{-1})、$Cd(NO_3)_2$(0.1 mol·L^{-1})、$Hg(NO_3)_2$(0.1 mol·L^{-1})、$HgCl_2$(0.1 mol·L^{-1})、NH_4Cl(1 mol·L^{-1})、$CuSO_4$(0.1 mol·L^{-1})、铜屑、葡萄糖(10%)、淀粉溶液、二苯硫腙的 CCl_4 溶液。

材料　$Pb(Ac)_2$ 试纸。

四、实验步骤

(一) Cu^{2+}、Ag^{+}、Zn^{2+}、Cd^{2+}、Hg^{2+} 的氧化物或氢氧化物的生成和性质

分别取几滴 0.1 mol·L^{-1} $Cu(NO_3)_2$、$AgNO_3$、$Zn(NO_3)_2$、$Cd(NO_3)_2$、$Hg(NO_3)_2$ 溶液，然后滴加 2 mol·L^{-1} NaOH 溶液，观察现象。将每个试管中的沉淀分为两份，检验其酸碱性。写出有关的反应方程式。

(二) Cu(Ⅰ)化合物的生成和性质

(1) 取几滴 0.1 mol·L^{-1} $CuSO_4$ 溶液，滴加 6 mol·L^{-1} NaOH 溶液至过量，再加入 10% 葡萄糖溶液，摇匀，加热煮沸几分钟，观察现象。离心分离，弃去清液，将沉淀洗涤后分为两份，一份加入 2 mol·L^{-1} H_2SO_4 溶液，另一份加入 6 mol·L^{-1} $NH_3·H_2O$，静置片刻，观察现象。写出有关的反应方程式。

(2) 取 1 mL 1 mol·L^{-1} $CuCl_2$ 溶液，加 1mL 浓盐酸和少量铜屑，加热至溶液呈泥黄色，将溶液倒入另一盛有水的试管中(将铜屑水洗后回收)，观察现象。离心分离，将沉淀洗涤两次后分为两份，一份加入浓 HCl，另一份加入 2 mol·L^{-1} $NH_3·H_2O$，观察现象。写出有关的反应方程式。

(3) 取几滴 0.1 mol·L^{-1} $CuSO_4$ 溶液，滴加 0.1 mol·L^{-1} KI 溶液，观察现象。离心分离，在清液中加 1 滴淀粉溶液，观察现象。将沉淀洗涤两次后，滴加 2 mol·L^{-1} KI 溶液，观察现象，再将溶液加水稀释，观察有何变化。写出有关的反应方程式。

(三) Cu^{2+} 的鉴定

在点滴板上加 1 滴 0.1 mol·L^{-1} $CuSO_4$ 溶液，再加 1 滴 2 mol·L^{-1} HAc 溶液和 1 滴 0.1 mol·L^{-1} $K_4[Fe(CN)_6]$溶液，观察现象。写出反应方程式。

(四) 银(Ⅰ)的系列实验

取几滴 0.1 mol·L^{-1} $AgNO_3$ 溶液，从 Ag^+ 开始选用适当的试剂试验，依次经 AgCl、$[Ag(NH_3)_2]^+$、AgBr(s)、$[Ag(S_2O_3)_2]^{3-}$、AgI(s)、$[AgI_2]^-$、Ag_2S(s)的转化，观察现象。写出有关的反应方程式。

(五) 银镜反应

在 1 支干净的试管中加入 1 mL 0.1 mol·L^{-1} $AgNO_3$ 溶液，滴加 2 mol·L^{-1} $NH_3·H_2O$ 溶液至生成的沉淀刚好溶解，加 2 mL 10%葡萄糖溶液，放在水浴锅中加热片刻，观察现象。然后倒掉溶液，加 2 mol·L^{-1} HNO_3 溶液使银溶解。写出有关的反应方程式。

(六) 铜、银、锌、镉、汞硫化物的生成和性质

在 6 支试管中分别加入 1 滴 0.1 mol·L^{-1} $Cu(NO_3)_2$、$AgNO_3$、$Zn(NO_3)_2$、$Cd(NO_3)_2$、$Hg(NO_3)_2$ 和 $Hg_2(NO_3)_2$ 溶液，再各滴加饱和 H_2S 溶液，观察现象。离心分离，试验 CuS 和 Ag_2S 在浓 HNO_3 中、ZnS 在 2 mol·L^{-1} HCl 溶液中、CdS 在 6 mol·L^{-1} HCl 溶液中、HgS 在王水中的溶解性。

（七）铜、银、锌、镉、汞氨化物的生成

分别取几滴 0.1 mol·L^{-1} $Cu(NO_3)_2$、$AgNO_3$、$Zn(NO_3)_2$、$Cd(NO_3)_2$、$HgCl_2$、$Hg(NO_3)_2$ 和 $Hg_2(NO_3)_2$ 溶液，再各逐滴加入 6 mol·L^{-1} $NH_3·H_2O$ 溶液至过量（如果沉淀不溶解，再加 1 mol·L^{-1} NH_4Cl 溶液），观察现象。写出有关的反应方程式。

（八）汞盐与 KI 的反应

（1）取 0.1 mol·L^{-1} $Hg(NO_3)_2$ 溶液，逐滴加入 0.1 mol·L^{-1} KI 溶液至过量，观察现象。然后加几滴 6 mol·L^{-1} NaOH 溶液和 1 滴 1 mol·L^{-1} NH_4Cl 溶液，观察有何现象。写出有关的反应方程式。

（2）取 1 滴 0.1 mol·L^{-1} $Hg_2(NO_3)_2$ 溶液，逐滴加入 0.1 mol·L^{-1} KI 溶液至过量，观察现象。写出有关的反应方程式。

（九）Zn^{2+} 的鉴定

取 2 滴 0.1 mol·L^{-1} $Zn(NO_3)_2$ 溶液，加几滴 6 mol·L^{-1} NaOH 溶液，再加 0.5 mL 二苯硫腙的 CCl_4 溶液，摇荡试管，观察水溶液层和 CCl_4 层颜色的变化。写出反应方程式。

五、思考题

1. 写出本实验的所有反应方程式。
2. 为何先将 $AgNO_3$ 制成$[Ag(NH_3)_2]^+$，然后再用葡萄糖还原制取银镜？能否直接用葡萄糖还原 $AgNO_3$ 制得？
3. AgCl、$PbCl_2$、Hg_2Cl_2 都不溶于水，如何将它们分离开？

实验 25　卤代烃的性质

一、实验目的

1. 熟悉不同烃基对卤代烃反应活性的影响。
2. 熟悉不同卤原子的卤代烃的反应活性规律。
3. 掌握卤代烃的鉴定方法。

二、实验原理

了解不同烃基结构对反应速度的影响，可以有助于我们对反应可能按何种方式进行的判断。但绝大多数卤代烃在一般条件下的反应是混合历程，只有在某些特殊条件下才是按某一历程进行的，因而在实验中必须注意具体的反应条件，并必须与所学的理论知识相联系。

三、仪器与试剂

试样　1-氯丁烷、2-氯丁烷、2-甲基-2-氯丙烷、1-溴丁烷、溴化苄、溴苯、1-碘丁烷。

试剂　乙醇、硝酸、硝酸银。

四、实验步骤

(一) 卤原子相同而烃基不同的卤代烃反应活性比较

(1) 取 3 支干燥试管,各放入 1 mL 5%硝酸银乙醇溶液,然后分别加入 2~3 滴 1 -氯丁烷、2 -氯丁烷、2 -甲基- 2 -氯丙烷,振荡各试管,观察有无沉淀析出。如 10 min 后仍无沉淀析出,可在水浴中加热煮沸后再观察。在有沉淀生成的试管中各加 1 滴 5%硝酸,如沉淀不溶解,表明沉淀为卤化银。记录观察到的现象,写出各类卤代烃的反应活性次序及反应方程式。

(2) 取 3 支干燥试管,各加入 1 mL 5%硝酸银乙醇溶液,然后分别加入 2~3 滴 1 -溴丁烷、溴化苄、溴苯,按上述方法操作,记录观察到的现象,写出各卤代烃的反应活性次序及反应方程式。

(二) 烃基相同而卤原子不同的卤代烃反应活性比较

取 3 支干燥试管,各放入 1 mL 5%硝酸银乙醇溶液,然后分别加入 2~3 滴 1 -氯丁烷、1 -溴丁烷、1 -碘丁烷,按上述方法操作,观察和记录生成沉淀的颜色和时间,比较不同卤原子的活泼性,写出反应方程式。

五、思考题

1. 写出本实验观察到的卤代烃反应活性次序,并说明原因。
2. 是否可用硝酸银水溶液代替硝酸银醇溶液进行反应?
3. 加入硝酸银乙醇溶液后如生成沉淀,能否根据此现象即可判断原来试样含有卤原子?

实验 26 醇和酚的性质

一、实验目的

1. 熟悉醇和酚性质上的异同。
2. 学会鉴别醇和酚的方法。

二、实验原理

醇和酚分子中都含有羟基,它们的性质主要表现在羟基上。由于不同的烃基对羟基的影响不同,因此醇和酚的性质有很大的差异,伯醇、仲醇、叔醇的性质也有所差异。在酚中,又由于酚羟基对苯环的影响,使苯环活化,苯酚比苯易于发生环上的亲电取代反应。

三、仪器与试剂

试样 无水乙醇、正丁醇、仲丁醇、叔丁醇、苯酚、间苯二酚、对苯二酚。

试剂 苯、浓盐酸、氢氧化钠、碳酸氢钠、无水氯化锌、三氯化铁、碘化钾、饱和溴水、金属钠、酚酞。

四、实验步骤

(一) 醇的性质

(1) 醇钠的生成和水解　取 2 支干燥试管,分别加入 1 mL 无水乙醇和正丁醇,再各加入 2～3 粒绿豆大小的金属钠。观察发生的现象,比较反应速率有何不同。等到气体平稳放出时,将试管口靠近灯焰,可听到爆鸣声。放出什么气体?

反应继续进行,溶液逐渐变稠,可稍加热试管,使反应加快,然后静置冷却,醇钠从溶液中析出。如反应停止后溶液中仍有残余的金属钠,应用镊子将钠取出,并投入无水乙醇中销毁,切记不得随便丢弃。

把得到的醇钠溶于 5 mL 水中,加入 2 滴酚酞指示剂,观察现象,加以解释。

(2) 与卢卡斯(Lucas)试剂反应　取 3 支干燥试管,分别加入 1 mL 正丁醇、仲丁醇和叔丁醇,然后各加入 10 mL 卢卡斯试剂,用软木塞塞住试管,振荡,最好放在 26～27 ℃水浴中温热数分钟,静置,观察发生的变化,记下混合液体变混浊和出现分层所需时间。

(二) 酚的性质

(1) 酚的溶解性和弱酸性　将 0.3 g 苯酚放在试管中,加入 3 mL 水,振荡试管后观察是否溶解。用玻璃棒蘸一滴溶液,以广泛 pH 试纸检验酸碱性。加热试管可见苯酚全部溶解。将溶液分装两支试管,冷却后两试管均出现混浊。向其中一支试管加入几滴 5%氢氧化钠溶液,观察现象。再加入 10%盐酸,又有何变化?在另一支试管中加入 5%碳酸氢钠溶液,观察混浊是否溶解?

(2) 与三氯化铁溶液作用　在 3 支试管中分别加入 0.5 mL 1%苯酚、间苯二酚、对苯二酚溶液,再加入 1～2 滴 1%三氯化铁水溶液,观察和记录各试管中显示的颜色。

(3) 与溴水反应　将 2 滴苯酚饱和水溶液加入试管中,再用 2 mL 水稀释,然后逐滴加入饱和溴水,有白色沉淀生成。如继续滴加饱和溴水至沉淀由白色变为淡黄色,再将试管内混合物煮沸 1～2 min,以除去过量的溴,静置冷却,沉淀又析出。滴加几滴 1%碘化钾溶液和 1 mL 苯,用力振荡试管,沉淀溶于苯中,析出的碘使苯层呈紫色。记录观察到的现象,并解释之。

五、实验注意事项

1. 从瓶中用镊子取出一小块金属钠,先用滤纸吸干沾附在钠表面的溶剂煤油,用小刀小心切去钠表面的氧化膜,再将钠切成绿豆大小颗粒,供实验使用。必须着重指出,切下来的氧化膜和多余的金属钠一定要放回原瓶中,绝对不可任意丢弃在水槽、废液缸、垃圾箱及其他地方。

2. 卢卡斯试剂的配制方法:将 34 g 熔化过的无水氯化锌溶于 23 mL 浓盐酸中,同时冷却以防氯化氢逸出,约得 35 mL 溶液,放冷后,存于玻璃瓶中,塞紧。

3. 因 3～6 个碳原子的低级醇的沸点较低,故加热温度不可过高,以免挥发。

4. 苯酚可溶于氢氧化钠溶液和碳酸钠溶液,因碳酸钠水解生成氢氧化钠,后者与苯酚反应,形成可溶于水的酚钠。但苯酚不与碳酸氢钠作用,也不溶于碳酸氢钠溶液中。

5. 实验步骤 2(3)中的白色沉淀是 2,4,6-三溴苯酚。

6. 2,4,6-三溴苯酚被过量的溴水氧化,生成黄色的 2,4,4,6-四溴环己二烯酮,后者被氢碘酸还原为 2,4,6-三溴苯酚,同时释出碘,碘又溶于苯而呈紫色。

六、思考题

1. 除醇类外，还有哪些有机化合物能与金属钠反应放出氢气？
2. 为什么伯醇和仲醇与卢卡斯试剂反应后，溶液先混浊后分层？
3. 醇和酚都含有羟基，为什么有不同的化学性质？
4. 如何鉴别醇和酚？
5. 具有什么结构的化合物能与三氯化铁溶液发生显色反应？试举三例。
6. 为什么苯酚比苯和甲苯容易进行溴代反应？
7. 为什么苯酚溶于碳酸钠溶液而不溶于碳酸氢钠溶液？

实验 27 醛和酮的性质

一、实验目的

1. 加深对醛、酮化学性质的认识。
2. 掌握醛、酮的鉴定方法。

二、实验原理

醛和酮分子中都含有羰基，因而具有一些相似的性质，例如它们都能与 2,4 -二硝基苯肼作用，醛类和脂肪族甲基酮以及碳原子数少于 8 的环酮能与饱和亚硫酸氢钠溶液作用。具有三个 α - H 的醛、酮都能发生碘仿反应。

但由于醛和酮的羰基两边连接的基团或原子不同，性质上又有较大的差异。醛比酮活泼，能被菲林试剂、托伦试剂等弱氧化剂所氧化，而酮只能在强氧化剂作用下断链。醛还能与希夫试剂显色。

三、仪器与试剂

试样　正丁醛、苯甲醛、丙酮、苯乙酮、甲醛、乙醛、无水乙醇、正丁醇。

试剂　2,4 -二硝基苯肼、95%乙醇、浓硫酸、氢氧化钠、氨水、亚硫酸氢钠、硝酸银、硫酸铜、酒石酸钾钠、碘化钾、碘。

四、实验步骤

(一) 与 2,4 -二硝基苯肼的加成

取 5 支试管各加入 1 mL 新配制的 2,4 -二硝基苯肼试剂，然后再分别加入 3 滴甲醛水溶液、乙醛水溶液、苯甲醛、丙酮、苯乙酮(若试样是固体，则取 10 mg 左右，滴加 2 滴乙醇助溶解)，振荡，静置片刻，观察有无沉淀生成并注意沉淀的颜色；若无沉淀生成，微热半分钟再振荡，冷却后再观察。

(二) 与亚硫酸氢钠的加成

取 3 支干燥的试管，加入 2 mL 新配制的饱和亚硫酸氢钠溶液。然后分别滴加 1 mL 乙醛、苯甲醛、丙酮，用力摇匀后置于冰水中冷却，观察有无沉淀析出。滤出乙醛与亚硫酸氢钠的

加成物，分装于 2 支小试管中，分别滴加 2 mL 6 mol/L 盐酸和 2 mL 10%碳酸钠溶液，摇匀，注意观察沉淀是否溶解，有什么气味产生？为什么？

（三）碘仿试验

取 5 支试管，各加入 2 mL 水、1 mL 碘-碘化钾溶液，再分别加入 4 滴甲醛、乙醛、丙酮、乙醇、异丙醇，摇匀后滴加 10%氢氧化钠溶液至反应液呈淡黄色为止。观察有无黄色沉淀析出及碘仿的特殊气味逸出。若无沉淀生成，可在 60 ℃的温水浴中温热 2 min，冷却后静置观察，比较所得结果。

（四）托伦（Tollens）试验

取 4 支洁净的试管，各加入 2 mL 托伦试剂，再分别加入 3 滴甲醛水溶液、乙醛水溶液、丙酮、苯甲醛，摇匀，静置。若无变化，将试管放于约 50 ℃温水浴中温热 2 min，观察现象。

实验完毕，加入少许硝酸，煮沸洗去银镜。

（五）菲林（Fehling）试验

取 4 支试管，各加入 1 mL 菲林试剂 A 和菲林试剂 B，用力摇匀，再分别加入 0.5 mL 甲醛水溶液、乙醛水溶液、苯甲醛及丙酮，边加边摇动试管，然后置于沸水浴中煮沸 3～5 min，观察现象。

（六）希夫（Schiff）试验（品红醛试验）

取 3 支试管，各加入 1 mL 希夫试剂，再分别滴加 3 滴甲醛水溶液、乙醛水溶液、丙酮，摇匀，静置数分钟，观察颜色变化。然后在甲醛、乙醛试管中滴加 0.5 mL 浓硫酸，摇匀，观察颜色有否变化。

五、实验注意事项

1. 托伦试剂的配制　取 3 mL 2%硝酸银溶液，滴加 2 滴 10%氢氧化钠溶液，边摇边滴入 2%氨水直至生成的沉淀恰好溶解。此试剂久置后会析出具有爆炸性的黑色氧化银沉淀物，所以必须现用现配，不宜久存。

2. 菲林试剂的配制　将 7 g 结晶硫酸铜溶于 100 mL 水中得菲林试剂 A，将 34.6 g 酒石酸钾钠和 14 g 氢氧化钠溶于 100 mL 水中得菲林试剂 B。使用时将菲林试剂 A 与菲林试剂 B 等体积混合摇匀。

3. 希夫试剂的配制　取 0.2%碱性品红溶液 100 mL，边搅拌边加入 2 g 亚硫酸氢钠晶体至红色褪去为止（若仍有颜色，可用 0.5 g 活性炭脱色），加入 2 mL 浓硫酸，用蒸馏水稀释至 200 mL。

六、思考题

1. 醛类中为何只有乙醛能起卤仿反应？在醛、酮的卤仿反应中，为何选用碘而不用氯和溴？碘液的配制为何要加入碘化钾？

2. 托伦试验与菲林试验为何不能在酸性溶液中进行？

实验 28 纸上色谱——无机离子的分离和鉴定

一、实验目的

1. 了解纸上色谱法的基本原理和实验方法。
2. 学习用纸上色谱法鉴定某些离子的方法。

二、实验原理

色谱分析是分离和鉴定化合物的一类重要方法，广泛应用于有机化学、生物化学、医学等科学研究及有关化工生产领域。色谱法种类繁多，根据分离机理的不同可分为：吸附色谱、分配色谱、离子交换色谱、排阻色谱等；按操作条件的差异又可分为：纸色谱、薄层色谱、柱色谱、气相色谱和高压液相色谱等。它们的共同特点都是必须有两相，一个是固定相，一个是流动相。分析方法的实质是利用混合物中不同组分在相对运动的两相中吸附、溶解或其他亲合作用性能的差异，造成各个组分的运动速率不同，从而使它们彼此分离。本实验介绍的纸上色谱法适用于分离少量混合物，操作简便，分离效率高。自从出现薄层色谱以后，其应用范围有所缩小；但用于鉴定亲水性较强的化合物时，它的分离效果比薄层色谱好。

纸上色谱法中，滤纸上吸附的水分为固定相，而含有一定量水的有机溶剂为流动相(称为展开剂)。展开时，将滴有样品的滤纸一端浸入展开剂中，由于滤纸的毛细现象，展开剂则不断向上渗透。因为试样中各离子在有机溶剂和水中的溶解度不同，它们在滤纸上的迁移速率不同，各离子将在滤纸不同位置留下斑点。对某一给定离子来说，其迁移距离与有机溶剂迁移距离的比值是一常数，称为该离子的比移值，用 R_f 表示。可根据不同的 R_f 值来鉴定试样中的离子。

$$R_f=\frac{\text{离子斑点中心离原点的距离}(a)}{\text{溶剂前沿离原点的距离}(b)}$$

如果展开后的斑点不能直接看出，则用一种适当的能与有关组分产生颜色的试剂使斑点显色，根据不同离子的特征颜色加以区别。

三、仪器与试剂

仪器 广口瓶(500 mL，2 个)、量筒(100 mL)、烧杯(50 mL 5 个，500 mL 1 个)、镊子、点滴板、小刷子。

试剂 HCl(浓)、$NH_3 \cdot H_2O$(浓)、$FeCl_3$(饱和)、$CoCl_2$(饱和)、$NiSO_4$(饱和)、$CuSO_4$(饱和)、丙酮、丁二酮肟、未知液。

材料 7.5 cm×15 cm 慢速定量滤纸 1 张、普通滤纸 1 张、毛细管 5 根。

四、实验步骤

(一) 展开剂的配制

在一个 500 mL 广口瓶中加入 17 mL 丙酮、2 mL 浓 HCl 及 1 mL 去离子水，配制成展开剂，盖上瓶塞。

（二）点样

取一张宽 7.5 cm、长 15 cm 的慢速定量滤纸，剪成宽 1.5 cm、长 10 cm 的 5 条（即上端留有 5 cm 不剪开），如图 5-2 所示。在纸的下端 2 cm 处用铅笔画一条横线，并在每条滤纸横线的中央记一个"×"号。用毛细管蘸取少量下列试液（每种试液采用专用毛细管，不得混用）：饱和 $FeCl_3$、饱和 $CoCl_2$、饱和 $NiSO_4$、饱和 $CuSO_4$ 及未知试液，小心垂直触到横线上的"×"号处（称为原点），当滤纸上形成直径为 0.3～0.5 cm 的圆形斑点时，立即提起毛细管。在滤纸上端应分别标出 Fe^{3+}、Co^{2+}、Ni^{2+}、Cu^{2+} 及未知试样的名称。在空气中风干。

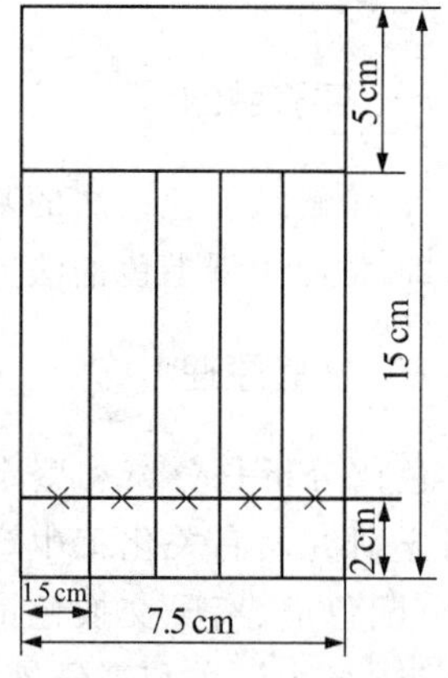

图 5-2 纸上色谱用纸

注意：在正式点样前可先取一普通滤纸做点样练习，直到能做出斑点直径小于或接近0.5 cm为止。

（三）展开

将点样的滤纸插入盛有展开剂的广口瓶中，使滤纸下端浸入展开剂中约 1 cm，滤纸上端裹在广口瓶磨口处（如图 5-3 所示），注意不要使试液斑点浸入展开剂中，5 条滤纸不能黏连或贴在瓶壁上。若滤纸条之间有黏连，可顺纸条方向将滤纸适当剪开些。盖紧瓶塞，待展开剂前沿上升至离顶端 2 cm 左右时取出滤纸，立即用铅笔记下溶剂前沿的位置。在空气中风干。

图 5-3 展开

（四）显色

另取一洁净、干燥的 500 mL 广口瓶，放入一个盛浓氨水的开口小滴瓶，将滤纸放入广口瓶，盖紧瓶塞。氨熏 5 min 后，即可得到清晰的斑点，其中 Ni^{2+} 的颜色较浅，可用小刷子蘸取丁二酮肟溶液快速涂抹，记录 Ni^{2+} 所形成斑点的颜色。

（五）计算四种已知溶液的 R_f 值

用尺子测量溶剂前沿距原点的距离，以及每个斑点中心位置距原点的距离，分别计算 Fe^{3+}、Co^{2+}、Ni^{2+}、Cu^{2+} 四种离子的 R_f 值。

（六）未知试样的分析

观察放未知试液的滤纸条上斑点的数量、颜色和位置，计算 R_f 值，分别与已知离子的颜色、R_f 值比较，确定未知试液中含有哪些离子。

五、数据记录及处理

（一）展开剂的组成（体积比）

丙酮：盐酸（浓）：水＝____________

（二）已知离子斑点的颜色和 R_f 值

表 5-5

		Fe^{3+}	Co^{2+}	Ni^{2+}	Cu^{2+}
斑点颜色	$NH_3(g)$				
	丁二酮肟				
展开剂移动的距离 b/cm					
离子移动的距离 a/cm					
$R_f=\frac{a}{b}$					

（三）未知液中含有的离子为：________

六、思考题

1. 浓氨水为什么可用作许多阳离子的显色剂？试写出 Fe^{3+}、Co^{2+}、Ni^{2+}、Cu^{2+} 与浓氨水的反应方程式。

2. 在滤纸上画线时为什么必须用铅笔而不能用钢笔或圆珠笔？

实验 29　碘化铅溶度积常数的测定

一、实验目的

1. 了解用分光光度计测定难溶盐溶度积常数的原理和方法。
2. 学习 7220 型分光光度计的使用方法。

二、实验原理

碘化铅是难溶电解质，在其饱和溶液中存在下列沉淀-溶解平衡：

$$PbI_2(s) \rightleftharpoons Pb^{2+}(aq) + 2I^-(aq)$$

PbI_2 的溶度积常数表达式为：

$$K_{sp}^{\ominus}(PbI_2) = [c(Pb^{2+})/c^{\ominus}] \cdot [c(I^-)/c^{\ominus}]^2$$

在一定温度下，如果测定出 PbI_2 饱和溶液中的 $c(Pb^{2+})$ 和 $c(I^-)$，则可以求得 $K_{sp}^{\ominus}(PbI_2)$。

若将已知浓度的 $Pb(NO_3)_2$ 溶液和 KI 溶液按不同体积比混合，生成的 PbI_2 沉淀与溶液达到平衡，通过测定溶液中的 $c(I^-)$，再根据系统的初始组成及沉淀反应中 Pb^{2+} 与 I^- 的化学计量关系，可以计算出溶液中的 $c(Pb^{2+})$，从而可以求得 PbI_2 的溶度积。

本实验采用分光光度法测定溶液中的 $c(I^-)$。尽管 I^- 是无色的，但可在酸性条件下用 KNO_2 将 I^- 氧化为 I_2（保持 I_2 浓度在其饱和浓度以下，I_2 在水溶液中呈棕黄色。用分光光度计在 520 nm 波长下测定由各饱和溶液配制的 I_2 溶液的吸光度 A，然后由标准曲线查出 $c(I^-)$，则可计算出饱和溶液中的 $c(I^-)$。

计算关系如下：

$$Pb^{2+}(aq)+2I^-(aq)\rightleftharpoons PbI_2(s)$$

初始浓度　　c　　　　a

反应浓度　　$\frac{a-b}{2}$　　　　$a-b$

平衡浓度　　$c-\frac{a-b}{2}$　　　　b

这里的 b 由分光光度计测得，从而由下式即可计算 $K_{sp}^{\ominus}(PbI_2)$：

$$K_{sp}^{\ominus}(PbI_2)=\left(c-\frac{a-b}{2}\right)\cdot b^2$$

三、仪器与试剂

仪器　7220 型分光光度计、比色皿（2 cm）4 个、烧杯（50 mL）6 个、试管（12 mm×150 mm）6 支、吸量管（1 mL 3 支，5 mL 3 支，10 mL 1 支）、漏斗 3 个。

试剂　HCl（6.0 $mol\cdot L^{-1}$）、$Pb(NO)_3$（0.015 $mol\cdot L^{-1}$）、KI（0.035 $mol\cdot L^{-1}$，0.0035 $mol\cdot L^{-1}$）、KNO_2（0.020 $mol\cdot L^{-1}$、0.010 $mol\cdot L^{-1}$）。

材料　滤纸、镜头纸、橡皮塞。

四、实验步骤

（一）绘制 $A-c(I^-)$ 的标准曲线

在 5 支干净、干燥的小试管中用吸量管分别加入 1.00 mL、1.50 mL、2.00 mL、2.50 mL、3.00 mL 0.0035 $mol\cdot L^{-1}$ KI 溶液，再分别加入 2.00 mL 0.020 $mol\cdot L^{-1}$ KNO_2 溶液，3.00 mL去离子水及 1 滴 6.0 $mol\cdot L^{-1}$ HCl 溶液。摇匀后，分别倒入比色皿中。以水做参比溶液，在 520 nm 波长下测定吸光度 A。以测得的吸光度 A 为纵坐标，以相应 I^- 浓度为横坐标，绘制出 $A-c(I^-)$ 标准曲线图。

注意，氧化后得到的 I_2 浓度应小于室温下 I_2 的溶解度。不同温度下 I_2 的溶解度为：

温度/℃	20	30	40
溶解度/[$g\cdot(100\ g\ H_2O)^{-1}$]	0.029	0.056	0.078

（二）制备 PbI_2 饱和溶液

（1）取 3 支干净、干燥的大试管，按表 5-6 用吸量管加入 0.015 $mol\cdot L^{-1}$ $Pb(NO_3)_2$ 溶液、0.035 $mol\cdot L^{-1}$ KI 溶液、去离子水，使每个试管中溶液的总体积为 10.00 mL。

表 5-6

试管编号	$Pb(NO_3)_2$ 溶液体积/mL	KI 溶液体积/mL	H_2O 体积/mL
1	5.00	3.00	2.00
2	5.00	4.00	1.00
3	5.00	5.00	0.00

（2）用橡皮塞塞紧试管，充分摇荡试管，大约摇 20 min 后，将试管静置 3～5 min。

（3）在装有干燥滤纸的干燥漏斗上，将制得的含有 PbI_2 固体的饱和溶液过滤，同时用干燥的试管接取滤液。弃去沉淀，保留滤液。

(4) 在 3 支干燥小试管中用吸量管分别注入 1 号、2 号、3 号 PbI_2 的饱和溶液 2 mL，再分别注入 4 mL 0.01 mol·L^{-1} KNO_2 溶液及 1 滴 6.0 mol·L^{-1} HCl 溶液。摇匀后，分别倒入 2 cm比色皿中，以水做参比溶液，在 520 nm 波长下测定溶液的吸光度。

五、数据记录及处理

(一) $A-c(I^-)$标准曲线

表 5-7

编号	1	2	3	4	5
KI 溶液(0.0035 mol·L^{-1})体积 /mL					
$c(I^-)$/mol·L^{-1}					
A					

(二) PbI_2 的 $K_{sp}^{\ominus}$ 测定

表 5-8

试管编号	1	2	3
$Pb(NO_3)_2$ 溶液(0.015 mol·L^{-1})体积 /mL			
KI 溶液(0.035 mol·L^{-1})体积 /mL			
H_2O 体积 /mL			
溶液总体积 /mL			
I^- 的初始浓度 a/mol·L^{-1}			
稀释后溶液的吸光度 A			
由标准曲线查得稀释后 I^- 的浓度 /mol·L^{-1}			
推算 I^- 的平衡浓度 b/mol·L^{-1}			
I^- 的减少浓度 $a-b$/mol·L^{-1}			
Pb^{2+} 的初始浓度 c/mol·L^{-1}			
Pb^{2+} 的减少浓度$\frac{a-b}{2}$/mol·L^{-1}			
Pb^{2+} 的平衡浓度 $c-\frac{a-b}{2}$/mol·L^{-1}			
$K_{sp}^{\ominus}(PbI_2)=\left(c-\frac{a-b}{2}\right)\cdot b^2$			
$K_{sp}^{\ominus}(PbI_2)$的平均值			

六、思考题

1. 配制 PbI_2 饱和溶液时为什么要充分摇荡？
2. 如果使用湿的小试管配制比色溶液，对实验结果将产生什么影响？

物质的分析

实验 30　NaOH 标准溶液的配制与标定

一、实验目的

1. 练习碱性标准溶液的配制。
2. 练习碱式滴定管的操作,初步掌握准确确定终点的方法。
3. 熟悉酚酞指示剂的使用和终点的变化。初步掌握酸碱指示剂的选择方法。
4. 学习碱溶液浓度的标定方法。

二、实验原理

固体 NaOH 容易吸收空气中的水分和 CO_2,因此不能直接配制准确浓度的 NaOH 标准溶液,只能先配制近似浓度的溶液,然后用基准物质标定其准确浓度。也可用另一已知准确浓度的酸标准溶液滴定该溶液,再根据它们的体积比求得该溶液的浓度。

酸碱指示剂都具有一定的变色范围。$0.1\ mol \cdot L^{-1}$ NaOH 的滴定(强碱的滴定),其突跃范围为 pH 4～10,应当选用在此范围内变色的指示剂。

标定碱溶液所用的基准物质有多种,本实验中介绍用邻苯二甲酸氢钾($KHC_8H_4O_4$)作基准物质,以酚酞为指示剂标定 NaOH 标准溶液的浓度。邻苯二甲酸氢钾的结构式为:

COOH

COOK

,其中只有一个可电离的 H^+ 离子。

标定时的反应式为:

$$KHC_8H_4O_4 + NaOH \longrightarrow KNaC_8H_4O_4 + H_2O$$

邻苯二甲酸氢钾用作基准物的优点是:① 易于获得纯品;② 易于干燥,不吸湿;③ 摩尔质量大,可相对降低称量误差。

三、仪器与试剂

仪器　碱式滴定管、电子分析天平、锥形瓶、细口瓶。

试剂　固体 NaOH(AR)、酚酞指示剂、邻苯二甲酸氢钾(AR)。

四、实验步骤

(一) 0.1 mol · L^{-1} NaOH 溶液的配制

通过计算求出配制 1000 mL 0.1 mol · L^{-1} NaOH 溶液所需的固体 NaOH 的量，在台秤上迅速称出(NaOH 应置于什么器皿中称？为什么？)所需的量并置于烧杯中，立即用 1000 mL 水溶解，配制成溶液，储于具橡皮塞的细口瓶中，充分摇匀。

固体氢氧化钠极易吸收空气中的 CO_2 和水分，所以称量必须迅速。市售固体氢氧化钠常因吸收 CO_2 而混有少量 Na_2CO_3，以致在分析结果中引入误差，因此在要求严格的情况下，配制 NaOH 溶液时必须设法除去 CO_3^{2-} 离子，常用方法有二：

(1) 在托盘天平上称取一定量固体 NaOH 于烧杯中，用少量水溶解后倒入试剂瓶中，再用水稀释到一定体积(配成所要求浓度的标准溶液)，加入 1～2 mL 200 g · L^{-1} $BaCl_2$ 溶液，摇匀后用橡皮塞塞紧，静置过夜，待沉淀完全沉降后，用虹吸管把清液转入另一试剂瓶中，塞紧，备用。

(2) 饱和的 NaOH 溶液(约 500 g · L^{-1})具有不溶解 Na_2CO_3 的性质，所以用固体 NaOH 配制的饱和溶液，其中的 Na_2CO_3 可以全部沉降下来。在涂蜡的玻璃器皿或塑料容器中先配制饱和的 NaOH 溶液，待溶液澄清后，吸取上层溶液，用新煮沸并冷却的水稀释至一定浓度。

试剂瓶应贴上标签，注明试剂名称、配制日期、使用者姓名，并留一空位以备填入此溶液的准确浓度。在配制溶液后均须立即贴上标签，注意应养成此习惯。

长期使用的 NaOH 标准溶液，最好装入下口瓶中，瓶塞上部最好装一碱石灰管(为什么？)。

(二) NaOH 标准溶液浓度的标定

已洗干净的碱式滴定管先用纯水将滴定管内壁润洗 2～3 次，然后用配制好的 NaOH 标准溶液将碱式滴定管润洗 2～3 次，再于管内装满该碱溶液。在电子分析天平上准确称取 3 份已在 105～110 ℃烘过 1 h 以上的分析纯邻苯二甲酸氢钾，每份 0.4～0.6 g(取此量的依据是什么？)。放入 250 mL 锥形瓶中，用 20～30 mL 煮沸后刚刚冷却的水使之溶解(如没有完全溶解，可稍微加热)。冷却后加入 2 滴酚酞指示剂，用上述配制好的 NaOH 标准溶液滴定至呈微红色半分钟内不褪，即为终点。3 份测定的相对平均偏差应小于 0.2 %，否则应重复测定。记下 NaOH 标准溶液的耗用量，计算出 NaOH 标准溶液的浓度 c(NaOH)，并计算出三次测定的平均值。

五、数据记录及处理

表 6－1

平行测定次数 / 记录项目	Ⅰ	Ⅱ	Ⅲ
(称量瓶＋$KHC_8H_4O_4$)的质量$_{(前)}$/g (称量瓶＋$KHC_8H_4O_4$)的质量$_{(后)}$/g			
$KHC_8H_4O_4$ 的质量/g			
NaOH 体积终读数/mL NaOH 体积初读数/mL			
V(NaOH)/mL			

续 表

平行测定次数 记录项目	Ⅰ	Ⅱ	Ⅲ
$c(NaOH)/mol \cdot L^{-1}$			
$\bar{c}(NaOH)/mol \cdot L^{-1}$			
个别测定的绝对偏差			
相对平均偏差			

$$c_{\mathrm{I}}=\frac{m_{\mathrm{I}}}{V(\mathrm{NaOH})_{\mathrm{I}}\times 0.2024}=$$

$$c_{\mathrm{II}}=\frac{m_{\mathrm{II}}}{V(\mathrm{NaOH})_{\mathrm{II}}\times 0.2024}=$$

$$c_{\mathrm{III}}=\frac{m_{\mathrm{III}}}{V(\mathrm{NaOH})_{\mathrm{III}}\times 0.2024}=$$

式中：m 为基准物质量。

六、思考题

1. 为什么不能用直接配制法配制 NaOH 标准溶液？
2. 溶解基准物 $KHC_8H_4O_4$ 所用水的体积的量取，是否需要准确？为什么？
3. 用于标定的锥形瓶，其内壁是否要预先干燥？
4. 如果 NaOH 标准溶液在保存过程中吸收了空气中的 CO_2，用该标准溶液滴定盐酸，以甲基橙为指示剂，用 NaOH 溶液原来的浓度进行计算会不会引入误差？若用酚酞为指示剂进行滴定，又怎样？
5. 在每次滴定完成后，为什么要将标准溶液加至滴定管零点或近零点，然后进行第二次滴定？

实验 31　食用醋酸中 HAc 含量的测定

一、实验目的

1. 掌握食用醋酸中 HAc 含量的测定方法。
2. 计算每升溶液中醋酸的含量($g \cdot L^{-1}$)。

二、实验原理

食醋的主要成分是乙酸，其中含有少量其他有机酸，当用 NaOH 标准溶液滴定时，乙酸及其他有机酸将与其反应，因此，实际滴定时，测得的是食醋中总酸的含量，并以乙酸表示。其反应式为：

$$HAc + NaOH \rightleftharpoons NaAc + H_2O$$

指示剂可用酚酞。

三、仪器与试剂

仪器　碱式滴定管、吸量管、锥形瓶。

试剂　0.1 $mol \cdot L^{-1}$ NaOH 标准溶液、0.2%酚酞溶液。

四、实验步骤

用移液管准确移取 25.00 mL 食用醋酸样品，放入 250 mL 容量瓶中，用蒸馏水稀释至刻度，摇匀。移取 25.00 mL 试液，放入 250 mL 锥形瓶中，加酚酞指示剂 2 滴，以 0.1 $mol \cdot L^{-1}$ NaOH 标准溶液滴定至微红色，半分钟不褪为止。平行测定 3 次。

五、数据记录及处理

表 6－2

记录项目＼平行测定次数	Ⅰ	Ⅱ	Ⅲ
NaOH 体积终读数/mL NaOH 体积初读数/mL			
$V(NaOH)$/mL			
$c(HAc)/g \cdot L^{-1}$			
$\bar{c}(HAc)/g \cdot L^{-1}$			
个别测定的绝对偏差			
相对平均偏差			

$$c(HAc)/g \cdot L^{-1} = \frac{c(NaOH) \cdot V(NaOH) \cdot \frac{M(HAc)}{1000}}{25 \times \frac{25}{100}} \times 1000$$

式中：$c(NaOH)$ ——NaOH 标准溶液的浓度，$mol \cdot L^{-1}$；

$V(NaOH)$——滴定至终点时，消耗氢氧化钠标准溶液的体积，mL；

$M(HAc)$——HAc 的摩尔质量，$g \cdot mol^{-1}$。

六、思考题

食用醋酸含量测定中，为什么选用酚酞作指示剂？可否选用甲基橙或甲基红作指示剂？为什么？

实验 32　铵盐中铵态氮的测定（甲醛-酸碱滴定法）

一、实验目的

1. 了解酸碱滴定法的应用，掌握甲醛法测定铵盐中铵态氮含量的原理和方法。

2. 熟悉容量瓶、移液管的使用方法。

3. 了解大样的取用原则。

二、实验原理

含有铵态氮的氮肥，主要是各类铵盐，如硫酸铵、氯化铵、碳酸氢铵等。除碳酸氢铵可用标准酸直接滴定外，其他铵盐由于 NH_4^+ 是一种极弱酸（$K_a=5.6\times10^{-10}$），不能用标准碱直接滴定。一般可用两种间接方法测定其含量。

（一）蒸馏法

在试样中加入过量的碱，加热，把 NH_3 蒸馏出来，吸收于一定量过量的酸标准溶液中，然后用碱标准溶液回滴过量的酸，以求出试样中含氨量。也有的是把蒸出来的 NH_3 用硼酸溶液吸收，然后用酸标准溶液直接滴定。蒸馏法虽较准确，但比较麻烦和费时。

（二）甲醛法

铵盐与甲醛作用，能定量地生成六亚甲基四胺酸（$K_a=7.1\times10^{-6}$）和强酸，其反应如下：

$$4NH_4^+ + 6HCHO \rightleftharpoons \underset{\text{六亚甲基四胺酸离子}}{(CH_2)_6N_4H^+} + 6H_2O + 3H^+$$

再以酚酞为指示剂，用 NaOH 标准溶液滴定反应中生成的酸。

由上述反应可知，4 mol NH_4^+ 离子与甲醛作用，生成 3 mol H^+（强酸）和1 mol $(CH_2)_6N_4H^+$ 离子，即 1 mol NH_4^+ 相当于 1 mol 酸。若 NH_4^+ 的含量以氮来表示，则测定结果可按下式计算：

$$\omega_N=\frac{c(NaOH)\times V(NaOH)\times M_N}{m}\times100\%$$

式中：ω_N——试样中氮的质量分数；

m——每份被滴定试样的质量；

M_N——氮的相对原子质量。

此处应称取较多的试样，溶解于容量瓶中，然后吸取部分溶液进行滴定，这是因为试样不够均匀，多称取些试样，其测定结果的代表性就可大一些。这样取样的方法称为取大样。

甲醛法准确度较差，但比较快速，故在生产上应用较多。试样如含 Fe^{3+} 离子，影响终点观察，可改用蒸馏法。

本法也可用于测定有机物中的氮，但须先将它转化为铵盐，然后再进行测定。

三、仪器与试剂

仪器　电子分析天平、碱式滴定管、吸量管、锥形瓶。

试剂　40％甲醛溶液、酚酞指示剂、0.1 mol·L^{-1} NaOH 标准溶液。

四、实验步骤

准确称取铵盐试样 1.5～2.0 g 于 100 mL 烧杯中，加入少量水使之溶解。把溶液小心转移于 250 mL 容量瓶中，用水稀释至刻度线，塞上玻塞，摇匀。

用 25 mL 移液管吸取混匀的试液于 250 mL 锥形瓶中，加入 5 mL 预先用 0.1 mol·L^{-1} NaOH 溶液中和（以酚酞为指示剂）的 40％甲醛溶液，再加 2 滴酚酞指示剂，充分摇匀，静置

1min,然后用 0.1 mol·L^{-1} NaOH 标准溶液滴定至呈粉红色,即为终点。

五、数据记录及处理

自拟。

六、实验注意事项

试液应先用甲基红作指示剂,用 0.1 mol·L^{-1} NaOH 溶液或 HCl 溶液滴定至溶液呈黄色,以中和试样中原有的酸或碱性物质(例如 NH_4HCO_3),再加入甲醛。

七、思考题

1. 以本法测定铵盐中铵态氮时为什么不能用碱标准溶液直接滴定?
2. 本法中加入甲醛的作用是什么?
3. 加入的甲醛溶液为什么预先要用 NaOH 溶液中和,并以酚酞为指示剂? 如中和不完全,或者 NaOH 溶液加得过量,对结果各有什么影响?
4. 若试样为 NH_4NO_3 或 NH_4Cl,或 NH_4HCO_3,是否都可用本法测定? 为什么?
5. 若铵盐中含有 NO_3^- 离子,用此法测定所得结果以含氮量表示中是否包括 N_3^- 离子中的氮?
6. 本测定中为什么要取大样进行分析?

实验 33 HCl 标准溶液的配制与标定

一、实验目的

1. 练习酸式滴定管的操作,初步掌握准确确定终点的方法。
2. 练习酸性标准溶液的配制。
3. 熟悉甲基橙指示剂的使用和终点的变化。
4. 学习酸溶液浓度的标定方法。

二、实验原理

浓盐酸易挥发,因此不能直接配制准确浓度的 HCl,只能先配制近似浓度的溶液,然后用基准物质标定其准确浓度。也可用另一已知准确浓度的标准溶液滴定该溶液,再根据它们的体积比求得该溶液的浓度。

酸碱指示剂都具有一定的变色范围。0.1 mol·L^{-1} HCl 溶液的滴定(强酸的滴定),其突跃范围为 pH 4～10,应当选用在此范围内变色的指示剂,例如甲基橙。

标定酸溶液所用的基准物质有多种,本实验中介绍一种常用的基准物质——无水 Na_2CO_3。由于 Na_2CO_3 易吸收空气中的水分,因此采用市售基准试剂级的 Na_2CO_3 时应预先于 180 ℃下使之充分干燥,并保存于干燥器中,标定时常以甲基橙为指示剂。

三、仪器与试剂

仪器　电子分析天平、酸式滴定管、锥形瓶、细口瓶。

试剂　甲基橙、无水碳酸钠、浓盐酸。

四、实验步骤

（一）0.1 mol·L^{-1} HCl 溶液的配制

通过计算求出配制 1000 mL 0.1 mol·L^{-1} HCl 溶液所需浓盐酸（相对密度 1.19，约 12 mol·L^{-1}）的体积。然后用小量筒量取此量的浓盐酸，加入水中，并稀释成 1000 mL，储于玻塞细口瓶中，充分摇匀。

试剂瓶应贴上标签，注明试剂名称、配制日期、使用者姓名，并留一空位以备填入此溶液的准确浓度。在配制溶液后均须立即贴上标签，注意应养成此习惯。

（二）HCl 标准溶液浓度的标定

准确称取已烘干的无水碳酸钠 3 份（其质量按消耗 20～40 mL 0.1mol·L^{-1} HCl 溶液计，请自己计算），置于 3 只 250 mL 锥形瓶中，加水约 30 mL，温热，摇动使之溶解，以甲基橙为指示剂，用上述已配制好的 HCl 标准溶液滴定至溶液由黄色转变为橙色。3 份测定的相对平均偏差应小于 0.2%，否则应重复测定。记下 HCl 标准溶液的耗用量，计算出 HCl 标准溶液的浓度[c(HCl)]，并计算出三次测定的平均值。

五、数据记录及处理

自拟。

六、思考题

1. 为什么不能用直接配制法配制 HCl 标准溶液？
2. 用 Na_2CO_3 为基准物标定 0.1 mol·L^{-1} HCl 溶液时，基准物称取量如何计算？

实验 34　碱灰中总碱度的测定（酸碱滴定法）

一、实验目的

1. 掌握碱灰中总碱度测定的原理和方法。
2. 熟悉酸碱滴定法选用指示剂的原则。
3. 学习用容量瓶把固体试样制备成试液的方法。

二、实验原理

碱灰又称为工业纯碱，为不纯的碳酸钠，由于制备方法的不同，其中所含的杂质也不同。如从氨法制成的碳酸钠就可能含有 NaCl、Na_2SO_4、NaOH、$NaHCO_3$ 等，用酸滴定到甲基橙变色时，除其中主要组分 Na_2CO_3 被中和外，其他碱性杂质如 NaOH 或 $NaHCO_3$ 等也都被中和。因此该测定结果表示碱的总量，通常以 Na_2O 的百分含量来表示。用 HCl 溶液滴定 Na_2CO_3 时，其反应包括以下两步：

$$Na_2CO_3 + HCl = NaHCO_3 + NaCl$$

$$NaHCO_3 + HCl \longrightarrow NaCl + H_2CO_3$$
$$H_2CO_3 \longrightarrow H_2O + CO_2\uparrow$$

0.05 mol·L^{-1}碳酸钠(或碳酸钾)溶液的 pH 值为 11.6;当中和成 $NaHCO_3$ 时,pH 值为 8.3;在全部中和后,其 pH 值为 3.7。由于滴定的第一等当点(pH 8.3)的突跃范围比较小,终点不敏锐,因此采用第二等当点,以甲基橙为指示剂,溶液由黄色到橙色时即为终点。总碱度的计算式为:

$$\omega(Na_2O)=\frac{V(HCl)\times c(HCl)\times M(Na_2O)\times 10}{2m}\times 100\%$$

三、仪器与试剂

仪器　分析天平、酸式滴定管、容量瓶、锥形瓶。

试剂　甲基橙指示剂、0.1 mol·L^{-1} HCl 标准溶液。

四、实验步骤

准确称取碱灰试样约 1.6～2.2 g (应称准至小数点后第几位?)置于 100 mL(或 250 mL)烧杯内,加水少许使其溶解,必要时可稍加热促使溶解。待冷却后,将溶液移入 250 mL 容量瓶中,并以洗瓶吹洗烧杯的内壁和玻棒数次,每次的洗涤液应全部注入容量瓶中。最后用水稀释到刻度,摇匀。

用移液管吸取上述试液 25.00 mL,置于 250 mL 锥形瓶中,加甲基橙指示剂 1～2 滴,用 HCl 标准溶液滴定至溶液呈橙色,即为终点。平行滴定三份。

五、数据记录及处理

自拟。

六、思考题

1. 碱灰的主要成分是什么? 还含有哪些主要杂质? 为什么说用 HCl 溶液滴定碱灰是测定"总碱量"?

2. "总碱量"的测定应选用何种指示剂? 终点如何控制? 为什么?

3. 此处称取碱灰试样,要求称准至小数点后第几位? 为什么?

4. 本实验中为什么要把试样溶解成 250 mL 后再吸出 25 mL 进行滴定? 为什么不直接称取 0.16～0.22 g 试样进行滴定?

5. 若以 Na_2CO_3 形式表示总碱量,其结果的计算公式应怎样?

实验 35　碱液中 NaOH 及 Na_2CO_3 含量的测定(双指示剂法)

一、实验目的

1. 了解双指示剂法测定碱液中 NaOH 和 Na_2CO_3 含量的原理。

2. 了解混合指示剂的使用及其优点。

二、实验原理

碱液中 NaOH 和 Na_2CO_3 的含量，可以在同一份试液中用两种不同的指示剂来测定，这种测定方法即“双指示剂法”。此法方便、快速，在生产中应用普遍。

常用的两种指示剂是酚酞和甲基橙。在试液中先加酚酞，用 HCl 标准溶液滴定至红色刚刚褪去。由于酚酞的变色范围在 pH8～10，此时不仅 NaOH 完全被中和，Na_2CO_3 也被滴定成 $NaHCO_3$，记下此时 HCl 标准溶液的耗用量 V_1；再加入甲基橙指示剂，溶液呈黄色，滴定至终点时呈橙色，此时 $NaHCO_3$ 被滴定成 H_2CO_3，HCl 标准溶液的耗用量为 V_2（注意：HCl 标准溶液的耗用量为 V_1+V_2）。根据 V_1、V_2 可以计算出试液中 NaOH 及 Na_2CO_3 的含量 x，计算式如下：

$$x(\mathrm{NaOH})=\frac{(V_1-V_2)\times c(\mathrm{HCl})\times M(\mathrm{NaOH})}{V_{试}}$$

$$x(\mathrm{Na_2CO_3})=\frac{2V_2\times c(\mathrm{HCl})\times M(\mathrm{Na_2CO_3})}{2V_{试}}$$

式中：$c(\mathrm{HCl})$——HCl 溶液的浓度，$mol\cdot L^{-1}$；

x—NaOH 或 Na_2CO_3 的含量，$g\cdot L^{-1}$；

M—物质的摩尔质量，$g\cdot mol^{-1}$；

V—溶液的体积，mL。

双指示剂中的酚酞指示剂可用甲酚红和百里酚蓝混合指示剂代替。甲酚红的变色范围为 6.7（黄）～8.4（红），百里酚蓝的变色范围为 8.0（黄）～9.6（蓝），混合后的变色点是 8.3，酸式呈黄色，碱式呈紫色，在 pH＝8.2 时为樱桃色，变色较敏锐。

三、仪器与试剂

仪器　电子分析天平、酸式滴定管、锥形瓶、细口瓶、移液管。

试剂　0.5 $mol\cdot L^{-1}$ HCl 标准溶液、无水 Na_2CO_3（AR）、甲酚红和百里酚蓝混合指示剂、甲基橙指示剂、酚酞指示剂。

四、实验步骤

1. HCl 标准溶液的标定，参见实验 33 中用 Na_2CO_3 标定 HCl 部分，此时 Na_2CO_3 用量按比例增大。

2. 用移液管吸取碱液试样 10 mL，加酚酞指示剂 1～2 滴，用 0.5 $mol\cdot L^{-1}$ HCl 标准溶液滴定，边滴加边充分摇动，以免局部 Na_2CO_3 直接被滴至 H_2CO_3，滴定至酚酞恰好褪色为止，此时即为第一终点，记下所用 HCl 标准溶液的体积 V_1。然后再加 2 滴甲基橙指示剂，此时溶液呈黄色，继续以 HCl 标准溶液滴定至溶液呈橙色，此时即为终点，记下所用 HCl 标准溶液的体积 V_2。平行测定三次。

五、数据记录及处理

自拟。

六、思考题

1. 碱液中的 NaOH 及 Na_2CO_3 含量是怎样测定的?

2. 如欲测定碱液的总碱度,应采用何种指示剂?试拟出测定步骤及以 Na_2O 的质量浓度($g \cdot L^{-1}$)表示的总碱度的计算公式。

3. 试液的总碱度,是否适宜以质量分数表示?

4. 有一碱液,可能为 NaOH 或 $NaHCO_3$ 或 Na_2CO_3 或共存物质的混合液。用标准酸溶液滴定至酚酞终点时,耗去酸的体积为 V_1,继续以甲基橙为指示剂滴定至终点,此时又耗去酸的体积为 V_2。根据 V_1 与 V_2 的关系判断该碱液的组成:

表 6-3

关　系	组　成
$V_1>V_2$	
$V_1<V_2$	
$V_1=V_2$	
$V_1=0, V_2>0$	
$V_1>0, V_2=0$	

5. 有一磷酸盐试液,用标准酸溶液滴定至酚酞终点,耗用酸溶液的体积为 V_1,继续以甲基橙为指示剂滴定至终点,此时又耗去酸溶液的体积为 V_2。根据 V_1 与 V_2 的关系判断该试液的组成:

表 6-4

关　系	组　成
$V_1=V_2$	
$V_1<V_2$	
$V_1=0, V_2>0$	
$V_1=0, V_2=0$	

6. 某固体试样,可能含有 Na_2HPO_4 和 NaH_2PO_4 及惰性杂质。试拟定分析方案,测定其中 Na_2HPO_4 和 NaH_2PO_4 的含量。注意考虑以下问题:① 方法原理;② 用什么标准溶液?③ 用什么指示剂?④ 测定结果的计算公式。

7. 现有某含有 HCl 和 CH_3COOH 的试液,欲测定其中 HCl 及 CH_3COOH 的含量,试拟定一分析方案。

实验 36　EDTA 标准溶液的配制和标定

一、实验目的

1. 学习 EDTA 标准溶液的配制和标定方法。

2. 掌握配位滴定的原理,了解配位滴定的特点。

3. 熟悉钙指示剂或二甲酚橙指示剂的使用。

二、实验原理

乙二胺四乙酸（简称 EDTA，常用 H_4Y 表示）难溶于水，常温下其溶解度为 0.2 g · L^{-1}（约 0.0007 mol · L^{-1}），在分析中通常使用其二钠盐配制标准溶液。乙二胺四乙酸二钠盐的溶解度为 120 g · L^{-1}，可配成 0.3 mol · L^{-1}以上的溶液，其水溶液的 pH≈4.8，通常采用间接法配制标准溶液。

标定 EDTA 溶液常用的基准物有 Zn、ZnO、$CaCO_3$、Bi、Cu、$MgSO_4 \cdot 7H_2O$、Hg、Ni、Pb 等。通常选用其中与被测物组分相同的物质作基准物，这样，滴定条件较一致，可减小误差。

EDTA 溶液若用于测定石灰石或白云石中 CaO、MgO 的含量，则宜用 $CaCO_3$ 为基准物，首先可加 HCl 溶液，其反应如下：

$$CaCO_3 + 2HCl = CaCl_2 + CO_2 + H_2O$$

然后把溶液转移到容量瓶中并稀释，制成钙标准溶液。吸取一定量钙标准溶液，调节酸度至 pH≥12，用钙指示剂，以 EDTA 溶液滴定至溶液由酒红色变纯蓝色，即为终点。其变色原理如下：

钙指示剂（常以 H_3Ind 表示）在水溶液中按下式解离：

$$H_3Ind \rightleftharpoons 2H^+ + HInd^{2-}$$

在 pH≥12 的溶液中，$HInd^{2-}$ 离子与 Ca^{2+} 离子形成比较稳定的配离子，其反应如下：

$$HInd^{2-} + Ca^{2+} \rightleftharpoons CaInd^- + H^+$$

纯蓝色　　　　　　酒红色

所以在钙标准溶液中加入钙指示剂时，溶液呈酒红色。当用 EDTA 溶液滴定时，由于 EDTA 能与 Ca^{2+} 离子形成比 $CaInd^-$ 配离子更稳定的配离子，因此在滴定终点附近，$CaInd^-$ 配离子不断转化为较稳定的 CaY^{2-} 配离子，而钙指示剂则被游离出来，其反应可表示如下：

$$CaInd^- + H_2Y^{2-} + OH^- \rightleftharpoons CaY^{2-} + HInd^{2-} + H_2O$$

酒红色　　　　　　　　　　　无色　　纯蓝色

用此法测定钙时，若有 Mg^{2+} 离子共存[在调节溶液酸度为 pH≥12 时，Mg^{2+} 离子将形成 $Mg(OH)_2$ 沉淀]，则 Mg^{2+} 离子不仅不干扰钙的测定，而且使终点比 Ca^{2+} 离子单独存在时更敏锐。当 Ca^{2+}、Mg^{2+} 离子共存时，终点由酒红色到纯蓝色，当 Ca^{2+} 离子单独存在时则由酒红色到紫蓝色。所以测定单独存在的 Ca^{2+} 离子时，常常加入少量 Mg^{2+} 离子。

EDTA 溶液若用于测定 Pb^{2+}、Bi^{3+} 离子，则宜以 ZnO 或金属锌为基准物，以二甲酚橙为指示剂。在 pH≈5～6 的溶液中，二甲酚橙指示剂本身显黄色，与 Zn^{2+} 离子的配合物呈紫红色。EDTA 与 Zn^{2+} 离子形成更稳定的配合物，因此用 EDTA 溶液滴定至近终点时，二甲酚橙被游离了出来，溶液由紫红色变为黄色。

配位滴定中所用的水，应不含 Fe^{3+}、Al^{3+}、Cu^{2+}、Ca^{2+}、Mg^{2+} 等杂质离子。

三、仪器与试剂

仪器　托盘天平、电子分析天平、称量瓶、细口瓶、250 mL 容量瓶、锥形瓶、移液管。

试剂　(1) 以 $CaCO_3$ 为基准物时所用试剂：乙二胺四乙酸二钠（固体，AR）、$CaCO_3$（固体,GR 或 AR)、1+1$NH_3 \cdot H_2O$、镁溶液(溶解 1 g $MgSO_4 \cdot 7H_2O$ 于水中,稀释至 200 mL)、100 g·L^{-1}NaOH 溶液、钙指示剂(固体指示剂)。

(2) 以 ZnO 为基准物时所用试剂:ZnO(GR 或 AR)、1+1HCl、1+1$NH_3 \cdot H_2O$ 、二甲酚橙指示剂、200 g·L^{-1}六亚甲基四胺溶液。

四、实验步骤

(一) 0.02 mol·L^{-1}EDTA 溶液的配制

在台秤上称取乙二胺四乙酸二钠 7.6 g,溶解于 300~400 mL 温水中,稀释至 1 L,如混浊,应过滤。转移至 1000 mL 细口瓶中,摇匀。

(二) 以 $CaCO_3$ 为基准物标定 EDTA 溶液

(1) 0.02 mol·L^{-1}标准钙溶液的配制:置碳酸钙基准物于称量瓶中,在 110 ℃干燥 2 h,置干燥器中冷却后,准确称取 0.5~0.6 g(称准至小数点后第四位,为什么?)于小烧杯中,盖以表面皿,加水润湿,再从杯嘴边逐滴加入(目的是为了防止反应过于激烈而产生 CO_2 气泡,使 $CaCO_3$ 粉末飞溅损失)数毫升 1+1HCl 至完全溶解,用水把可能溅到表面皿上的溶液淋洗入杯中,加热近沸,待冷却后移入 250 mL 容量瓶中,稀释至刻度,摇匀。

(2) 标定:用移液管移取 25 mL 标准钙溶液,置于锥形瓶中,加入约 25 mL 水、2 mL 镁溶液、5 mL 100 g·L^{-1}NaOH 溶液及约 10 mg(绿豆大小)钙指示剂,摇匀后,用 EDTA 溶液滴定至由红色变至蓝色,即为终点。

(三) 以 ZnO 为基准物(根据试样性质,选用一种标定方法)标定 EDTA 溶液

(1) 锌标准溶液的配制:准确称取在 800~1000 ℃灼烧过(需 20 min 以上)的基准物 ZnO(也可以用金属锌作基准物)0.5~0.6 g 于 100 mL 烧杯中,用少量水润湿,然后逐滴加入 1+1HCl,边加边搅至完全溶解为止。然后,将溶液定量转移入 250 mL 容量瓶中,稀释至刻度并摇匀。

(2) 标定:移取 25 mL 锌标准溶液于 250 mL 锥形瓶中,加约 30 mL 水,2~3 滴二甲酚橙指示剂,先加 1+1 氨水至溶液由黄色刚变橙色(不能多加),然后滴加 200 g·L^{-1}六亚甲基四胺至溶液呈稳定的紫红色后再多加 3 mL(此处六亚甲基四胺用作缓冲剂,它在酸性溶液中能生成$(CH_2)_6N_4H^+$,此共轭酸与过量的$(CH_2)_6N_4$ 构成缓冲溶液,从而能使溶液的酸度稳定在 pH5~6 范围内。先加入氨水调节酸度是为了节约六亚甲基四胺,因六亚甲基四胺的价格较昂贵。用 EDTA 溶液滴定至溶液由红紫色变亮黄色,即为终点。

五、数据记录及处理

自拟。

六、实验注意事项

1. 配位反应进行的速度较慢(不像酸碱反应能在瞬间完成),故滴定时加入 EDTA 溶液的速度不能太快,在室温低时,尤要注意。特别是近终点时,应逐滴加入,并充分振摇。

2. 配位滴定中,加入指示剂的量是否适当对于终点的观察十分重要,宜在实践中总结经验,加以掌握。

七、思考题

1. 为什么通常使用乙二胺四乙酸二钠盐配制 EDTA 标准溶液，而不用乙二胺四乙酸？

2. 以 HCl 溶液溶解 $CaCO_3$ 基准物时，操作中应注意些什么？

3. 以 $CaCO_3$ 为基准物，以钙指示剂为指示剂标定 EDTA 溶液时，应控制溶液的酸度为多少？为什么？怎样控制？

4. 以 ZnO 为基准物，以二甲酚橙为指示剂标定 EDTA 溶液浓度的原理是什么？溶液的 pH 应控制在什么范围？若溶液为强酸性，应怎样调节？

5. 配位滴定法与酸碱滴定法相比，有哪些不同点？操作中应注意哪些问题？

实验 37　水的硬度测定(配位滴定法)

一、实验目的

1. 了解水的硬度的测定意义和常用的硬度表示方法。

2. 掌握 EDTA 法测定水的硬度的原理和方法。

3. 掌握铬黑 T 和钙指示剂的应用，了解金属指示剂的特点。

二、实验原理

一般含有钙、镁盐类的水叫硬水(硬水和软水尚无明确的界限，硬度小于 5°的，一般可称软水)。硬度有暂时硬度和永久硬度之分。

暂时硬度——水中含有钙、镁的酸式碳酸盐，遇热即成碳酸盐沉淀而失去其硬性。其反应式如下：

$$Ca(HCO_3)_2 \xlongequal{\triangle} CaCO_3(\text{完全沉淀}) + H_2O + CO_2\uparrow$$

$$Mg(HCO_3)_2 \xlongequal{\triangle} MgCO_3(\text{不完全沉淀}) + H_2O + CO_2\uparrow$$

$$\xrightarrow{+H_2O} Mg(OH)_2\downarrow + CO_2\uparrow$$

永久硬度——水中含有钙、镁的硫酸盐、氯化物、硝酸盐，在加热时亦不沉淀(但在锅炉运行温度下，溶解度低的可析出而成为锅垢)。

暂硬和永硬的总和称为“总硬”。由镁离子形成的硬度称为“镁硬”，由钙离子形成的硬度称为“钙硬”。

水中钙、镁离子含量，可用 EDTA 配位滴定法测定。钙硬测定原理与以 $CaCO_3$ 为基准物标定 EDTA 标准溶液浓度相同。总硬则以铬黑 T 为指示剂，控制溶液的酸度为 $pH\approx10$，以 EDTA 标准溶液滴定之。由 EDTA 溶液的浓度和用量，可算出水的总硬，由总硬减去钙硬即为镁硬。

水的硬度的表示方法有多种，随各国的习惯而有所不同。有将水中的盐类都折算成 $CaCO_3$ 而以 $CaCO_3$ 的量作为硬度标准的。也有将盐类合算成 CaO 而以 CaO 的量来表示的。本书采用我国目前常用的表示方法：以度(°)计，1 硬度单位表示十万份水中含 1 份 CaO，即

1°＝10^{-5} mg · L^{-1} CaO。

$$硬度(°)=\frac{c(\mathrm{EDTA})\times V(\mathrm{EDTA})\times \frac{M(\mathrm{CaO})}{1000}}{V_{水}}\times 10^{5}$$

式中：c(EDTA)——EDTA 标准溶液的浓度，mol · L^{-1}；

V(EDTA)——滴定时用去的 EDTA 标准溶液的体积，mL(若此量为滴定总硬时所耗用的，则所得硬度为总硬；若此量为滴定钙硬时所耗用的，则所得硬度为钙硬)。

$V_{水}$——水样体积，mL；

M(CaO)——CaO 的摩尔质量，g · mol^{-1}。

三、仪器与试剂

仪器　锥形瓶、移液管、锥形瓶。

试剂　0.02 mol · L^{-1} EDTA 标准溶液、NH_3－NH_4Cl 缓冲溶液(pH≈10)、100 g · L^{-1} NaOH 溶液、钙指示剂、铬黑 T 指示剂。

四、实验步骤

(一) 总硬的测定

量取澄清的水样 100 mL(用什么量器？为什么?)放入 250 mL 或 500 mL 锥形瓶中，加入 5 mL NH_3－NH_4Cl 缓冲溶液(此取样量仅适于硬度按 $CaCO_3$ 计算为 10～250 mg · L^{-1} 的水样。若硬度大于 250 mg · L^{-1} $CaCO_3$，则取样量应相应减少)，摇匀。再加入约 0.01 g 铬黑 T 固体指示剂，再摇匀，此时溶液呈酒红色，以 0.02 mol · L^{-1} EDTA 标准溶液滴定至纯蓝色，即为终点。

(二) 钙硬的测定

量取澄清水样 100 mL，放入 250 mL 锥形瓶内，加 4 mL 100g · L^{-1} NaOH 溶液，摇匀，再加入约 0.01 g 钙指示剂，再摇匀。此时溶液呈淡红色。用 0.02 mol · L^{-1} EDTA 标准溶液滴定至呈纯蓝色，即为终点。

(三) 镁硬的确定

由总硬减去钙硬即得镁硬。

五、数据记录及处理

自拟。

六、实验注意事项

1. 若水样不是澄清的，必须过滤。过滤所用的仪器和滤纸必须是干燥的。最初和最后的滤液宜弃去。非属必要，一般不用纯水稀释水样。

如果水中有铜、锌、锰等离子存在，则会影响测定结果。铜离子存在时会使滴定终点不明显；锌离子参与反应，使结果偏高；锰离子存在时，加入指示剂后马上变成灰色，影响滴定。遇此情况，可在水样中加入 1 mL 20 g · L^{-1} Na_2S 溶液，使铜离子成 CuS 沉淀；锰的影响可借加盐酸羟胺溶液消除。若有 Fe^{3+}、Al^{3+} 离子存在，可用三乙醇胺掩蔽。

2. 硬度较大的水样，在加缓冲溶液后常析出 $CaCO_3$、$(MgOH)_2CO_3$ 微粒，使滴定终点不稳定。遇此情况，可于水样中加适量稀 HCl 溶液，振摇后再调至近中性，然后加缓冲溶液，则终点稳定。

七、思考题

1. 如果对硬度测定中的数据要求保留 2 位有效数字，应如何量取 100 mL 水样？

2. 用 EDTA 配位滴定法怎样测出水的总硬？用什么指示剂？产生什么反应？终点变色如何？试液的 pH 应控制在什么范围？如何控制？测定钙硬又如何？

3. 用 EDTA 法测定水的硬度时，哪些离子的存在有干扰？如何消除？

4. 当水样中 Mg^{2+} 离子含量低时，以铬黑 T 作指示剂测定水中 Ca^{2+}、Mg^{2+} 离子总量，终点不明晰，因此常在水样中先加少量 MgY^{2-} 配合物，再用 EDTA 滴定，终点就敏锐。这样做对测定结果有无影响？说明其原理。

实验 38　石灰石或白云石中钙、镁含量的测定(配位滴定法)

一、实验目的

1. 练习酸溶法的溶样方法。
2. 掌握配位滴定法测定石灰石或白云石中钙、镁含量的方法和原理。
3. 了解沉淀分离法在本测定中的应用。
4. 练习沉淀分离中的一些基本操作技术，如沉淀、过滤、洗涤等。

二、实验原理

石灰石、白云石的主要成分为 $CaCO_3$ 和 $MgCO_3$，此外，还常常含有其他碳酸盐、石英、FeS_2、黏土、硅酸盐和磷酸盐等。测定石灰石、白云石中钙、镁含量的原理如下：

(一) 试样的溶解

一般的石灰石、白云石用盐酸就能使其溶解，其中钙、镁等以 Ca^{2+}、Mg^{2+} 等离子形式转入溶液中。有些试样经盐酸处理后仍不能全部溶解，则需以碳酸钠熔融，或用高氯酸处理，也可将试样先在 950～1050 ℃的高温下灼烧成氧化物，这样就易被酸分解(在灼烧中黏土和其他难于被酸分解的硅酸盐会变为可被酸分解的硅酸钙和硅酸镁等)。

(二) 干扰的除去

白云石、石灰石试样中常含有铁、铝等干扰元素，但含量不多，可在 pH 值为 5.5～6.5 的条件下使之沉淀为氢氧化物而除去。在这样的条件下，由于沉淀少，因此吸附现象极微，不致影响分析结果。

(三) 钙、镁含量的测定

将白云石、石灰石溶解并除去干扰元素后，调节溶液酸度至 pH≥12，以钙指示剂指示终点，用 EDTA 标准溶液滴定，即得到钙量。再取一份试液，调节其酸度至 pH≈10，以铬黑 T(或 K-B 指示剂)作指示剂，用 EDTA 标准溶液滴定，此时得到钙、镁的总量。由此二量相减即得镁量，其原理与 EDTA 溶液之标定相同，此处从略。

三、仪器与试剂

仪器 电子分析天平、称量瓶、移液管、容量瓶、酸式滴定管、棕色试剂瓶、锥形瓶。

试剂 0.02 mol·L^{-1} EDTA 标准溶液、1+1HCl 溶液、1+1 氨水、NH_3-NH_4Cl缓冲液($pH\approx10$)、10% NaOH 溶液、钙指示剂、铬黑 T 指示剂、K-B 指示剂、0.2%甲基红指示剂、镁溶液、1+1 三乙醇胺溶液。

四、实验步骤

(一) 试液的制备

准确称取石灰石或白云石试样 0.5～0.7 g,放入 250 mL 烧杯中,徐徐加入 8～10 mL 1+1HCl 溶液,盖上表面皿,用小火加热至近沸,待作用停止后,再用 1+1HCl 溶液检查试样溶解是否完全?(怎样判断?)如已完全溶解,移开表面皿,并用水吹洗表面皿。加水 50 mL,加入 1～2 滴甲基红指示剂,用 1+1 氨水中和至溶液刚刚呈现黄色(为什么?)。煮沸 1～2 min,趁热过滤于 250 mL 容量瓶中,用热水洗涤 7～8 次。冷却滤液,加水稀释至刻度,摇匀,待用。

(二) 钙量的滴定

先进行一次初步滴定:吸取 25 mL 试液,以 25 mL 水稀释,加 4 mL 10% NaOH 溶液,摇匀,使溶液 pH 达 12～14,再加约 0.01 g 钙指示剂(用试剂勺小头取一勺即可),用 EDTA 标准溶液滴定至溶液呈蓝色(在快到终点时,必须充分振摇),记录所用 EDTA 溶液的体积。然后作正式滴定:吸取 25 mL 试液,以 25 mL 水稀释,加入比初步滴定时所用约少1 mL的 EDTA 溶液,再加入 4 mL 10% NaOH 溶液,然后再加入 0.01 g 钙指示剂,继续以 EDTA 滴定至终点,记下滴定所用去的体积 V_1。

(三) 钙、镁总量的滴定

吸取试液 25 mL,以 25 mL 水稀释,加入 5 mL NH_3-NH_4Cl 缓冲溶液,使溶液酸度保持在 pH=10 左右,摇匀,再加入 0.01 g 铬黑 T 指示剂(或 K-B 指示剂),以 EDTA 标准溶液滴定至终点,记下滴定所用去的体积 V_2。

五、数据记录及处理

自拟。

六、思考题

1. 配位滴定法测定石灰石或白云石中钙、镁含量的原理是什么?这时钙、镁共存,相互有无妨碍?为什么?

2. 怎样分解石灰石或白云石试样?用酸溶解时,应注意什么?怎样知道试样已经溶解完全?

3. 用 1+1 氨水中和溶液至刚刚使甲基红指示剂呈现黄色时溶液的 pH 值为多少?

4. 本法测定钙、镁含量时,试样中存在的少量铁、铝等物质有干扰吗?用什么方法可以除去铁、铝的干扰?

实验 39　铅、铋混合液中铅、铋含量的连续测定(配位滴定法)

一、实验目的

1. 掌握借控制溶液的酸度来进行多种金属离子连续滴定的配位滴定方法和原理。
2. 熟悉二甲酚橙指示剂的应用。

二、实验原理

Bi^{3+}、Pb^{2+}离子均能与 EDTA 形成稳定的配位化合物,其稳定性又有相当大的差别(它们的 $\lg K_{稳}$ 值分别为 27.94 和 18.04,$\Delta\lg K>6$),因此可以利用控制溶液酸度来进行连续滴定。

测定 Pb^{2+} 与 Bi^{3+} 均以二甲酚橙为指示剂。二甲酚橙属于三苯甲烷类指示剂,易溶于水,它有 7 级酸式解离,其中 H_7In 至 H_3In^{4-} 呈黄色,H_2In^{5-} 至 In^{7-} 呈红色,所以它在溶液中的颜色随酸度而变,在溶液 pH<6.3 时呈黄色,pH>6.3 时呈红色。二甲酚橙与 Bi^{3+} 离子及 Pb^{2+} 离子的配合物呈紫红色,它们的稳定性与 Bi^{3+}、Pb^{2+} 离子和 EDTA 所成配合物相比要弱一些。

测定时,先调节溶液的酸度至 pH≈1,进行 Bi^{3+} 离子的滴定,溶液由紫红色突变为亮黄色即为终点。然后再用六亚甲基四胺为缓冲剂,控制溶液 pH≈5～6,此时溶液再次呈现紫红色,再以 EDTA 溶液继续滴定 Pb^{2+},当溶液由紫红色突变为亮黄色,即为终点。

三、仪器与试剂

仪器　移液管、酸式滴定管、锥形瓶。

试剂　0.02 mol·L^{-1}EDTA 标准溶液、0.2%(质量分数)二甲酚橙指示剂、200 g·L^{-1}六亚甲基四胺溶液、ZnO(基准用)、0.1 mol·L^{-1} HNO_3 溶液、0.5 mol·L^{-1}NaOH 溶液、精密 pH(0.5～5)试纸、1+1 氨水溶液。

四、实验步骤

(一) Bi^{3+}离子的滴定

移取 25.00 mL 试液 3 份,分别置于 250 mL 锥形瓶中。取一份作初步试验。先以 pH 为 0.5～5 范围的精密 pH 试纸试验试液的酸度。一般来说,不带沉淀的含 Bi^{3+} 离子的试液其 pH 应在 1 以下(为什么?),为此,以 0.5 mol·L^{-1}NaOH 溶液(装在滴定管中)调节之,边滴加边搅拌,并时时以精密 pH 试纸试之,至溶液 pH 达到 1 为止,记下所加的 NaOH 溶液的体积(不必准确至小数点后第二位,只需 1 位有效数字,为什么?)。接着加入 10 mL 0.1 mol·L^{-1} HNO_3 溶液及 2～3 滴 0.2%二甲酚橙指示剂,用0.02 mol·L^{-1}EDTA 标准溶液滴定至溶液由紫红色变为棕红色,再加 1 滴,突变为亮黄色,即为终点,记下粗略读数。然后开始正式滴定。取另一份 25.00 mL 试液,加入初步试验中调节溶液酸度时所需的相同体积的0.5 mol·L^{-1}NaOH 溶液,接着再加 10 mL 0.1 mol·L^{-1} HNO_3 溶液及 2 滴 0.2%二甲酚橙指示剂,用 EDTA 标准溶液滴定之,终点变化同上。在离终点 1～2 mL 前可以滴得快一些,近终点时应慢一些,每加 1 滴,摇动并观察是否变色。

(二) Pb^{2+} 离子的滴定

在滴定 Bi^{3+} 离子后的溶液中，滴加 200 g · L^{-1}六亚甲基四胺至溶液呈紫红色(或橙红色)，再过量 5 mL，以 0.02 mol · L^{-1} EDTA 滴定至溶液由紫红色经橙色突变至亮黄色为终点。

五、数据记录及处理

自拟。

六、实验注意事项

在 Bi^{3+} 离子的滴定中由于调节溶液酸度时要以精密 pH 试纸检验，心中无数，检验次数必然较多，为了消除因溶液损失而产生误差，要采用初步试验的方法。

七、思考题

1. 滴定 Bi^{3+} 与 Pb^{2+} 离子时溶液酸度各控制在什么范围？如何控制？为什么？
2. 控制酸度时为何用 HNO_3，而不用 HCl 或 H_2SO_4？
3. 能否在同一份试液中先滴定 Pb^{2+} 离子再滴定 Bi^{3+} 离子？

实验 40　氯化物中氯含量的测定(莫尔法)

一、实验目的

1. 学习 $AgNO_3$ 标准溶液的配制和标定方法。
2. 掌握沉淀滴定法中以 K_2CrO_4 为指示剂测定氯离子的方法。

二、实验原理

某些可溶性氯化物中氯含量的测定可采用银量法。银量法按指示剂的不同可分为莫尔法(Mohr 法，以铬酸钾为指示剂)、佛尔哈德法(Volhard 法，以铁铵矾为指示剂)和法扬司法(Fajans 法，以吸附指示剂指示终点)，三种方法的要点见表 6-5 所示。

表 6-5　三种银量法的基本特点

	莫尔法	佛尔哈德法	法扬司法
指示剂	K_2CrO_4	铁铵矾	吸附指示剂
变色原理	分步沉淀法	生成有色配合物	表面电荷变化
用　量	5×10^{-3} mol · L^{-1}	0.015 mol · L^{-1}	适量
适用酸度	pH 为 6.5～10.5，有 NH_4^+ 存在时 pH 为 6.5～7.2	强酸性介质中	视指示剂不同而不同
特　点	干扰较多	测氯离子时因存在 AgCl 向 AgSCN 的转化而得不到正确终点，需加保护剂。干扰相对较少	指示剂种类与应用范围直接相关。干扰情况也因指示剂不同而不同

用莫尔法测定 Cl^- 含量为本实验的基本要求。由于莫尔法的操作最为简单，尽管干扰较多，但在测定一般水样中的氯离子时多数仍选用莫尔法。在中性或弱碱性介质中，由于 AgCl 溶解度小于 Ag_2CrO_4，因而在用 $AgNO_3$ 标准溶液滴定试样中的 Cl^- 时，首先生成 AgCl 沉淀，当 AgCl 沉淀完全后，过量的 $AgNO_3$ 溶液与 CrO_4^{2-} 作用生成砖红色沉淀，指示终点的到来。其反应方程式为：

$$Ag^+ + Cl^- \rightleftharpoons \underset{\text{白色}}{AgCl\downarrow} \quad (K_{sp} = 1.8\times10^{-10})$$

$$2Ag^+ + CrO_4^{2-} \rightleftharpoons \underset{\text{砖红色}}{Ag_2CrO_4\downarrow} \quad (K_{sp} = 2.0\times10^{-12})$$

滴定必须在中性或弱碱性介质中进行，最佳 pH 范围为 6.5～10.5（有 NH_4^+ 存在时 pH 则缩小为 6.5～7.2）。酸度过高会因 CrO_4^{2-} 质子化而不产生 Ag_2CrO_4 沉淀，酸度过低则生成 Ag_2O 沉淀。根据肉眼一般能观察到的指示剂色变，指示剂量一般控制在 5×10^{-3} mol · L^{-1}。

在莫尔法测定中，凡是能与 Ag^+ 形成难溶化合物或配合物的阴离子都会干扰测定，如 PO_4^{3-}、AsO_4^{3-}、SO_3^{2-}、S^{2-}、CO_3^{2-}、$C_2O_4^{2-}$ 等。其中 S^{2-} 可先酸化生成 H_2S 后加热除去，SO_3^{2-} 则可氧化成 SO_4^{2-} 而不再干扰测定。大量有色离子，如 Cu^{2+}、Ni^{2+}、Co^{2+} 等，将影响终点的观察。此外，能与 CrO_4^{2-} 形成沉淀的离子，如 Ba^{2+}、Pb^{2+} 等，也干扰测定，其中 Ba^{2+} 的干扰可借加入大量 Na_2SO_4 而消除。高价金属离子在中性介质中易水解而影响测定，也会有干扰。相比较而言，佛尔哈德法是在酸性介质中进行滴定，干扰就要少得多。

三、仪器与试剂

仪器　托盘天平、电子分析天平、棕色细口瓶、烧杯、容量瓶、锥形瓶。

试剂　$AgNO_3$(AR)、NaCl(基准试剂)、5%(质量分数)K_2CrO_4 溶液。

四、实验步骤

（一）0.02 mol · L^{-1} $AgNO_3$ 溶液的配制

在托盘天平上称取配制 500 mL 0.05 mol · L^{-1} $AgNO_3$ 溶液所需固体 $AgNO_3$，溶于 500 mL不含 Cl^- 离子的水中，将溶液转入棕色细口瓶中，置暗处保存，以减缓因见光而分解的作用。

（二）0.02 mol · L^{-1} $AgNO_3$ 溶液的标定

准确称取所需 NaCl 基准试剂（准确称量至小数点后第几位？）置于烧杯中，用水溶解，转入 250mL 容量瓶中，加水稀释至刻度，摇匀。

准确移取 25.00 mL NaCl 标准溶液（也可以直接称取一定量 NaCl 基准试剂）于锥形瓶中，加 25 mL 水、1 mL 5% K_2CrO_4 溶液，在不断摇动下用 $AgNO_3$ 溶液滴定，至白色沉淀中出现砖红色，即为终点。

根据 NaCl 标准溶液的浓度和滴定所消耗的 $AgNO_3$ 标准溶液体积，计算 $AgNO_3$ 标准溶液的浓度。

（三）试样分析

准确称取一定量（学生自行计算）氯化物试样于烧杯中，加水溶解后，转入 250 mL 容量瓶中,加水稀释至刻度,摇匀。

准确移取 25.00 mL 氯化物试液于 250 mL 锥形瓶中,加入 25 mL 水,1 mL 5% K_2CrO_4 溶液,在不断摇动下,用 $AgNO_3$ 标准溶液滴定,至白色沉淀中呈现砖红色即为终点(由于银试剂较贵,滴定后的废液要回收)。

五、数据记录及处理

自拟。

六、思考题

1. $AgNO_3$ 溶液应装在酸式滴定管内还是碱式滴定管内?为什么?
2. 滴定中对指示剂 K_2CrO_4 的量是否要加以控制?为什么?
3. 滴定中试液的酸度宜控制在什么范围?为什么?怎样调节?有 NH_4^+ 离子存在时,在酸度控制上为何有所不同?
4. 滴定过程中要求充分摇动锥形瓶的原因是什么?
5. NaCl 基准物为什么要经 250~350 ℃加热处理?如用未经处理的 NaCl 来标定 $AgNO_3$ 溶液,将产生什么影响?

实验 41 氯化物中氯含量的测定(法扬司法)

一、实验目的

1. 掌握法扬司法的方法和原理。
2. 了解吸附指示剂的应用。

二、实验原理

法扬司法是利用荧光黄、二氯荧光黄等吸附指示剂指示终点的沉淀滴定法。

当以 $AgNO_3$ 标准溶液滴定 Cl^- 离子时,生成凝乳状的 AgCl 沉淀。在等当点前,由于 Cl^- 离子过量,沉淀吸附 Cl^- 离子,表面带负电荷。等当点后由于 Ag^+ 离子过量,沉淀则吸附 Ag^+ 离子,因而表面带正荷。带正电荷的沉淀能吸附指示剂离解出的阴离子,因其变形而发生颜色的转变,例如荧光黄的阴离子呈黄绿色,而吸附了荧光黄阴离子的 AgCl 沉淀则呈粉红色。吸附作用随着沉淀表面积的增大而加强,因此将指示剂配成糊精(或淀粉)溶液(因为高分子溶液有保护胶体的作用,可减免 AgCl 沉淀的聚沉作用而使它保持胶体状态,有利于吸附)。由于电解质的存在能促使胶体聚沉,所以此法不适用于有大量电解质存在的试样。

由于荧光黄是弱酸,若溶液酸度过大,将抑制其离解,因而没有足够的指示剂阴离子被吸附,致使终点不敏锐,所以法扬司法测定时溶液的酸度要求,主要由吸附指示剂的酸离解常数决定。此法不适用于 Cl^- 离子浓度太稀的溶液,因为这时产生的 AgCl 沉淀量较少,吸附作用弱,终点不够敏锐。

三、仪器与试剂

仪器 托盘天平、电子分析天平、称量瓶、细口瓶、100 mL 容量瓶、250 mL 容量瓶、锥形瓶、移液管、滴定管。

试剂　0.02 mol · L^{-1} $AgNO_3$ 标准溶液、0.1%荧光黄溶液(称取 0.10 g 荧光黄,溶于 10 mL 0.1 mol · L^{-1}NaOH 溶液中,用 0.1 mol · L^{-1} HNO_3 溶液中和至中性,用 pH 试纸检验,然后用水稀释至 100 mL)、1%淀粉溶液、荧光黄-淀粉指示液(临用前将 0.1%荧光黄溶液和 1%淀粉溶液以 5∶100 的体积比混合即得)。

四、实验步骤

(一) 0.02 mol · L^{-1} $AgNO_3$ 溶液的配制

称取需要量的 $AgNO_3$,溶于 500 mL 不含 Cl^- 离子的水中。将溶液转入棕色细口瓶中,摇匀,置暗处,以减缓 $AgNO_3$因见光而分解的作用。

(二) 0.02 mol · L^{-1} $AgNO_3$ 溶液的标定

准确称取约 0.3 g NaCl 基准物,置于 100 mL 烧杯中,用不含 Cl^- 离子的水溶解后移入 100 mL 容量瓶中定容,移取此溶液 10 mL 于 100 mL 锥形瓶中,加入 2 mL 荧光黄-淀粉指示液,摇匀后以 $AgNO_3$ 标准溶液滴定至黄绿色荧光消失,变为粉红色,此时即达终点。

(三) 试样的滴定

准确称取 0.7～1.0 g 试样于 250 mL 烧杯中,以水溶解后转入 250 mL 容量瓶中定容。移取此溶液 10 mL 于 100 mL 锥形瓶中,加入 2 mL 荧光黄-淀粉指示液,以 0.02 mol · L^{-1} $AgNO_3$标准溶液滴定至黄绿色消失,变为粉红色,即为终点。

五、数据记录及处理

自拟。

六、思考题

1. 试比较法扬司法、莫尔法及佛尔哈德法滴定条件之异同。
2. 试比较法扬司法、莫尔法及佛尔哈德法的优缺点。
3. 试述荧光黄作为吸附指示剂的原理及应用条件。

实验 42　高锰酸钾标准溶液的配制和标定

一、实验目的

1. 了解高锰酸钾标准溶液的配制方法和保存条件。
2. 掌握用 $Na_2C_2O_4$ 作基准物标定高锰酸钾溶液浓度的原理、方法及滴定条件。

二、实验原理

市售的高锰酸钾常含有少量杂质,如硫酸盐、氯化物及硝酸盐等,因此不能用精确称量的高锰酸钾来直接配制准确浓度的溶液。$KMnO_4$ 氧化力强,还易与水中的有机物、空气中的尘埃及氨等还原性物质作用;$KMnO_4$ 能自行分解,其分解反应如下:

$$4KMnO_4 + 2H_2O = 4MnO_2\downarrow + 4KOH + 3O_2\uparrow$$

$KMnO_4$ 的分解速度随溶液的 pH 值而改变。在中性溶液中，$KMnO_4$ 分解很慢，但 Mn^{2+} 离子和 MnO_2 能加速其分解，见光则分解得更快。由此可见，$KMnO_4$ 溶液的浓度容易改变，必须正确地配制和保存。正确配制和保存的 $KMnO_4$ 溶液应呈中性，不含 MnO_2，这样，浓度就比较稳定，放置数月后浓度大约只降低 0.5%。但是如果长期使用，仍应定期标定。

$KMnO_4$ 标准溶液常用还原剂草酸钠 $Na_2C_2O_4$ 作基准物来标定。$Na_2C_2O_4$ 不含结晶水，容易精制。用 $Na_2C_2O_4$ 标定 $KMnO_4$ 溶液的反应如下：

$$2MnO_4^- + 5H_2C_2O_4 + 6H^+ = 2Mn^{2+} + 10CO_2\uparrow + 8H_2O$$

滴定时可利用 MnO_4^- 离子本身的颜色指示滴定终点。

三、仪器与试剂

仪器　托盘天平、电子分析天平、锥形瓶、棕色试剂瓶、玻璃砂芯漏斗、玻璃棒。

试剂　$KMnO_4$(固)、$Na_2C_2O_4$(AR 或基准试剂)、1 mol·L^{-1} H_2SO_4 溶液。

四、实验步骤

(一) 0.02 mol·L^{-1} $KMnO_4$ 溶液的配制

用托盘天平称取计算量的 $KMnO_4$ 固体，溶于适量的水中，加热煮沸 20～30 min(随时加水以补充因蒸发而损失的水)。冷却后在暗处放置 7～10 天(如果溶液经煮沸并在水浴上保温 1 h，放置 2～3 天也可)，然后用玻璃砂芯漏斗或玻璃纤维过滤除去 MnO_2 等杂质。滤液储于洁净的玻塞棕色瓶中，放置暗处保存，待标定。

(二) $KMnO_4$ 溶液浓度的标定

准确称取计算量(称准至 0.0002 g)的烘过的 $Na_2C_2O_4$ 基准物质于 250 mL 锥形瓶中，加水约 10 mL 使之溶解，再加 30 mL 1 mol·L^{-1} H_2SO_4 溶液，并加热至 75～85 ℃，立即用待标定的 $KMnO_4$ 溶液滴定(不能沿瓶壁滴入)至呈粉红色，经 30 s 不褪即为终点。重复测定 3 次。根据滴定所消耗的 $KMnO_4$ 溶液体积和基准物的质量，计算 $KMnO_4$ 溶液的浓度。

五、数据记录及处理

自拟。

六、实验注意事项

1. 加热及放置时，均应盖上表面皿，以免尘埃及有机物等落入。

2. $KMnO_4$ 作氧化剂，通常是在强酸溶液中反应，滴定过程若发现产生棕色浑浊(是酸度不足引起的)，应立即加入 H_2SO_4 补救，但若已经达到终点，则加 H_2SO_4 已无效，这时应该重做实验。

3. 加热可使反应加快，但不应热至沸腾，否则容易引起部分草酸分解。正确的温度是 75～85 ℃(手触烧杯壁感觉烫手)，在滴定至终点时，溶液的温度不应低于 60 ℃。

4. $KMnO_4$ 溶液应装在酸式滴定管中(为什么?)。由于 $KMnO_4$ 溶液颜色很深，不易观察溶液弯月面的最低点，因此应该从液面最高处读数。

滴定时，第一滴 $KMnO_4$ 溶液褪色很慢，在第一滴 $KMnO_4$ 溶液没有褪色以前，不要加入第二滴，等几滴 $KMnO_4$ 溶液已经起作用之后，滴定的速度就可以稍快些，但不能让 $KMnO_4$ 溶液像流水似地流下去，近终点时更需小心缓慢滴入。

5. $KMnO_4$ 滴定的终点是不太稳定的，这是由于空气中含有还原性气体及尘埃等杂质，落入溶液中会使 $KMnO_4$ 慢慢分解而使粉红色消失，所以经过 30 s 不褪色，即可认为终点已到。

七、思考题

1. 配制 $KMnO_4$ 标准溶液时为什么要把 $KMnO_4$ 水溶液煮沸一定时间（或放置数天）？配好的 $KMnO_4$ 溶液为什么要过滤后才能保存，过滤时是否能用滤纸？

2. 配好的 $KMnO_4$ 溶液为什么要装在棕色瓶中（如果没有棕色瓶应该怎样办？）放置暗处保存？

3. 用 $Na_2C_2O_4$ 标定 $KMnO_4$ 溶液浓度时，为什么必须在大量 H_2SO_4（可以用 HCl 或 HNO_3 溶液吗？）存在下进行？酸度过高或过低有无影响？为什么要加热至 75～85 ℃后才能滴定？溶液温度过高或过低有什么影响？

4. 用 $KMnO_4$ 溶液滴定 $Na_2C_2O_4$ 溶液时，$KMnO_4$ 溶液为什么一定要装在酸式滴定管中？为什么第一滴 $KMnO_4$ 溶液加入后红色褪去很慢，以后褪色较快？

5. 装 $KMnO_4$ 溶液的烧杯放置较久后，杯壁上常有棕色沉淀（是什么？），不容易洗净，应该怎样洗涤？

实验 43　过氧化氢含量的测定（高锰酸钾法）

一、实验目的

掌握应用高锰酸钾法测定双氧水中 H_2O_2 含量的原理和方法。

二、实验原理

商品双氧水中 H_2O_2 的含量，可用高锰酸钾法测定。在酸性溶液中 H_2O_2 还原 MnO_4^- 的离子方程式如下：

$$5H_2O_2 + 2MnO_4^- + 6H^+ = 2Mn^{2+} + 5O_2\uparrow + 8H_2O$$

此滴定在室温时可在 H_2SO_4 或 HCl 介质中顺利进行，但与滴定草酸一样，滴定开始时反应较慢。

三、仪器与试剂

仪器　吸量管、移液管、容量瓶、锥形瓶、酸式滴定管。

试剂　1 mol·L^{-1} H_2SO_4 溶液、0.02 mol·L^{-1} $KMnO_4$ 标准溶液、1 mol·L^{-1} $MnSO_4$ 溶液。

四、实验步骤

用吸量管吸取 1.00 mL H_2O_2 样品（约 30%），置于 250 mL 容量瓶中，加水稀释至刻度，充分摇匀。用移液管移取 25.00 mL 稀释液置于 250 mL 锥形瓶中，加入 30 mL 1 mol·L^{-1} H_2SO_4 溶液及 2～3 滴 1 mol·L^{-1} $MnSO_4$ 溶液，用 0.02 mol·L^{-1} $KMnO_4$ 标准溶液滴定至溶液呈微红色在半分钟内不褪色即为终点。记录滴定时所消耗的 $KMnO_4$ 标准溶液体积。

根据 $KMnO_4$ 溶液的浓度和滴定时所消耗的体积以及滴定前样品的稀释情况，计算样品中 H_2O_2 的含量(g·L^{-1})。

五、数据记录及处理

自拟。

六、思考题

1. 在此测定中 H_2O_2 与 $KMnO_4$ 的化学计量关系为何？如何计算双氧水中 H_2O_2 的含量？

2. 为什么含有乙酰苯胺等有机物作稳定剂的过氧化氢试样不能用高锰酸钾法而能用碘量法或铈量法准确测定？

实验 44 铁矿中铁含量的测定

一、实验目的

1. 学习用酸分解矿石试样的方法。
2. 掌握不用汞盐的重铬酸钾法测定铁的原理和方法。
3. 了解预还原的目的和方法。

二、实验原理

铁矿的主要成分是 $Fe_2O_3 \cdot xH_2O$。对铁矿来说，盐酸是很好的溶剂，溶解后生成 Fe^{3+} 离子，必须用还原剂将它预先还原，才能用氧化剂 $K_2Cr_2O_7$ 溶液滴定。经典的 $K_2Cr_2O_7$ 法测定铁时，用 $SnCl_2$ 作预还原剂，多余的 $SnCl_2$ 用 $HgCl_2$ 除去，然后用 $K_2Cr_2O_7$ 溶液滴定生成的 Fe^{2+} 离子。这种方法虽然操作简便，结果准确，但是 $HgCl_2$ 有剧毒，会造成严重的环境污染，近年来推广采用各种不用汞盐的测定铁的方法。本实验采用的是 $SnCl_2-TiCl_3$ 联合还原铁的无汞测铁方法，即先用 $SnCl_2$ 将大部分 Fe^{3+} 离子还原，以钨酸钠为指示剂，再用 $TiCl_3$ 溶液还原剩余的 Fe^{3+} 离子，其反应式如下：

$$2Fe^{3+} + SnCl_4^{2-} + 2Cl^- \rightleftharpoons 2Fe^{2+} + SnCl_6^{2-}$$

$$Fe^{3+} + Ti^{3+} + H_2O \rightleftharpoons Fe^{2+} + TiO^{2+} + 2H^+$$

过量的 $TiCl_3$ 使钨酸钠还原为钨蓝，然后用 $K_2Cr_2O_7$ 溶液使钨蓝褪色，以消除过量还原剂 $TiCl_3$ 带来的影响。最后以二苯胺磺酸钠为指示剂，用 $K_2Cr_2O_7$ 标准溶液滴定 Fe^{2+} 离子。

$$6Fe^{2+} + Cr_2O_7^{2-} + 14H^+ \rightleftharpoons 6Fe^{3+} + 2Cr^{3+} + 7H_2O$$

由于滴定过程中生成黄色的 Fe^{3+} 离子，影响终点的正确判断，故加入 H_3PO_4，使之与 Fe^{3+} 离子结合成无色的$[Fe(PO_4)_2]^{3-}$ 配离子，消除 Fe^{3+} 离子的黄色影响。H_3PO_4 的加入还

可以降低溶液中 Fe^{3+} 离子的浓度，从而降低 Fe^{3+}/Fe^{2+} 电对的电极电位，使滴定突跃范围增大，用二苯胺磺酸钠指示剂能清楚准确地指示终点。

$K_2Cr_2O_7$ 标准溶液可以用干燥后的固体 $K_2Cr_2O_7$ 直接配制。

三、仪器与试剂

仪器　电子分析天平、吸量管、容量瓶、锥形瓶、酸式滴定管。

试剂　(1) 60 g·$L^{-1}$$SnCl_2$溶液：称取 6 g $SnCl_2 \cdot 2H_2O$ 溶于 20 mL 热浓盐酸中，加水稀释至 100 mL。

(2) 硫磷混酸：将 200 mL 浓硫酸在搅拌下缓慢滴入 500 mL 水中，冷却后加入 300 mL 浓磷酸，混匀。

(3) 250 g·L^{-1} Na_2WO_4 溶液：称取 25 g Na_2WO_4 溶于适量水中(若浑浊应过滤)，加 5 mL浓磷酸，加水稀释至 100mL。

(4) (1+19)$TiCl_3$ 溶液：取 $TiCl_3$ 溶液(15%～20%)，用(1+9)盐酸稀释 20 倍，加一层液体石蜡保护。

(5) 2 g·L^{-1}二苯胺磺酸钠溶液。

(6) 浓盐酸。

(7) 0.008 mol·L^{-1} $K_2Cr_2O_7$ 标准溶液：按计算量称取 150 ℃烘了 1 h 的 $K_2Cr_2O_7$(AR或基准试剂)，溶于水，移入 1000 mL 容量瓶，用水稀释至刻度，摇匀。计算出 $K_2Cr_2O_7$ 标准溶液的准确浓度(mol·L^{-1})。

(8) 铁矿石试样。

四、实验步骤

准确称取 0.15～0.20 g(称准至 0.0002 g)铁矿石试样，置于 250 mL 锥形瓶中，加几滴水润湿样品，再加 10～20 mL 浓盐酸，低温加热 10～20 min，滴加 60 g·$L^{-1}$$SnCl_2$溶液至浅黄色，继续加热 10～20 min(此时体积约为 10 mL)至剩余残渣为白色或浅色时表示溶解完全。调整溶液体积至 150～200 mL，加 15 滴 250 g·$L^{-1}$$Na_2WO_4$ 溶液，用(1+19)$TiCl_3$ 溶液滴至溶液呈蓝色，再滴加 $K_2Cr_2O_7$ 标准溶液至无色(不计读数)，迅速加入 10 mL 硫磷混酸，5 滴 2 g·L^{-1}二苯胺磺酸钠指示剂，立即用 $K_2Cr_2O_7$ 标准溶液滴定至呈稳定的紫色，记录滴定时所消耗的 $K_2Cr_2O_7$ 标准溶液体积。根据滴定结果，计算铁矿中用 Fe 及 Fe_2O_3 表示的铁的质量分数。

五、数据记录及处理

自拟。

六、实验注意事项

1. 加入 $SnCl_2$ 将 Fe(Ⅲ)还原为 Fe(Ⅱ)，可帮助试样分解。$SnCl_2$ 如过量，应滴加少量 0.4% $KMnO_4$ 溶液至溶液呈浅黄色。

2. 溶样时如酸挥发太多，应适当补加盐酸，使最后滴定溶液中盐酸量不少于 10 mL。

3. 如残渣颜色较深，则需分离出残渣，用氢氟酸或焦硫酸钾处理，所得溶液并入上面所得

的溶液中。

七、思考题

1. 用重铬酸钾法测定铁矿石中铁的质量分数的反应过程如何？指出测定过程中各步应注意的事项。

2. 先后用 $SnCl_2$ 和 $TiCl_3$ 作还原剂的目的何在？如果不慎加入了过多的 $SnCl_2$ 和 $TiCl_3$ 应怎么办？

3. Na_2WO_4 和二苯胺磺酸钠是什么性质的指示剂？

4. 加入硫磷混酸的目的何在？

实验 45　硫代硫酸钠标准溶液的标定

一、实验目的

1. 了解标定硫代硫酸钠溶液浓度的原理和方法。

2. 掌握间接碘法的测定条件。

二、实验原理

硫代硫酸钠（$Na_2S_2O_3 \cdot 5H_2O$）一般都含有少量杂质，如 S、Na_2SO_3、Na_2SO_4、Na_2CO_3 及 NaCl 等，同时还容易风化和潮解，因此不能直接配制准确浓度的溶液。通常用 $K_2Cr_2O_7$ 基准物标定 $Na_2S_2O_3$ 溶液的浓度。$K_2Cr_2O_7$ 先与 KI 反应析出 I_2：

$$Cr_2O_7^{2-} + 6I^- + 14H^+ \rightleftharpoons 2Cr^{3+} + 3I_2 + 7H_2O$$

析出的 I_2 再用 $Na_2S_2O_3$ 溶液滴定：$I_2 + 2S_2O_3^{2-} \rightleftharpoons 2I^- + S_4O_6^{2-}$，然后计算出 $Na_2S_2O_3$ 溶液的浓度。这种标定方法是间接碘法的应用。

三、仪器与试剂

仪器　电子分析天平、称量瓶、细口瓶、250 mL 容量瓶、碘量瓶、滴定管。

试剂　$K_2Cr_2O_7$（AR 或基准试剂）、10% KI 溶液、6 mol · L^{-1} HCl 溶液、1%淀粉溶液。

四、实验步骤

准确称取已烘干的 $K_2Cr_2O_7$（AR，其质量相当于 20～30 mL 0.1 mol · L^{-1} $Na_2S_2O_3$ 溶液）于 250 mL 碘量瓶中，加入 10～20 mL 水使之溶解，再加入 20 mL 10% KI 溶液（或 2 g 固体 KI）和 6 mol · L^{-1} HCl 溶液 5 mL，混匀后盖上磨口塞，瓶口用纯水密封之，放在暗处 5 min。然后加入 50 mL 水稀释，用 0.1 mol · L^{-1} $Na_2S_2O_3$ 溶液滴定到呈浅黄绿色后，加入 1% 淀粉溶液 1mL，继续滴定至蓝色变绿色即为终点。根据 $K_2Cr_2O_7$ 的质量及消耗的 $Na_2S_2O_3$ 溶液体积，计算 $Na_2S_2O_3$ 标准溶液的浓度。

五、数据记录及处理

自拟。

六、思考题

1. 用 $K_2Cr_2O_7$ 作基准物标定 $Na_2S_2O_3$ 溶液时，为什么先要加入过量的 KI 和 HCl 溶液？为什么放置一定时间后才加入水稀释？如果按下列顺序操作，会产生什么影响？① 加 KI 溶液而不加 HCl 溶液；② 加酸后不放置暗处；③ 不放置或少放置一点时间即加入水稀释。

2. 为什么用 I_2 溶液滴定 $Na_2S_2O_3$ 溶液时应预先加入淀粉指示剂？而用 $Na_2S_2O_3$ 滴定 I_2 溶液时必须在将近终点之前才加入？

实验 46　硫酸铜中铜含量的测定

一、实验目的

掌握用碘法测定铜的原理和方法。

二、实验原理

二价铜盐与碘化物发生下列反应：

$$2Cu^{2+} + 4I^- \rightleftharpoons 2CuI(\text{也写作 } Cu_2I_2) + I_2$$

$$I_2 + I^- \rightleftharpoons I_3^-$$

析出的 I_2 再用 $Na_2S_2O_3$ 标准溶液滴定，由此可以计算出铜的含量。Cu^{2+} 与 I^- 的反应是可逆的，为了促使反应实际上能趋于完全，必须加入过量的 KI。但是由于 CuI 沉淀强烈地吸附 I_3^- 离子，会使测定结果偏低。如果加入 KSCN，使 CuI($K_{sp}=5.06\times10^{-12}$)转化为溶解度更小的 CuSCN($K_{sp}=4.8\times10^{-15}$)：

$$CuI + SCN^- \rightleftharpoons CuSCN\downarrow + I^-$$

这样不但可以释放出被吸附的 I_3^- 离子，而且反应时再生出来的 I^- 离子可与未反应的 Cu^{2+} 离子发生作用。在这种情况下，可以使用较少的 KI 就能使反应进行得更完全。但是 KSCN 只能在接近终点时加入，否则因为 I_2 的量较多，会明显地为 KSCN 所还原而使结果偏低：

$$SCN^- + 4I_2 + 4H_2O \rightleftharpoons SO_4^{2-} + 7I^- + ICN + 8H^+$$

为了防止铜盐水解，反应必须在酸性溶液中进行。酸度过低，Cu^{2+} 离子氧化 I^- 离子的反应进行不完全，结果偏低，而且反应速度慢，终点拖长；酸度过高，则 I^- 离子被空气氧化为 I_2 的反应被 Cu^{2+} 离子催化，使结果偏高。

大量 Cl^- 离子能与 Cu^{2+} 离子络合，I^- 离子不易从 Cu(Ⅱ)的氯络合物中将 Cu(Ⅱ)定量地还原，因此最好用硫酸而不用盐酸(少量盐酸不干扰)。

矿石或合金中的铜也可以用碘法测定，但必须设法防止其他能氧化 I^- 离子的物质(如 NO_3^-、Fe^{3+} 离子等)的干扰，防止的方法是加入掩蔽剂以掩蔽干扰离子(例如使 Fe^{3+} 离子生成 FeF_6^{3-} 配离子而掩蔽)，或在测定前将它们分离除去。若有 As(Ⅴ)、Sb(Ⅴ)存在，应将 pH 调至 4，以免它们氧化 I^- 离子。

三、仪器与试剂

仪器 电子分析天平、称量瓶、碘量瓶、滴定管。

试剂 0.1 mol · L^{-1} $Na_2S_2O_3$ 标准溶液、1 mol · L^{-1} H_2SO_4 溶液、10% KSCN 溶液、10% KI 溶液、1% 淀粉溶液。

四、实验步骤

精确称取硫酸铜试样(每份质量相当于 20～30 mL 0.1 mol · L^{-1} $Na_2S_2O_3$ 溶液)于 250 mL碘量瓶中,加 1 mol · L^{-1} H_2SO_4 溶液 3 mL 和水 30 mL 使之溶解。加入 10% KI 溶液 7～8 mL,立即用 0.1 mol · L^{-1} $Na_2S_2O_3$ 标准溶液滴定至呈浅黄色。然后加入 1%淀粉溶液 1 mL,继续滴定到呈浅蓝色。再加入 5 mL 10% KSCN(可否用 NH_4SCN 代替?)溶液,摇匀后溶液蓝色转深,再继续滴定到蓝色恰好消失,此时溶液为米色 CuSCN 悬浮液。由实验结果计算硫酸铜的含铜量。

五、数据记录及处理

自拟。

六、思考题

1. 硫酸铜易溶于水,为什么溶解时要加硫酸?

2. 用碘法测定铜含量时,为什么要加入 KSCN 溶液?如果在酸化后立即加入 KSCN 溶液,会产生什么影响?

3. 已知 $\varphi^{\ominus}_{Cu^{2+}/Cu^{+}}=0.158$ V,$\varphi^{\ominus}_{I_2/I^-}=0.54$ V,为什么本法中 Cu^{2+} 离子却能使 I^- 离子氧化为 I_2。

4. 测定反应为什么一定要在弱酸性溶液中进行?

5. 如果分析矿石或合金中的铜,应怎样分解试样?试液中含有的干扰性杂质如 Fe^{3+}、NO_3^- 等离子,应如何消除它们的干扰?

6. 如果用 $Na_2S_2O_3$ 标准溶液测定铜矿或铜合金中的铜,用什么基准物标定 $Na_2S_2O_3$ 溶液的浓度最好?

实验 47 维生素 C 含量的测定(碘量法)

一、实验目的

1. 了解直接碘量法测定维生素 C 含量的基本原理和方法。

2. 进一步掌握碘量法操作。

二、实验原理

用 I_2 标准溶液直接测定还原性物质含量的方法,称为直接碘量法。

维生素 C 在医学和化学上应用非常广泛,在分析化学中常用在光度法和络合滴定法中作为还原剂，如使 Fe^{3+} 还原为 Fe^{2+} 等。维生素 C 又称抗坏血酸，分子式为 $C_6H_8O_6$，摩尔质量为 $M=176.12\ g\cdot mol^{-1}$。维生素 C 分子中含有烯二醇基结构，具有强还原性，在稀酸性溶液中，能被 I_2 定量地氧化成二酮基：

```
                   H  OH                          H  OH
 ┌───O───┐         |   |          ┌───O────────┐  |   |
 C—C═C—C—C—CH  +I₂ ⇌  C—C—C—C—C—CH  +2HI
 ‖  |  |  |  |   |                ‖  ‖  ‖  |  |   |
 O  OH OH H  OH  H                O  O  O  H  OH  H
```

半反应式为

$$C_6H_8O_6 \longrightarrow C_6H_6O_6 + 2H^+ + 2e^- \qquad E \approx +0.18V$$

维生素 C 与 I_2 的计量关系为 $n(C_6H_8O_6)=n(I_2)$，该反应可以用于测定药片、水果、蔬菜及注射液中维生素 C 的含量。

试样中维生素 C 的质量分数计算公式为：

$$\omega(C_6H_8O_6)=\frac{c(I_2)\times V(I_2)\times M(C_6H_8O_6)}{m_{试样}}\times 100\%$$

由于维生素 C 的还原性很强，在空气中极易被氧化，特别是在碱性溶液中更甚，所以在滴定时要加入一些醋酸使溶液保持弱酸性，以减少维生素 C 与其他氧化剂作用的影响。

三、仪器与试剂

仪器　电子分析天平、碘量瓶、酸式滴定管、试剂瓶、棕色试剂瓶。

试剂　I_2 标准溶液、2 $mol\cdot L^{-1}$ HAc 溶液、0.5%淀粉指示剂、维生素 C 药片。

四、实验步骤

（一）0.1 $mol\cdot L^{-1}$ I_2 标准溶液的配制与标定

在粗天平上称取碘约 12.8 g、碘化钾 30 g，同置于洁净的研钵内，加入少量水研磨（注意：碘难溶于稀的碘化钾溶液中，所以不应过早地把溶液冲淡）至碘完全溶解；或者先将碘化钾溶解于少量水中，然后在不断搅拌下加入碘，使其完全溶解后，移入 1000 mL 棕色试剂瓶中，稀释至 1000 mL，摇匀，保存在阴凉处，静置 12 h 以上再进行标定。

准确移取本章实验 45 标定好的硫代硫酸钠溶液 25.00 mL 于碘量瓶中，加入 50 mL 水，再加入 2 mL 0.5%淀粉指示剂，用酸式滴定管盛装待标定的碘溶液，滴定至溶液呈稳定的浅蓝色为终点。平行测定 3 次，取平均值。

（二）维生素 C 药片中维生素 C 含量的测定

用直接法准确称取 1 粒维生素 C 药片于 100 mL 烧杯中，立即加入 10 mL 2 $mol\cdot L^{-1}$ HAc 溶液，用干净的玻璃棒搅拌至全部溶解后，加入 30 mL 新煮沸且放冷的蒸馏水，全部定量转入 250 mL 碘量瓶中，控制总体积约 100 mL，加入 2 mL 0.5%淀粉指示剂，立即用 I_2 标准溶液滴定至呈现稳定的浅蓝色。平行测定 3 次，取平均值计算维生素 C 的质量分数。

五、数据记录及处理

自拟。

六、实验注意事项

1. 虽然维生素C在稀酸(pH=4.5～6)溶液中较稳定，但样品溶于稀HAc后仍应立即滴定。

2. 维生素C在有水和潮湿的情况下易分解成糖醛。

3. 蒸馏水中溶有氧气，能将维生素C氧化，使结果偏低，故溶解样品时用新煮沸且放冷的蒸馏水。

七、思考题

1. 为什么维生素C的含量可以用直接碘量法测定？
2. 测定维生素C的含量时，为什么要在HAc介质中进行？
3. 溶解样品时为什么用新煮沸且放冷的蒸馏水？
4. 维生素C本身就是一种酸，为什么测定时还要加酸？

实验48　可溶性硫酸盐中硫的测定(重量法)

一、实验目的

1. 理解晶形沉淀的生成原理和沉淀条件。
2. 练习沉淀的生成、过滤、洗涤和灼烧的操作技术。
3. 测定可溶性硫酸盐中硫的含量，并用换算因数计算测定结果。

二、实验原理

测定可溶性硫酸盐中硫含量所用的经典方法，都是用 Ba^{2+} 离子将 SO_4^{2-} 离子沉淀为 $BaSO_4$，沉淀经过滤、洗涤和灼烧后，以 $BaSO_4$ 形式称量，从而求得S或 SO_3 含量。

$BaSO_4$ 的溶解度很小($K_{sp}=1.1\times10^{-10}$)，100 mL溶液在25 ℃时仅溶解0.25 mg，利用同离子效应，在过量沉淀剂存在下，溶解度更小，一般可以忽略不计。用 $BaSO_4$ 重量法测定 SO_4^{2-} 时，沉淀剂 $BaCl_2$ 因灼烧时不宜挥发除去，因此只允许过量20%～30%。用 $BaSO_4$ 重量法测定 Ba^{2+} 离子时，一般用稀 H_2SO_4 作沉淀剂。由于 H_2SO_4 在高温下可挥发除去，故 $BaSO_4$ 沉淀带下的 H_2SO_4 不至于引起误差，因而沉淀剂可过量50%～100%。$BaSO_4$ 性质非常稳定，干燥后的组成与分子式符合。若沉淀条件控制不好，$BaSO_4$ 易生成细小的晶体，过滤时易穿过滤纸，引起沉淀的损失，因此进行沉淀时，必须注意创造和控制有利于形成较大晶体的条件，如在搅拌条件下将沉淀剂的稀溶液滴加入试样溶液、采用陈化步骤等。

为了防止生成 $BaCO_3$、$Ba_3(PO_4)_2$(或 $BaHPO_4$)及 $Ba(OH)_2$ 等沉淀，应在酸性溶液中进行沉淀。同时适当提高酸度，增加 $BaSO_4$ 的溶解度，以降低其相对过饱和度，有利于获得颗粒较大的纯净而易于过滤的沉淀，一般在0.05 mol·L^{-1}左右HCl溶液中进行沉淀。溶液中也不允许有酸不溶物和易被吸附的离子(如 Fe^{3+}、NO_3^- 等离子)存在，否则应预先予以分离或掩蔽。Pb^{2+}、Sr^{2+} 离子干扰测定。

用 $BaSO_4$ 重量法测定 SO_4^{2-} 离子这一方法应用很广。磷肥、萃取磷酸、水泥以及有机物中硫含量等都可用此法分析。本实验可以用无水芒硝(Na_2SO_4)作试样。

三、仪器与试剂

仪器　电子分析天平、瓷坩埚、坩埚钳。

试剂　2 mol · L^{-1} HCl 溶液、100 g · L^{-1} $BaCl_2$ 溶液、0. 1 mol · L^{-1} $AgNO_3$ 溶液、6 mol · L^{-1} HNO_3 溶液、无水 Na_2SO_4。

四、实验步骤

(一) 称样及沉淀的制备

准确称取在 100～120 ℃干燥过的试样(无水 Na_2SO_4)0. 2～0. 3 g，置于 400 mL 烧杯中，用 25 mL 水溶解，加入 2 mol · L^{-1} HCl 溶液 5 mL，用水稀释至约 200 mL。将溶液加热至沸，在不断搅拌下逐滴加入 5～6 mL 100 g · L^{-1} 热 $BaCl_2$ 溶液(预先稀释约 1 倍并加热)，静置 1～2 min 让沉淀沉降，然后在上层清液中加 1～2 滴 $BaCl_2$ 溶液，检查沉淀是否完全。此时若无沉淀或浑浊产生，表示沉淀已经完全，否则应再加 1～2 mL $BaCl_2$ 稀溶液，直至沉淀完全。然后将溶液微沸 10 min，在约 90 ℃保温陈化约 1 h。

(二) 过滤与洗涤

陈化后的沉淀和上清液冷却至室温，用定量滤纸倾泻法过滤。用热蒸馏水洗涤沉淀至洗液无 Cl^- 离子为止。

(三) 空坩埚恒重

将两只洁净的瓷坩埚放在(800±20) ℃马弗炉中灼烧至恒重。第一次灼烧 40 min，第二次及以后每次灼烧 20 min。

(四) 沉淀的灼烧和恒重

将沉淀和滤纸移入已在 800～850 ℃灼烧至恒重的瓷坩埚中，烘干、灰化后再在 800～850 ℃灼烧至恒重。根据所得 $BaSO_4$ 质量，计算试样中含硫(或 SO_3)质量分数。

五、数据记录及处理

按表 6 - 6 记录实验数据，根据 $BaSO_4$ 的质量计算试样中含硫(或 SO_3)的质量分数。

表 6 - 6

平行测定次数 / 项　目	Ⅰ	Ⅱ
(称量瓶、试样)的质量/g (倒出试样前) (称量瓶＋试样)的质量/g (倒出试样后) 实际试样的质量/g		
(坩埚＋$BaSO_4$)的质量/g	1) 2)	
坩埚质量/g	1) 2)	
$BaSO_4$ 的质量，$m(BaSO_4)$/g		

续 表

平行测定次数 项 目	Ⅰ	Ⅱ
$\omega(SO_3)=\dfrac{m(BaSO_4)\times\dfrac{M(SO_3)}{M(BaSO_4)}}{m}\times100\%$		
$\overline{\omega}(SO_3)$		
相对偏差		

六、实验注意事项

1. Na_2SO_4 若有水不溶残渣，应该将它过滤除去，并用稀盐酸洗涤残渣数次，再用水洗至不含 Cl^- 离子为止。

2. 试样中若含有 Fe^{3+} 离子等干扰，在加 $BaCl_2$ 之前，可加入 EDTA 溶液 5 mL 加以掩蔽。

3. 为了控制晶形沉淀的条件，除试液应稀释加热外，沉淀剂 $BaCl_2$ 溶液也可先加水适当稀释并加热。

4. 检查洗液中有无 Cl^- 离子的方法：用小试管收集 1～2 mL 滤液，加入 1 滴 6 mol · L^{-1} 硝酸酸化，加入 2 滴 0.1 mol · L^{-1} $AgNO_3$ 溶液，若无白色浑浊产生，示 Cl^- 已洗净。

5. 坩埚放入电炉前，应用滤纸吸去其底部和周围的水，以免坩埚因骤热而炸裂。在灼烧沉淀时，若空气不充足，则 $BaSO_4$ 易被滤纸的碳还原为 BaS，将使结果偏低，此时可将沉淀用浓 H_2SO_4 润湿，仔细升温，使其重新转变为 $BaSO_4$。

七、思考题

1. 重量法所称试样质量应根据什么原则计算？

2. 加沉淀剂 100 g · L^{-1} $BaCl_2$ 溶液的体积（5～6 mL）是怎样计算得到的？如果用 H_2SO_4 沉淀 Ba^{2+} 离子，H_2SO_4 用量应如何计算？

3. 为什么试液和沉淀剂都要预先稀释，而且试液要预先加热？

4. 沉淀完毕后，为什么要将沉淀与母液一起保温放置一段时间后才进行过滤？

5. 洗涤至无 Cl^- 离子的目的是什么？简述检查 Cl^- 离子的方法。

6. 为什么要控制在一定酸度的盐酸介质中进行沉淀？

7. 用倾泻法过滤有什么优点？

8. 什么叫恒重？怎样才能把灼烧后的沉淀称准？

实验 49 7220 型分光光度计的波长校正

一、实验目的

掌握校正分光光度计波长的原理及方法。

二、实验原理

仪器上的波长读数与单色器色散后射出的单色光波长是否一致，对测量结果的准确性有密切关系。仪器在长期使用或搬动后要检查波长的准确性。7220 型分光光度计的波长精度要求为≤±2 nm。利用镨钕滤光片的 573 nm 和 586 nm 的双峰谱线或 529 nm、741 nm、808 nm的单峰谱线可对波长进行校正，其原理是：当单色仪旋转到上述谱线时，镨钕滤片对谱线的吸收达峰值(或透光度达最小值)。

三、仪器与试剂

仪器　7220 型分光光度计、镨钕滤光片。

四、实验步骤

1. 按 7220 型分光光度计使用说明书中的仪器操作方法，调整仪器的工作点，使仪器处于工作状态，即：

(1) 旋转波长调节旋钮，使波长读数为 525 nm。

(2) 把镨钕滤光片放置到比色皿架中。

(3) 按"MODE"键使"%T"灯亮，打开样品室的盖子，此时应显示透光度为"0.0"，如不是，按"0%T"键使透光度为"0.0"。

(4) 盖上样品室的盖子，以空气作参比，此时应显示透光度为"100.0"，如不是，按"100%T"键使透光度为"100.0"。

(5) 重复(3)、(4)步骤，检查仪器的工作状态。

2. 以空气为参比，每隔 1 nm 测定 525～533 nm 镨钕滤光片的透光度(即仪器工作点调整完毕后，将镨钕滤光片置于光路中测定)。每次改变测定波长后，均应重复(3)、(4)步骤重调仪器的工作点。当显示的透光度读数为最小值时，即为特征吸收峰，此时仪器的波长读数应为(529±2) nm。如不相符，则卸下波长手轮，打开盖板，调节波长分度盘标尺，使其与实际波长相符。

3. 重复步骤"2"，检验波长误差是否合格(≤±2 nm)。

※ 也可以用吸光度来测定：

1. 按 7220 型分光光度计使用说明书中的仪器操作方法，调整仪器的工作点，使仪器处于工作状态，即：

(1) 旋转波长调节旋钮，使波长读数为 525 nm。

(2) 把镨钕滤光片放置到比色皿架中。

(3) 按"MODE"键使"%T"灯亮，打开样品室的盖子，此时应显示透光度为"0.0"，如不是，按"0%T"键使透光度为"0.0"。

(4) 盖上样品室的盖子，以空气作参比，此时应显示透光度为"100.0"，如不是，按"100%T"键使透光度为"100.0"。

(5) 按"MODE"键使"ABS"灯亮，此时应显示吸光度为"0.000"，如不是，则按"ABS 0"键，使吸光度为"0.000"。

(6) 重复(3)、(4)、(5)步骤，检查仪器的工作状态(在打开样品室的盖子时仪器必须处于"%T"灯亮状态，否则将损坏仪器)。

2. 以空气为参比，每隔 1 nm 测定 525～533 nm 镨钕滤光片的吸光度(即仪器工作点调整完毕后，将镨钕滤光片置于光路中测定)。每次改变测定波长后，均应重复(3)、(4)、(5)步骤重调仪器的工作点。当显示的吸光度读数为最大值时，即为特征吸收峰，此时仪器的波长读数应为 529±2 nm。如不相符，则卸下波长手轮，打开盖板，调节波长分度盘标尺，使其与实际波长相符。

3. 重复步骤"2"，检验波长误差是否合格(≤±2 nm)。

五、数据记录及处理

自拟。

六、思考题

1. 如分光光度计的波长误差不合格，对分析测定有何影响？
2. 为什么每次改变测定波长后，均应重调仪器的工作点？

实验 50 目示比色法与分光光度法测定自来水中的铁

一、实验目的

1. 通过本实验了解和掌握目视比色法、分光光度法的原理与方法。
2. 了解邻菲罗啉测定铁的基本原理。

二、实验原理

邻菲罗啉与 Fe^{2+} 生成稳定的红色络合物，最大吸收波长为 508 nm，$\varepsilon=1.1\times10^4$。当铁以 Fe^{3+} 形式存在于溶液中时，可用盐酸羟胺或对苯二酚还原。于 pH＝3～9(一般控制 pH＝5～6)时显色。该法选择性高，铁含量的 40 倍 Sn^{2+}、Al^{3+}、Ca^{2+}、Mg^{2+}，20 倍 Cr^{3+}、Mn^{2+}、PO_4^{3-} 和 5 倍 Cu^{2+}、Co^{2+} 等不干扰测定。

三、仪器与试剂

仪器　50 mL 比色管 8 支，7220 型分光光度计 1 台

试剂　10 $\mu g\cdot mL^{-1}$ 铁标准溶液[用 $(NH_4)_2Fe(SO_4)_2\cdot 12H_2O$ 配制]、0.15%邻菲罗啉溶液、10% 盐酸羟胺溶液、1 $mol\cdot L^{-1}$ 醋酸钠溶液。

四、实验步骤

(一) 试液的制备

(1) 空白溶液与标准系列的制备　取 6 支 50 mL 比色管，分别加入 0.00 mL、2.00 mL、4.00 mL、6.00 mL、8.00 mL、10.00 mL的 10 $\mu g\cdot mL^{-1}$ 铁标准溶液，然后各加入 1 mL 10% 盐酸羟胺溶液，2 mL 0.15%邻菲罗啉溶液，以及 5 mL 1 $mol\cdot L^{-1}$ NaAc 溶液。每加入一种试剂均应摇匀后再加入另一种试剂，最后用水稀释到 50mL 刻度线，摇匀。

(2) 待测试样的制备　吸取未知水样 10.00 mL 于 50 mL 比色管中(平行 2 份)，其余与标准系列一样操作。

(二) 比色测定

(1) 目视比色定量　将待测试样的 2 支比色管与标准系列的比色管相比较定量之。

(2) 分光光度法测定　在 7220 型分光光度计上，用 1 cm 比色皿，在 508 nm 下，以空白溶液作参比(即以空白溶液调整仪器的工作点)，测定标准系列和待测试样的吸光度(仪器操作步骤参见实验 49)。

五、数据记录及处理

1. 数据记录　自拟。

2. 数据处理

(1) 目视比色法结果计算公式如下：

$$\text{总铁}(\mathrm{mg \cdot L^{-1}}) = \frac{\text{相当于铁标准溶液的微克数}}{\text{水样的毫升数}}$$

(2) 分光光度法的数据处理：

① 绘制标准曲线。

② 从标准曲线中分别查出 2 个待测试样中的铁含量，再计算出未知水样中的铁含量($\mu\mathrm{g \cdot mL^{-1}}$)。

六、思考题

1. 参比溶液的作用是什么？

2. 目示比色法测定结果的有效数字位数，是否应与分光光度法测定结果的有效数字位数一致？

7 物质的制备

实验 51 硫酸亚铁铵的制备

一、实验目的

1. 了解硫酸亚铁铵的制备方法，了解复盐的特性。
2. 掌握使用水浴加热、蒸发、结晶、减压过滤等基本操作。
3. 了解检验产品杂质含量的目测比色方法。

二、实验原理

复盐（又称重盐）是由两种以上的简单盐类所组成的晶形化合物，在水溶液中仍能电离为简单盐的离子（例如，硫酸亚铁铵[$FeSO_4 \cdot (NH_4)_2SO_4 \cdot 6H_2O$]，又称摩尔盐）。根据同一温度下复盐的溶解度比组成它的简单盐溶解度小的特点，用等物质的量的 $FeSO_4$ 和$(NH_4)_2SO_4$ 在水溶液中相互作用可以制得浅蓝绿色的 $FeSO_4 \cdot (NH_4)_2SO_4 \cdot 6H_2O$ 复盐晶体，它在空气中比一般亚铁盐（$FeSO_4 \cdot 7H_2O$）稳定，不易被氧化，可作为化学分析中的基准物质。

铁屑与稀硫酸作用，制得硫酸亚铁溶液：

$$Fe + H_2SO_4 = FeSO_4 + H_2(g)$$

硫酸亚铁溶液与等物质的量的$(NH_4)_2SO_4$ 作用，生成溶解度较小的硫酸亚铁铵复盐晶体，它溶于水，但难溶于乙醇。

$$FeSO_4 + (NH_4)_2SO_4 + 6H_2O = FeSO_4 \cdot (NH_4)_2SO_4 \cdot 6H_2O$$

反应时，Fe 通常选用金属切削后留下的废铁屑。而在炼铁过程中铁矿石中的磷酸钙、硫化亚铁等杂质发生一系列变化：

$$Ca_3(PO_4)_2 + 3SiO_2 + 5C = 3CaSiO_3 + 2P + 5CO$$

$$FeS + CaO + CO = Fe + CaS + CO_2$$

其中还原所得的磷在高温下与石灰石分解出的氧化钙作用，生成磷化钙。因此，废铁屑中硫、磷杂质主要以 CaS 和 Ca_3P_2 形式存在。当其与硫酸反应时，会有下列反应同时进行：

$$CaS + H_2SO_4 = CaSO_4 + H_2S(g)$$

$$Ca_3P_2 + 3H_2SO_4 = 3CaSO_4 + 2PH_3(g)$$

在混合气体逸出时除含 H_2 外，还含有 H_2S、PH_3 及酸雾（H_2SO_4 溶液）。H_2S、PH_3 和酸

雾都为有毒气体。由于 H_2S、PH_3 具有还原性和酸性，且 PH_3 难溶于酸、碱和水，只能用强氧化剂作吸收剂。酸雾的吸收提高溶液的酸度，增强 $KMnO_4$ 的氧化性。因此可用 0.2 mol·L^{-1} $KMnO_4$ 溶液吸收这些有毒气体。H_2S、PH_3 在 $KMnO_4$ 溶液中被还原，其化学反应为：

$$3H_2S + 2MnO_4^- + 2H^+ \xlongequal{} 2MnO_2 + 3S + 4H_2O$$

$$PH_3 + 2MnO_4^- \xlongequal{} HPO_3^{2-} + 2MnO_2 + H_2O$$

$$3HPO_3^{2-} + 2MnO_4^- \xlongequal{} 3PO_4^{3-} + 2MnO_2 + H_2O + H^+$$

若铁屑中含有砷，在与 H_2SO_4 反应时可能产生 AsH_3，它也可被 $KMnO_4$ 溶液吸收。

目测比色法是确定杂质含量的一种常用方法，在确定杂质含量后便能定出产物的质量级别。硫酸亚铁铵产品的质量要求中 Fe^{3+} 离子含量是主要限量标准之一，Fe^{3+} 的含量依据在 KSCN 溶液中显的红色深浅与各已知 Fe^{3+} 含量的 KSCN 标准溶液比色确定。本实验中仅做摩尔盐中 Fe^{3+} 的限量分析。

三、仪器与试剂

仪器　锥形瓶(150 mL)、烧杯(150 mL、400 mL)、量筒(10 mL、50 mL)、台秤、漏斗、漏斗架、布式漏斗、吸滤瓶、水抽气泵、蒸发皿、表面皿、比色管架、水浴锅、广口瓶(棕色、无色)。

试剂　HCl(2.0 mol·L^{-1})、H_2SO_4(3.0 mol·L^{-1})、Na_2CO_3(1.0 mol·L^{-1})、KSCN(1.0 mol·L^{-1})、$KMnO_4$(0.2 mol·L^{-1})、$(NH_4)_2SO_4$(固体)、铁屑、乙醇(95%)、Fe^{3+} 的 KSCN 标准溶液三种。

材料　pH 试纸、滤纸。

四、实验步骤

(一) 硫酸亚铁铵的制备

(1) 去除铁屑油污　称取 2 g 铁屑，放入锥形瓶(150 mL)中，加入 20 mL Na_2CO_3 溶液(1.0 mol·L^{-1})，水浴加热约 1 min，以除去铁屑表面油污。倾析法除去碱液，并用水将铁屑洗净，以 pH 试纸检验为中性。

(2) 制备硫酸亚铁　在盛有洗净铁屑的锥形瓶中，加入 15 mL H_2SO_4 溶液(3.0 mol·L^{-1})，按图 7-1 安装好(瓶 A 为缓冲瓶，以防反应过程中 $KMnO_4$ 溶液倒流；瓶 B 为气体吸收瓶，内装有 0.2 mol·L^{-1} $KMnO_4$ 溶液，瓶 B 可供 2～3 个学生同时使用)，将锥形瓶放入水浴加热、反应。

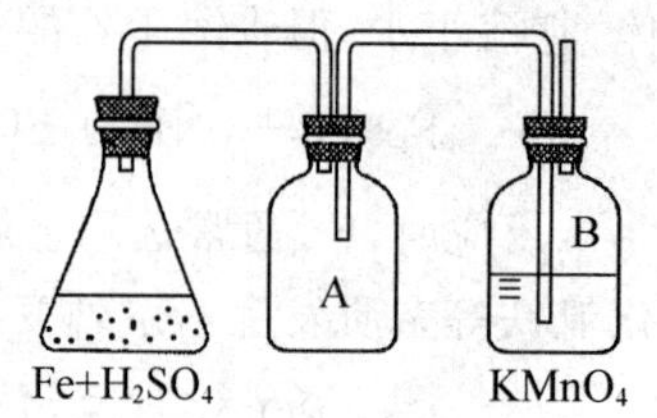

图 7-1　吸收装置

在反应过程中要适当添加去氧水(煮沸过的去离子水)，以补充蒸发掉的水分。当反应进行到不再产生气泡时，反应基本完成。注意：铁屑与硫酸反应的温度不宜过高，应保持在 50～70 ℃为宜，反应时间 15～20 min。用普通漏斗趁热过滤，滤液盛于蒸发皿中，将锥形瓶和滤纸上的残渣洗净，收集在一起，用滤纸吸干后称其质量(如残渣量极少，可不收集)。算出已作用的铁屑质量。

(3) 制备硫酸铵饱和溶液　根据已作用的铁的质量和反应式中的计量关系，计算出所需要的 $(NH_4)_2SO_4$(s)质量和室温下配制硫酸铵饱和溶液所需要的水的体积。根据计算结果，在烧杯中配制 $(NH_4)_2SO_4$ 饱和溶液。

(4) 制备硫酸亚铁铵 将$(NH_4)_2SO_4$饱和溶液倒入盛$FeSO_4$溶液的蒸发皿中,混合均匀后,用pH试纸检验溶液的pH值是否为1~2。若酸度不够,用H_2SO_4溶液(3.0 mol·L^{-1})调节。

在水浴中蒸发混合溶液,浓缩至表面出现晶体膜为止(注意:蒸发过程中不宜搅动)。静置,让溶液自然冷却。冷至室温时,便析出硫酸亚铁铵晶体。抽滤至干,再用5 mL乙醇溶液淋洗晶体,以除去晶体表面的水分,继续抽干。取出晶体,在表面皿上晾干,称其质量,并计算产率。

(二) Fe^{3+}的含量分析

用烧杯将去离子水煮沸5 min,以除去溶解氧,盖好,冷却后备用。称取1.00 g产品,置于比色管中,加入10.0 mL备用的去离子水,溶解之,再加入2.00 mL HCl溶液(2.0 mol·L^{-1})和0.50 mL KSCN溶液(1.0 mol·L^{-1}),最后用备用的去离子水稀释到25.00 mL,摇匀。与标准溶液进行目测比色,以确定产品等级。

五、数据记录及处理

表 7-1

已作用铁的质量/g	$(NH_4)_2SO_4$饱和溶液		$FeSO_4\cdot(NH_4)_2SO_4\cdot6H_2O$			
	$(NH_4)_2SO_4$质量/g	水体积/mL	理论产量/g	实际产量/g	产 率/%	级 别

六、实验注意事项

(一) Fe^{3+}的KSCN标准溶液的配制

先配制0.01 mg·L^{-1} Fe^{3+}标准溶液。用吸量管吸取Fe^{3+}标准溶液5.00 mL、10.00 mL、20.00 mL,分别放入3支比色管中,然后各加入2.00 mL HCl溶液(2.0 mol·L^{-1})和0.50 mL KSCN溶液(1.0 mol·L^{-1}),用备用的脱氧去离子水将溶液稀释到25.00 mL,摇匀,得到符合三个级别Fe^{3+}含量的KSCN标准溶液。25.00 mL溶液中Fe^{3+}含量为0.05 mg、0.10 mg、和0.20 mg分别是Ⅰ级、Ⅱ级、Ⅲ级试剂中的Fe^{3+}最高含量。

本实验中Fe^{3+}的KSCN标准溶液由实验室配制。

(二) 几种盐的溶解度手册值(g/100 g H_2O)

表 7-2

盐(相对分子质量)	温度/℃			
	10	20	30	40
$(NH_4)_2SO_4$(132.1)	73.0	75.4	78.0	81.0
$FeSO_4\cdot7H_2O$(277.9)	37.0	48.0	60.0	73.3
$FeSO_4\cdot(NH_4)_2SO_4\cdot6H_2O$(392.1)	17.2	36.5	45.0	53.0

七、思考题

1. 为什么硫酸亚铁溶液和硫酸亚铁铵溶液都要保持较强的酸性?

2. 如何检验产生的混合气体中含有 H_2S、PH_3 等气体？
3. 进行目测比色时，为什么用含氧较少的去离子水配制硫酸亚铁铵溶液？
4. 制备硫酸亚铁铵时，为什么采用水浴加热法？
5. 如何证明产品中含有 NH_4^+、Fe^{2+} 和 SO_4^{2-} 离子？
6. 为什么酸雾的吸收会增强 $KMnO_4$ 的氧化性？

实验 52　硝酸钾的制备及其溶解度的测定

一、实验目的

1. 了解水溶盐的一种制备方法和原理。
2. 掌握吸滤操作方法。
3. 初步掌握滴定管操作方法。
4. 学习绘制及应用溶解度曲线。

二、实验原理

当 KCl 和 $NaNO_3$ 溶液混合时，溶液中同时存在 Na^+、K^+、Cl^-、NO_3^- 四种离子。由这四种离子组成的四种盐在不同温度下的溶解度如表 7-3 所示。

表 7-3　四种盐的溶解度　　g/100 g H_2O

盐	温度/℃				
	0	20	40	70	100
KNO_3	13.3	31.6	36.9	138	246
KCl	27.6	34.0	40.0	43.8	56.7
$NaNO_3$	73.0	88.0	104.0	136.0	180.0
NaCl	35.7	36.0	36.6	37.8	39.8

由表 7-3 中的数据可以看出，在 20 ℃时，除 $NaNO_3$ 外，其他三种盐的溶解度相近，因此不可能优先析出 KNO_3 晶体。但是随着温度的升高，KNO_3 的溶解度增加很快，而 NaCl 的溶解度增加极少，因此将 KCl 和 $NaNO_3$ 混合溶液加热，在高温下 NaCl 的溶解度相对较小，可趁热将其滤去。使滤液冷却，其中的硝酸钾因溶解度下降而析出。

大多数物质的溶解度随温度升高而增加。测定某物质在不同温度下的溶解度，以溶解度为纵坐标，以温度为横坐标作图，可得溶解度曲线。

三、仪器与试剂

仪器　台秤、烧杯(50 mL、100 mL、400 mL)、电炉(或电热板)、水抽气泵、吸滤瓶、布氏漏斗、大试管(高 20 cm)、温度计(0～110 ℃，分度为 1 ℃)、滴定管(25 mL)或吸量管(10 mL)。

药品　$NaNO_3$(CP)、KCl (CP)、KNO_3(CP)。

材料　滤纸。

四、实验步骤

(一) 硝酸钾制备

称取 $NaNO_3$ 17 g 及 KCl 5 g 放在 100 mL 烧杯中，加入 30 mL 蒸馏水使之溶解。在烧杯外壁液面做一标志。将烧杯置于电炉上加热，使之蒸发至原有液体体积的 2/3，此时，烧杯中有晶体析出。趁热吸滤至干，滤液中立即又析出晶体。另取沸水 10 mL，倒入滤瓶中，晶体又复溶解。将滤瓶中的热滤液倒入烧杯中，再用电炉加热，蒸发至该液体体积的 2/3，此时将烧杯置于实验桌上，使其温度下降 5～10 ℃，则晶体再次析出(注意对比此晶体与原滤纸上的晶体形状是否一样)。吸滤至干，将滤出的晶体转移到 50 mL 烧杯中，加入 7 mL 蒸馏水，加热使之溶解。再将溶液静置，使其温度下降 5～10 ℃，晶体再次析出，吸滤至干，称其质量。

(二) 溶解度测定

预备干燥洁净的大试管 1 支，称其质量(称准至 0.1 g)。配一单孔橡皮塞，插入 110 ℃温度计，使水银球距离试管底约 5 mm。

在台秤上称量固体硝酸钾样品约 5 g 倒入试管内，称其质量(称准至 0.1 g)。自滴定管(或移液管)内准确地加蒸馏水 4 mL 于试管中。安装上带温度计的塞子。

取 400 mL 烧杯，盛水约 300 mL，置于电炉上加热至沸腾。将试管放入烧杯中，使试管内液面略低于烧杯中液面。搅动试管内溶液至固体完全溶解。若烧杯内水保持沸腾而试管内固体未完全溶解，则需在试管内再准确加入 1 mL 蒸馏水，以使固体全部溶解。记录试管内准确加入的蒸馏水量。试管加热不宜过久，以免管内水分蒸发过多。待试管内固体全部溶解后，尽快将试管从水浴中取出。自然冷却，不断搅动，记录在溶液中出现晶体时的温度。重复加热和冷却至得到的两次测量数据之差不超过 0.5 ℃，此为一个饱和温度。

再准确加蒸馏水 1 mL，如前加热至固体完全溶解，然后冷却，测定另一饱和温度。重复此项操作，直至测得饱和温度达到或低于 30 ℃。

五、数据记录及处理

1. 记录硝酸钾制备的原料质量及得到的产品质量，计算实验产率。

2. 记录试管质量及盛硝酸钾后试管质量，计算硝酸钾准确质量。

3. 以各次试管内加入的准确蒸馏水量及硝酸钾质量，计算硝酸钾的溶解度(g/100 g H_2O)，并将其与各次对应的饱和温度列表。

4. 以溶解度为纵坐标、温度为横坐标绘制硝酸钾溶解度曲线，并与手册数据进行对比。硝酸钾溶解度的手册数据如表 7－4 所示。

表 7－4

温度/℃	0	10	20	30	40	50	60
溶解度/g·(100 g H_2O)$^{-1}$	13.3	20.9	31.6	45.8	63.9	85.5	110.0

六、思考题

1. 制备硝酸钾中得到的实验产率与理论产率为什么有差别？从各种盐的溶解度数据分

析，如何操作可能提高产率？

2. 在本实验的不同温度下溶解度测定方法中有哪些操作可能引入误差？哪些是偶然误差，哪些是系统误差？如何改进可以提高测定准确度？

3. 怎样绘制溶解度曲线可以更为明显地看出溶解度与温度的关系？

实验 53　三草酸合铁(Ⅲ)酸钾的制备

一、实验目的

了解利用沉淀、氧化还原、配位等反应制取三草酸合铁(Ⅲ)酸钾的方法。

二、实验原理

本实验是用铁(Ⅱ)盐与草酸反应制备难溶的 $FeC_2O_4 \cdot 2H_2O$，然后在有 $K_2C_2O_4$ 存在下，用 H_2O_2 将 FeC_2O_4 氧化成 $K_3[Fe(C_2O_4)_3]$，同时有 $Fe(OH)_3$ 生成，加适量的 $H_2C_2O_4$ 溶液，可使其转化成配合物。

$$6FeC_2O_4 \cdot 2H_2O + 3H_2O_2 + 6K_2C_2O_4 = 4K_3[Fe(C_2O_4)_3] + 2Fe(OH)_3 + 12H_2O$$

$$2Fe(OH)_3 + 3H_2C_2O_4 + 3K_2C_2O_4 = 2K_3[Fe(C_2O_4)_3] + 6H_2O$$

总反应是：

$$2FeC_2O_4 \cdot 2H_2O + H_2O_2 + 3K_2C_2O_4 + H_2C_2O_4 = 2K_3[Fe(C_2O_4)_3] + 6H_2O$$

三草酸合铁(Ⅲ)酸钾是翠绿色单斜晶体，溶于水，难溶于乙醇，往该化合物的水溶液中加入乙醇后，可析出晶体，它是光敏物质，见光易分解，变为黄色。

$$2K_3[Fe(C_2O_4)_3] \xlongequal{\text{光}} 2FeC_2O_4 + 3K_2C_2O_4 + 2CO_2$$

三、仪器与试剂

仪器　台式天平、布氏漏斗、吸滤瓶、恒温水浴、烧杯、量筒。

试剂　$(NH_4)_2Fe(SO_4)_2 \cdot 6H_2O$(s)、$H_2SO_4$($3\ mol \cdot L^{-1}$)、$H_2C_2O_4$(饱和)、$K_2C_2O_4$(饱和)、$H_2O_2$(3%)、乙醇(95%)。

四、实验步骤

(一) 硫酸亚铁铵溶液的制备

称取 5.0 g $(NH_4)_2Fe(SO_4)_2 \cdot 6H_2O$(s)置于 150 mL 烧杯中，加入 15 mL 去离子水和数滴 $3\ mol \cdot L^{-1}$ H_2SO_4 溶液，加热溶解。

(二) 三草酸合铁(Ⅲ)酸钾的制备

(1) 沉淀　在步骤(一)制备的溶液中加入 25 mL 饱和 $H_2C_2O_4$ 溶液，搅拌并加热煮沸，形成黄色 $FeC_2O_4 \cdot 2H_2O$ 沉淀。倾析法弃去上层清液，洗涤该沉淀 2～3 次，每次用 25 mL 去离子水搅拌并温热，静置，弃去清液，除去可溶性杂质。

(2) 氧化　在上述沉淀中加入 10 mL 饱和 $K_2C_2O_4$ 溶液，水浴加热至 40 ℃，慢慢滴加进

20 mL 3% H_2O_2 溶液，不断搅拌并维持温度在 40 ℃左右(此时有什么现象?)，使 Fe(Ⅱ)充分氧化为 Fe(Ⅲ)。滴加完毕后，加热溶液至沸以除去过量的 H_2O_2。

(3) 生成配合物　保持上述沉淀近沸状态，先加入饱和 $H_2C_2O_4$ 溶液 7 mL，然后趁热再滴加饱和 $H_2C_2O_4$ 溶液 1～2 mL 使沉淀溶解。溶液的 pH 保持在 4～5，此时溶液为翠绿色，趁热过滤，并使滤液控制在 30 mL 左右(若体积太大，可水浴加热浓缩)，滤液中加入 10 mL 95%乙醇。若有晶体析出，温热使析出的晶体再溶解。用表面皿将烧杯盖好，冷却，结晶，抽滤，用 95%乙醇洗涤 2 次，得三草酸合铁(Ⅲ)酸钾 $K_3[Fe(C_2O_4)_3]\cdot 3H_2O$ 晶体，称重，计算产率，避光保存。

五、实验注意事项

1. 在制备的 $FeSO_4$ 溶液中，加 0.5～1 mL 3 mol·L^{-1} H_2SO_4 溶液酸化，以防 $FeSO_4$ 水解。但酸性太强时，不利于 $FeC_2O_4\cdot 2H_2O$ 沉淀生成。

2. 加热虽然能加快非均相反应的速度，但同时又会促使 H_2O_2 分解。因此，温度不宜太高，一般为 40 ℃，手感温热即可。

六、数据记录及处理

1. 记录实验条件、过程、各试剂用量以及产品 $K_3[Fe(C_2O_4)_3]\cdot 3H_2O$ 晶体的外观形状、颜色。

2. 计算 $K_3[Fe(C_2O_4)_3]\cdot 3H_2O$ 的理论产量与实际产率。

3. 在 $K_3[Fe(C_2O_4)_3]$溶液中存在如下平衡：

$$
\begin{array}{ccccc}
[Fe(C_2O_4)_3]^{3-} \rightleftharpoons & Fe^{3+} & + & 3C_2O_4^{2-} \\
 & + & & + \\
 & OH^- & & H^+ \\
 & \Big\updownarrow & & \Big\updownarrow \\
 & [Fe(OH)]^{2-} & & HC_2O_4^-
\end{array}
$$

七、思考题

1. 加入过氧化氢溶液的速度过慢或过快各有何缺点？用过氧化氢做氧化剂有何优越之处？

2. 最后一步能否用蒸干溶液的办法来提高产率？

3. 制得草酸亚铁后，洗去哪些杂质？

4. 能否直接由 Fe^{3+} 制备 $K_3Fe(C_2O_4)_3$？有无更佳制备方法？查阅资料后回答。

5. 哪些试剂不可以过量？为什么最后加入草酸溶液要逐滴加入？

6. 应根据哪种试剂的用量计算产率？

实验 54　五水合硫酸铜的制备

一、实验目的

1. 了解由废铜渣制备铜盐的原理和方法。
2. 练习和掌握过滤、蒸发、结晶和干燥等基本操作。

二、实验原理

$CuSO_4 \cdot 5H_2O$ 是蓝色三斜晶体，俗称胆矾、蓝矾或铜矾，在干燥空气中会缓慢风化，150 ℃以上失去 5 个结晶水，成为白色无水硫酸铜，它具有极强的吸水性，吸水后显蓝色，可用来检验某些有机液体中是否残留有水分。$CuSO_4 \cdot 5H_2O$ 用途广泛，是制取其他固体铜盐和含铜农药(如波尔多液)的基本原料，它在印染工业上用作助催化剂。

常用氧化铜法制备：先将铜氧化成氧化铜，然后将氧化铜溶于硫酸，反应如下：

$$2Cu + O_2 \xlongequal{灼热} 2CuO(黑色)$$

$$CuO + H_2SO_4 = CuSO_4 + H_2O$$

由于废 Cu 及工业 H_2SO_4 不纯，所以得到的 $CuSO_4$ 溶液中常含有杂质。不溶性杂质可在过滤时除去。对于可溶性杂质 Fe^{3+} 和 Fe^{2+}，一般是先将 Fe^{2+} 用氧化剂(如 H_2O_2)氧化成 Fe^{3+}，然后调节溶液的 pH 值至 3，并加热煮沸，使之以 $Fe(OH)_3$ 形式沉淀，再过滤除去。

$$2Fe^{2+} + 2H^+ + H_2O_2 = 2Fe^{3+} + 2H_2O$$

$$Fe^{3+} + 3H_2O \xlongequal{pH=3, \Delta} Fe(OH)_3 \downarrow + 3H^+$$

将除去杂质的 $CuSO_4$ 溶液蒸发，冷却结晶后即得蓝色 $CuSO_4 \cdot 5H_2O$。

三、仪器与试剂

仪器　台秤、离心机、水浴锅、离心试管(15 mL)、量筒(10 mL)、漏斗、表面皿、吸滤瓶、布氏漏斗、蒸发皿、石棉网、玻棒、药勺。

药品　HCl ($2\ mol \cdot L^{-1}$)溶液、H_2SO_4($2\ mol \cdot L^{-1}$)溶液、3% H_2O_2 溶液。

材料　废铜粉、滤纸。

四、实验步骤

(一) 铜的提纯

称取 4.0 g 废铜粉于干净的 100 mL 烧杯中，加入 20～25 mL $2\ mol \cdot L^{-1}$ HCl 溶液，搅拌，使铜粉中的锌和 HCl 反应直至不再有气泡冒出为止。然后将烧杯中的铜分批转移到 15 mL的离心试管中，经离心后，用吸管小心地吸出上面的溶液，再添加烧杯中的剩余物，直到将铜全部转移到离心试管中去为止。然后向离心试管中加入蒸馏水约 10 mL，搅拌、洗涤、离心后，再吸出上面的清液，这样反复 4～5 次后，将经过处理后的单质铜转移到干净的蒸发皿中。

(二) $CuSO_4 \cdot 5H_2O$ 的制备

往盛有单质铜的蒸发皿中加入 10 mL 3 mol·L^{-1} H_2SO_4 溶液，然后缓慢分批加入 3 mL 浓硝酸（反应过程中产生大量有毒的 NO_2 气体，操作应在通风橱内进行）。待铜溶解后，趁热用倾析法将溶液转移到一个小烧杯中，留下不溶性杂质，然后再将硫酸铜溶液转回洗净的蒸发皿中（如溶液无杂质，此过程可不做）。在水浴上蒸发浓缩，至表面出现晶体膜为止（蒸发过程中不宜搅动）。取下，放置，使溶液慢慢冷却，五水合硫酸铜即可结晶出来。用减压过滤法滤出晶体。把晶体用滤纸吸干，观察晶体的形状和颜色，称重，并计算产率。

(三) 重结晶法提纯 $CuSO_4 \cdot 5H_2O$

将粗产品以每克 1.2 mL 水的比例，溶于蒸馏水中，加热使 $CuSO_4 \cdot 5H_2O$ 完全溶解。趁热过滤，滤液收集在一个小烧杯中，让其慢慢冷却，即有晶体析出（如无晶体析出，可在水浴上再加热蒸发，使其结晶）。完全冷却后，用倾析法除去母液，晶体用滤纸吸干，称重，计算产率。母液回收。

五、思考题

1. 浓硝酸在本实验中起什么作用？为什么要分批加入？
2. 总结和比较倾析法、常压过滤、减压过滤和热过滤等固液分离方法的优缺点。

实验 55 环己烯的制备

一、实验目的

1. 学习在实验室中制备环己烯的原理和方法。
2. 熟练简单蒸馏操作；掌握分馏的基本操作技能。
3. 了解盐析原理及操作。

二、实验原理

实验室中制备烯烃常采用醇在脱水剂作用下脱水的方法。常用的脱水剂有浓硫酸、浓磷酸和五氧化二磷等，可根据醇的结构选用。本实验采用环己醇为原料，以浓磷酸为脱水剂制备环己烯。

主反应：

$$\text{(cyclohexanol)}\!-\!OH \xrightarrow{85\%\ H_3PO_4} \text{(cyclohexene)} + H_2O$$

副反应：

$$2\ \text{(cyclohexanol, OH)} \xrightarrow[\triangle]{85\%\ H_3PO_4} \text{(cyclohexyl)}\!-\!O\!-\!\text{(cyclohexyl)} + H_2O$$

实验所需时间：约 4 h。

三、仪器与试剂

仪器　蒸馏装置一套、分馏柱、分液漏斗、锥形瓶(50 mL)、电热套。

试剂　环己醇、85％磷酸、精盐、10％碳酸钠水溶液、无水氯化钙。

四、实验步骤

在 50 mL 干燥的圆底烧瓶中加入环己醇 9.6 g(10 mL,约0.096 mol)、85％磷酸 5 mL,振荡均匀,放入几粒沸石,按图 7－2 所示安装分馏装置。用 50 mL烧瓶作接受器,外用冰水浴冷却。将烧瓶放在电热套上,用小火慢慢加热混合物至沸腾,控制分馏柱上端温度不超过 73 ℃。当无液体蒸出时,加大火焰,继续蒸馏。当温度到达 85 ℃时,停止加热。蒸出液为环己烯和水的混浊液。

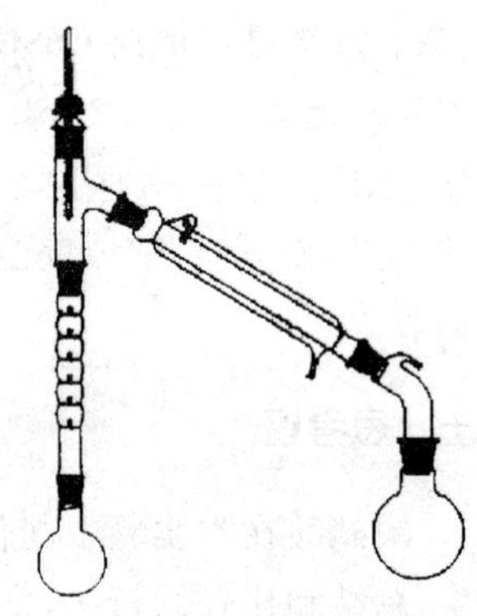

图 7－2　制备环己烯的反应装置

将馏出液移入分液漏斗中,静止分层,分离出下层水层。再向分得的油层(留在分液漏斗内)加入等体积的饱和食盐水(5 mL 左右),摇匀后静置分层。分出水层后,将油层倾入干燥的小锥形瓶中,加入 1～2 g 块状无水氯化钙,用磨口塞塞紧后,不时振摇,约需放置 0.5 h,待液体完全澄清透明后,才能进行蒸馏操作。

将干燥的粗制环己烯倒入干燥的 50 mL 圆底烧瓶中(注意：干燥剂不要倒入),在电热套上进行蒸馏,收集 82～85 ℃馏分于一已称重的干燥小锥形瓶中。所用的蒸馏装置必须是干燥的。产量：约 4～5 g。

五、数据记录及处理

纯环己烯为无色透明液体,沸点 82.98℃,折光率 $n_D^{20}=1.4451$。环己烯的 IR 谱见图 7－3 所示,^{1}H－NMR 谱图见图 7－4 所示。

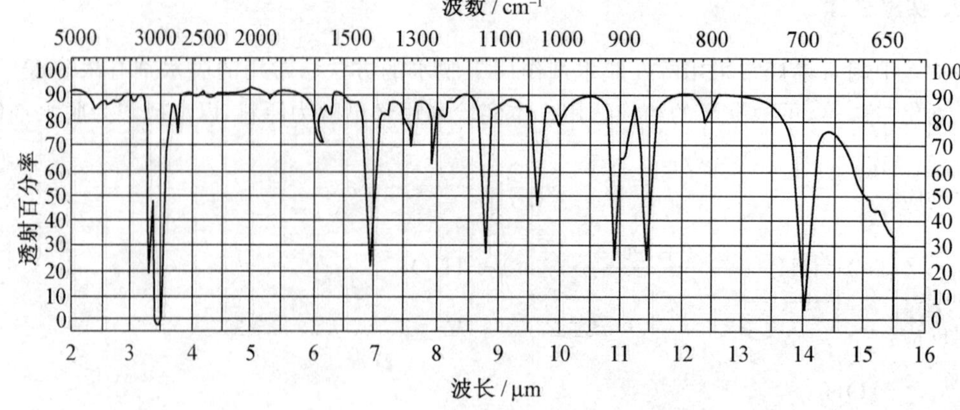

图 7－3　环己烯的红外光谱

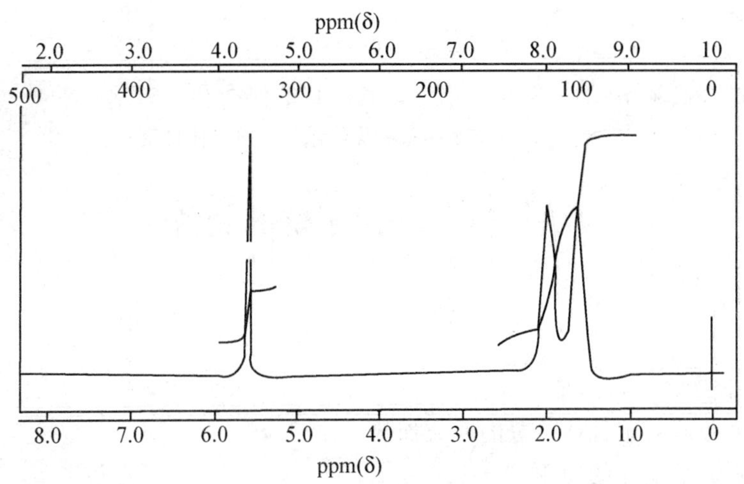

图 7-4 环己烯的[1]H-NMR 谱

六、实验注意事项

(一) 反应装置

反应是可逆的，本实验采用在反应过程中将产物从反应体系中分离出来的方法推动平衡向正反应方向移动，提高产物的产率。

环己烯-水共沸点 70 ℃，含水 10%；环己醇-水共沸点 97.8 ℃，含水 80%。为使产物以共沸物的形式分出反应体系又不夹带原料环己醇，本实验采用分馏反应装置。

$$\text{C}_6\text{H}_{11}\text{—OH} \xrightarrow{85\%\ H_3PO_4} \text{C}_6\text{H}_{10} + H_2O$$

100　　　　82　　18

由反应式可知，每生成 82 g 环己烯的同时生成 18 g 水，粗产物中含水量大于环己烯-水共沸物中的含水量，因此，利用共沸分馏并控制分馏柱顶部温度 71 ℃左右，生成的水完全可以把环己烯带出反应体系，又可以减少环己醇以共沸物的形式带出反应体系，使环己醇充分转化。反应结束前温度升到 85 ℃是为了使分馏柱中少量环己烯彻底蒸出来。用 25 mL 量筒作分馏接受器，便于计量分馏出的产物的量，判断反应进行的程度。

(二) 控制条件及注意事项

(1) 环己醇的黏度较大，尤其当室温较低时，量筒内的环己醇很难倒净，会影响产率。

(2) 磷酸有一定的氧化性，加完磷酸要摇匀后再加热，否则会被氧化。

(3) 加热反应一段时间后再逐渐蒸出产物，调节加热速度，保持反应速度大于蒸出速度才能使分馏连续进行，柱顶温度稳定在 71 ℃不波动。

(4) 反应终点的判断可以参考下面几个参数：反应进行 40 min 左右；分馏出的环己烯-水共沸物达到理论计算值；反应烧瓶中出现白雾；柱顶温度下降后又升到 85 ℃以上。

(5) 粗产物干燥后再蒸馏，蒸馏装置要干燥，否则前馏分多(环己烯-水共沸物)，降低产率。

七、思考题

1. 在粗制的环己烯中，加入精盐使水层饱和的目的何在？
2. 写出环己烯与溴水、碱性高锰酸钾溶液以及浓硫酸作用的反应式。

实验 56　1-溴丁烷的制备

一、实验目的

1. 掌握 1-溴丁烷的制备原理和方法。
2. 掌握带有吸收有害气体装置的回流加热操作。
3. 初步掌握分液漏斗的使用。
4. 掌握萃取、洗涤、干燥的基本原理及操作。

二、实验原理

主反应：

$$NaBr + H_2SO_4 \longrightarrow HBr + NaHSO_4$$

$$CH_3CH_2CH_2CH_2{-}OH + HBr \rightleftharpoons CH_3CH_2CH_2CH_2{-}Br + H_2O$$

副反应：

$$CH_3CH_2CH_2CH_2{-}OH \xrightarrow[170\ ℃]{H_2SO_4} CH_3CH_2CH{=}CH_2 + H_2O$$

$$CH_3CH_2CH_2CH_2{-}OH \xrightarrow[140\ ℃]{H_2SO_4} CH_3CH_2CH_2CH_2OCH_2CH_2CH_2CH_3 + H_2O$$

实验所需时间：6 h。

三、仪器与试剂

仪器　50 mL 圆底烧瓶、蒸馏头、温度计、螺口接头、回流冷凝管、球形冷凝管、接引管、锥形瓶、铁架台、铁十字夹、电热套、分液漏斗、干燥管。

试剂　正丁醇(6.2 mL，5 g，0.068 mol)、溴化钠(无水)(8.3 g，0.08 mol)、浓硫酸(10 mL，0.18 mol)、10%碳酸钠溶液、无水氯化钙。

四、实验步骤

在 50 mL 圆底烧瓶中放入 8.3 g 研细的溴化钠、6.2 mL 正丁醇和 1～2 粒沸石。烧瓶上装一回流冷凝管。在一个小锥形瓶内放入 10 mL 水，将瓶放在冷水浴中冷却，一边摇荡，一边慢慢地加入 10 mL 浓硫酸。将稀释的硫酸分 4 次从冷凝管上端加入烧瓶，每加一次都要充分振荡烧瓶，使反应物混合均匀。在冷凝管上口装一干燥管，其后用弯玻璃管按图 7－5 所示连接气体吸收装置。将烧瓶放在电热套内加热至沸腾，保持回流 30 min。

反应完成后，将反应物冷却 5 min。卸下回流冷凝管，再加入 1～2 粒沸石，用蒸馏头连接冷凝管(图 7-5)进行蒸馏。仔细观察馏出液,直到无油滴蒸出为止(或当蒸气温度持续上升至 105 ℃以上而馏出液增加甚慢时即可停止蒸馏)。

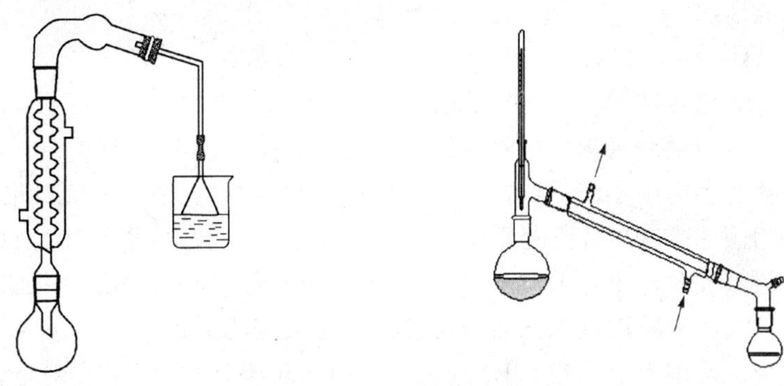

图 7-5　1-溴丁烷的制备装置图

将馏出液倒入分液漏斗中,将油层从下面放入一个干燥的小锥形瓶中,然后用 3 mL 浓硫酸分两次加入瓶内,每加一次都要摇匀混合物。如果锥形瓶发热,那么可用冷水浴冷却。将混合物慢慢倒入分液漏斗中,静置分层,放出下层的浓硫酸。油层依次用 10 mL 水、5 mL 10%碳酸钠溶液和 10 mL 水洗涤。将下层的粗 1-溴丁烷放入干燥的小锥形瓶中,加入 1～2 g 块状的无水氯化钙,间歇振荡锥形瓶,直到液体澄清为止。

将液体倒入 50 mL 圆底烧瓶中,投入 1～2 粒沸石,安装好蒸馏装置,在电热套内加热蒸馏,收集 99～103 ℃的馏分。产量约 6.5 g。

五、数据记录及处理

纯 1-溴丁烷的沸点为 101.6 ℃,折光率 $n_D^{20}=1.4399$。1-溴丁烷的红外光谱(IR)如图 7-6所示。产品要回收,并应记录产品质量,计算产率。

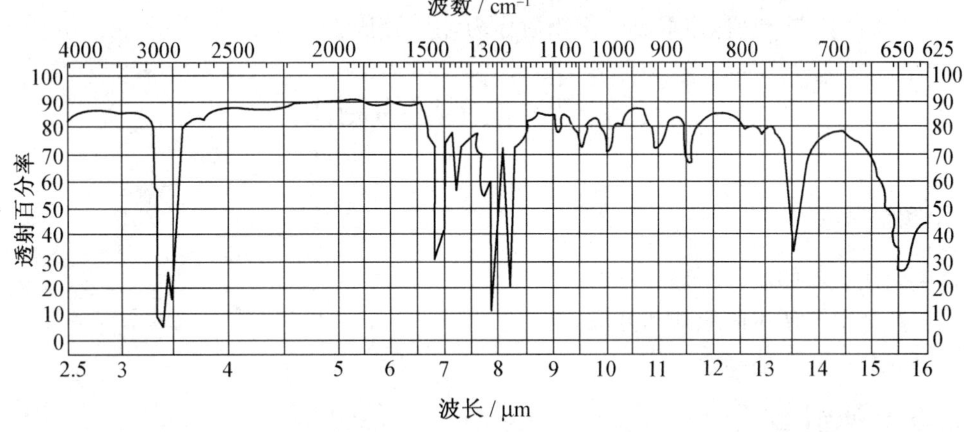

图 7-6　1-溴丁烷的红外光谱

六、实验注意事项

1. 加料时先加 NaBr,并在烧瓶口上加一个用滤纸做的纸漏斗,以防瓶口上沾 NaBr,也不要让溴化钠黏附在液面以上的烧瓶壁上。不要一开始就加热过猛，否则回流时反应混合物的颜色很快变深（橙黄或橙红色），甚至会产生少量炭渣。操作情况良好时油层仅呈浅黄色，冷凝管顶端也无溴化氢逸出。

2. 粗蒸馏时油层的黄色褪去，馏出的油滴无色，不带酸性。若油层蒸完后继续蒸馏，蒸馏瓶中的液体又渐变黄色，这时馏出液呈强酸性。有时蒸出的液滴也带黄色，这是由于氢溴酸被硫酸氧化而分解出溴。最后蒸馏瓶中的残液又会变为无色。若仔细观察，可以看到蒸馏瓶内残液中漂浮着一些黑色的细小渣滓，这可能是油层中原来的有色杂质分解炭化所致。

3. 用浓硫酸洗涤粗产物时，一定要先将油层与水层彻底分开，否则浓硫酸被稀释而降低洗涤效果。如果粗蒸馏时蒸出了氢溴酸，洗涤前又未分离尽，加入浓硫酸后油层和水层都会变为橙黄或橙红色。用碳酸钠溶液洗涤后橙黄色的油层又变为无色。

如果油层所带的水中无氢溴酸，用浓硫酸洗涤时虽然也要发热，却无颜色变化。将粗蒸馏蒸出的大量水层取几滴加浓硫酸，混合液立即发热变棕黄色。以上这些现象清楚地说明了用浓硫酸洗涤油层时发生的颜色变化是由于未分尽的氢溴酸被硫酸氧化成游离的溴所致。

油层如呈红色，这是因为浓硫酸氧化氢溴酸产生游离溴所至，可加少量亚硫酸氢钠水溶液除去。

4. 每次加热一定要加沸石，回流操作时一定要控制温度，保持缓和沸腾。

5. 两次蒸馏时应严格控制加热速度，防止冷凝管后冒白烟。

七、思考题

1. 反应后的粗产物中含有哪些杂质？各步洗涤的目的何在？

2. 用分液漏斗洗涤产物时，正溴丁烷时而在上层，时而在下层，若不知道产物的密度，可用什么简便的方法加以判断？

3. 在加料时，如先加溴化钠与浓硫酸，后加正丁醇和水，会发生什么问题？

4. 为什么要安装气体吸收装置？主要吸收什么气体？

5. 在计算理论产量时，应取哪一个物质作为计算的基准？

实验 57　正丁醚的制备

一、实验目的

1. 掌握正丁醚的制备原理和方法。

2. 掌握分水器使用的原理和方法。

3. 巩固分液漏斗的操作。

二、实验原理

醇分子间脱水而生成醚，是制备单纯醚的常用方法。反应必须在催化剂存在下进行，所用催化剂可以是硫酸、氧化铝、苯磺酸等。本实验用硫酸作为催化剂。醇在酸存在下脱水可生成醚和烯烃等，温度对其影响很大，所以必须严格控制反应温度。

主反应：

$$CH_3CH_2CH_2CH_2OH \xrightarrow[135\ ^\circ C]{浓硫酸} (CH_3CH_2CH_2CH_2)_2O + H_2O$$

副反应：

$$CH_3CH_2CH_2CH_2OH \xrightarrow{浓硫酸} CH_3CH_2CH{=}CH_2 + H_2O$$

生成醚的反应是可逆反应。可以不断将反应产物（水或醚）蒸出，使可逆反应朝有利于生成醚的方向进行。实验所需时间：6 h。

三、仪器与试剂

仪器　100 mL 三口烧瓶、分水器、50 mL 圆底烧瓶、蒸馏头、温度计、螺口接头、直形冷凝管、球形冷凝管、接引管、锥形瓶、铁架台、铁十字夹、电热套、75°弯管、分液漏斗。

试剂　正丁醇（31 mL，25 g，0.34 mol）、浓硫酸（$d=1.84$）（5 mL）、50％硫酸、无水氯化钙。

四、实验步骤

在 100 mL 三口烧瓶中加入 31 mL 正丁醇，把 5 mL 浓硫酸慢慢地加入并摇动烧瓶，使两种液体混合均匀，加入 2～3 粒沸石。在烧瓶口上装上温度计和分水器，分水器上端连接回流冷凝管，如图 7－7a 所示。

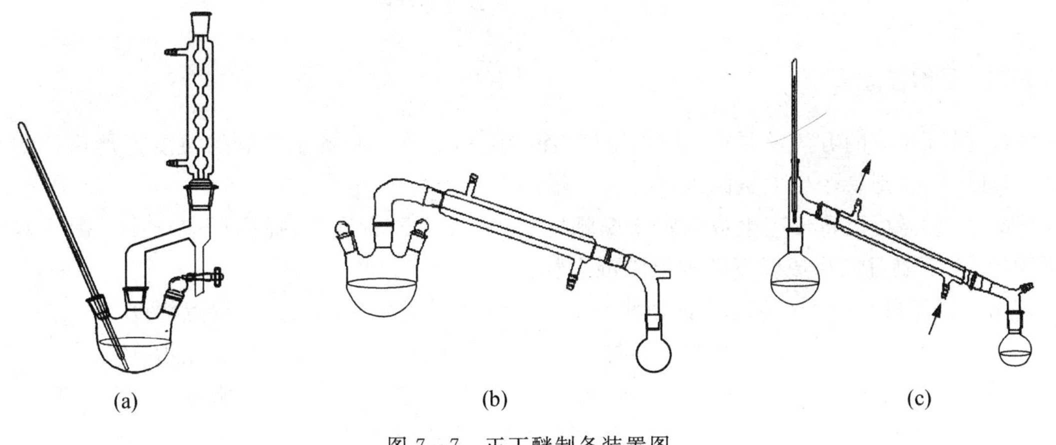

图 7－7　正丁醚制备装置图

在分水器中先加一定量的水（分水器加满水后，从旋塞放出 2 mL 水，放出的水用 10 mL 量筒盛）。在电热套上小火缓缓加热烧瓶里的反应物，保持微沸回流约 1 h。随着反应的进行，分水器中的水量不断增加，反应体系的温度也逐渐上升。当分水器中的水层超过支管而流回烧瓶时，可打开旋塞放掉一部分水（用量筒盛水）。当生成的水量达到 4.5～5 mL，瓶中反应温度达 140 ℃左右（约需 25 min）时，停止加热。如果加热时间过长，那么溶液会变黑并有大量副产物丁烯生成。

待反应混合物稍冷后，拆除分水器，将仪器改装成蒸馏装置（图 7－7b）。加 2 粒沸石，进行蒸馏至无馏出液为止。

将馏出液放入分液漏斗中，静置后分去水层。粗产物用两份冷的 15 mL 50％硫酸洗涤两次，再用水洗涤两次，最后用1～2 g无水氯化钙干燥。把干燥后的粗产品倒入50 mL蒸馏烧瓶中(注意：不能把氯化钙一同倒进去)，然后按图7-7c所示装置进行蒸馏，收集140～144 ℃范围内的馏分。产量约7～8 g。

五、数据记录及处理

正丁醚为无色液体，沸点142.4 ℃，密度0.773×10^3 kg/m^3。正丁醚的红外光谱见图7-8所示。记录产品质量，计算产率。

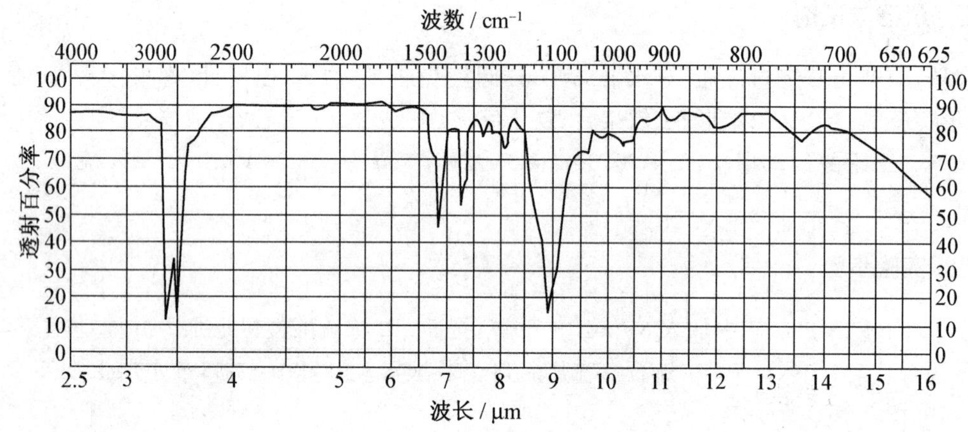

图7-8　正丁醚的红外光谱图

六、实验注意事项

1. 回流操作的方法及要点：控制温度，保持缓和沸腾。制备正丁醚的温度要严格控制在135 ℃以下，否则易产生大量的副产物正丁烯。

2. 分水器可以将反应生成的水不断地除去，使反应向右进行，提高反应产率。因为水和正丁醇、正丁醚可以形成以下几种恒沸混合物：

水∶正丁醇=44.5∶55.55的恒沸物　　沸点为93 ℃

水∶正丁醚=33.4∶66.6的恒沸物　　沸点为94.1 ℃

正丁醚∶正丁醇=17.5∶82.5的恒沸物　　沸点为117.6 ℃

正丁醇∶正丁醚∶水=34.6∶35.5∶29.9的三元恒沸物　　沸点为90.6 ℃

其中三种含水的恒沸混合物冷凝后，分为两层，下层为水层，上层为正丁醇和正丁醚，可通过分水器支管又回流到三口瓶中继续反应。

3. 每次蒸馏时必须严格控制速度，防止蒸馏太快，蒸气溢出，污染空气。

4. 利用氯化钙干燥，要间歇振荡，否则干燥时间要长一些。如果干燥时间太短，蒸馏时，在139 ℃前的馏分(正丁醚与水的共沸物)将会增多，致使产率降低。

5. 按照理论计算，反应产生的水应为3 mL左右。但是实际上分出的水比计算量要多，这主要是形成丁烯的副反应造成的。实验证明，130 ℃时已开始大量形成丁烯，如果在回流冷凝管的上口接一玻璃管，用火柴可以点燃生成的丁烯。此外，正丁醇可能含水量较高；硫酸放置时间过长，吸收了空气中的水分；三口烧瓶洗涤后未彻底干燥，这些均会增加水量。

6. 反应终点是以反应物温度达到 140 ℃为标准。当观察到分水器中的水分增加很慢时，要特别注意及时停火，否则反应液极易炭化变黑。

7. 50%硫酸溶液可溶解正丁醇，但对于正丁醚则溶解度却极小，所以可洗去粗产物中未反应的正丁醇。

七、思考题

1. 试述制备正丁醚的简单过程和所用仪器及装置。
2. 画出分水器的结构图，说明其分水的原理及分水的目的。
3. 在什么情况下用直形冷凝管？在什么情况下用球形冷凝管？
4. 分水器分出的水为什么比理论计算出的多？
5. 试分析正丁醚产率低的原因。
6. 本实验用 50% H_2SO_4 洗涤粗产品，为什么不用浓 H_2SO_4 洗涤粗产品？

实验 58 苯甲酸的制备

一、实验目的

1. 掌握制备苯甲酸的基本原理和方法。
2. 掌握固体产品洗涤、抽滤的操作。

二、实验原理

甲苯经高锰酸钾氧化，再经酸化后可以得到苯甲酸，反应式如下：

$$C_6H_5\text{—}CH_3 + KMnO_4 \longrightarrow C_6H_5\text{—}COOK$$

$$C_6H_5\text{—}COOK + HCl \longrightarrow C_6H_5\text{—}COOH$$

实验所需时间：8 h。

三、仪器与试剂

仪器 250 mL 圆底烧瓶、球形冷凝管、锥形瓶、铁架台、铁十字夹、电热套、水真空泵、布氏漏斗、抽滤瓶。

试剂 甲苯(2.7 mL，2.3 g，0.025 mol)、高锰酸钾(8.5 g，0.054 mol)、浓盐酸。

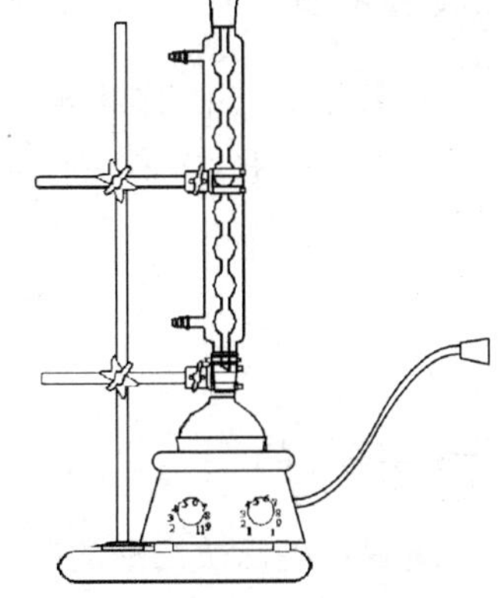

图 7-9 苯甲酸的制备装置

四、实验步骤

按如图 7-9 所示安装实验装置。在 250 mL 圆底烧瓶中放入 2.7 mL 甲苯和 100 mL 水，装上回流冷凝管，在电热套中加热至沸。由冷凝管上端分批将 8.5 g 高锰酸钾加入瓶内，用 25 mL 水将黏在冷凝管壁的高锰酸钾冲入瓶内。继续加热并间歇摇动烧瓶，直至甲苯层消失为止(约需 4～5 h)。

将反应物趁热减压过滤，用少量热水洗二氧化锰。合并滤液，放冰水中冷却，用浓盐酸酸化，使苯甲酸全部析出（pH=2），放置 30 min。抽滤收集苯甲酸，用少量冷水洗产品，挤压去水分。把制得的苯甲酸放在沸水浴上干燥。产量约 1.7 g。

五、数据记录及处理

苯甲酸熔点的文献值为 122.4℃。苯甲酸的红外光谱见图 7－10 所示。

记录产品质量，计算产率。

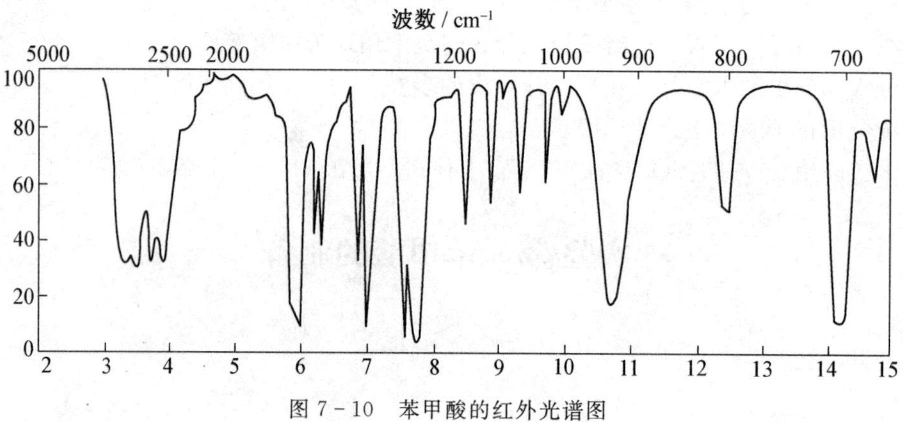

图 7－10　苯甲酸的红外光谱图

六、实验注意事项

1. 从回流冷凝管上口加高锰酸钾时，一定要少量多次，以免堵塞管口，造成蒸气将高锰酸钾喷出。

2. 第一次减压过滤须趁热过滤，并用热水冲洗。滤液如呈红色，可加少量亚硫酸氢钠褪去。

七、思考题

1. 在氧化反应中，影响苯甲酸产量的主要因素有哪些？

2. 反应完毕后，如果滤液呈紫色，为什么要加亚硫酸氢钠？

实验 59　乙酸乙酯的制备

一、实验目的

1. 掌握制备乙酸乙酯的基本原理和方法。

2. 进一步巩固分液漏斗的操作。

3. 学习分馏柱的使用方法。

二、实验原理

主反应：

$$CH_3COOH + CH_3CH_2OH \xrightleftharpoons[H_2SO_4]{120 \sim 125\ ℃} CH_3COOCH_2CH_3 + H_2O$$

副反应：

$$2CH_3CH_2OH \xrightarrow[H_2SO_4]{140\ ℃} C_2H_5OC_2H_5 + H_2O$$

实验所需时间：4～6 h。

三、仪器与试剂

仪器　100 mL 三口烧瓶、分馏柱、50 mL 圆底烧瓶、蒸馏头、温度计、螺口接头、直形冷凝管、接引管、锥形瓶、铁架台、铁十字夹、电热套、分液漏斗、恒压滴液漏斗。

试剂　冰醋酸(14.3 mL,15 g, 0.25 mol)、95%乙醇(23 mL,0.37 mol)、浓硫酸、饱和碳酸钠溶液、饱和氯化钙溶液、无水碳酸钾、饱和食盐水。

四、实验步骤

在 100 mL 三口烧瓶的一侧装配一恒压滴液漏斗，滴液漏斗的下端通过一橡皮管连接一个"J"形玻璃管，伸到烧瓶内离瓶底约 3 mm 处，另一侧固定一温度计，中口装配一分馏柱、蒸馏头、温度计及直形冷凝管(图 7-11)。冷凝管末端连接液管及圆底烧瓶(或锥形瓶)，圆底烧瓶用冰水浴冷却。

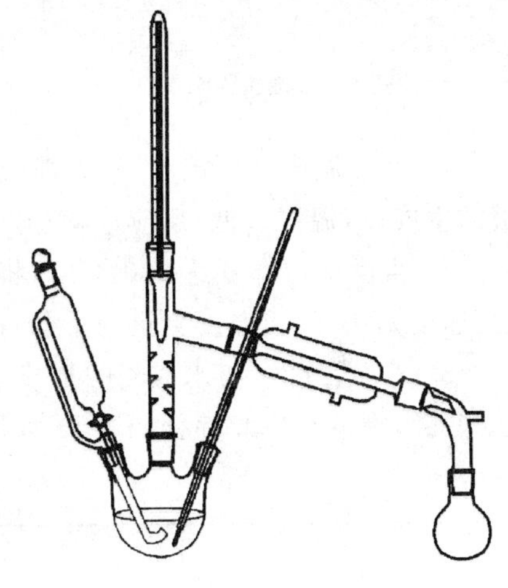

图 7-11　乙酸乙酯的制备装置图

在一个小锥形瓶内放入 5 mL 乙醇，一边摇动，一边慢慢地加入5 mL浓硫酸，将此溶液倒入三口烧瓶中。配制 18 mL 乙醇和 14.3 mL 冰醋酸的混合液，倒入滴液漏斗中。开始加热，当反应混合液的温度达 120 ℃左右时，把滴液漏斗中的乙醇和冰醋酸的混合液慢慢地加入三口烧瓶中。调节加料速度，使与酯蒸出的速度大致相等，加料时间约需 90 min。这时，保持反应混合物的温度为 120～125 ℃。滴加完毕后，继续加热约 10 min，直到不再有液体馏出为止。

反应完毕后，将饱和碳酸钠溶液很缓慢地加入馏出液中，直到无二氧化碳气体逸出为止。饱和碳酸钠溶液要少量分批地加入，并要不断地摇动接受器。把混合液倒入分液漏斗中，静置，放出下面的水层。用石蕊试纸检验酯层。如果酯层仍有酸性，再用饱和碳酸钠溶液洗涤，直到酯层不显酸性为止。用等体积的饱和食盐水洗涤，再用等体积的饱和氯化钙溶液洗涤两次，放出下层废液。从分液漏斗上口将乙酸乙酯倒入干燥的小锥形瓶中，加入无水碳酸钾干燥。放置约 30 min，在此期间要间歇振荡锥形瓶。

把干燥的粗乙酸乙酯转入 50 mL 烧瓶中，进行蒸馏，收集 74～80 ℃的馏分。产量 14.5～16.5 g。

五、数据记录及处理

已知乙酸乙酯沸点 77.2 ℃，$d_4^{20}=0.901$，$n_D^{20}=1.3723$。乙酸乙酯的红外光谱见图 7－12 所示。记录产品质量，计算产率。

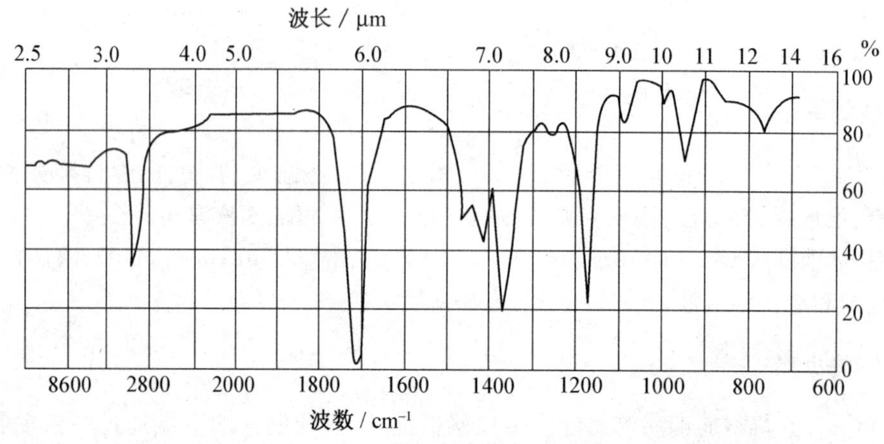

图 7－12 乙酸乙酯的红外光谱图

六、实验注意事项

1. 反应温度必须控制好，太高或太低都将影响到最后的产量，温度太高会增加副产物乙醚的生成量，温度太低，反应速率和产率都会降低。

2. 当反应液温度达 120 ℃时，将恒压滴液漏斗中的反应物慢慢滴下。滴加速度要严格控制，速度太快，反应温度会迅速下降，同时会使乙醇和乙酸来不及反应就被蒸出，影响产量。

3. 乙酸乙酯可与水或乙醇形成二元或三元共沸物，共沸物的形成将影响到馏分的沸程。这些共沸物的组成和沸程如表 7－5 所示。

表 7－5

沸点/℃	组成/%		
	乙酸乙酯	乙　醇	水
70.2	82.6	8.4	9.0
70.4	91.9		8.1
71.8	69.0	31.0	

七、思考题

1. 为什么使用过量乙醇？

2. 蒸出的粗乙酸乙酯中主要含有哪些杂质？如何逐一除去？

3. 能否用浓的氢氧化钠溶液代替饱和碳酸钠溶液来洗涤蒸馏液？为什么？

4. 用饱和氯化钙溶液洗涤的目的是什么？为什么先用饱和氯化钠溶液洗涤？是否可用水代替？

实验 60 乙酸正丁酯的制备

一、实验目的

1. 通过乙酸正丁酯的制备,加深对酯化反应的理解。
2. 掌握提高可逆反应转化率的实验方法。
3. 熟练蒸馏、回流、干燥、分水器的使用等技术。

二、实验原理

本实验用乙酸与正丁醇在浓硫酸催化下反应生成乙酸正丁酯。由于酯化反应为可逆反应,本实验利用分水器将生成的产物——水不断地从反应体系中移走,促使平衡不断右移,以提高反应的转化率。反应式如下:

$$CH_3COOH + CH_3CH_2CH_2CH_2OH \overset{H^+}{\rightleftharpoons} CH_3COOCH_2CH_2CH_2CH_3 + H_2O$$

反应所需时间:4 h。

三、仪器与试剂

仪器 50 mL 圆底烧瓶、球形冷凝管、温度计、直形冷凝管、分液漏斗、锥形瓶、分水器、蒸馏头、螺口接头、接引管、铁架台、铁十字夹、电热套。

试剂 正丁醇(11.5 mL,9.3 g,0.125 mol)、冰醋酸(7.2 mL,7.5 g,0.125 mol)、浓硫酸、10%碳酸钠溶液、无水硫酸镁。

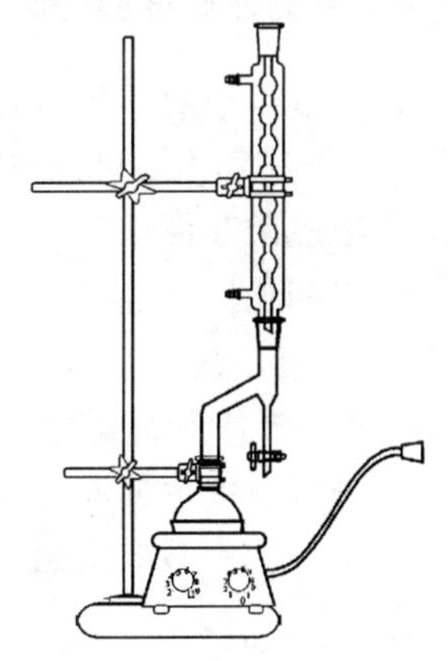

图 7-13 乙酸正丁酯制备反应装置

四、实验步骤

在 50 mL 圆底烧瓶中加入 11.5 mL 正丁醇、7.2 mL 冰醋酸和3~4 滴浓硫酸,混合均匀,投入沸石,然后安装分水器及回流冷凝管,并在分水器中预先加水至略低于支管口。用电热套加热回流,反应一段时间后把水逐渐分去,保持分水器中水层液面在原来的高度。约 40 min 后不再有水生成时停止加热,记录分出的水量。冷却后卸下回流冷凝管,将分水器中的酯层与烧瓶中反应液合并倒入分液漏斗中。用 10 mL 水洗涤,分去水层。酯层用 10 mL 10%碳酸钠溶液洗涤,分去水层。检验酯层是否仍呈酸性,若呈酸性,再用碳酸钠溶液洗涤一次,直至无酸性,再水洗一次。将酯层倒入干燥的小锥形瓶中,加少量无水硫酸镁干燥。

将干燥后的乙酸正丁酯倒入干燥的 50 mL 圆底烧瓶中(注意不要把硫酸镁倒进去!),加入沸石,安装好蒸馏装置后,蒸馏收集 124~126 ℃馏分。前后馏分倒入指定的回收瓶中。

产量约 10~11 g。

五、数据记录及处理

纯乙酸正丁酯为无色液体，沸点 126.1 ℃，$d_4^{20}=0.882$，$n_D^{20}=1.3941$。乙酸正丁酯的红外光谱见图 7－14 所示。记录产品质量，计算产率，并测定产品的折光率。

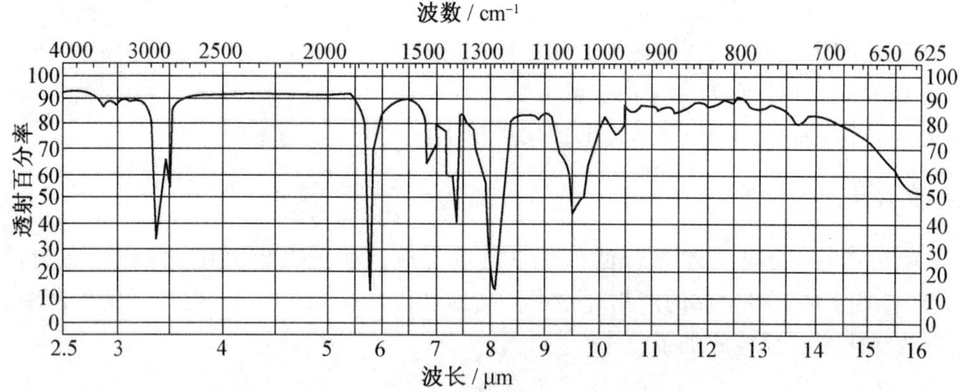

图 7－14　乙酸正丁酯的红外光谱图

六、实验注意事项

1. 高浓度醋酸在低温时凝结成冰状固体(熔点 16.6 ℃)。取用时可用温水浴温热使其熔化后量取。注意不要碰到皮肤，防止烫伤。

2. 浓硫酸起催化剂作用，只需少量即可。也可用固体超强酸作催化剂。

3. 当酯化反应进行到一定程度时，可连续蒸出乙酸正丁酯、正丁醇和水的三元共沸物(恒沸点 90.7 ℃)，其回流液组成为：上层三者分别为 86％、11％、3％，下层为 1％、2％、97％，故分水时也不要分去太多的水，而以能让上层液溢流回圆底烧瓶继续反应为宜。

4. 碱洗时注意分液漏斗要放气，否则二氧化碳的压强增大会使溶液冲出来。

5. 本实验中不能用无水氯化钙为干燥剂，因为它与产品能形成配合物而影响产率。

七、思考题

1. 酯化反应有哪些特点？本实验中如何提高产品收率？又如何加快反应速度？

2. 计算反应完全时应分出多少水。

3. 在提纯粗产品的过程中，用碳酸钠溶液洗涤主要除去哪些杂质？若改用氢氧化钠溶液是否可以？为什么？

实验 61　乙酰乙酸乙酯制备

一、实验目的

1. 了解 Claisen 酯缩合反应制备乙酰乙酸乙酯的原理及方法。

2. 掌握无水反应的操作要点。

3. 掌握蒸馏、减压蒸馏等基本操作。

二、实验原理

含有 α-氢的酯在碱性催化剂存在下，能与另一分子的酯发生 Claisen 酯缩合反应，生成 β-酮酸酯，乙酰乙酸乙酯就是通过这个反应来制备的。

本实验是用无水乙酸乙酯和金属钠为原料，以过量的乙酸乙酯为溶剂，通过酯缩合反应制得乙酰乙酸乙酯。

$$CH_3COOC_2H_5 \xrightarrow{C_2H_5ONa} CH_3CO\overset{Na^+}{CH^-}-COOC_2H_5 \xrightarrow{CH_3COOH} CH_3COCH_2COOC_2H_5$$

反应历程：

$$CH_3COOC_2H_5 + C_2H_5O^- \rightleftharpoons CH_2^-COOC_2H_5 + C_2H_5OH$$

$$CH_3-\underset{OC_2H_5}{\overset{O}{\overset{\|}{C}}} + CH_2^-COOC_2H_5 \rightleftharpoons CH_3-\underset{OC_2H_5}{\overset{O^-}{\overset{|}{C}}}-CH_2COOC_2H_5$$

$$CH_3-\underset{OC_2H_5}{\overset{O^-}{\overset{|}{C}}}-CH_2COOC_2H_5 \rightleftharpoons CH_3-\overset{O}{\overset{\|}{C}}-CH_2COOC_2H_5 + C_2H_5O^-$$

$$\rightleftharpoons CH_3COCH^- -COOC_2H_5$$

金属钠极易与水反应，并放出氢气和大量热量导致燃烧和爆炸，故反应所用仪器必须是干燥的，试剂必须是无水的。

实验所需时间：8 h。

三、仪器与试剂

仪器　圆底烧瓶、球形冷凝管、干燥管、分液漏斗、温度计、真空接收管、直形冷凝管、减压系统装置。

试剂　乙酸乙酯(27.5 mL，25 g，0.29 mol)、金属钠(2.5 g，0.11 mol)、二甲苯、氯化钙、乙酸、饱和食盐水。

四、实验步骤

在干燥的 100 mL 圆底烧瓶中先加入 12.5 mL 二甲苯，再放入 2.5 g 金属钠，并装上球形冷凝管，加热使钠熔融，迅速拆下冷凝管，用橡皮塞塞紧圆底烧瓶，用力来回振摇，即得细粒状钠珠。稍经放置后，钠珠沉于瓶底，将二甲苯倒出，重新装上球形冷凝管，并迅速加入 17.5 mL 乙酸乙酯，在其顶部装一氯化钙干燥管。反应立即开始，并有氢气泡逸出。如果反应很慢，可稍加温热。待激烈反应过后，小火加热，保持微沸状态，直至所有金属钠全部作用完为止(约需 1.5 h)。此时生成的乙酰乙酸乙酯盐为橘红色透明溶液(有时因饱和，析出黄白色的乙酰乙酸乙酯钠盐沉淀)。待反应物冷却至室温后，在振摇下缓慢滴加进 30% 乙酸溶液，直至反应液呈弱酸性为止(约需 24 mL)。这时所有固体物质都已溶解。将反应液移入分液漏斗，加入等体积的饱和氯化钠溶液并用力振摇，放置后，乙酰乙酸乙酯全部析出。分离出乙酰乙酸乙酯后用无水硫酸钠干燥，然后滤入蒸馏瓶，并以少量乙酸乙酯洗涤干燥剂。在沸水浴上蒸去未反应的乙酸乙酯后，将瓶内物质移入 25 mL 梨形烧瓶进行减压蒸馏。减压蒸馏时，加热必须缓慢，待残留的低沸物蒸出后，再升高温度，收集乙酰乙酸乙酯。产量约 6 g。

五、数据记录及处理

1. 纯乙酰乙酸乙酯是具有水果香味的无色液体，沸点为 181 ℃，折光率 $n_D^{20}=1.4192$。

2. 乙酰乙酸乙酯沸点与压强的关系如表 7－6 所示(1 mmHg＝133 Pa)。

表 7－6　乙酰乙酸乙酯沸点与压强的关系

压强/mmHg	760	80	60	42	30	20	18	14	12
沸点/℃	181	100	97	92	88	82	78	74	71

3. 记录产品质量，计算产率，并测定产品的折光率。

六、实验注意事项

1. 金属钠遇水即燃烧、爆炸，因此在使用时应严格防止与水接触。在称量或切片过程中，操作应迅速，以免被空气中的水汽侵蚀或被氧化。

金属钠的大小直接影响缩合反应的速度。如果实验室有压钠机，可以将钠压成钠丝，其操作步骤如下：用镊子取出储存的金属钠块，用双层滤纸吸去溶剂油，用小刀切去其表面，马上放入经酒精洗净的压钠机中，直接压入已称重的带木塞的圆底烧瓶中。为了防止氧化，迅速用木塞塞紧圆底烧瓶称重。钠的用量可适当增减，其幅度控制在 2.5 g 左右。若没有压钠机，也可以将金属钠切成细条，放入粗汽油中，等进行反应时再移入反应瓶。

2. 乙酸乙酯必须是无水的，其提纯方法如下：将普通乙酸乙酯用饱和氯化钙溶液洗涤数次，再用熔焙过的无水碳酸钾干燥，在水浴上蒸馏，收集 76～78 ℃馏分。一般新鲜的 AR 级乙酸乙酯也能满足实验要求。

3. 一般要使钠全部溶解，但很少量未反应的钠并不妨碍进一步操作。

4. 滴加 30%乙酸时，需要特别小心，如果反应杂有少量未作用的金属钠，会发生剧烈反应。用乙酸酸化，开始有固体析出，继续加酸并不断振摇，固体会逐渐消失，最后得到澄清的液体。如果还有少量固体没有溶解，可加入少许水使其溶解。但应避免加入过量的乙酸溶液，否则会增加酯在水中的溶解度而降低产率。另外，当酸度过高时，会促进副产物去水乙酸的生成，降低产品的产率。

5. 在常压蒸馏时，乙酰乙酸乙酯很容易分解为去水乙酸而使产量降低。

6. 产率是按钠计算的。本实验最好连续进行(一次实验课内完成)，时间间隔过久，会由于去水乙酸的生成而使产量降低。

七、思考题

1. 所用仪器未经干燥处理，对反应有什么影响？为什么？

2. 为什么最后一步要用减压蒸馏法？

3. 本实验中加入 30%乙酸和饱和氯化钠溶液的目的是什么 ？

实验 62　乙酰苯胺的制备

一、实验目的

1. 学习固体样品的制备。
2. 学习分馏柱的原理及使用方法。
3. 掌握重结晶方法。
4. 掌握固体样品熔点的测定方法。

二、实验原理

芳香族伯胺(如苯胺)很容易进行酰基化反应,常用的酰基化试剂有乙酸、乙酐和乙酰氯。在有机合成上常利用芳胺的乙酰化来保护芳环上的氨基,以便向芳环引入其他基团。从酰基化试剂的反应活性来看乙酰氯>乙酸酐>乙酸。虽然乙酸反应最慢,但它价廉易得,而且操作方便、安全,所以本实验采用乙酸为酰基化试剂,反应式如下:

$$C_6H_5\text{—}NH_2 + CH_3COOH \rightleftharpoons C_6H_5\text{—}NH\text{—}COCH_3 + H_2O$$

实验所需时间:6 h。

三、仪器与试剂

仪器　50 mL 圆底烧瓶、分馏柱、蒸馏头、温度计、接液管、量筒、水循环真空泵、烧杯、布氏漏斗。

试剂　苯胺(5 mL,5.1 g,0.055 mol)、冰醋酸(7.4 mL,7.8 g,0.13 mol)、锌粉、活性炭。

四、实验步骤

在 50 mL 锥形瓶上装一支分馏柱,柱顶装一个蒸馏头,插一支 150 ℃温度计,再连接一个接液管,用小量筒作为接受器,见图 7-15 所示。

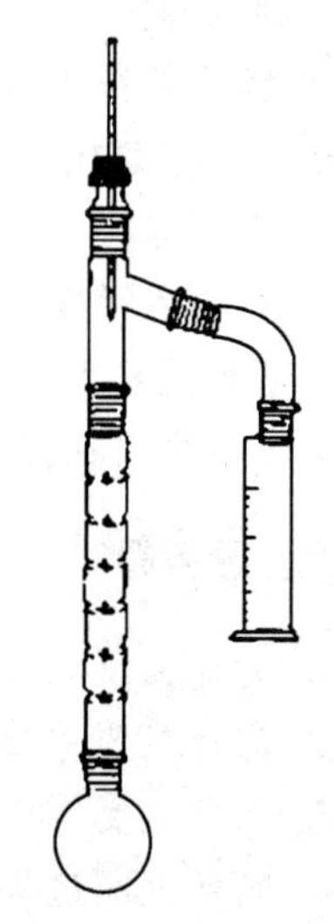

图 7-15　乙酰苯胺制备装置

在反应瓶中加入 5 mL 刚蒸馏过的苯胺、7.4 mL 冰醋酸、0.1 g 锌粉和几粒沸石。加热升温,当反应混合物沸腾 3～5 min 后,蒸气可升至分馏柱顶部。调节加热速度,使温度计读数在 105 ℃左右。约经 40～60 min,反应生成的水(含少量醋酸)可完全蒸出。当温度计的读数发生明显下降时,反应即达终点,停止加热,撤去热源,取下接受器,记录馏出液的体积数(大约 4 mL)。

将反应瓶内的反应混合物趁热,一边搅拌,一边缓缓地倒入盛有 100 mL 水的烧杯中,即可析出白色的粗乙酰苯胺固体。将其冷却至室温后,在布氏漏斗上进行减压过滤。用 20 mL 冷水分两次洗涤滤饼。然后将其加入 250 mL 烧杯中,加入 150 mL 蒸馏水,加热至沸腾。若仍有未溶解的油珠，可再补加一些热水，记下加入的水量，直至油珠完全溶解。待溶液稍冷却后，加入 0.5 g 活性炭，用玻璃棒搅拌均匀，并煮沸 1～2 min 后趁热用预先加热好的布氏漏斗减压过滤。滤液自然冷却至室温后析出无色片状结晶得乙酰苯胺，晾干。产量约 5 g。

五、数据记录及处理

纯乙酰苯胺是无色片状晶体，熔点 114 ℃，其红外光谱图见图 7－16 所示。

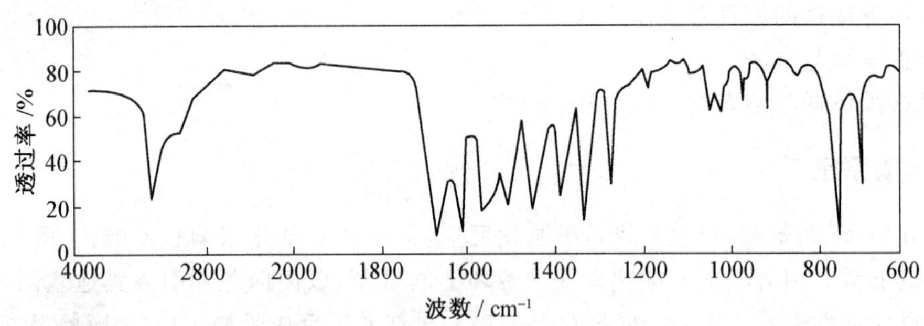

图 7－16　乙酰苯胺的红外光谱

记录产品质量，计算产率，测定产物的熔点，并测定产品的红外光谱，与标准样品的红外光谱图对照，如果一致，则可确定合成的产物为乙酰苯胺。

六、实验注意事项

1. 乙酸与苯胺反应制备乙酰苯胺的反应是一个可逆反应。为使化学平衡向生成物乙酰苯胺方向移动，一种方法是加大冰醋酸的投料量，在本实验中，冰醋酸∶苯胺＝2.36∶1(摩尔比)；另一个措施是将反应中的生成物之一水不断地分离出来，从而提高产物乙酰苯胺的产量。

2. 苯胺久置后会生成深褐色氧化物质，会影响生成的乙酰苯胺的质量，故应当使用经过蒸馏提纯的苯胺。

3. 锌粉的作用是防止苯胺在反应过程中氧化，但不能加得过多，否则在后处理中会出现不溶于水的氢氧化锌。

4. 重结晶时，如果晶体不能析出，可以用玻璃棒摩擦烧杯壁促使晶体析出。

5. 在加入活性炭时，一定要待溶液稍冷后才能加入。不要在溶液沸腾时加入活性炭，否则会引起突然暴沸，致使溶液冲出容器。

如果活性炭在使用前先经烘干，其脱色效果会更好。

七、思考题

1. 为什么反应开始时要小火加热 10 min？
2. 为什么要用分馏柱而不用蒸馏头？
3. 为什么反应要严格控制温度，过高或过低有什么不好？
4. 既然反应过程中过量乙酸要被蒸出，为何开始还要加入过量乙酸？
5. 为什么粗产品一定要洗去残留酸？
6. 重结晶过程中，必须注意哪几点才能使产品产率高、质量好？

实验 63　对甲苯磺酸的制备

一、实验目的

1. 掌握制备对甲苯磺酸的原理和方法。
2. 巩固分水器的使用操作。
3. 巩固固体产品洗涤、抽滤的操作。

二、实验原理

主反应：

$$C_6H_5\text{—}CH_3 + HOSO_3H \rightleftharpoons CH_3\text{—}C_6H_4\text{—}SO_3H + H_2O$$

副反应：

$$C_6H_5\text{—}CH_3 + HOSO_3H \rightleftharpoons CH_3\text{—}C_6H_4(\text{邻位}SO_3H) + H_2O$$

实验所需时间：4～6 h。

三、仪器与试剂

仪器　50 mL 圆底烧瓶、球形冷凝管、分水器、锥形瓶、铁架台、铁十字夹、电热套、水真空泵、布氏漏斗、抽滤瓶。

试剂　甲苯(25 mL,21.7 g, 0.24 mol)、浓硫酸($d=1.84$)(5.5 mL,0.10 mol)、精盐、浓盐酸。

四、实验步骤

在 50 mL 干燥的圆底烧瓶上装一分水器,其上面再连一球形冷凝管(如图 7－13 所示)。

在 50 mL 干燥的圆底烧瓶内放入 25 mL 甲苯,一边摇动烧瓶,一边缓慢地加入 5.5 mL 浓硫酸,投入几粒沸石。用电热套小火加热回流 2 h 或至分水器中积存 2 mL 水为止。

静置,冷却反应物。将反应物倒入 60 mL 锥形瓶中,加入 1.5 mL 水,此时有晶体析出。用玻璃棒慢慢搅动,反应物逐渐变成固体。用布氏漏斗抽滤,用玻璃瓶塞挤压以除去甲苯和邻甲苯磺酸(实验至此约需 3 h)。

若欲获得较纯的对甲苯磺酸,可进行重结晶。在 50 mL 烧杯里,将 12 g 粗产物溶于约 6 mL水里。往此溶液里通入氯化氢气体,直到有晶体析出。在通氯化氢气体时,要采取措施,防止"倒吸"。析出的晶体用布氏漏斗快速抽滤。晶体用少量浓盐酸洗涤。用玻璃瓶塞挤压去水分,取出后保存在干燥器里。产量约 15 g。

五、数据记录及处理

纯的对甲苯磺酸水合物($CH_3C_6H_4SO_3H \cdot H_2O$)为单斜晶体,熔点 96 ℃。对甲苯磺酸熔点 104～105 ℃。记录产品质量，计算产率。

六、实验注意事项

1. 甲苯与硫酸作用生成对甲苯磺酸是一个可逆反应。为了使平衡反应向生成物方向移动，采取的措施有：使用过量的甲苯，用分水器将生成的水及时移出反应体系。

2. 磺化反应是一个放热反应，在加料时要缓慢，可采用滴加的方式进行。必要时可将烧瓶浸在冷水中冷却。

3. 分水器用于将反应中生成的水从反应体系中移出。反应混合物沸腾时，由于苯-水形成二元恒沸物，其共沸点低(85 ℃)，故不断地将所生成的水从反应体系中带出，形成冷凝液而滴入分水器中。由于甲苯的密度比水小，与水不互溶，液面分层界线很明显，甲苯浮在分水器上层。当分水器盛满液体后，冷凝液中的甲苯溢流回反应瓶，水则留在分水器中，为了不使较多的甲苯滞留在分水器中，事先应在分水器中加入一定量的水，使其液面与溢出口之间的体积约为 2 mL，并将液面做标记。反应结束后，将分水器的旋塞打开，使水面降回原标记处。由分水器中放出的水量即为反应中生成的水量。

4. 重结晶操作时需在通风橱内进行。产生氯化氢气体最常用的方法是在广口圆底烧瓶里放入精盐，加入浓盐酸至浓盐酸的液面盖住食盐表面。配一橡皮塞，钻三孔，一孔插滴液漏斗，一孔插压力平衡管，一孔插氯化氢气体导出管。滴液漏斗上口与玻璃平衡管通过橡皮塞紧密连接(不能漏气)。在滴液漏斗中放入浓硫酸。滴加浓硫酸，就能产生氯化氢气体。

七、思考题

1. 按本实验方法，计算对甲苯磺酸的产率时应以何原料为基准？为什么？
2. 利用什么性质除去对甲苯磺酸中的邻位衍生物？
3. 在本实验条件下，会不会生成相当量的甲苯二磺酸？为什么？

实验 64　肉桂酸的制备

一、实验目的

1. 了解肉桂酸的制备原理及方法。
2. 掌握回流、热过滤、重结晶等操作。
3. 掌握水蒸气蒸馏的原理及应用。

二、实验原理

肉桂酸又称 β-苯丙烯酸，有顺式和反式两种异构体。通常以反式形式存在，为无色晶体，熔点 133 ℃。肉桂酸是香料、化妆品、医药、农药、塑料和感光树脂等的重要原料。肉桂酸的合成方法大体上有三种：一种是苯基二氯甲烷和无水醋酸钠在 180～200 ℃反应生成肉桂酸。该法合成路线较短，苯基二氯甲烷价廉易得，反应条件温和，但转化率低，副产物多，产物中易含有氯离子，影响在香料工业中的应用。第二种是苯甲醛-丙酮缩合法，该法具有合成路线长、能耗大、成本较高等缺点。第三种是珀金(Perkin)法，苯甲醛和醋酸酐在无水醋酸钾或醋酸钠存在下缩合生成肉桂酸。

芳香醛和酸酐在碱性催化剂存在下，可发生类似羟醛缩合的反应，生成 α、β-不饱和芳香酸，称为 Perkin 反应。催化剂通常是用相应酸酐的羧酸钾或钠，有时也可用 K_2CO_3 或叔胺代替，典型的例子是肉桂酸的制备。

$$C_6H_5CHO + (CH_3CO)_2O \xrightarrow[170\sim180℃]{CH_3COOK} C_6H_5CH{=}CHCOOH + CH_3COOH$$

反应时，酸酐受醋酸钾（钠）的作用烯醇化，生成酸酐负离子；负离子和芳醛发生亲核加成，生成 β-羧基酸酐；然后再发生失水和水解作用得到不饱和酸。反应过程如下：

$$C_6H_5CHO + CH_3COOK \rightleftharpoons \left[\ \overset{-}{C}H_2COOCOCH_3 \longleftrightarrow CH_2{=}\overset{\overset{\displaystyle O^-}{|}}{C}{-}OCOCH_3\ \right]$$

$$\xrightarrow{C_6H_5CHO} C_6H_5CH(O^-)-CH_2-C(=O)-O-C(=O)-CH_3\ (\text{环状中间体}) \rightleftharpoons C_6H_5CH(OCOCH_3)-CH(H)-C(=O)O^-$$

$$\longrightarrow \underset{H}{\overset{C_6H_5}{}}\!\!>C{=}C<\!\!\underset{COO^-}{\overset{H}{}} \xrightarrow{HCl} C_6H_5CH{=}CHCOOH$$

有趣的是，虽然理论上肉桂酸存在顺、反异构体，但 Perkin 反应只得到反式肉桂酸（熔点 133 ℃）。顺式异构体（熔点 68 ℃）不稳定，在较高的反应温度下很容易转变为热力学更稳定的反式异构体。

实验所需时间：6 h。

三、仪器与试剂

仪器　空气冷凝管、回流装置、水蒸气蒸馏装置、水循环真空泵、热水漏斗、电热套。

试剂　苯甲醛（3 mL，3.2 g，0.03 mol）、乙酐（5.5 mL，6 g，0.06 mol）、醋酸钾（无水）（3 g，0.03 mol）、饱和碳酸钠溶液、浓盐酸、活性炭。

四、实验步骤

在 250 mL 三口烧瓶中放入 3 g 新熔融并研细的无水醋酸钾粉末、3 mL 新蒸馏过的苯甲醛和 5.5 mL 乙酐，振荡使三者混合。正口装空气冷凝管，一侧口装一支 250 ℃温度计，其水银球插入反应混合物液面下但不要碰到瓶底，另一侧口用封头封住（仪器装置见图 7-17a）。用电热套加热回流 1 h，反应液的温度保持在 150～170 ℃。

将反应混合物趁热（100 ℃左右）倒入盛有 25 mL 水的 250 mL 圆底烧瓶中。用 20 mL 热水洗涤原烧瓶，洗涤液也并入圆底烧瓶中。一边充分摇动烧瓶，一边慢慢地加入饱和碳酸钠溶液，直到反应混合物呈现弱碱性。然后进行水蒸气蒸馏（仪器装置见图 7-17b），直到馏出液中无油珠为止（倒入指定的回收瓶内）。

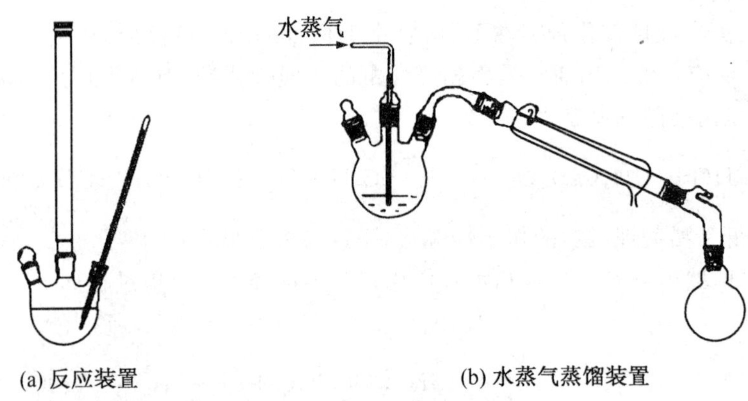

(a) 反应装置　　(b) 水蒸气蒸馏装置

图 7-17　肉桂酸的制备实验装置

剩余液体中加入少许活性炭，加热煮沸 10 min，趁热过滤。将滤液小心地用浓盐酸酸化，使呈明显酸性，再用冷水浴冷却。待肉桂酸完全析出后，减压过滤。晶体用少量水洗涤，挤压去水分，在 100 ℃以下干燥。产量：2～2.5 g。

五、数据记录及处理

纯肉桂酸(反式)为无色晶体，熔点 133 ℃。称重，计算产率，测定熔点。

六、实验注意事项

1. 所用仪器必须是干燥的，因乙酐遇水能水解成乙酸，无水醋酸钾(钠)遇水会失去催化作用，影响反应的进行。

2. 放久的乙酐，易吸潮水解成乙酸，故在实验前必须将乙酐重新蒸馏，否则会影响反应的产率。

3. 久置的苯甲醛易自动氧化生成苯甲酸，这不但影响产率，而且苯甲酸混在产物中不易除净，影响产物的纯度，故苯甲醛使用前必须蒸馏。

4. 无水醋酸钾必须是新熔融的。它的吸水性很强，操作时要快。无水醋酸钾的干燥程度，对反应能否进行和产率的提高都有较明显的影响。

5. 加热回流反应过程中控制反应液呈微沸状态。反应混合物的温度由 140 ℃左右开始沸腾，随着反应的进行温度逐步上升，最高可达 170 ℃。如果反应液激烈沸腾，易使乙酐蒸气从冷凝管逸出，影响产率。

6. 在反应温度下长时间加热，肉桂酸脱羧生成苯乙烯，进而生成苯乙烯低聚物(呈棕褐色黏稠液体)。若反应温度过高(200 ℃以上)，这种现象更为明显。

7. 反应混合物必须趁热(约 100 ℃)倒入盛有 25 mL 热水(50～60 ℃)的圆底烧瓶中，再用少量热水洗涤反应瓶后并入烧瓶中，使反应混合物不致凝固成块状。在振荡下趁热将饱和碳酸钠水溶液加入，使中和反应完全。肉桂酸钠溶于水，易与未反应的苯甲醛、焦油(低聚物)分离。若将反应混合物倒入冷水中，立即凝成块状或颗粒状，会给中和操作带来困难。

8. 水蒸气蒸馏主要是蒸出与水不互溶的未转化的苯甲醛。

9. 中和时，必须使溶液呈弱碱性，控制 pH 值为 8 较适合。不能用氢氧化钠溶液中和，因为反应混合物中含有未转化的苯甲醛，它在强碱作用下会发生坎尼扎罗反应，生成的苯甲酸难以分离出来，影响产物的质量。

七、思考题

1. 苯甲醛和丙酸酐在无水丙酸钾存在下相互作用得到什么产物？写出反应式。
2. 反应中，如果使用与酸酐不同的羧酸盐，会得到两种不同的芳香丙烯酸，为什么？
3. 水蒸气蒸馏前如果用氢氧化钠溶液代替碳酸钠溶液进行碱化有什么不好？
4. 水蒸气蒸馏蒸去什么？

实验 65 甲基橙的制备

一、实验目的

1. 通过甲基橙的制备掌握重氮化反应和偶合反应的实验操作。
2. 巩固盐析和重结晶的原理和操作。

二、实验原理

甲基橙是指示剂，它是由对氨基苯磺酸经重氮化后，再与 N,N-二甲基苯胺在弱酸性和低温条件下偶合得到的，偶合先得到的是红色的酸性甲基橙，称为酸性黄，在碱性中酸性黄转变为甲基橙的钠盐，即甲基橙。

$$H_2N-C_6H_4-SO_3H + NaOH \longrightarrow H_2N-C_6H_4-SO_3Na + H_2O$$

$$H_2N-C_6H_4-SO_3Na \xrightarrow[0\sim5\ ℃]{NaNO_2,\ HCl} HO_3S-C_6H_4-N_2Cl + 2NaCl + H_2O$$

$$HO_3S-C_6H_4-N_2Cl + C_6H_5-N(CH_3)_2 \xrightarrow[0\sim5\ ℃]{CH_3COOH} HO_3S-C_6H_4-N=N-C_6H_4-\overset{+}{N}H(CH_3)_2$$

$$\xrightarrow{NaOH} NaO_3S-C_6H_4-N=N-C_6H_4-N(CH_3)_2$$

三、仪器与试剂

仪器 烧杯(100 mL)、表面皿(100 mm)、量筒(10 mL)、温度计(150 ℃)、抽滤装置(1 套)。

试剂 冰醋酸、95%乙醇、乙醚、刚果红试纸、淀粉-碘化钾试纸、尿素、对氨基苯磺酸(2.1 g，0.01 mol)、5% NaOH 溶液(10 mL，0.013 mol)、10% $NaNO_2$ 溶液(8 mL，0.012 mol)、6 mol · L^{-1} 盐酸(6 mL，0.036 mol)、N,N-二甲基苯胺(1.3 mL，1.2 g，0.01 mol)。

四、实验步骤

(一) 重氮盐的制备

在 100 mL 烧杯中加入 10 mL 5% NaOH 溶液、2.1 g 对氨基苯磺酸晶体，在水浴上温热使之溶解。溶解后加入 8 mL 10% $NaNO_2$ 溶液，用冰盐浴冷至 0～5 ℃。在另一烧杯中加入 6 mL 6 mol·L^{-1}盐酸和 10 g 冰屑，放在冰盐浴上冷至 0～5 ℃。将对氨基苯磺酸钠与亚硝酸钠的混合液在搅拌下慢慢倒入冰冷的盐酸中，使溶液保持酸性(用刚果红试纸检验)，并控制温度在 5 ℃以下。滴加完后，在冰盐浴上放置 15 min，以保证反应完全。用淀粉-碘化钾试纸检验加入亚硝酸钠的量。

(二) 偶合

在试管内加入 1.3 mL N，N-二甲基苯胺和 1 mL 冰醋酸，振荡使之混合。在不断搅拌下，将此溶液慢慢加到上述冷却的重氮盐溶液中。加完后继续搅拌 10 min，然后慢慢加入 5% NaOH溶液，直至反应物变橙色(约需 25 mL)。这时反应液呈碱性，粗制的甲基橙以细粒状沉淀析出。

将反应液在沸水浴上加热 5 min，冷至室温后，再在冰盐浴上冷却，使甲基橙晶体析出完全。抽滤收集晶体，依次用 10 mL 水、95%乙醇、乙醚洗涤晶体，压紧抽干。

(三) 重结晶

若要得到较纯的甲基橙产品，可用沸水进行重结晶(每克粗产物约需 25 mL)。待晶体析出完全后，抽滤收集。依次用 10 mL 水、95%乙醇、乙醚洗涤晶体，压紧抽干，得小叶片状甲基橙晶体，放置干燥后称重。产量约 2～2.5 g。

五、数据记录及处理

甲基橙没有明确的熔点，可检验其在酸、碱溶液中的颜色。称重，计算产率。

六、实验注意事项

1. 对氨基苯磺酸是两性化合物，酸性此碱性强，以酸性内盐存在，所以它能与碱作用生成盐而溶于碱，不溶于酸。

2. 有机实验中，一般用冰水浴冷却，如需维持较低的温度(0 ℃以下)，常用碎冰和无机盐(氯化铵、氯化钾等)按一定比例混和作冰盐浴，冷却效果更好。

3. 重氮化反应时，要求亚硝酸钠适量。一般用淀粉-碘化钾试纸检验加入亚硝酸钠的量。若试纸不变蓝，应酌情补加亚硝酸钠溶液，并充分搅拌，直至试纸刚变成蓝色。若亚硝酸钠已过量，可加适量尿素分解过量的亚硝酸。

4. 用乙醇、乙醚洗涤的目的是使产物迅速干燥。

5. 重结晶操作要迅速，否则，在碱性条件下长时间维持高温，易使产物变质。

6. 若需烘干，通常在 50 ℃左右温度时烘干，若温度过高，易使产物变质。

七、思考题

1. 重氮化反应为什么要在低温下进行?

2. 在本实验中，制备重氮盐时为什么要把对氨基苯磺酸变成钠盐? 如改成下列操作步骤：先将对氨基苯磺酸与盐酸混合，再滴加亚硝酸钠溶液进行重氮化反应，可以吗？为什么？

3. 什么叫偶合反应？试结合本实验讨论偶合反应的条件。

实验 66　2-甲基-2-丁醇的制备

一、实验目的

1. 通过 2-甲基-2-丁醇的制备，了解格氏试剂的制备、应用和反应条件。
2. 掌握回流、搅拌、萃取和蒸馏（包括低沸点物蒸馏）等操作。
3. 掌握电动搅拌机的使用。

二、实验原理

本实验通过乙基溴化镁与丙酮发生加成反应，然后再水解得到 2-甲基-2-丁醇，具体反应如下：

$$C_2H_5Br + Mg \xrightarrow{\text{无水乙醚}} C_2H_5MgBr$$

$$CH_3\overset{\overset{\displaystyle O}{\|}}{C}CH_3 + C_2H_5MgBr \longrightarrow CH_3\overset{\overset{\displaystyle OMgBr}{|}}{\underset{\underset{\displaystyle C_2H_5}{|}}{C}}CH_3 \xrightarrow[H^+]{H_2O} CH_3\overset{\overset{\displaystyle OH}{|}}{\underset{\underset{\displaystyle C_2H_5}{|}}{C}}CH_3$$

实验所需时间：8 h。

三、仪器与试剂

仪器　250 mL 三口烧瓶、电动搅拌器、滴液漏斗、球形冷凝管、干燥管、分液漏斗、分馏装置、蒸馏装置、电热套。

试剂　溴乙烷（20 mL，28.8 g，0.26 mol）、镁（3.5 g，0.144 mol）、丙酮（无水）（10 mL，7.9 g，0.136 mol）、无水乙醚（45 mL）、乙醚、碘、浓硫酸、无水碳酸钾、10%碳酸钠溶液。

四、实验步骤

（一）乙基溴化镁的制备

本实验所用的药品必须是无水的，所用的仪器必须是干燥的。

在干燥的 250 mL 三口烧瓶的正口装电动搅拌器，一侧口装滴液漏斗，另一侧口装回流冷凝管，回流冷凝管的上口装上氯化钙干燥管以防空气中的湿气侵入。实验装置图见图 7-18 所示。

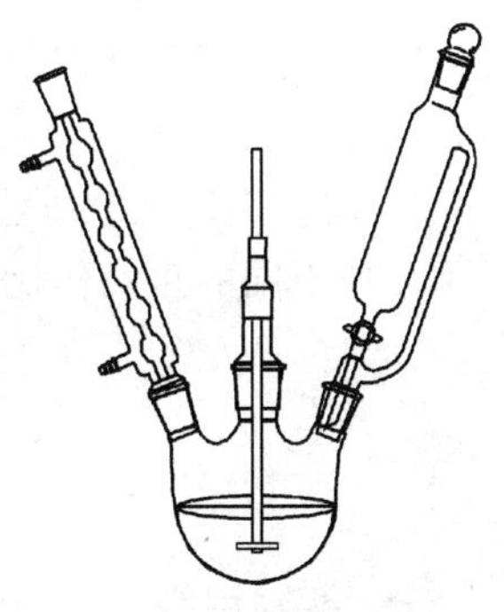

图 7-18　乙基溴化镁的制备装置

烧瓶内放入 3.5 g 洁净的镁屑和 20 mL 无水乙醚，滴液漏斗中放入 15 mL 无水乙醚和20 mL干燥的溴乙烷。从漏斗先放出 5～7 mL混合液入烧瓶中。开动搅拌器，慢慢搅拌。如果 10 min 后还没有明显的反应现象，迅速投入一小粒碘或温热反应瓶。反应发生后，慢慢滴加混合液，保持反应物正常地沸腾与回流。如果反应进行得过于剧烈，则暂时停止滴加，并用冷水浴将烧瓶稍微冷却。溴乙烷混合液加完后，关闭滴液漏斗的旋塞。等反应缓和后，在水浴上加热，继续搅拌保持缓和的回流至镁几乎完全作用完毕。全部反应时间约 1～1.5 h。

(二) 2-甲基-2-丁醇的制备

将制好的乙基溴化镁溶液用冰水冷却，从滴液漏斗中缓慢滴加 10 mL 无水丙酮与 10 mL 无水乙醚的混合液。随着每滴溶液的加入，会发生剧烈的反应和形成白色沉淀。加完丙酮混合液后，移去冰水浴，在室温下放置 15 min(或放置过夜)。

在振荡与冷却下，由滴液漏斗小心滴加 6 mL 浓硫酸和90 mL水的混合液，以分解加成产物。反应很剧烈，首先生成白色絮状沉淀，然后随着稀硫酸溶液的继续加入，沉淀又溶解。将反应混合液倒入分液漏斗中，静置分层。放出下面水层(暂时保留)。醚层用 15 mL 10%碳酸钠溶液洗涤。将分出的碱层与上面保留的水层合并，用乙醚萃取两次，每次用 10 mL 乙醚。合并的乙醚溶液用无水碳酸钾干燥。

将干燥的乙醚溶液用分馏装置先在热水浴上蒸出乙醚(倒入回收乙醚的瓶中)，然后改用蒸馏装置，收集 100～104 ℃的馏分。产量：约 6 g。

五、数据记录及处理

纯 2-甲基-2-丁醇为无色液体，沸点 102.4 ℃，$d_4^{15}=0.813$。称重，计算产率。

六、实验注意事项

1. 镁屑表面如果附着一层氧化物，反应就很难开始，必须将氧化物除去。除去氧化物的方法如下：将镁屑放在布氏漏斗上，用很稀的盐酸冲洗，同时用水泵抽滤，使盐酸不致与镁屑接触太久。然后依次用水、乙醇、乙醚洗涤，抽干。这样处理过的镁屑应立即使用。也可以用镁带代替镁屑。镁带在使用前用细砂纸将表面擦亮，剪成小段。

2. 镁与卤代烷反应放出的热量足以使乙醚沸腾。根据乙醚的沸腾情况，可以判断反应是否进行得剧烈。溴乙烷的沸点很低，如果沸腾得太厉害，它会从冷凝管上端逸出而损失。

3. 2-甲基-2-丁醇与水能形成恒沸混合物，沸点 87.4 ℃。如果干燥得不彻底，就会有相当量的液体在 95 ℃以下被蒸出，这样就需要重新蒸馏。

七、思考题

1. 指出本实验中最需要注意的问题。

2. 在制备格氏试剂和进行加成反应时，如果选用普通乙醚和含水的丙酮，对反应有什么影响?

3. 萃取水层时为什么不用无水乙醚?

4. 用格氏试剂的方法制备 2-甲基-2-丁醇还可以选用其他什么原料? 写出反应式，并对这几种不同的路线作比较。

实验 67　乙苯的制备

一、实验目的

1. 学习傅-克烷基化制备烷基苯的原理和方法。

2. 掌握有毒气体的处理方法，学会正确使用电动搅拌机。

3. 熟练掌握萃取、洗涤等基本操作。

二、实验原理

主反应：

$$C_6H_6 + CH_3CH_2Br \xrightleftharpoons{AlCl_3} C_6H_5{-}CH_2CH_3 + HBr$$

副反应：

$$C_6H_6 + CH_3CH_2Br \xrightleftharpoons{AlCl_3} o\text{-}C_6H_4(C_2H_5)_2 + m\text{-}C_6H_4(C_2H_5)_2 + p\text{-}C_6H_4(C_2H_5)_2$$

实验所需时间：8 h。

三、仪器与试剂

仪器　100 mL 三口烧瓶、电动搅拌器、滴液漏斗、球形冷凝管、干燥管、分液漏斗、分馏装置、蒸馏装置、电热套。

试剂　苯(44.3 mL,39 g,0.5 mol)、溴乙烷(7.5 mL,11 g,0.1 mol)、三氯化铝(无水)(1.5 g,0.011 mol)、浓盐酸、浓硫酸、无水氯化钙、10%氢氧化钠溶液。

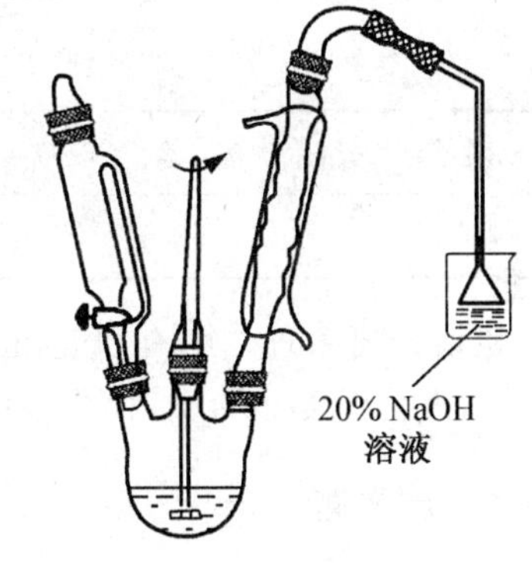

图 7-19　乙苯的制备实验装置

四、实验步骤

安装搅拌、滴加、回流反应装置，在回流冷凝管上口接氯化钙干燥管，并连接气体吸收装置(图 7-19)。

在 100 mL 三口烧瓶中迅速加入 1.5 g 无水三氯化铝和30 mL苯。在恒压滴液漏斗中放入 7.5 mL 溴乙烷和 14.3 mL 苯的混合物。用冷水浴冷却，开动搅拌器，并缓慢地将混合物滴入反应烧瓶。当溴化氢逸出并有红色不溶于苯的配合物生成时，表明反应已经开始。控制滴加速度使反应平稳进行。滴完后继续搅拌，当反应缓和下来时，加热使水浴温度逐渐升高到60～65 ℃，保持此温度 1 h。停止搅拌，换用冷水浴冷却。在通风柜中，在搅拌下将反应混合物缓慢倒入预先配好的 50 g 碎冰、150 mL 水和 5 mL 浓盐酸的混合物中，使配合物彻底分解。用等体积的水洗涤烃层几次，干燥，蒸馏，收集 85 ℃以前的馏分。换成小圆底烧瓶蒸馏，收集85～132 ℃及133～139 ℃两馏分。产量约 6 g。

五、数据记录及处理

乙苯的沸点为 136 ℃。称重，计算产率。

用气相色谱分析粗产物及分离得到的各馏分的组成。

六、实验注意事项

1. 严格控制反应条件。苯与溴乙烷在催化剂作用下进行烷基化反应生成乙苯，乙苯的苯环上电子云密度比苯高，比苯活泼 1.5～3 倍，它易溶于催化剂层中，更易受到碳正离子的进攻，生成邻、间、对二乙苯。同理，二乙苯易进一步反应生成多乙苯。在合成反应中，除了产物乙苯外，还有大量的二乙苯和多乙苯生成。二乙苯和多乙苯的量取决于反应条件，如苯与溴乙烷的配比，严格说来，在苯与溴乙烷配比一定时，取决于苯与 $AlCl_3$ 的摩尔比、反应过程中的搅拌状况、反应温度等诸因素，故应严格控制反应条件。

2. 保持反应体系干燥是实验取得成功的关键。反应装置、使用的溶剂、试剂都要干燥，称取三氯化铝时要迅速，以防吸水潮解，这些是保证实验取得成功的关键因素。

3. 搅拌作用。搅拌有两个作用，第一是将 $AlCl_3$ 和活性中间体$[C_2H_5]^+$、$[AlCl_3Br]^-$均匀地分散在苯介质中，同时把生成的乙苯及时地从反应区域驱散，有利于提高苯与活性中间体的摩尔比，增加乙苯的选择性。第二是将反应热从反应区分散开，防止因过热而发生副反应。因此，搅拌对提高乙苯的产率是很重要的。

4. 加料完毕，加热使水浴温度逐渐升到 60～65 ℃，并保持 1 h，主要是使反应混合物中少量未反应的溴乙烷进一步反应完全。

5. 若结合色谱分析粗产物及分离得到的各馏分的组成，则效果更好。

有关组分的沸点如表 7－7 所示。

表 7－7

组分	苯	乙苯	邻二乙苯	间二乙苯	对二乙苯
沸点/℃	80.1	136	183.5	181.1	183.8

色谱分离条件：用有机皂土和邻苯二甲酸二壬酯混合固定液(5%)，柱长 3 m，柱温 130 ℃，汽化温度 200 ℃，检测温度 150 ℃，载气氢流量 50 mL/min。

七、思考题

1. 为什么要用过量的苯和无水三氯化铝？

2. 如果仪器不干燥或药品中含水，这对实验的进行有什么影响？

8 物质性质的测定

实验 68 二氧化碳相对分子质量的测定

一、实验目的

1. 了解气体相对密度法测定相对分子质量的原理和方法。
2. 学习使用启普发生器和气压计。
3. 测定二氧化碳的相对分子质量。

二、实验原理

根据阿佛加德罗定律，在同温同压下，同体积的各种气体含有相同数目的分子(即相同的物质的量)，其关系式为 $n_1 = n_2$，而 $n = \frac{m}{M}$，所以

$$\frac{m_1}{M_1} = \frac{m_2}{M_2}$$

式中 n_1、m_1、M_1 分别为第一种气体的物质的量、质量、相对分子质量；n_2、m_2、M_2 为第二种气体的物质的量、质量、相对分子质量。这样只要在同温同压下，测定同体积的两种气体的质量，其中一种气体的相对分子质量为已知，即可求得另一种气体的相对分子质量。

本实验是把同体积的二氧化碳与空气(其平均相对分子质量为 28.98)的质量相比，这时，二氧化碳的相对分子质量可根据下式计算：

$$M_{CO_2} = \frac{m_{CO_2}}{m_{空气}} \times 28.98$$

三、仪器与试剂

仪器 启普发生器、洗气瓶、带磨口塞的锥形瓶、分析天平。

试剂 大理石、浓盐酸、浓硫酸。

四、实验步骤

(一) 二氧化碳气体的制备和净化

按图 8-1 装配好制备二氧化碳的装置。因产生的二氧化碳气体中带有硫化氢、酸雾、水汽等杂质，可通过碳酸氢钠溶液净化和浓硫酸干燥。

(二)二氧化碳相对分子质量的测定

(1) 充满空气的瓶和塞子的称量　取一个洁净而干燥带有磨口塞的锥形瓶,在分析天平上称得(空气+瓶+塞子)的质量。

(2) 充满二氧化碳的瓶和塞子的称量　从启普发生器中产生二氧化碳气体,经净化、干燥后导入锥形瓶内,因为二氧化碳气体的密度大于空气,所以必须把导管插入瓶底,才能把瓶内的空气赶尽。等 1～2 min 后,用燃着的火柴伸向锥形瓶口,若火柴有熄灭倾向,说明二氧化碳基本充满。缓慢取出导管,塞住瓶口,再关上发生器。在天平上称出(二氧化碳+瓶+塞子)的质量。重复通入二氧化碳气体和称量操作,直到前后两次称量只相差不超过 2mg 为止。

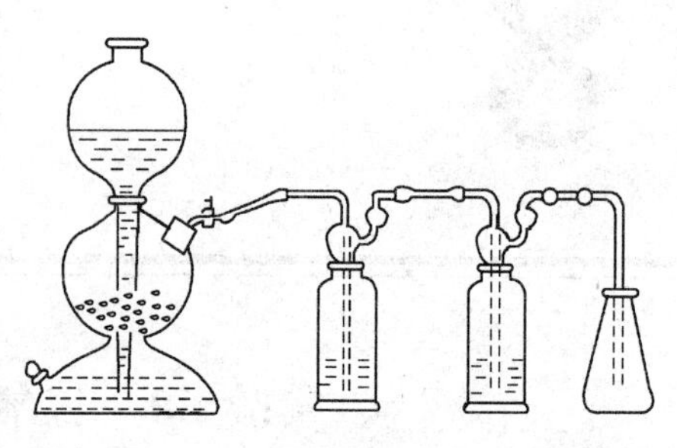

图 8-1　CO_2 的发生、净化、收集装置

(3) 充满水的瓶和塞子的称量　最后在瓶内装满水,塞好塞子,在台秤上称准至 0.1 g。记下实验时的室温和大气压力。

五、数据记录及处理

室温 t:__________℃;

大气压 p:__________Pa;

(空气+瓶+塞子)的质量 G_1:__________mg;

第一次(二氧化碳+瓶+塞子)的质量:__________mg;

第二次(二氧化碳+瓶+塞子)的质量:__________mg;

(二氧化碳+瓶+塞子)的质量 G_2:__________mg;

(水+瓶+塞子)的质量 G_3:__________mg;

瓶的容积 $V=\dfrac{G_3-G_1}{\rho_{水}}$:__________mL;

瓶内空气的质量 $m_{空气}=\dfrac{pVM_{空气}}{RT}$:__________mg;

(瓶+塞子)的质量 $G_4=G_1-m_{空气}$:__________mg;

二氧化碳气体的质量 $m_{CO_2}=G_2-G_4$:__________mg;

二氧化碳相对分子质量 $M_{CO_2}=\dfrac{m_{CO_2}}{m_{空气}}\times 28.98$:__________。

六、思考题

1. 为什么(二氧化碳+瓶+塞子)的质量要在分析天平上称,而(水+瓶+塞子)的质量则可以在台秤上称量?

2. 试分析本实验误差的来源及其对实验结果影响的大小。

3. 哪些气体可用本法测定相对分子质量,哪些不可以,为什么?

实验 69 置换法测定摩尔气体常数 R

一、实验目的

1. 学习置换法测定气体常数的方法及其操作。
2. 掌握理想气体状态方程式和分压定律。

二、实验原理

通过测量金属铝置换出盐酸中氢的体积可以算出气体常数 R 的数值。化学反应方程式为：

$$2Al+6HCl=2AlCl_3+3H_2(g)\uparrow$$

如果称取一定质量的铝与过量的盐酸反应，则在一定温度 T 和压强 p 下，可以测出反应所生成氢气的体积 V。实验时的温度 T 和压强 p 可以分别由温度计和气压计测得。物质的量 n 可以通过反应中铝的质量来求得。由于氢是在水面上收集的，所以氢气中还混有水蒸气。在实验温度下水的饱和蒸气压 $p(H_2O)$ 可在数据表中查出(表 8-1)。根据分压定律，氢气的分压可由下式求得：

$$p(H_2)=p-p(H_2O)$$

将以上所得各项数据代入理想气体状态方程式 $pV=nRT$ 中，即可算出 R 值。

表 8-1 不同温度下水的饱和蒸气压

温度/℃	饱和蒸气压/Pa	温度/℃	饱和蒸气压/Pa	温度/℃	饱和蒸气压/Pa	温度/℃	饱和蒸气压/Pa
10	1228	16	1817	22	2643	28	3779
11	1312	17	1937	23	2809	29	4005
12	1402	18	2063	24	2984	30	4242
13	1497	19	2197	25	3167	31	4492
14	1598	20	2338	26	3361	32	4754
15	1705	21	2486	27	3565	33	5030

三、仪器与试剂

仪器 分析天平、铁架台、蝶形夹、铁圈、十字头、夹子、碱式滴定管、试管、玻璃漏斗。

试剂 $HCl(6\ mol \cdot L^{-1})$、铝片。

四、实验步骤

1. 准确称取铝片的质量(在 0.0220～0.0300 g 范围内)。
2. 按如图 8-2 所示安装好仪器。取下小试管，移动铁圈和水平管(漏斗)，使量气管中的水面略低于刻度“0”，然后把铁圈固定。

3. 在小试管中用滴管加入 3 mL 6 mol · L^{-1} HCl 溶液，注意不要使盐酸沾湿试管的上半部管壁。将已称量的铝片蘸少许水，贴在试管内壁，但切勿与盐酸接触。最后将小试管固定，并塞紧橡皮塞。

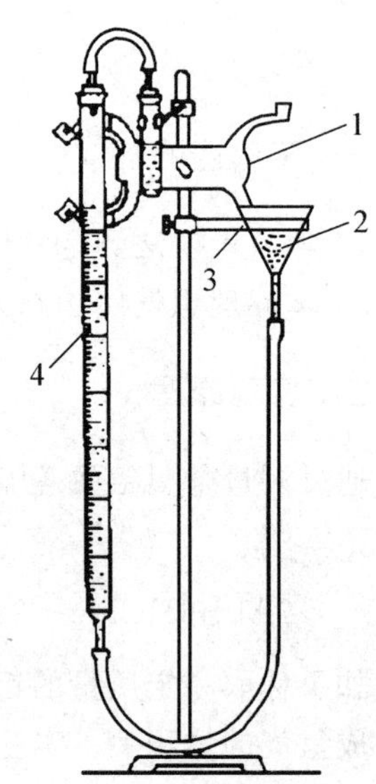

图 8－2 测定摩尔气体常数装置

4. 检验仪器是否漏气，方法如下：将水平管向下(或向上)移动一段距离，使水平管中的水面略低(或略高)于量气管中的水面。固定水平管后，量气管中的水面如果不断下降(或上升)，表示装置漏气，应检查各连接处是否接好(经常是由于橡皮塞没有塞紧)。按上法检验，直到不漏气为止。

5. 装置不漏气后，调整水平管的位置，使量气管内水面与水平管内水面在同一水平面上(为什么?)，然后准确读出量气管内水的弯月面最低点的读数 V_1。

6. 轻轻摇动试管，使铝片落入盐酸中，铝片即与盐酸反应而放出氢气，此时量气管内水面即开始下降。为了不使量气管内气压增大而造成漏气，在量气管内水面下降的同时，慢慢下移水平管，使水平管内的水面与量气管内的水面基本保持相同水平。反应停止后，待试管冷却到室温(约 10 min 左右)，移动水平管，使水平管内的水面和量气管内的水面相平，读出反应后量气管内水面的精确读数 V_2。

7. 记录实验时的室温 T 和大气压 p。

8. 从表 7－6 中查出室温时水的饱和蒸气压 $p(H_2O)$。

五、实验注意事项

1. 在往试管中加盐酸时，注意不要沾污试管壁，否则与铝片接触就会反应。
2. 读取量气管读数时，必须保持量气管与调节管液面在同一水平线上。
3. 第二次读数必须待试管冷却至室温再读。
4. 量气管起始液面不要太低，否则反应后会低于 50 mL 处体积无法读取。

六、数据记录及处理

铝片的质量 $m(Al)$：________g，铝片的物质的量 $n(Al)$：________mol；
反应前量气管中的液面读数 V_1：________mL；
反应后量气管中的液面读数 V_2：________mL；
氢气的体积 $V(H_2)=V_1-V_2$：________mL；
室温 T：________K；
压强 p：________mmHg=________Pa；
室温时水的饱和蒸气压 $p(H_2O)$：________Pa；
氢气的分压 $p(H_2)=p-p(H_2O)$：________Pa；
氢气的物质的量 $n(H_2)$：________mol；
摩尔气体常数 $R=\dfrac{p(H_2)\cdot V}{n(H_2)\cdot T}=$ ________J · mol^{-1} · K^{-1}；

相对误差 $E_r = \frac{|R_{通用} - R_{实验}|}{R_{通用}} \times 100\% =$ ________%。

根据你所得到的实验值，与一般通用的数值 $R=8.314\ J \cdot mol^{-1} \cdot K^{-1}$ 进行比较，讨论造成误差的主要原因。

六、思考题

1. 实验中需要测量哪些数据？
2. 为什么必须检查仪器装置是否漏气？如果装置漏气，将造成怎样的误差？
3. 在读取量气管中水面的读数时，为什么要使水平管中的水面与量气管中的水面相平？

实验 70 燃烧热的测定

一、实验目的

1. 使用氧弹量热计测定萘的燃烧热。
2. 了解量热计的原理和构造，掌握其使用方法。

二、实验原理

燃烧热是在温度 T 时一定量物质完全燃烧时的热效应。由热力学第一定律可知，在恒容状态下进行燃烧反应，系统不对外做功，所以恒容燃烧热等于系统内能的改变：

$$Q_V = \Delta U \tag{1}$$

但一般常用的是恒压燃烧热 Q_p，它与 Q_V 的关系为：

$$Q_p = Q_V + \Delta nRT \tag{2}$$

式中：Δn—— 燃烧前、后生成物与反应物的气体物质的量之差。

氧弹量热计测得的是恒容燃烧热 Q_V，需要时可按式(2)换算成恒压燃烧热 Q_p。

氧弹量热计是变温量热计的一种，实验中，假设量热计与环境没有热交换，环境温度保持不变，只是量热系统内温度发生变化。为了使被测物质能迅速而完全地燃烧，就需要有足够的氧气作为氧化剂，在实验中经常使用压强为 1500～3000 kPa 的氧气作为氧化剂。

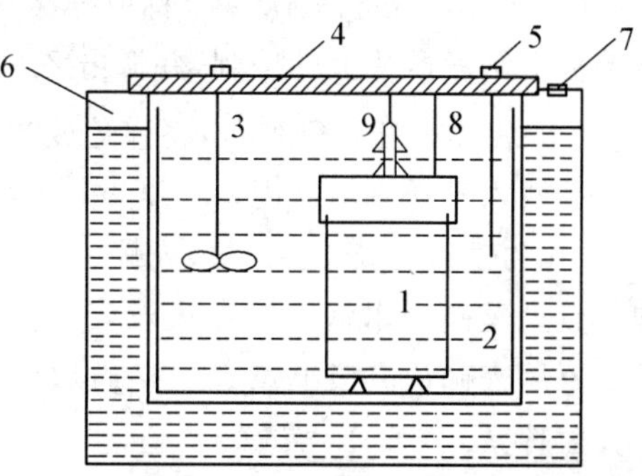

图 8-3 氧弹量热计结构图

1-氧弹；2-内桶；3-搅拌器；4-盖；5-测温探头；6-外桶；7-外桶测温口；8,9-点火电极

用氧弹量热计进行实验时，如图 8-3 所示，氧弹放置在装有一定量水的铜水桶中，水桶外是空气隔热层，再外面是温度恒定的水夹套。引火丝及样品在体积固定的氧弹中燃烧放出的热大部分被水桶中的水吸收；另一小部分则被氧弹、水桶、搅拌器及温度计等设备所吸收。在量热计与环境没有热交换的情况下，可写出如下的量热平衡式：

$$Q_V a + qb + wh\Delta T + C_{总}\Delta T = 0 \quad (3)$$

式中：Q_V——样品的恒容燃烧热，$J \cdot g^{-1}$；

a——样品的质量，g；

q——点火丝的燃烧热，$J \cdot g^{-1}$（铁丝的 q 为 $-6700\ J \cdot g^{-1}$，镍丝的 q 为 $-3240\ J \cdot g^{-1}$）；

b——燃烧掉的引火丝质量，g；

w——水桶中水的质量，g；

h——水的比热容，$J \cdot g^{-1} \cdot K^{-1}$；

$C_{总}$——氧弹、水桶等的总热容，$J \cdot K^{-1}$；

ΔT——与环境无热交换时的真实温差，K。

如在实验时保持水桶中的水量一定，把式(3)中的常数合并得到下式：

$$Q_V a + qb + K\Delta T = 0 \quad (4)$$

式(4)中 K 是量热计系统（包括所盛的水）的总热容，又称量热计的水当量。因此要测得样品的 Q_V，必须先要知道量热计的水当量 K，测定 K 的方法是用一定量已知燃烧热的标准物质（本文用苯甲酸，$Q_V = -24680\ J \cdot g^{-1}$），在一定的实验条件下，测定该物质燃烧后与燃烧前的量热计温度差 ΔT，然后根据式(4) 算得 K。在相同的实验条件下，测定样品完全燃烧前、后的温度差 ΔT，利用量热计的水当量 K 及式(4)，得到样品的燃烧热 Q_V。

三、仪器与试剂

仪器　SHR-15A 氧弹量热计 1 台、电子天平 1 台、台式天平 1 台、数字万用表 1 个、氧气钢瓶 1 个、氧气表 1 个、压片机 2 台、引火丝（铁丝或镍丝）、容量瓶 1000 mL、2000 mL 各 1 个。

试剂　分析纯苯甲酸、萘各 1 瓶。

四、实验步骤

(一) 量热计常数 *K* 的测定

(1) 开机　打开自动量热仪电源，仪器须打开电源半小时后才能开始实验。

(2) 称样　在台式天平上称取样品约 0.9～1.1 g。在压片机上压片，取出样品，在干净的玻璃板上刮净压片上的棱刺，并振击 2～3 次，在电子天平上准确称量，精确至 0.0001 g。

(3) 装样　拧开氧弹盖，将弹盖放在专用架上，将称好的样品放入不锈钢坩锅内，将 10 cm 点火丝的中段在直径为2 mm的铁钉上绕 2～3 圈，成螺旋状，装上点火丝，注意勿使点火丝碰到坩锅上。点火丝安装法参见图 8-4。用数字万用表确认电极上点火丝接通后（约 4.0～12 Ω），盖上弹盖拧紧。

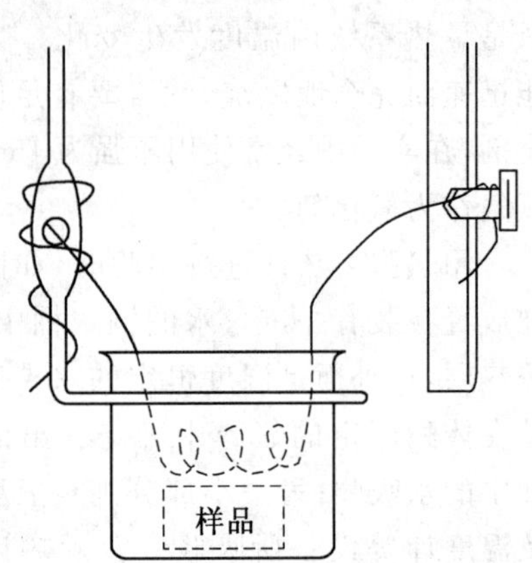

图 8-4　点火丝安装法

(4) 充氧　向旋紧弹盖的氧弹内充氧，将氧气瓶导管索头卡在氧弹入气口上，调整充氧压强在 2.8～3.2 MPa，在压强达 2.8 MPa 后充氧时间 15 s 以上。

(5) 装水　将氧弹放入自动量热仪内桶，用容量瓶量取 3000 mL 自来水加入内桶，内桶的水以盖住氧弹面为准，注意在同一台量热计上标定水当量系数和测定热量时内桶的水量须一致。

(6) 调水温　将内桶(含水及氧弹)一起放入量热仪内，摆正，盖上盖。将测温探头插入外桶，再将探头放入内桶调节水温。注意：第一个样品调节内、外桶水温应接近，要求内桶终点温度比外桶水温高 1.6 ℃以上，且要求每次一样。

(7) 测试　仪器开始搅拌，5 min 后开始点火，揿下“点火”开关，待 2 秒钟后“点火”开关红灯熄灭，此时表示点火完成。学生根据自动温度记录仪每隔 10 秒记录一次温度，直至温度不再变化为止。

(8) 取出内桶，将氧弹抹干、放气，检查氧弹内的引火丝有无完全烧尽。若还存有引火丝，解下，准确称量，最后计算时将此部分质量从总的引火丝的质量中扣除。

(9) 清理　实验结束，取出内桶，倾出内桶的水，抹干内桶准备进行下一次实验。

(二) 萘的燃烧热的测定

在台式天平上称约 0.6 g 萘进行压片，其余操作步骤同前。

五、数据记录及处理

(一) 量热计的水当量 K 的测定记录

室温：________℃；气压：________kPa；苯甲酸质量：________g；剩余引火丝的质量：________g；引火丝质量：________g。

表 8-1

时间 t/min	温度 T/℃	时间 t/min	温度 T/℃	时间 t/min	温度 T/℃

(二) 萘的燃烧热的测定

萘的质量：________g；剩余引火丝的质量：________g；引火丝质量：________g。

表 8-2

时间 t/min	温度 T/℃	时间 t/min	温度 T/℃	时间 t/min	温度 T/℃

(三) 数据处理

(1) 将在水当量及燃烧热的测定中得到的温度与时间的关系分别列表，并作 $T-t$ 图。

(2) 校正系统和环境交换能量的影响：系统和环境交换能量的途径有传导、辐射、对流蒸发和机械搅拌等。在测定的前期和末期体系与环境间温差的变化不大，交换能量较稳定，而反应期间温度改变较大，系统和环境的温度差随时改变，交换的热量也不断改变，很难用实验数据直接求算，通常确定初温及最高温度合理的方法是根据不同时间测得的温度作温度-时间曲线，即雷诺曲线（如图 8－5 所示）。

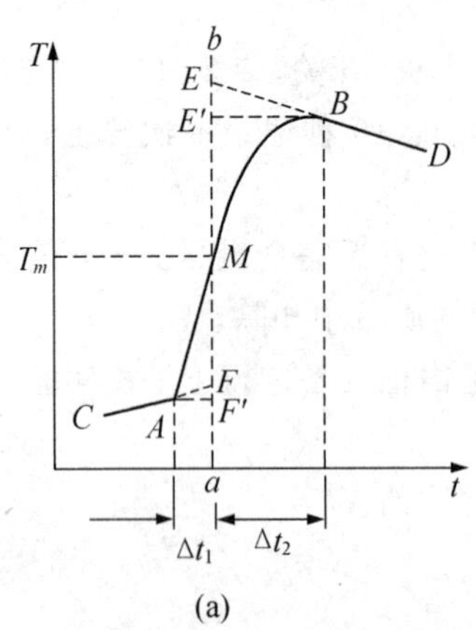

(a)

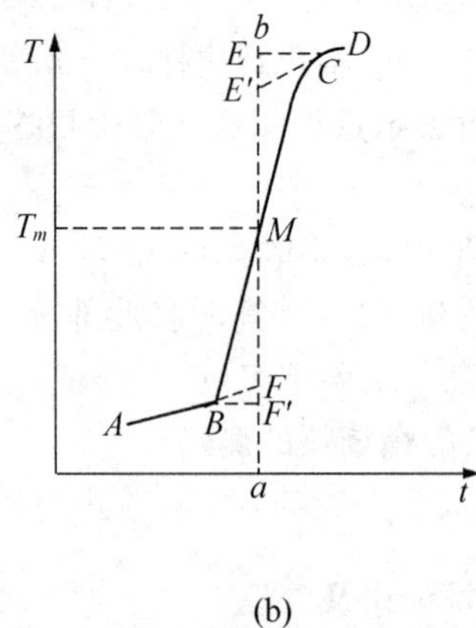

(b)

图 8－5　雷诺校正曲线图

图 8－5a 中 A 相当于开始燃烧之点，B 为观察到最高温度的读数点，作相当于室温 T_m 的平行线 T_mM，交曲线于 M，过 M 点作垂线 ab，然后将 CA 线和 DB 线外延交 ab 线于 F 和 E 两点。F 点与 E 点的温差，即为欲求的温度升高值 ΔT。图中 FF' 为开始燃烧到温度升到室温这一段时间 Δt_1 内，因环境辐射和搅拌引进的能量而造成量热计温度的升高，必须扣除。EE' 为温度由室温升高到最高点 B 这一段时间 Δt_2 内，量热计因向环境辐射出能量而造成温度的降低，故需要添加上。由此可见，E、F 两点的温度差较客观地表示了由于样品燃烧使量热计温度升高的值。

有时量热计的绝热情况良好，热漏小，但由于搅拌过剧，不断引进少量能量使燃烧后的最高点不出现，如图 8－5b 所示。这时 ΔT 的值仍可按上述方法进行校正。

4. 由苯甲酸燃烧结果计算量热计常数 K。
5. 计算萘的燃烧热 Q_V 及 Q_p，并与文献值比较，计算实验误差，并加以讨论。

六、思考题

1. 写出萘燃烧过程的反应方程式。如何根据实验测得的 Q_V 求出 Q_p？
2. 本实验中哪些是系统，哪些是环境？
3. 搅拌太慢或太快对实验结果有何影响？
4. 在使用氧气钢瓶及氧气减压阀时，应注意哪些规则？

实验 71　溶液偏摩尔体积的测定

一、实验目的

1. 掌握比重瓶测溶液密度的方法。
2. 测定指定组成的乙醇-水溶液中各组分的偏摩尔体积。

二、实验原理

在多组分系统中，某组分 i 的偏摩尔体积定义为

$$V_{i,m} = \left(\frac{\partial V}{\partial n_i}\right)_{T,p,n_j(j\neq i)} \tag{1}$$

若是二组分系统，则有：

$$V_{1,m} = \left(\frac{\partial V}{\partial n_1}\right)_{T,p,n_2}$$

$$V_{2,m} = \left(\frac{\partial V}{\partial n_2}\right)_{T,p,n_1}$$

则总体积 $V = n_1 V_{1,m} + n_2 V_{2,m}$。 (2)

将式(2) 两边同除以质量 m，则得：

$$\frac{V}{m} = \frac{m_1}{M_1}\cdot\frac{V_{1,m}}{m} + \frac{m_2}{M_2}\cdot\frac{V_{2,m}}{m} \tag{3}$$

令$\frac{V}{m} = \alpha, \frac{V_{1,m}}{M_1} = \alpha_1, \frac{V_{2,m}}{M_2} = \alpha_2, \frac{m_1}{m_2} = w_1, \frac{m_2}{m} = w_2$ (4)

式中：α—— 比容；

α_1、α_2——1、2 组分的偏质量体积。

将式(4) 代入式(3) 得：

$$\alpha = w_1\alpha_1 + w_2\alpha_2 = (1 - w_2)\alpha_1 + w_2\alpha_2 \tag{5}$$

将式(5) 对 w_2 微分得：

$$\frac{\partial\alpha}{\partial w_2} = -\alpha_1 + \alpha_2，即\ \alpha_2 = \alpha_1 + \frac{\partial\alpha}{\partial w_2} \tag{6}$$

将式(6) 代入式(5) 整理得：

$$\alpha_1 = \alpha - w_2\frac{\partial\alpha}{\partial w_2} \tag{7}$$

$$\alpha_2 = \alpha + w_1\frac{\partial\alpha}{\partial w_2} \tag{8}$$

实验求出不同浓度溶液的比容 α，作 $\alpha - w_2$ 关系图，得曲线 CC'(图 8－6)。如欲求某浓度(M 点) 溶液中各组分的偏摩尔体积，可在 M 点作切线，此切线在两侧纵轴上的截距 AB 和 $A'B'$ 即为 α_1 和 α_2，再由关系式(4) 即可求出 $V_{1,m}$ 和 $V_{2,m}$。

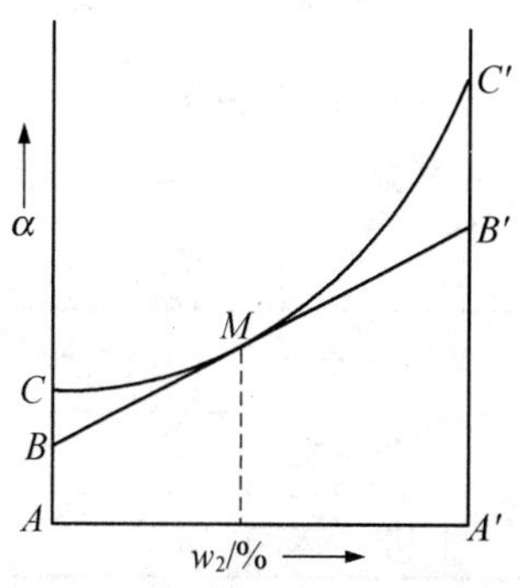

图 8－6　比容-质量分数关系

三、仪器与试剂

仪器　恒温槽 1 套、电子天平(共用)、比重瓶(10 mL)2 个、磨口三角瓶(50 mL)4 个。

试剂　95％乙醇(AR)、纯水。

四、实验步骤

(一) 调节恒温槽温度为 25.0 ℃

将恒温槽的电器连接好后，首先将温度调节器的温度指示在 23～24 ℃，然后接通电源，满功率加热，当 1/10 分度温度计的温度上升到 24 ℃时，降低功率(调变压器，使加热器电压降低)，并调节温度调节器的磁铁，使 1/10 分度温度计的温度缓慢升至 25 ℃，使温度调节器的钨丝与水银处于刚好接通或断开状态(这一状态可由温度自动控制器的红绿指示灯来判断，一般红灯表示加热，绿灯表示停止加热)。观察温度的变化情况，在 1/10 分度温度计上，当温度比指定温度 25.0 ℃低 0.2～0.3 ℃时，轻轻调节温度调节器，使其恰好在停止加热的位置上。此时，因加热器有余热，温度还会上升一些。当温度稳定后，如与指示温度略有差别，再加以适当调节，最后将温度调节器磁铁上的螺钉旋紧固定。注意，在调节过程中绝不能以温度调节器的刻度为依据，必须以 1/10 分度温度计为标准。

(二) 溶液的配制

以 95%乙醇(A)及纯水(B)为原液，在磨口三角瓶中用天平称重，配制含 A 质量分数为 0%、20%、40%、60%、80%、100%的乙醇水溶液，每份溶液的总体积控制在 40 mL 左右。配好后盖紧塞子，以防挥发。摇匀后测定每份溶液的密度。

(三) 比重瓶法测定溶液密度

(1) 将比重瓶(图 8-7)洗净、干燥，称得空瓶质量为 m_0。

(2) 取下毛细管塞 B，将已知密度 ρ(25 ℃)的 95%乙醇液体注满比重瓶。轻轻塞上塞 B，让瓶内液体经由塞 B 毛细管溢出，注意瓶内不得留有气泡，将比重瓶置于 25 ℃的恒温槽中，使水面浸没瓶颈。

(3) 恒温 10 min 后，用滤纸迅速吸去塞 B 毛细管口送出的液体。将比重瓶从恒温槽中取出(注意：只可用手拿瓶颈处)，用滤纸擦干瓶外壁后称其总质量 m_1。

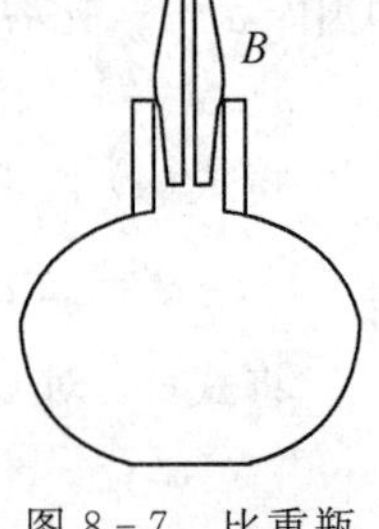

图 8-7 比重瓶

(4) 用待测液润洗比重瓶后，注满待测液。重复步骤(2)和(3)的操作，称得总质量 m_2。

(5) 根据以下公式计算待测液的密度(25 ℃)：

$$\rho(25\ ℃) = \frac{m_2 - m_0}{m_1 - m_0}\rho_1$$

五、数据记录及处理

(一) 数据记录

室温：________ ℃。

表 8-3

乙醇质量分数		0%	20%	40%	60%	80%	100%
m_0	第一次						
	第二次						

续 表

乙醇质量分数		0%	20%	40%	60%	80%	100%
m_1	第一次						
	第二次						
m_2	第一次						
	第二次						

(二) 数据处理

(1) 根据 25 ℃时水的密度和称重结果,求出比重瓶的容积。

(2) 根据附表数据,计算所配溶液中乙醇的准确质量分数。

$$w(CH_3CH_2OH)=\frac{m(CH_3CH_2OH)}{m(CH_3CH_2OH)+m(H_2O)}\cdot y$$

式中: y 是根据测得的密度值,查表得的 95%乙醇中纯乙醇的准确质量分数。

(3) 计算实验条件下各溶液的比容。

(4) 以比容为纵轴、乙醇的质量分数为横轴作图,并在乙醇的质量分数为 30%处作切线与两侧纵轴相交,即可求得 α_1 和 α_2。

(5) 计算含乙醇 30%的溶液中各组分的偏摩尔体积及 100 g 该溶液的总体积。

六、实验注意事项

1. 实际仅需配制四份溶液,可用移液管加液,但乙醇含量根据称重算得。

2. 为减少挥发引起的误差,动作要敏捷。每份溶液用两比重瓶进行平行测定,或每份溶液重复测定两次,取其平均值。

3. 拿比重瓶时,应手持其颈部。

4. 恒温过程应密切注意毛细管出口液面,如因挥发,液滴消失,可滴加少许被测溶液以防挥发引起的误差。

七、思考题

1. 如何使用比重瓶测量粒状固体物的密度?

2. 为提高溶液密度测量的精密度,可作哪些改进?

3. 哪些因素影响恒温槽的工作质量?

附: 25 ℃时乙醇密度与质量分数之间的关系

表 8-4 25 ℃时乙醇密度(ρ)与质量分数(y)之间的关系

$\rho/g\cdot cm^{-3}$	$y/\%$	$\rho/g\cdot cm^{-3}$	$y/\%$	$\rho/g\cdot cm^{-3}$	$y/\%$
0.810 94	91.00	0.805 49	93.00	0.799 91	95.00
0.808 23	92.00	0.802 72	94.00	0.797 06	96.00

实验 72　液体饱和蒸气压的测定

一、实验目的

1. 用平衡管测定乙醇在不同温度下的蒸气压。
2. 计算乙醇的平均摩尔汽化焓和正常沸点。
3. 熟练气压计的使用及其读数校正。

二、实验原理

在一定温度下，纯液体与其气相达成平衡时的压强，称为该温度下液体的饱和蒸气压。设蒸气为理想气体，实验温度范围内摩尔汽化焓 $\Delta_{vap}H_m^*$ 可视为常数，并略去液体的体积，纯物质的饱和蒸气压与温度的关系可用克劳修斯-克拉佩龙(Clausius-Clapeyron)方程式来表示：

$$\ln p = -\frac{\Delta_{vap}H_m^*}{RT} + C \tag{1}$$

式中：R—— 摩尔气体常数；

C—— 不定积分常数。

实验测定不同 T 下的蒸气压 p，以 $\ln p$ 对 $1/T$ 作图，得一直线，由此可求得直线的斜率 m 和截距 C，乙醇的平均摩尔汽化焓 $\Delta_{vap}H_m^*$ 为

$$\Delta_{vap}H_m^* = -mR \tag{2}$$

测定液体饱和蒸气压的方法有如下三种：

(1) 静态法：在某一温度下直接测量饱和蒸气压，此法一般适用于蒸气压比较大的液体。

(2) 动态法：在不同外界压强下测定其沸点。

(3) 饱和气流法：使干燥的惰性气体通过被测物质，并使其为被测物质所饱和，然后测定所通过的气体中被测物质蒸气的含量，再根据分压定律算出此被测物质的饱和蒸气压。此法一般适用于蒸气压比较小的液体。

本实验采用静态法直接测定乙醇在一定温度下的蒸气压，实验装置如图 8-8 所示，测定在平衡管 3 中进行。

平衡管即样品管，液体样品装在平衡管的 A、B、C 三部分。当一定温度下降低外压时，A 液面上的空气及液体蒸气自 B 处逸出，当外压等于或低于液体饱和蒸气压时，液体沸腾，气泡逸出很快，不久 A 面上的空气即可完全逸出，只留下蒸气。此时，缓缓增加外压，蒸气逸出的速度也就慢慢降低，气泡逐渐不再冒出，C 管中液面慢慢上升，当升至与 B 液面相等时，即表示液体蒸气压与外压相等。这时，液体蒸气压可以由当天的大气压与水银汞压计内两水银面的高度差相减得到。

三、仪器与试剂

仪器　静态法测定蒸气压的装置 1 套、机械真空泵(公用)1 台。

试剂　无水乙醇(分析纯)1 瓶。

四、实验步骤

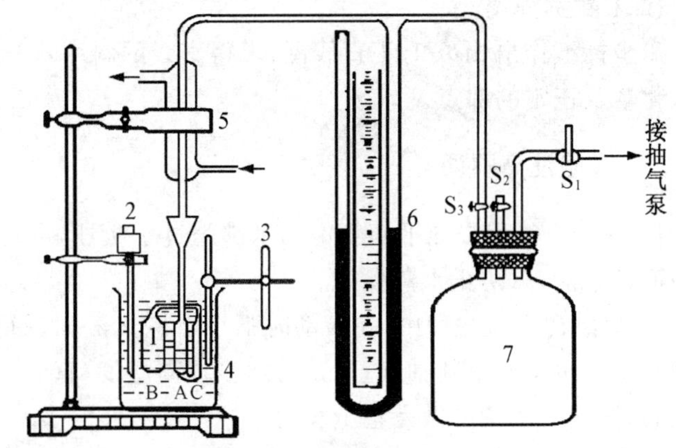

图 8-8 测定蒸气压的装置

1-平衡管；2-搅拌器；3-水银温度计；4-水浴；5-冷凝器；6-"U"形汞压计；7-缓冲瓶

1. 检漏　启动真空泵，关缓冲瓶上通向大气的旋塞 S_2，同时旋转三通旋塞 S_1，使系统与真空泵相通，直到"U"形汞压计的汞柱差为 $30\times10^3\sim50\times10^3$ Pa 时，旋转 S_1 使真空泵与大气相通，停真空泵。如在 3min 内，汞柱液面高度无变化，则表示系统不漏气。

2. 正常沸点的测定　慢慢旋转 S_2，使系统与大气相通。通冷却水，开动搅拌器，加热水浴，直到水浴温度达 80 ℃ 时，停止加热，因系统温度不断降低，故 B、C 两管的液面高度均发生变化。当 B、C 两管的液面处于同一水平面时，立即记录此时的温度及大气压。再重复测定一次，若两次温度之差小于 0.2 ℃，就可以进行下面的实验。

3. 立即启动真空泵并旋转 S_1，使系统与真空泵相通，并关 S_2。当系统减压至"U"形汞压计汞柱差为 6.7×10^3 Pa 时液体又沸腾，旋转 S_1 使真空泵与大气相通，而与系统不通。系统温度继续下降。如上所述，至 B、C 两管的液面处于同一水平面时，立即记录温度及"U"形汞压计两臂汞柱高度。接着应立即缓慢旋转 S_1 使真空泵与系统相通，令系统再减压约 6.7×10^3 Pa，当 B、C 液面再次相平时，再读取另一组数据，然后重复以上操作，直至两臂汞柱差约为 53.3×10^3 Pa 时，停止实验，并再读一次大气压。

五、数据记录及处理

(一) 数据记录

室温：________ ℃；　大气压(实验前)：________ Pa；

大气压(实验后)：________ Pa；大气压(平均值)：________ Pa。

表 8-5

序号	T/K	$1/T$	汞压计读数(mmHg)			液体的蒸气压	$\ln p$
			左 H_1	右 H_2	压差		

(二) 数据处理

用坐标纸作出 $\ln p-1/T$ 直线图，求得直线的斜率 m 和截距 C，根据公式计算乙醇的平均摩尔汽化焓及正常的沸点。

六、实验注意事项

1. 在升温过程中如平衡管中的水沸腾过于激烈，可转动 S_2，放些空气进来，逐步保持 B、C 两液面相平衡，以防止水蒸发掉。

2. 如果在实验过程中，在转动时不小心将 B 液面调得比 C 液面低一些（而不是将水冲到 A 球），此时也不必重新抽气，而是再适当提高温度，直到 B 高于 C 为止。因此，只要操作时稍加注意，抽气一次就可做完整个实验。

3. 如果 B、C 管内水量太少，需取下加水，此时应先放入空气以破坏系统的负压，然后慢慢取下平衡管，否则，很难取下，即使强行取下也很有可能将水银灌进系统。

七、思考题

1. 为什么在测定前必须把等压计储管内的空气排除干净？如果在操作过程中发生空气倒灌，应如何处理？

2. 如何检查系统是否漏气？能否在加热升温的过程中检查漏气？

3. 升温过程中如液体急剧汽化，应如何处理？

4. 如何判断空气已被赶尽？如未赶尽，结果是偏大还是偏小？

实验 73 氨基甲酸铵分解反应平衡常数的测定

一、实验目的

1. 测定氨基甲酸铵的分解压强，并求得反应的标准平衡常数和有关热力学函数。

2. 掌握空气恒温箱的结构原理及其使用。

二、实验原理

氨基甲酸铵的分解可用下式表示：

$$NH_4COONH_2(s) \rightleftharpoons 2NH_3(g)+CO_2(g)$$

设反应中气体为理想气体，则其标准平衡常数 $K^\ominus$ 可表达为

$$K^\ominus=\left(\frac{p_{NH_3}}{p^\ominus}\right)^2\left(\frac{p_{CO_2}}{p^\ominus}\right) \tag{1}$$

式中：p_{NH_3} 和 p_{CO_2} 分别表示反应温度下 NH_3 和 CO_2 的平衡分压，$p^\ominus$ 为 100 kPa。

设平衡总压为 p，则 $p_{NH_3}=2/3p$；$p_{CO_2}=1/3p$，代入(1) 式，得到

$$K^\ominus=\left(\frac{2}{3}\frac{p}{p^\ominus}\right)^2\left(\frac{1}{3}\frac{p}{p^\ominus}\right)=\frac{4}{27}\left(\frac{p}{p^\ominus}\right)^3 \tag{2}$$

因此，测得一定温度下的平衡总压后，即可按式(1) 算出此温度下的反应平衡常数 $K^\ominus$。氨

基甲酸铵分解是一个热效应很大的吸热反应，温度对平衡常数的影响比较灵敏。但当温度变化范围不大时，按平衡常数与温度的关系式，可得：

$$\ln K^{\ominus} = \frac{-\Delta_r H_m^{\ominus}}{RT} + C \tag{3}$$

式中：$\Delta_r H_m^{\ominus}$ 为该反应的标准摩尔反应热，R 为摩尔气体常数，C 为积分常数。

根据式(3)，只要测出几个不同温度下的 $K^{\ominus}$，以 $\ln K^{\ominus}$ 对 $1/T$ 作图，由所得直线的斜率即可求得实验温度范围内的 $\Delta_r H_m^{\ominus}$。

利用如下热力学关系式还可计算反应的标准摩尔吉氏函数变化 $\Delta_r G_m^{\ominus}$ 和标准摩尔熵变 $\Delta_r S_m^{\ominus}$：

$$\Delta_r G_m^{\ominus} = -RT\ln K^{\ominus} \tag{4}$$

$$\Delta_r G_m^{\ominus} = \Delta_r H_m^{\ominus} - T\Delta_r S_m^{\ominus} \tag{5}$$

三、仪器与试剂

仪器　空气恒温箱、样品瓶、“U”形管压强计、硅油零压计、机械真空泵、活塞。

试剂　氨基甲酸铵(固体粉末)。

四、实验步骤

本实验采用静态法测定氨基甲酸铵的分解压强。实验装置如图 8-9 所示。

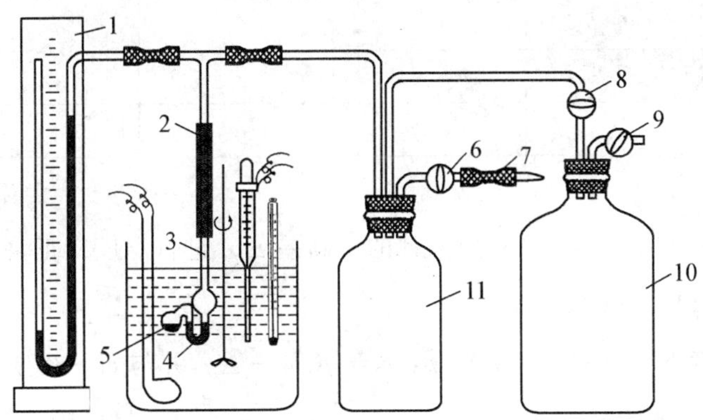

图 8-9　等压法测分解压装置

1-“U”形管压强计；2-乳胶管；3-等压计；4-液封；5-氨基甲酸铵；6、8、9-旋塞；7-毛细管；10、11-缓冲瓶

1. 将烘干的等压计 3 与乳胶管 2 接好，旋塞 9 与真空泵相连接，检查系统是否漏气。

2. 确信不漏气后，取下等压计，将氨基甲酸铵粉末装入等压计盛样小球中，用乳胶管将小球与“U”形管连接(必要时用细铁丝扎紧)。在“U”形管中滴加适量液体石蜡作液封。

3. 将等压计小心地与乳胶管连接好，然后把等压计固定于恒温槽中。调整恒温槽的温度至(25.00±0.05)℃开动真空泵，将体系中的空气抽出。约 10 min 后，关闭旋塞 9 和 8，停止抽气。开启旋塞 6，使空气通过毛细管缓缓进入体系，直至等压计“U”形管两臂液面齐平，立即关闭旋塞，若在一刻钟内保持齐平不变，则读取“U”形管压强计 1 的汞高差、大气压及恒温槽的温度。

4. 为了检验盛氨基甲酸铵的小球内空气是否已置换完全，可打开旋塞 8，借缓冲瓶 10 的真空，让盛样小球继续排气 10 min 后，按上述操作测定氨基甲酸铵的分解压强。

5. 如两次测定结果相差小于 2 mmHg，就可进行另一温度下的分解压测定。这时调整恒温槽的温度为(30.00±0.05)℃，观察"U"形管液面的变化，从毛细管 7 缓缓放入空气，至等压计"U"形管两臂液面齐平且保持 10 min 不变，即可读取"U"形管压强计的汞高差、大气压及恒温槽的温度。然后用相同的方法继续测定 35 ℃、40 ℃、45 ℃、50 ℃的分解压。

6. 试验完后，将空气放入系统至汞高差接近为零时，取下等压计，将盛样小球洗净、烘干备用。

五、数据记录及处理

(一) 数据记录

室温：________ ℃；　　大气压：________ Pa。

表 8 - 6

实验温度/℃	25	30	35	40
"U"形管压强计平衡压差 Δp_t				
校正的 Δp				
平衡总压 $p=p_{大气}-\Delta p$				
$\ln p$				
$K^{\ominus}$				
$\Delta_r G_m^{\ominus}$				

(二) 数据处理

(1) 将测得的大气压和"U"形管压强计的汞高差 Δp_t 进行温度校正，公式如下：

$$\Delta p = \Delta p_t(1-0.00018t)$$

(2) 求不同温度下系统的平衡总压 p：$p = p_{大气} - \Delta p$，并与如下经验式计算结果相比较：

$$\ln p = \frac{-6313.5}{T} + 30.5546$$

式中：p 的单位为 Pa。

(3) 计算各分解温度下的 $K^{\ominus}$ 和 $\Delta_r G_m^{\ominus}$。

(4) 以 $\ln K^{\ominus}$ 对 $1/T$ 作图，由斜率求得 $\Delta_r H_m^{\ominus}$。

(5) 按式(5) 计算 $\Delta_r S_m^{\ominus}$。

六、思考题

1. 在一定温度下，氨基甲酸铵的用量多少对分解压强有何影响？

2. 为何要对"U"形管压强计读数进行温度校正？若不进行此项校正，对平衡总压的值会引入多少误差？

3. 为什么在系统抽真空时必须将活塞 9 打开？

实验 74 凝固点下降法测相对分子质量

一、实验目的

1. 掌握凝固点降低法测定物质的摩尔质量的原理与技术。
2. 掌握数字式贝克曼温度计的使用方法。

二、实验原理

化合物的摩尔质量是一个重要的物理化学数据。凝固点降低法是一种简单而比较准确的测定摩尔质量的方法。凝固点降低法在实际应用和对溶液的理论研究方面都具有重要意义。

稀溶液的依数性之一为凝固点降低，当溶液中有非挥发性的溶质时，溶液的凝固点低于纯溶剂的凝固点，对稀溶液来说，如果溶质与溶剂不生成固溶体，溶液的凝固点降低值与溶质的质量摩尔浓度成正比，即：

$$\Delta T_f = T_f^* - T_f = \frac{R(T_f^*)^2 M_A}{\Delta_{fus} H_{m,A}^*} \times b_B = K_f \tag{1}$$

式中：T_f^* —— 纯溶剂的凝固点，K；

T_f—— 溶液的凝固点，即析出纯固相 A 时的温度；

K_f—— 凝固点降低常数，$kg \cdot K \cdot mol^{-1}$；

b_B—— 溶液中溶质 B 的质量摩尔浓度，$mol \cdot kg^{-1}$；

$\Delta_{fus} H_{m,A}^*$—— 纯固体 A 的摩尔熔化焓，$kJ \cdot mol^{-1}$；

m_A—— 溶剂 A 的摩尔质量，$kg \cdot mol^{-1}$。

如果溶质在溶剂中不发生解离和缔合，即形成二元(溶剂 A 和溶质 B) 稀溶液，溶质 B 在溶液中存在的形式与其单独存在时的形式相同，则溶质在溶液中的物质的量与其单独存在时的物质的量相等，溶液中溶质的种类也是单一的，即物质 B。此时溶液中溶质的质量摩尔浓度为：

$$b_B = \frac{m_{B(l)}}{M_B \cdot m_A} = \frac{m_{B(s)}}{M_B \cdot m_A} \tag{2}$$

代入(1) 式中可得

$$M_B = K_f \frac{m_B}{\Delta T_f \cdot m_A} \tag{3}$$

此时求得溶质 B 的摩尔质量即为溶质 B 单独存在时的摩尔质量。

纯溶剂的凝固点是其液相和固相共存时的平衡温度。若将纯溶剂逐步冷却，其冷却曲线如图 8-10 中Ⅰ所示。但实际过程中往往发生过冷现象，即在过冷并开始析出固体后，温度才回升到稳定的平衡温度，待液体全部凝固后，温度再逐渐下降，其冷却曲线如图 8-10 中Ⅱ所示。溶液的凝固点是该溶液的液相与溶剂的固相共存时的平衡温度。若将溶液逐步冷却，其冷却曲线与纯溶剂不同，见图 8-10 中Ⅲ所示。由于部分溶剂凝固而析出，使剩余溶液的浓度逐渐增大，因而剩余溶液与溶剂固相的平衡温度也逐渐下降。本实验所要测定的是浓度已知的溶液的凝固点，因此，所析出的溶剂固相的量不能太多，否则要影响原溶液的浓度。如稍有过冷现象，如图 8－10 中Ⅳ所示，对摩尔质量的测定无显著影响。如过冷严重，则冷却曲线如图 8－10 中Ⅴ所示，测得其凝固点将偏低，影响摩尔质量的测定结果。因此，在测定过程中必须设法控制过冷程度适当，一般可采用如下方法：

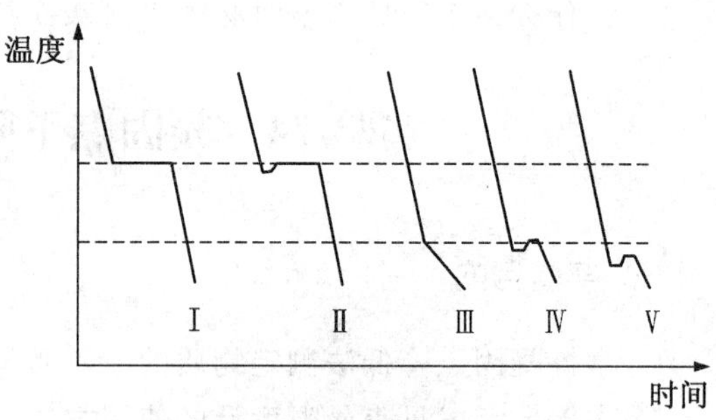

图 8－10　冷却曲线

1. 在开始结晶时加入少量溶剂的微小晶体作为晶种以促进晶体生成。

2. 加速搅拌，促使晶体生长。

3. 控制冷浴温度，不要使冷浴温度太低，以防止产生大的过冷现象。

由于稀溶液的凝固点降低值不大，因此温度的测量需要用较精密的仪器，本实验采用数字贝克曼温度计。

做好本实验的关键：一是控制搅拌速度，每次测量时的搅拌条件和速度尽量一致；二是冷浴的温度，过高则冷却太慢，过低则测不准凝固点，一般要求较溶剂的凝固点低 2～3 ℃。本实验采用冰盐水混合物作冷浴。

三、仪器与试剂

仪器　数字贝克曼温度计 1 支、酒精温度计 1 支、1 L 容量瓶 1 个、25 mL 移液管 1 支、电子天平 1 台、凝固点测定管 1 支、烧杯(400 mL)2 个、放大镜 1 个、压片机 1 台。

试剂　分析纯的环已烷和萘、碎冰。

四、实验步骤

(一) 安装实验装置

实验装置图如图 8－11 所示。将水及少量的冰加入冰槽中，再加入少量粗食盐调节冷浴的温度。在实验过程中不断搅拌并补充少量的冰、盐，使冷浴的温度保持在低于被测液体的凝固点 2～3 ℃。在测定管中用移液管移入 25 mL 环已烷，再根据当时温度下环已烷的密度计算其质量。注意冰-水面要高于测定管中的苯液面。将贝克曼温度计擦干，插入测定管，检查小搅拌棒，使它能上下自由运动而不与温度计摩擦。

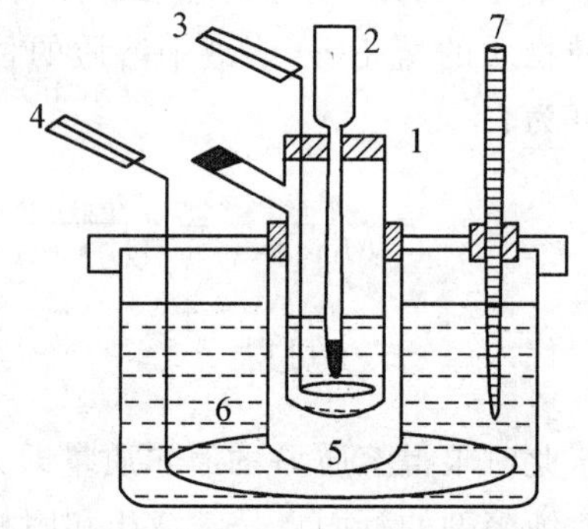

图 8－11　凝固点测定装置

1－凝固点测定管；2－数字贝克曼温度计；3、4－搅拌棒；5－凝固点测定管套管；6－冷浴；7－酒精温度计

(二) 纯溶剂凝固点的测定

将数字贝克曼温度计的探头插入凝固点测定管 1 中溶剂的中间位置，并塞上塞子，把管 1 直接放入冷浴中。将数字贝克曼温度计的电源开关打开，不断上下移动搅拌棒 3 和 4，使管 1 中溶剂逐步冷却。当看见有固

体析出时，将凝固点测定管 1 取出并擦干冰水，插入凝固点测定管套管 5 中，缓慢而均匀地搅拌。当温差测量仪上的读数基本不变时，记下此数值，此值即为纯溶剂苯的凝固点 T_f（但仅是相对值，若在测量前校正了测量温度，则此值为绝对值）。取出凝固点测定管，用手温热之，待固体全部融化后，再重复上步实验两次，要求任意两次测定结果相差不超过 0.005 ℃。

（三）测定溶液的凝固点

纯溶剂的凝固点测定之后，用电子天平称量约 0.3 g 萘片，由凝固点测定管的侧管加入样品，取出凝固点测定管，用手温热之，并轻轻搅拌，待溶剂全部融化，萘全部溶解后，按步骤（二）的方法测定溶液的凝固点，测定过程中过冷不得超过 0.2 ℃。

（四）环己烷的密度

环己烷的密度可用下面的经验公式计算：

$$\rho/\text{kg}\cdot\text{m}^{-3}=797.1-0.8879\times t$$

式中：t——温度，℃。

五、数据记录及处理

（一）数据记录

室温：________ ℃； 大气压：________ Pa。

表 8-7

<table>
<tr><th colspan="2" rowspan="2">物质的质量 M_b/g</th><th colspan="2">凝固点 T/K</th><th rowspan="2">凝固点降低值
ΔT_f/K</th><th rowspan="2">摩尔质量
$M_B/\text{kg}\cdot\text{mol}^{-1}$</th></tr>
<tr><th>测量值</th><th>平均值</th></tr>
<tr><td rowspan="3">环己烷</td><td rowspan="3"></td><td></td><td rowspan="3"></td><td rowspan="3"></td><td rowspan="3"></td></tr>
<tr><td></td></tr>
<tr><td></td></tr>
<tr><td rowspan="6">萘</td><td rowspan="3">第一次</td><td></td><td rowspan="6"></td><td rowspan="6"></td><td rowspan="6"></td></tr>
<tr><td></td></tr>
<tr><td></td></tr>
<tr><td rowspan="3">第二次</td><td></td></tr>
<tr><td></td></tr>
<tr><td></td></tr>
</table>

（二）数据处理

根据数据计算萘的摩尔质量；计算测量结果的相对误差。

六、实验注意事项

1. 冷浴的温度不能过低，最好始终保持在低于被测液体的凝固点 2～3 ℃。
2. 搅拌速度要适中，既不能太快，也不能太慢。
3. 称取药品时一定要保持药品的纯度，防止人为造成的药品不纯。

七、思考题

1. 应用凝固点降低法测定物质的摩尔质量，在选择溶剂时应考虑哪些问题？
2. 为什么会产生过冷现象？如何防止过冷现象的发生？
3. 在本实验中如何控制搅拌速度？太快或太慢对实验结果有何影响？

实验 75　沸点升高法测定物质的摩尔质量

一、实验目的

1. 以丙酮为溶剂，用沸点升高法测定苯甲酸的摩尔质量。
2. 了解沸点仪的有关构造以及热敏电阻在测温中的应用。

二、实验原理

含有难挥发溶质的稀溶液的沸点 T_b 高于纯溶剂沸点 T_b^*。根据稀溶液定律，沸点升高 ΔT_b 与难挥发溶质的质量摩尔浓度 $b_B(\mathrm{mol \cdot kg^{-1}})$ 成正比，即

$$\Delta T_b = K_b b_B = K_b \frac{m_B}{M_B m_A} \tag{1}$$

所以

$$M_B = K_b \frac{m_B}{\Delta T_b m_A} \tag{2}$$

式中：K_b—— 沸点升高常数，$\mathrm{kg \cdot K \cdot mol^{-1}}$；

m_B—— 溶液中溶质 B 的质量，kg；

m_A—— 溶剂 A 的质量，kg；

M_B—— 溶质 B 的摩尔质量，$\mathrm{kg \cdot mol^{-1}}$。

在本实验中，ΔT_b 是用一对热敏电阻及可变电阻组成的直流桥路(图 8-12) 测量的。

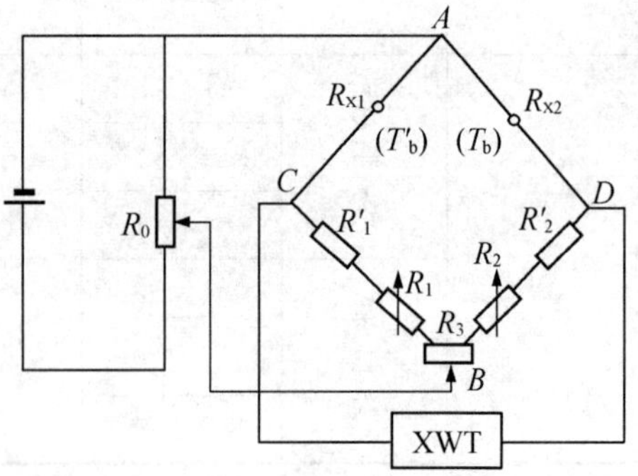

A
R_{X1}
R_{X2}
(T'_b) (T_b)
C
D
R_0
R'_1
R'_2
R_1
R_2
R_3
B
XWT

图 8-12　热敏电阻温差测量桥路

R_1、R_2、R_3 -可变电阻；R_{X1}、R_{X2} -测量纯溶剂与溶液沸点的热敏电阻；XWT -台式自动平衡记录仪

设桥路的 CD 端输出电位 ΔU 在测温范围内与 ΔT_b 成正比，令 $\Delta T_b = S \cdot \Delta U$，$S$ 为测温的灵敏度，即单位输出电位表示的温度变化($\mathrm{K \cdot V^{-1}}$)，代入式(2)，可得：

$$M_B = \frac{K_b \cdot m_B}{S \cdot \Delta U \cdot m_A} \tag{3}$$

由于 S 值未知，而且当溶液沸腾时，一部分溶剂处于汽化或回流状态，沸腾溶液中的溶剂的质量 m_A 难以确定，所以不能直接用式(3) 计算 M_B。为此，用已知质量为 $m_{B'}$、摩尔质量为 M_B 的溶质 B' 作为基准物标定整套仪器，即在实验条件下，测量其桥路不平衡电位 $\Delta U'$，可得：

$$M_{B'}=\frac{K_b\cdot m_{B'}}{S\cdot\Delta U'\cdot m_A}\tag{4}$$

然后在相同的实验条件下(即溶剂量、热敏电阻测温位置及桥路阻值不变)测得含待测物质 B 溶液的 ΔU。比较式(3)和(4),即可得到计算物质 B 摩尔质量的公式:

$$M_B=M_{B'}\frac{\dfrac{m_B}{\Delta U}}{\dfrac{m_{B'}}{\Delta U'}}\tag{5}$$

三、仪器与试剂

仪器　沸点仪、直流电桥、热敏电阻(1～2 kΩ)、台式自动平衡记录仪。

试剂　丙酮(AR)、粒状萘、苯甲酸。

四、实验步骤

1. 如图 8-13 所示安装好仪器,接妥线路。本实验采用两个沸点仪同时工作的双室形式,一室装溶剂,一室装溶液。其优点在于除了可以直接读出沸点差外,还可以消除压强对沸点的影响。沸腾室的加热用 45 W 电烙铁芯。通过气液提升管 2 将沸腾室 1 内的过热液体喷在测温管 4 的上部,然后沿着测温管外部的螺纹流下。在此过程中气液充分接触,通过调节电烙铁芯 8 的加热功率与冷凝液滴口 6 的回流液的滴速,在测温管 4 底部(热敏电阻放置处)可测得气液平衡的温度。

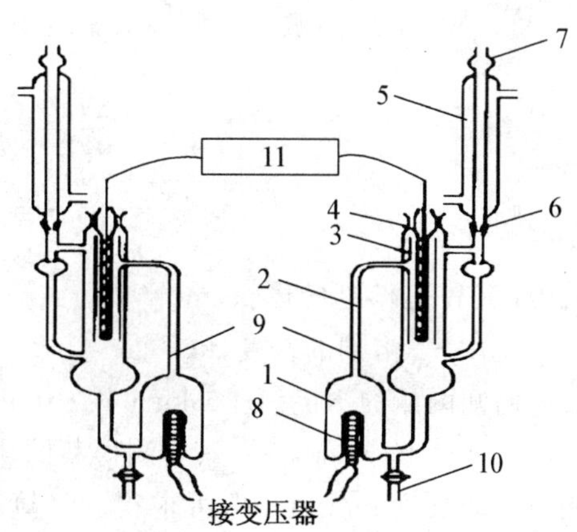

图 8-13　双室沸点仪

1-沸腾室;2-气液提升管;3-保温套管;4-测温管;5-冷凝管;6-冷凝液滴口;7-加溶质口;8-电烙铁芯;9-刻度线;10-放料口;11-热敏电阻温差测量桥路

2. 在两个沸点仪中分别从冷凝管口 7 加入丙酮至刻度线 9(约 60 mL)。往 5 通冷凝水并开始加热 8。在加热过程中从放料口 10 用洗耳球缓慢地鼓入气泡,以防暴沸。

3. 沸腾后通过调节变压器的输出电压控制冷凝液滴速为每分钟 70～80 滴。

4. 选择记录仪的量程为 2 mV,走纸速度为每分钟 3 mm,确定实验过程中记录仪画笔的走向。

5. 待沸腾稳定,记录仪基线走直后,从冷凝管口投入一粒称量过的萘片(约 0.2 g),稳定后得到 $\Delta U_1'$。再投入第二粒、第三粒,分别得到 $\Delta U_2'$、$\Delta U_3'$。

6. 停止加热,稍稍冷却后,放出萘溶于丙酮溶液。用丙酮洗涤此沸点仪,再加入丙酮到原刻度线,随后用苯甲酸为溶质,参照上述步骤,分别测出投入三粒苯甲酸后相应的 ΔU_1、ΔU_2、ΔU_3。

五、数据记录及处理

1. 量出各 $\Delta U'$ 和 ΔU 值(用记录纸上走线间的距离(mm)表示),作萘的 $m_{B'}-\Delta U'$ 直线及苯甲酸的 $m_B-\Delta U$ 直线。由斜率求出 $m_{B'}/\Delta U'$ 值及 $m_B/\Delta U$ 的值。

2. 已知萘的摩尔质量 $M_{B'}=0.1282\ kg\cdot mol^{-1}$，按式(5)计算苯甲酸的摩尔质量，并计算其与标准值 $0.1221\ kg\cdot mol^{-1}$ 的相对误差。

六、实验注意事项

1. 为在测温管底部测得气液平衡的温度，需要控制过热程度。通常是以冷凝管下端冷凝液的滴速来控制加热功率。因此，不同液体的合适滴速与其蒸发热有关。为了防止过热暴沸，可在沸腾室内靠近加热棒的玻璃表面上熔结细玻璃粉以造成粗糙的表面，或在加热过程中从放料口间断地鼓入少量空气，以促进较大的气泡生成。

2. 本实验中热敏电阻测温灵敏度 S 的估算：

$$\Delta T_b = S\cdot\Delta U = K_b\cdot\frac{m_B}{M_B m_A} \tag{6}$$

则

$$S=\frac{K_b\cdot m_B}{\Delta U\cdot M_B\cdot V\cdot\rho} \tag{7}$$

式中：V—— 溶剂的体积，m^3；

ρ—— 溶剂的密度，$kg\cdot m^{-3}$。

已知丙酮的 $K_b=1.76\ kg\cdot K\cdot mol^{-1}$，$\rho=787\ kg\cdot m^{-3}$，$V\approx 60\times10^{-6}\ m^3$。基准物萘的 $M_B=0.121\ kg\cdot mol^{-1}$。只要测得萘的质量 m_B 对应的 ΔU（电位差 mV 值或记录仪上与 mV 相对应的长度 mm 值），即可求得。计算表明，此测温的灵敏度可达到贝克曼温度计的水平。若用低电势电位差计或灵敏检流计代替自动记录仪，也可获得同样的效果。

七、思考题

1. 简述本实验用的沸点仪的基本构造及各部分作用。
2. 为什么本实验先要用基准物标定仪器，然后才能测定待测物的摩尔质量？
3. 试估算本实验溶液的浓度，以证明其能满足本实验的稀溶液要求。

实验 76　二组分系统气-液相图的绘制

一、实验目的

1. 测定在常压下环己烷-乙醇系统的气、液平衡数据，绘制系统的沸点-组成图。
2. 确定系统的恒沸温度及恒沸混合物的组成。
3. 了解阿贝折光仪的测量原理，掌握阿贝折光仪的使用方法。

二、实验原理

一个完全互溶二组分系统的沸点-组成图，表明在气液两相平衡时，沸点和两相组成间的关系，它对了解这一系统的行为及分馏过程都有很大的实用价值。

二组分液系的 $T-x$ 图可分为三类：

(1) 理想的二组分液系，其溶液沸点介于两纯物质沸点之间(图 8－14a)；，

(2) 各组成对拉乌尔定律发生负偏差，其溶液具有最低沸点(图 8－14b)；

(3) 各组成对拉乌尔定律发生正偏差，其溶液具有最高沸点(图 8-14c)。

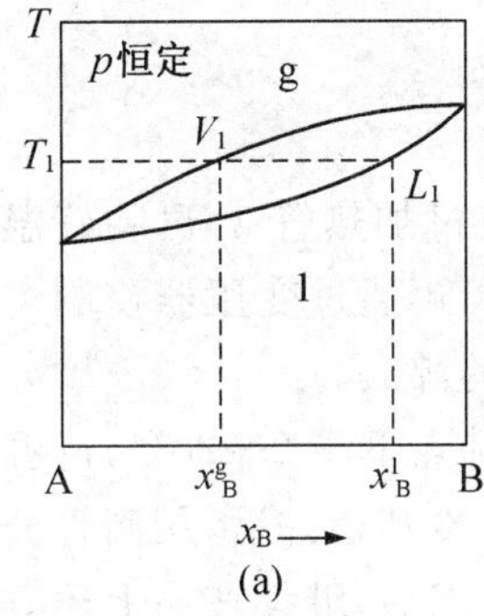

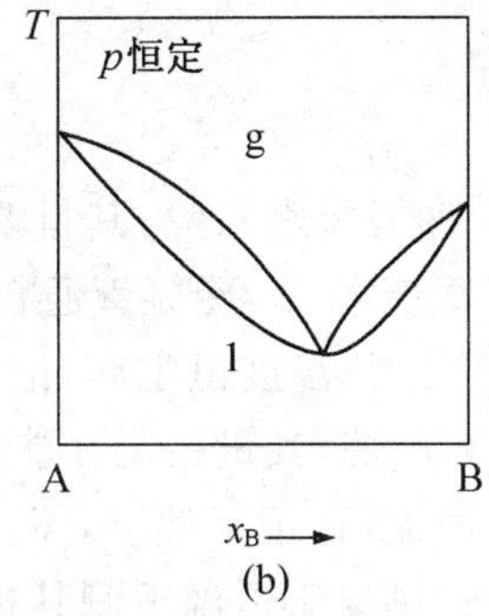

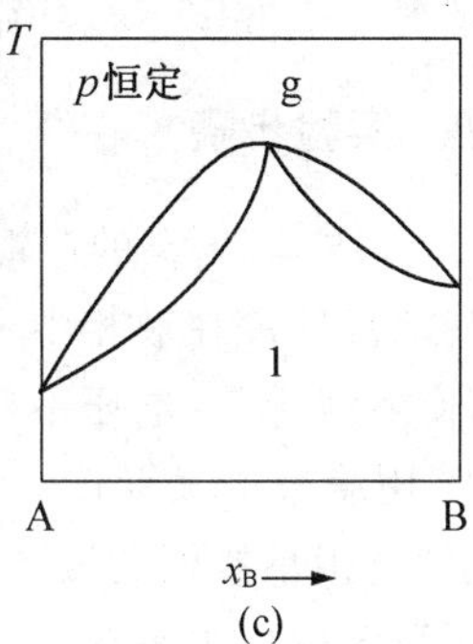

图 8-14 二组分系统 $T-x$ 图

第(2)、(3)类溶液在最低或最高沸点时的气、液两相组成相同，加热蒸发的结果只使气相总量增加，气、液相组成及溶液沸点保持不变，这时的温度叫恒沸点，相应的组成叫恒沸组成。理论上，第(1)类混合物可用一般精馏法分离出其中的纯物质，第(2)、(3)类混合物只能分离出一种纯物质和另一种恒沸混合物。

为了测定二组分液系的 $T-x$ 图，需在气、液两相达平衡后，同时测定气、液相组成和溶液沸点。例如，在图 8-14(a)中与沸点 T_1 对应的气相组成是气相线上 V_1 点对应的 x_B^g，液相组成是液相线上 L_1 点对应的 x_B^l。实验测定整个浓度范围内不同组成溶液的气液相平衡组成和沸点后，就可以绘出 $T-x$ 图。

本实验绘制环己烷-乙醇二组分液系的 $T-x$ 图，其方法是将不同组成的溶液置于蒸馏仪(图 8-15)中进行蒸馏，沸腾平衡后记下温度。依次吸取少量的蒸馏液和蒸发液，分别用阿贝折光仪测定其折射率，然后由环己烷-乙醇的折射率-组成标准曲线(图 8-16)或其数据表确定相应组成，从而绘制环己烷-乙醇二组分液系相图。

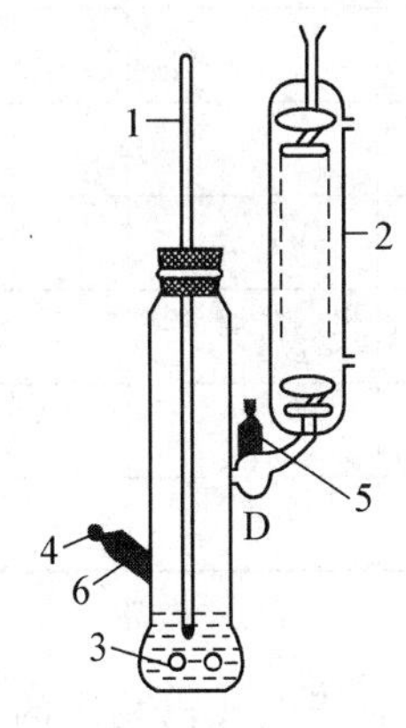

图 8-15 蒸馏仪
1-温度计；2-冷凝管；3-加热管；4-磨口塞；5、6-侧管

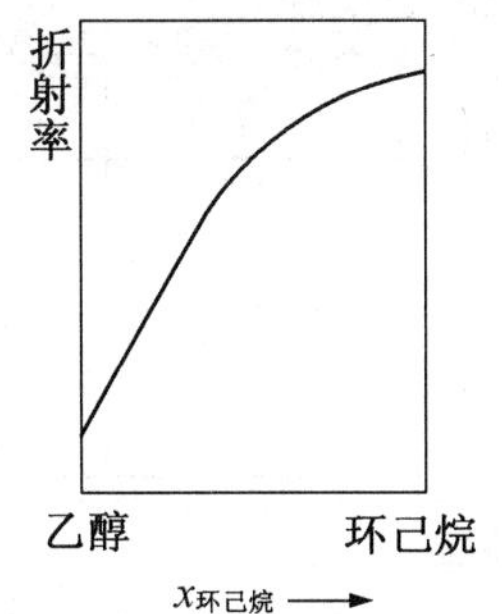

图 8-16 环己烷-乙醇的折射率-组成标准曲线

三、仪器与试剂

仪器 蒸馏仪 1 套、1/10 分度温度计(50～100 ℃)1 支、阿贝折光仪 1 台、变压器(1 kV)1

台、导线4根、滴管2支。

试剂　乙醇(AR)、环己烷(AR)。

四、实验步骤

1. 自洁净、干燥的蒸馏仪侧管6加入无水乙醇，其量要稍稍没过加热管3，再装好温度计1，使其水银球浸在液相中一半，盖好磨口塞4。冷凝管通自来水后，再通过变压器控制电炉丝加热，使溶液沸腾(电压不要超过25 V)，待温度恒定后，记下乙醇的沸点。

2. 用滴管由蒸馏仪侧管6加入环己烷，其量控制在能使溶液沸点下降2～3 ℃，待温度相对稳定、气相承接处的液体已经充分回流后，记下沸点，停止加热。冷却稍许后，用滴管分别从侧管5和6取出少量蒸出液及蒸馏液，迅速于恒温下测其折射率。然后，继续按照上述方法加入环己烷，其量仍控制在能使溶液沸点下降2～3 ℃。如上一次沸点为75.25 ℃，这一次经滴加环己烷，其沸点应降至72.25～73.25 ℃较适宜。再待温度相对稳定后，分别测其蒸出液及蒸馏液的折射率。如此重复，直至气、液相冷凝液折射率基本一致，说明溶液已经恒沸，即达到了恒沸点(约65 ℃)，停止实验，将蒸馏仪中的溶液倒入回收瓶。

3. 用少量环己烷洗净蒸馏仪，然后由蒸馏仪侧管6加入环己烷，重复步骤1、2。最后回收蒸馏仪中的样品，关闭冷却水，切断电源。

五、数据记录及处理

(一) 数据记录

室温：______ ℃；　大气压：______ Pa。

表8-8

测定次序	沸点/℃	气相冷凝分析		液相分析	
		n_D^{20}	$x_{环己烷}$	n_D^{20}	$x_{环己烷}$
纯乙醇滴加环己烷后					
纯环己烷滴加乙醇后					

(二) 数据处理

(1) 在环己烷-乙醇二组分液系的折射率-组成标准曲线上找出相应的气液组成，填于记录表中。

(2) 绘制环己烷-乙醇系统的沸点-组成($T-x$)图。

(3) 在$T-x$图上求出恒沸点及恒沸混合物的组成。

六、实验注意事项

1. 测定乙醇及环己烷纯样品的沸点时，蒸馏仪要洁净、干燥，不得掺入其他杂质。

2. 蒸馏过程中样品回流要充分，控制气液平衡要严格，其重要标志是在该条件下沸点相对稳定。

3. 使用折射仪要仔细认真，温度控制平稳，取样品不得用时过长。

4. 在 $T-x$ 图上，为了使坐标点分布均匀、合理，必须严格控制向蒸馏仪中滴加另一组分的量，以保证沸点降低值为 2～3 ℃。

5. 对于接近恒沸点时的实验操作一定要做到：滴加另一组分量适宜，回流充分，较好地控制平衡，仔细观察现象，绝不可粗心大意。

七、思考题

1. 在实验中，气、液两相如何达成平衡？如何判断气、液两相已经达到平衡？

2. 根据什么原理，可以使混合物中两种组分得到分离？采用什么方法可以得到两种纯物质？

3. 平衡时，气液两相温度是否应该一样？实际是否一样？怎样防止有温度的差异？

4. 每次加入蒸馏仪中的乙醇或环己烷是否应该精确计量？

5. 蒸馏仪中冷凝器 D 处体积过大或过小对测量有何影响？

6. 本实验中测得的沸点是正常沸点吗？

7. 请用克-克方程估算因大气压偏高 100 Pa 所引起的系统误差。

附表一

标准压强下环己烷-乙醇体系相图的恒沸点数据

沸点/℃	酒精质量分数/%	$x_{环己烷}$
64.9	40	/
64.8	29.2	0.570
64.8	31.4	0.545
64.9	30.5	0.555

附表二

25 ℃时环己烷-乙醇体系的折射率-组成关系

$x_{乙醇}$	$x_{环己烷}$	n_D^{25}
1.00	0.0	1.35935
0.8992	0.1008	1.36867
0.7948	0.2052	1.37766
0.7089	0.2911	1.38412
0.5941	0.4059	1.39216
0.4983	0.5017	1.39836

续 表

$x_{乙醇}$	$x_{环己烷}$	n_D^{25}
0.4016	0.5984	1.40342
0.2987	0.7013	1.40890
0.2050	0.7950	1.41356
0.1030	0.8970	1.41855
0.00	1.00	1.42338

实验77　组分合金相图的绘制

一、实验目的

1. 用差热分析法测绘锡-铋二组分合金相图。
2. 掌握由冷却曲线绘制相图的原理。

二、实验原理

将一种合金或金属熔融后逐渐冷却，每隔一定时间记录一次温度。表示温度与时间关系的曲线称为冷却曲线（或步冷曲线）。金属的熔点-组成图可根据不同合金的冷却曲线求得。如熔融体系在均匀冷却过程中无相变化，其温度将连续均匀下降，得到一条平滑的冷却曲线；如在冷却过程中发生了相变化，则因放出相变热，使损失有所抵偿，冷却曲线就会出现转折或水平线段，转折点所对应的温度，即为该组成合金的相变温度。对于简单的低熔二组分体系，具有如图 8－17 所示的三种形状的冷却曲线。由这些冷却曲线即可绘出合金相图，如图 8－18所示。用自动记录仪连续记录体系逐步冷却的温度，则记录纸上所得的曲线就是冷却曲线。

用差热分析法测绘相图时，被测体系必须时时处于或接近相平衡状态，因此体系的冷却速度必须足够慢才能得到较好的结果。

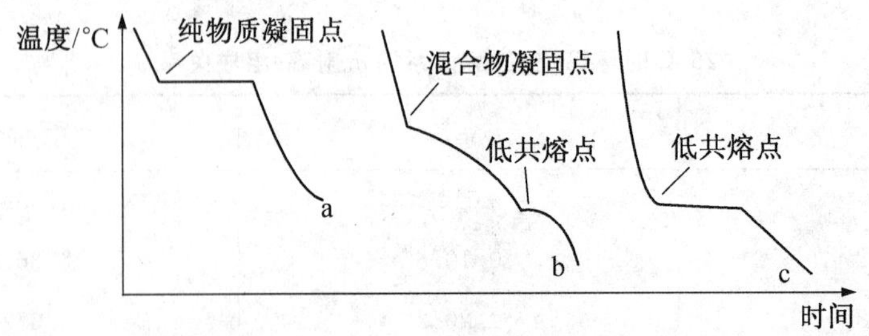

图 8－17　典型的冷却曲线

a－纯物质；b－混合物；c－低熔混合物

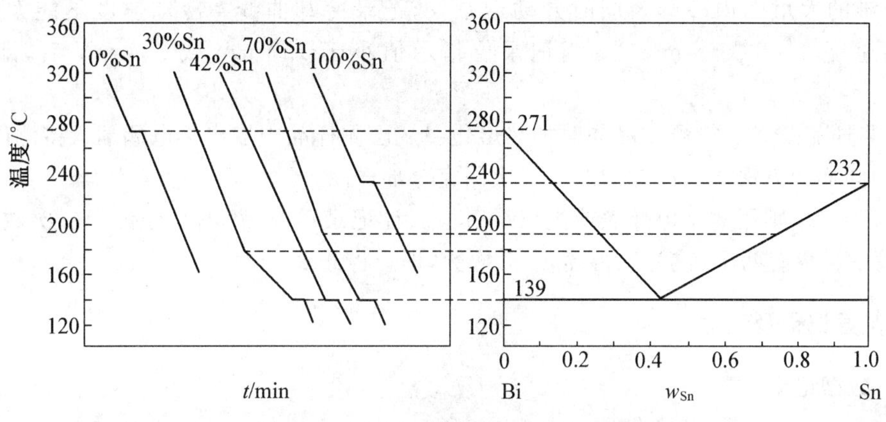

图 8-18 Bi-Sn 合金冷却曲线和相图

三、仪器与试剂

仪器 SWKY-1 数字控温仪、KWL-09 可控升温炉、坩埚 8 个、坩埚钳 1 把。

试剂 纯锡、纯铋、松香。

四、实验步骤

1. 配制样品 用电子秤分别配制含铋质量分数为 30%、58%、80% 的锡铋混合物各 100 g，另外称纯铋、纯锡各 100 g，分别装入 5 个 30 mL 的坩埚中。

2. 按图 8-19 将热电偶接入记录仪 图中 1 kΩ 绕线电位器作为信号电压的分压用。

因为镍铬-镍硅热电偶在 300 ℃时的热电势约为 12 mV，所以对量程为 5mV 或 10 mV 的记录仪必须使用分压器。

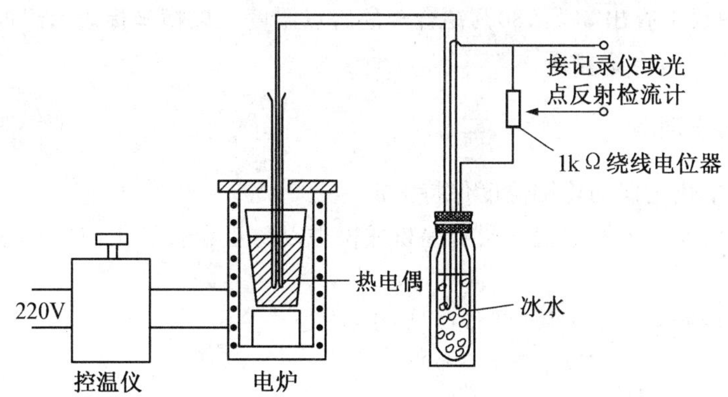

图 8-19 冷却曲线测定装置

为了正确调整分压器，将热电偶浸入沸水中，调分压器使记录仪指示值对 5 mV 量程约为 1.3 mV，对 10 mV 量程约为 2.6 mV。

3. 将已装有样品的坩埚放入立式小电炉内，或用酒精灯直接加热，样品熔化后，在上面覆盖一层石墨粉或松香防止金属氧化。用小玻璃棒将熔融金属搅拌均匀，同时将热电偶热端插入熔融金属中距坩埚底 1 cm 处。样品温度不宜升得太高，一般在金属全部熔化后，再升高约 30 ℃，即可停止加热，让样品在坩埚内缓慢冷却，或置于另一个填有玻璃毛纤维或硅酸铝纤维的大坩埚内冷却。同时开动记录仪，记录冷却曲线。冷却速度不能太快，最好保持降温速度 6～8 ℃ · min^{-1}。当记录仪指示值小于 1.7 mV 或 3.4 mV 后，即可停止记录。

将已测样品及另一待测样品同时加热熔化。从已测样品中取出热电偶插入待测的已熔化样品中，用同样的方法绘出冷却曲线。依次测完全部样品。

如无记录仪，则用数字电压表或光点反射检流计记录温度，每隔半分钟读一次数，过转折点后(注意：合金有两个转折点)再读 4～5 次数，即可停止。

五、数据记录及处理

(一) 数据记录

室温：________ ℃；　大气压：________ Pa。

表 8 - 8

组　成	熔点/℃	记录仪读数
纯　铋	271	
纯　锡	232	
58%铋	139	
水	沸　点	

(二) 数据处理

(1) 用已知纯铋、纯锡、58%铋的熔点及水的沸点作标准温度。以冷却曲线上转折点的读数做横坐标，标准温度做纵坐标，作出热电偶的工作曲线。

如用数字电压表或检流计，则以其读数为纵坐标，时间为横坐标，作出各合金的冷却曲线。

(2) 从工作曲线上查出 30%、80%铋合金的熔点温度。以横坐标表示组成，纵坐标表示温度，作出 Sn - Bi 二组分合金相图。

六、实验注意事项

1. 实验过程中热电偶的冷端温度保持恒定。

2. 样品熔化后要在上面覆盖一层石墨粉或松香以防止金属氧化，并用小玻璃棒将熔融金融搅拌均匀。

3. 热电偶热端插入熔融金属中距坩埚底 1 cm 处。

七、思考题

1. 金属熔融体冷却时冷却曲线上为什么会出现转折点？纯金属、低共熔金属及合金等的转折点各有几个？曲线形状为何不同？

2. 热电偶测量温度的原理是什么，为什么要保持冷端温度恒定？如何保持恒定？

3. 如果合金组成进入固熔体区(本相图 Sn 的质量分数为 85%以上)，则冷却曲线该是什么形状？

实验 78　差热分析

一、实验目的

1. 用差热分析仪对草酸钙进行差热分析，并定性解释所得差热图。
2. 掌握差热分析的原理，了解定性处理的基本方法。
3. 了解差热分析仪的构造及其操作技术。

二、实验原理

(一) 概述

差热分析是一种热分析法，可用于鉴别物质，并考查其组成结构及其转化温度、热效应等物理化学性质。它广泛地应用于许多科研及生产部门。

许多物质在加热或冷却过程中，当达到某一温度时，会发生熔化、凝固、晶形转变、分解、化合、吸附、脱附等物理化学变化，并伴随有焓的改变，因而产生热效应，其表现为该物质与外界环境之间有温度差。差热分析就是通过测定温差来鉴别物质，确定其结构、组成，并测定其转化温度、热效应等物理化学性质。

在测定之前，先要选择一种热稳定较好的物质作为参比物。在温度变化的整个过程中该参比物不会发生任何物理化学变化，没有任何热效应出现。

将样品与参比物一起置于一个可按规定速率逐步升温或降温的电炉中，然后分别记录参比物的温度(也可以记录样品本身或样品附近的其他参考点的温度)以及样品与参比物之间的温差。随着测定时间的延续，就可以得到一张差热图(或称热谱团)。图 8 - 20 为一张理想的差热图。

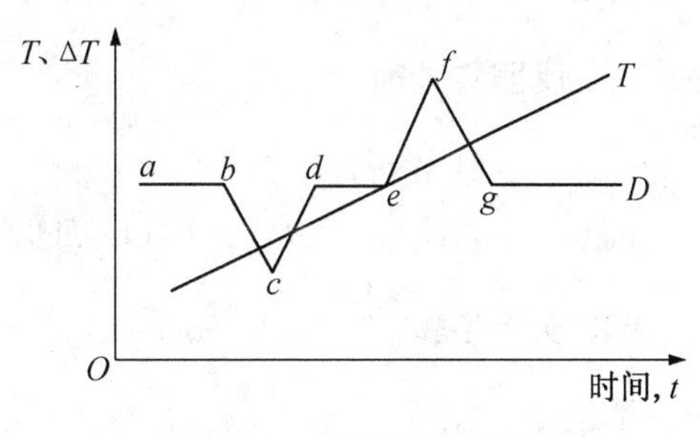

图 8 - 20　理想的差热图

在差热图中有两条曲线，其中曲线 T 为温度线，它表明参比物(或其他参考点)的温度随时间变化的情况。曲线 D 为差热线，它反映样品与参比物之间的温差与时间的关系。

在差热线中，与时间轴平行的 ab、de 段表明样品与参比物之间的温差为零或恒为常数，称为基线；bc、cd 段组成一个差热峰。一般规定吸热峰为负峰(或称吸热谷)，此时样品的焓变大于零，其温度低于参比物，放热峰为正峰，出现在基线的另一侧。

(二) 谱图分析

从差热图上可以清晰地看到差热峰的数目、位置、方向、高度、宽度、对称性以及峰面积。峰的数目是在测定温度范围之内待测样品与参比物之间的温差发生变化的次数，峰的方向表明热效应的正负性，峰面积则反映热效应的大小。

在完全相同的测定条件下，许多物质的差热图具有特征性，因此就可以通过与已知物的差热图的对比，来鉴别样品的种类。而对峰面积进行定量处理，则可确定某一变化过程热效应的大小。峰的高度、宽度以及峰的对称性除与测定条件有关外，往往还与样品变化过程的各种动力学因素有关，由此可以计算某些反应的活化能和反应级数。

差热峰的位置可参照如图 8－21 所示的方法来确定。通过峰的起点 b、顶点 c 和终点 d，分别作三条垂线与温度线交于 b'、c'、d' 三点。若温度线与差热线的记录完全同步，即两条曲线完全是用一个横坐标，则 b'、c'、d' 三点所对应的温度 T_b、T_c、T_d 就分别为峰的起始、峰点及终点温度，由于 T_b 大体上代表了开始温度，因此常用 T_b 表征峰的位置，对于很尖锐的峰，其位置也可以用峰点温度 T_c 表示。

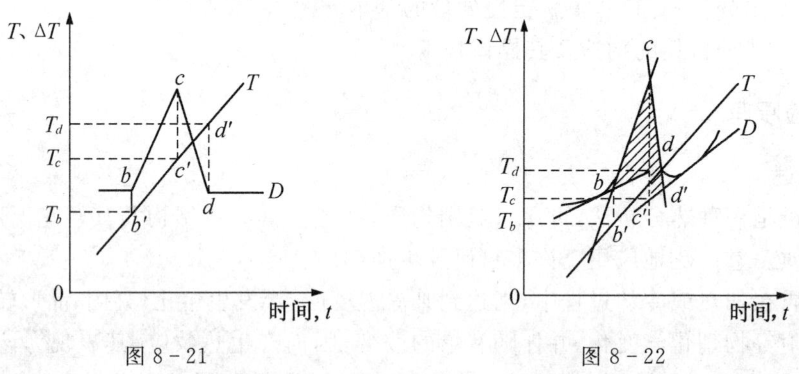

图 8－21　　图 8－22

在实际测定中，由于样品与参比物间往往存在着比热、导热系数、粒度、装填疏密程度等方面的差异，再加上样品在测定过程中会发生收缩或膨胀，差热线就会发生漂移，其基线不再平行于时间轴，峰的前后基线也不在一条直线上，差热峰可能比较平坦，使 b、c、d 三个转折点不明显。可以通过做切线的方法来确定转折点及面积，图 8－22 中的阴影部分就为校正后的峰面积。

三、仪器与试剂

仪器　差热分析仪 1 台。

试剂　$\alpha-Al_2O_3$(AR)、$CaC_2O_4\cdot H_2O$(AR)。

四、实验步骤

采用 $\alpha-Al_2O_3$ 为参比物，以 10 ℃/min 的速率升温，绘制草酸钙自室温至 900 ℃范围内，在空气中的差热图。所用草酸钙应以 2 倍的 $\alpha-Al_2O_3$ 稀释，装填应紧密。

测定前最好先将参比物灼烧，必要时需作热电偶的校正曲线。

应注意记录测定条件，写明参比物名称、规格、粒度、用量、稀释比、仪器型号、大气压、室温、相对湿度、升温速率以及走纸速率等。

五、数据记录及处理

(一) 数据记录

表 8－9

年　月　日　时　分			
室　温/℃		DTA/μV	±
湿　度/%		DSC/J·s^{-1}	±

续 表

气 氛		流 量/mL · min^{-1}	
试样质量/mg		升温速率/℃ · min^{-1}	
参比物($\alpha-Al_2O_3$)质量/mg		走纸速率/mm · min^{-1}	

(二) 数据处理

(1) 指明草酸钙变化次数。

(2) 指出各峰的开始温度和峰顶温度。

(3) 根据草酸钙的化学性质,讨论各峰所代表的可能反应,写出反应方程式,并说明空气的影响。

六、实验注意事项

(一) 升温速率的选择

升温速率对测定结果的影响十分明显。一般来说,升温速率小时,基线漂移小,峰形显得矮而稍宽,可以分辨出靠得很近的变化过程,但每次测定时间较长;升温速率大时,基线漂移明显,峰形比较尖锐,测定时间较短,但与平衡条件相距较远,出峰温度误差较大,分辨能力也下降。

为了便于比较,在测定一系列样品时,应采取相同的升温速率。

升温速率一般采取 2～20 ℃/min,最常用的是 5 ℃/min。在特殊情况下,最慢可为 0.1 ℃/min,最快可达200 ℃/min。

(二) 参比物的选择

作为参比物的材料,在整个测定范围内,应保持良好的热稳定性,不会出现能产生热效应的任何变化。

另外,应尽可能选用与样品的比热、导热系数相近的材料作为参比物。

常用的参比物有 $\alpha-Al_2O_3$、煅烧过的 MgO 和 SiO_2 以及金属 Ni 等。

(三) 气氛及压强的选择

许多测定受气氛及压强的影响很大。例如,碳酸钙、氧化银的分解温度分别受气氛中二氧化碳、氧气分压的影响;液体或溶液的沸点或泡点与外压的关系则十分密切,许多金属在空气中会被氧化等。因此,应根据待测样品的性质,选择适当的气氛和压强。现代差热分析仪的电炉备有密封罩,并装有若干气体阀门,便于抽真空及通入选定的气体。为方便起见,本实验在空气中进行。

(四) 样品的预处理及用量

一般非金属固体样品均应经过研磨,使之成为 200 目左右的微细粒,这样可以减少死空间,改善导热条件。但过度地研磨可能会破坏晶体的晶格。对于那些会分解而释放出气体的样品,颗粒则应大一些。

参比物的粒度以及装填松紧度都应当与样品一致。为了确保参比物的热稳定性,使用前可将它在高温下灼烧一次。

样品的用量应尽可能少,这样不仅可以节省样品,更重要的是可以得到比较尖锐的峰,并能分辨靠得很近的相邻的峰。样品过多往往形成“大包”，并使相邻的峰互相重叠而无法分辨。当然，样品也不能过少。样品的用量可根据仪器的灵敏度、稳定性等因素加以综合考虑，一般样品用量为 0.5～1.5 g，如果仪器灵敏度很高，甚至可以只用数毫克样品。

如果样品太少，不能完全覆盖热电偶，或样品容易烧结、熔融而结块时，可掺入一定量的参比物或其他热稳定剂。

七、思考题

1. 差热分析与简单热分析有何异同？
2. 影响差热分析结果的重要因素有哪些？
3. 测温点在样品内或在其他参考点上，所绘得升温曲线是否相同？为什么？
4. 在什么情况下，升温过程与降温过程所做的差热分析结果相同？在什么情况下只能采用升温过程？什么情况下采用降温过程更好？

实验 79　热重分析

一、实验目的

了解热重分析的基本原理及热重曲线的分析方法，测绘 $BaCl_2 \cdot 2H_2O$ 的脱水热谱图并予以解释。

二、实验原理

热重分析(TG)是在程序控制温度的条件下测量物质的质量与温度的关系的一种技术。当样品在程序升温过程中发生脱水、氧化或分解时，其质量就会发生相应的变化。通过热电偶和热天平，记录样品在程序升温过程中的温度 t 和与之相对应的质量 m，并将此对应关系绘制成图，即得到该物质的热重谱线图，如图 8－23 所示。

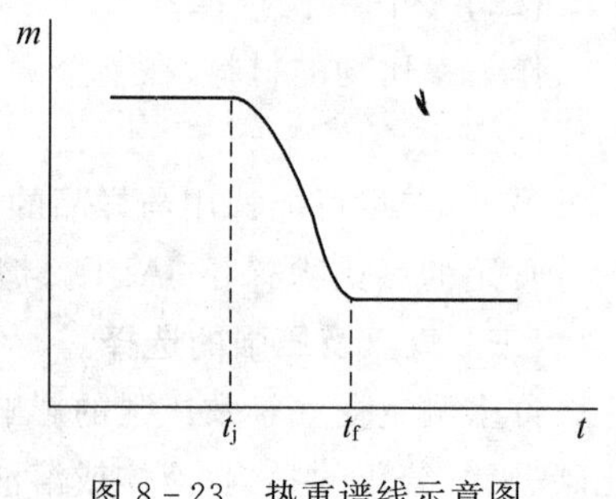

图 8－23　热重谱线示意图

图中 t_j 是样品的质量变化达到天平开始感应的最初温度，t_f 是样品质量变化达到最大值时的温度。图线的形状、t_j 和 t_f 的值主要由物质的性质所决定，但也与设备及操作条件(如升温速率等)有关。根据质量变化的百分率及相应温度，可以得到物质在一定温度区间内反应特性以及热稳定性等信息，以至于可以推测其组成等等。

因此，热重法与差热分析一样，也是热分析的有力工具之一。

本实验测试 $BaCl_2 \cdot 2H_2O$ 在加热过程中发生分解反应时质量的变化，测求其两个脱水温度并验证如下反应步骤：

$$BaCl_2 \cdot 2H_2O \longrightarrow BaCl_2 \cdot H_2O + H_2O\uparrow$$

$$BaCl_2 \cdot H_2O \longrightarrow BaCl_2 + H_2O\uparrow$$

需要注意的是，热重谱线图上的温度应该用国际热分析协会推荐的标准物质相变温度进行标定。

三、仪器与试剂

仪器 电光天平、小电炉、自动记录仪、变压器。

试剂 $BaCl_2 \cdot 2H_2O$(AR)。

四、实验步骤

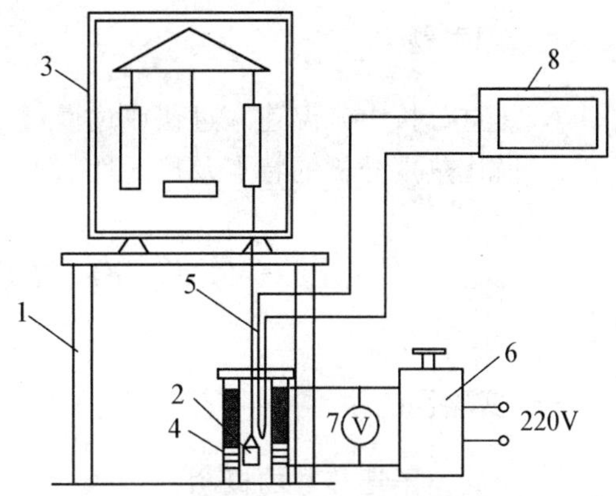

图 8-24 热重分析实验装置

1-天平架;2-试样坩埚;3-电光天平;4-电炉;5-镍铬考铜热电偶;6-调压变压器;7-交流电压表;8-记录仪

1. 如图 8-24 所示装好设备,在天平右臂挂好坩埚,调节天平到平衡位置,并记下读数。

2. 取下空坩埚,称取 0.2 g 左右的 $BaCl_2 \cdot 2H_2O$放在其中,轻轻振动,使之自然堆积。然后将坩埚仍挂回天平右臂上,使其竖直地置于电炉的恒温区域之中。

3. 把测温热电偶插入电炉,端点应尽量接近坩埚,并接好记录仪。

4. 调节变压器电压,控制升温速率为每分钟 5 ℃。

5. 每隔 2 ℃记录天平的读数一次,直到 200 ℃为止。

6. 在上述实验条件下做标准物质草酸分解的热失重实验。

五、数据记录及处理

1. 列表记录实验条件与测定数据(测得的温度应考虑用标准物草酸分解温度 118 ℃进行标定后的温度校正值)。

2. 以天平读数为纵坐标,温度为横坐标作 $BaCl_2 \cdot 2H_2O$ 的失重热谱图。

3. 求出两次脱水的起始温度 t_j 和结束温度 t_f。

4. 试将 $BaCl_2 \cdot 2H_2O$ 两次失重的量与化学分子式中的计量关系相验证。

六、实验注意事项

1. 当试样在炉内加热时,周围气氛随温度升高而密度下降,导致气氛对放置试样的天平的一臂浮力减小。因此,即使在试样质量没有变化时,也会表现出质量的增加,即所谓“假增重”现象。与此相反,当炉子加热后促进炉内外气氛自然对流时常会出现“假失重”现象。为减小浮力与对流的影响,除采用小坩埚外,还可通过炉盖上开孔的大小来调节。当炉盖封闭时,浮力起主要作用表现出增重;当炉盖敞开时,对流起主要作用表现为失重。如开一个适当大小的孔,可得到较好的影响。

2. 升温速率和样品重的影响。升温速率太快,失重线往往向高温移动,且会使失重线的转折点不明显,或掩盖掉某些变化过程。样品量过多或其细粒紧密堆积,会导致样品内产生温度梯度或使反应推迟,测得的起始温度偏高。

3. 热重分析只局限于有质量变化的过程,但应用甚广,如确定化合物的分解温度、络合物的稳定性以及化学动力学的研究等。

七、思考题

1. 热重分析中升温速率过快或过慢对实验有什么影响？
2. 简述热重分析的特点及局限性。

实验 80　离子迁移数的测定

一、实验目的

1. 明确离子迁移数的概念。
2. 掌握希托夫法测定迁移数的原理及计算方法。
3. 了解银库仑计的使用。

二、实验原理

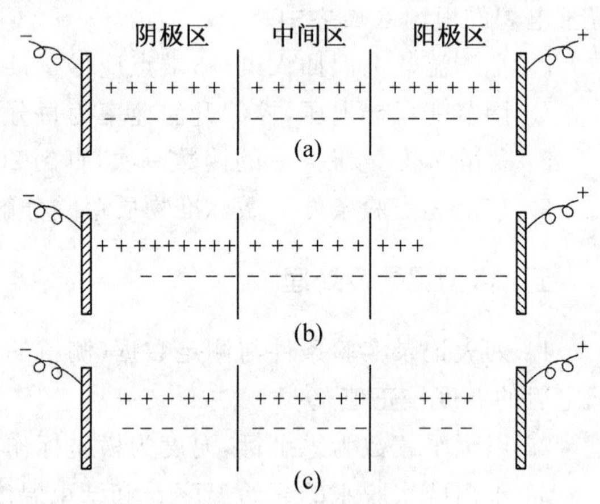

图 8-25　离子的电迁移现象

当电流通过电解质溶液时，在两极发生电极反应的同时，在溶液中相应地发生离子迁移现象，即在外电场的作用下，正离子向阴极迁移，负离子向阳极迁移，正、负离子共同完成导电任务。

设想在两个惰性电极之间有两个假想的界面，将所讨论的电解质溶液分为阴极区、中间区和阳极区三个部分，每个部分含有 6 mol 1-1 型电解质 CA，如图 8-25(a)所示，图中每个"+"和"-"的符号分别表示 1 mol 正离子和 1 mol 负离子。当直流电源与两个惰性电极相连接并通过 4 mol 电量时，由法拉第定律可知，应当有 4 mol 正离子 C^+ 在阴极取得4 mol电子，生成的产物在阴极上析出；有 4 mol 负离子 A^- 在阳极上放出 4 mol 电子，生成的产物在阳极上析出。同时，溶液内部发生离子的定向迁移。负离子向阳极迁移与正离子向阴极迁移的效果相当，都表示在溶液内部将正电荷由阳极输送到阴极。在溶液内任一截面上通过的电量都是 4 mol F。

设正离子运动速度 v_+ 等于负离子运动速度 v_- 的 3 倍，即 $v_+=3v_-$。通电时，当 1 mol 负离子 A^- 由左向右移向阳极的同时，就有 3 mol 正离子 C^+ 由右向左移向阴极，如图 8-25(b)所示。显然，通过溶液的总电量为正、负离子迁移电量之和。通过溶液的总电量 4 mol F 等于溶液中分别向两极迁移的正、负离子的物质的量之和，且：

$$\frac{\text{正离子迁移的电量 } Q_+}{\text{负离子迁移的电量 } Q_-}=\frac{\text{正离子运动速度 } v_+}{\text{负离子运动速度 } v_-}=\frac{\text{正离子迁出阳极区的物质的量}}{\text{负离子迁出阴极区的物质的量}}$$

这样，通过 4 mol F 的电量以后，总的结果是阴极区内正、负离子各减少了 1 mol，阳极区内正、负离子各减少了 3 mol。这是因为从数量上来说，迁入阴极区的 3 mol 正离子，可以全部在阴极上放电。而在正离子迁入阴极区的同时，有 1 mol 负离子迁出阴极区，使得在阴极区净余出

1 mol正离子，这 1 mol 正离子也全在阴极上放电，溶液保持电中性。因此，阴极区中电解质减少了 1 mol。同样，阳极区中电解质减少了 3 mol。可见，阴极区内电解质减少的物质的量，等于负离子迁出阴极区的物质的量；阳极区内电解质减少的物质的量，等于正离子迁出阳极区的物质的量。中间区正、负离子各自迁出迁入的数量相同，故电解质的数量不变，如图 8－25(c)所示。

当电流在电解质溶液中通过时，每一种离子都担负着一定的导电任务。某种离子迁移的电量与通过溶液的总电量之比称为该离子的迁移数，以符号 t 表示。若溶液中只有一种正离子和一种负离子，则可将正离子迁移数 t_+ 和负离子迁移数 t_- 分别表示如下：

$$t_+=\frac{Q_+}{Q_++Q_-}\qquad t_-=\frac{Q_-}{Q_++Q_-}$$

显然，离子迁移数是一个分数，并且 $t_+ + t_- = 1$，由上式可得出：

$$t_+=\frac{\text{正离子迁出阳极区的物质的量}}{\text{通过电解池电荷的物质的量}}=\frac{\text{正离子迁出阳极区的物质的量}}{\text{电极反应的物质的量}}$$

$$t_-=\frac{\text{负离子迁出阳极区的物质的量}}{\text{通过电解池电荷的物质的量}}=\frac{\text{负离子迁出阳极区的物质的量}}{\text{电极反应的物质的量}}$$

三、仪器与试剂

仪器　希托夫三室迁移管 1 套、银库仑计 1 套、万用电源 1 台、毫安表 1 个、电阻箱 1 个、导线若干、滤纸若干、铂电极 2 支、电子天平 1 台、电吹风 1 个、碱式滴定管 1 支、25 mL 移液管 2 支、500 mL 烧杯 1 个、100 mL 烧杯 1 个、150 mL 烧杯 4 个、150 mL 锥形瓶 6 个、洗瓶 1 个。

试剂　0.04 mol · L^{-1} NaOH 溶液(已标定)、0.01 mol · L^{-1} H_2SO_4 溶液、约 0.5 mol · L^{-1} $AgNO_3$ 溶液、1%酚酞指示剂、无水乙醇。

四、实验步骤

1. 将清洁干燥的银库仑计的阴极(银坩埚)用电子天平称重得 m_1，然后盛入 3/4 的约 0.5 mol · L^{-1} $AgNO_3$ 溶液，并装好库仑计。

2. 用少量稀 H_2SO_4 溶液洗涤希托夫三室迁移管两次，然后盛入 0.01 mol · L^{-1} H_2SO_4 溶液，切勿让气泡留在管中，迁移管活塞下端尖嘴部分残留溶液用滤纸吸干，按图 8－26 接好线路。

3. 把电阻调至最大值，让教师检查后通电(注意用电安全，切勿接触导线外露部分)，调节电阻 R 使电流保持在 10～20 mA 之间。通电 1～1.5 h后，停止通电，立即将中间区与两极连接的 A、B 旋塞关闭，使二室隔开，以免扩散。将银库仑计的阴极中的 $AgNO_3$ 倒回试剂瓶中，用蒸馏水小心荡洗之，千万不要刷洗，以免碰掉镀上的银，然后用乙醇荡洗一次，用电吹风干燥后，

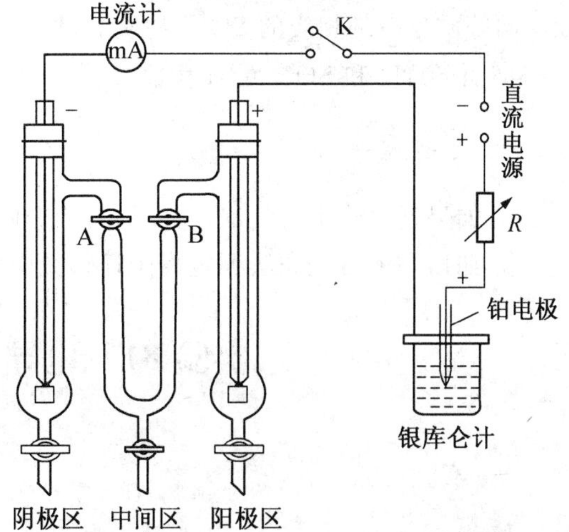

图 8－26　希托夫法测定离子迁移数装置

在电子天平上准确称重，得质量 m_2。

4. 将阳极区溶液放入已知质量、干燥的 500 mL 烧杯中称重，中间区溶液放入另一干燥的 100 mL 烧杯中。

5. 吸取 25 mL 通电后的阳极区溶液 2～3 份放入已知质量、干燥的 150 mL 锥形瓶中，再称重，分别记下各瓶溶液的质量。然后分别加入 2 滴酚酞指示剂，用已知浓度的 NaOH 溶液滴定至浅红色数分钟内不褪色为止，记下消耗氢氧化钠溶液的体积，计算其浓度。

6. 取 25 mL 原始溶液置于已知质量、干燥的 150 mL 锥形瓶中称重，然后如上法用 NaOH 溶液滴定，计算其浓度。

7. 取 25 mL 中间区溶液，以同样的方法分析其浓度，并与原始溶液比较。若浓度有显著差别，需重做实验。

8. 把剩余的稀 H_2SO_4 溶液回收，拆除线路，把所用仪器洗净，放好。

五、数据记录及处理

通电时间：________

电流 I：________

库仑计质量 m_1：________，m_2：________

计算阳极区或阴极区、中间区、原始液的浓度。

1. 由银库仑计中银阴极质量增加计算总电量 Q，公式为：

$$Q = \frac{m_1 - m_2}{M} F$$

式中：M——Ag 的摩尔质量；

F——法拉第常数。

2. 由阳极区或阴极区硫酸溶液的质量及分析结果，计算出阳极区 H^+ 的物质的量及溶剂质量或阴极区 SO_4^{2-} 的物质的量及溶剂质量。

3. 由原始溶液的质量和浓度，计算出与阳极区同等质量溶剂相当的 H^+ 物质的量或与阴极区同等质量溶剂相当的 SO_4^{2-} 物质的量。

4. 计算 H^+ 和 SO_4^{2-} 的迁移数。

六、思考题

1. 如果迁移管中有气泡，对实验有何影响？
2. 如何理解希托夫法测定离子迁移数中的假定？

实验 81　电导率的测定及应用

一、实验目的

1. 掌握测定电解质溶液电导的原理和方法。
2. 测定弱电解质溶液的摩尔电导率，计算其电离度和电离平衡常数。

二、实验原理

作为第二类导体的电解质溶液，其导电是靠正、负离子的迁移来传递电流的。因此，电解质溶液的导电能力是用电导率、摩尔电导率来表示的。

（一）电导率、摩尔电导率的测量方法

电导率、摩尔电导率的测量是在电解质溶液中放入电导电极，电导电极的两平行极板间的距离为 l，两电极面积均为 A，根据电学中的欧姆定律，电解质溶液的电阻可表示为：

$$R=\frac{U}{I}=\frac{1}{\kappa}\cdot\frac{l}{A} \tag{1}$$

整理得：

$$\kappa=\frac{l}{A}\cdot\frac{1}{R}=K_{\text{cell}}\cdot G \tag{2}$$

式中：K_{cell}—— 电导池常数，m^{-1}；

G—— 电解质溶液的电导（电导池电阻的倒数），S；

κ—— 电导率，$S\cdot m^{-1}$。

具体测量方法如下：

将已知电导率的电解质溶液（0.01 mol/L KCl 溶液）放入电导池中，用交流电桥法测定其电导（电阻 R 的倒数）之后，即可求得电导池常数 K_{cell}。确定 K_{cell}之后，应用同一个电导池，加入其他电解质溶液，测量其电阻，就可以求出其他电解质溶液的电导率。

摩尔电导率与电导率和浓度的关系为：

$$\Lambda_{m}=\frac{\kappa}{c} \tag{3}$$

式中：Λ_m——摩尔电导率，$m^2\cdot S\cdot mol^{-1}$；

κ——电导率 $S\cdot m^{-1}$；

c——摩尔浓度，$mol\cdot L^{-1}$。

Λ_m 随浓度变化的规律，强弱电解质各不相同，对于强电解质稀溶液用下列经验式表示：

$$\Lambda_m=\Lambda_m^{\infty}-A\sqrt{c} \tag{4}$$

式中：Λ_m^{∞}—— 无限稀摩尔电导率；

A—— 常数。

将 Λ_m 对$\sqrt{c}$ 作图，外推可求得 Λ_m^{∞}。

对于弱电解质来说，可以认为它的电离度 α 等于溶液在浓度为 c 时的摩尔电导率 Λ_m 和溶液在无限稀释时的摩尔电导率 Λ_m^{∞} 之比，即：

$$\alpha=\Lambda_m/\Lambda_m^{\infty} \tag{5}$$

AB 型电解质在溶液中电离达到平衡时，电离常 K_c 与浓度 c 和电离度 α 有以下关系：

$$K_c=\frac{c\alpha^2}{1-\alpha} \tag{6}$$

联合式(5) 及式(6)，可得：

$$K_c = \frac{c\Lambda_m{}^2}{\Lambda_m^\infty(\Lambda_m^\infty - \Lambda_m)} \tag{7}$$

整理上式得：

$$1/\Lambda_m = c\Lambda_m/(K_c\Lambda_m^{\infty 2}) + 1/\Lambda_m^\infty \tag{8}$$

以 $1/\Lambda_m$ 对 $c\Lambda_m$ 作图应为一直线，从直线的斜率可求得 Λ_m^∞。式中 Λ_m^∞(HAc) 为 $390 \times 10^{-4}\ m^2 \cdot S \cdot mol^{-1}$。

(二) 电导池电导的测量

系统的电导由交流电桥平衡法测得的电阻求得。如图 8-27所示，R_1 为电导池中的待测未知电阻，R_2 为平衡电阻，一般为可调电阻箱。R_3、R_4 为 100 cm 长的滑线电阻。D 为示波器，用来确定电桥的平衡点。外线路接交流电源。当电桥平衡时有如下关系：

$$\frac{R_1(\text{未知待测电阻})}{R_2(\text{平衡电阻})} = \frac{R_3}{100 - R_3} \tag{9}$$

上式中 R_2 为已知的预设电阻，如果用示波器指示电桥平衡点，当接触点在滑线电阻丝上滑动，示波器波形为一平直的直线时，电桥就平衡。记下平衡点的刻度，R_3，R_4 也就求得，则用式(9) 可算出 R_1(未知电阻)。

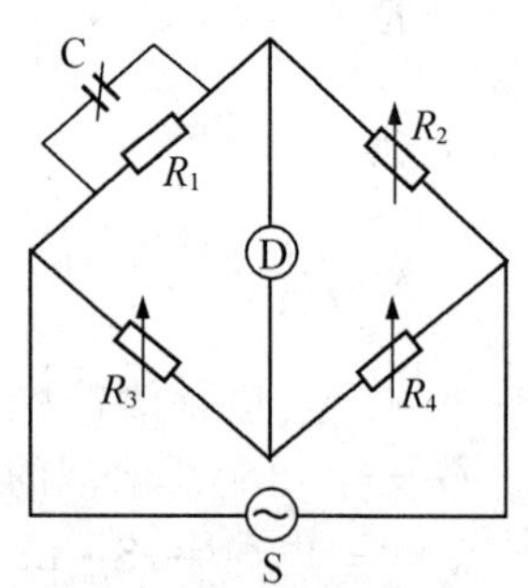

图 8-27 电桥示意图

D-检流装置(示波器)；R_1 -未知电阻(电解池电阻)；R_2 -平衡电阻(可调变阻箱)；R_3，R_4 -滑线电阻；S-交流电源；C-电导电极

三、仪器与试剂

仪器 简易电桥、低频信号发生器、示波器、可调电阻箱、电导电极、25 mL 移液管 2 支、50 mL 移液管 1 支、125 mL 锥形瓶 2 个、250 mL 锥形瓶 1 个、恒温槽 1 套。

试剂 0.01 mol · L^{-1} KCl 标准溶液、0.1 mol · L^{-1} 乙酸标准溶液。

四、实验步骤

1. 调整恒温槽的温度在 25.0 ℃，用蒸馏水洗瓶反复冲洗电导电极，然后用滤纸拭干。

2. 取一个洗净烘干的 125 mL 锥形瓶，用 50 mL 移液管加入 0.01 mol · L^{-1} KCl 溶液 50 mL，将洗净擦干的电导电极插入其中，然后置于恒温水浴中(其液面应低于水浴液面)，同时以 250 ml 锥形瓶装 150 mL 电导水，另取一个 125 mL 锥形瓶，用 25 mL 移液管加入 50 mL 0.1 mol · L^{-1} 乙酸标准溶液，上述 2 个锥形瓶也置于恒温水浴中。温度恒定后按表 8-10 测定 0.01 mol · L^{-1} KCl 标准溶液的电阻。

2. 把电导电极从 0.01 mol · L^{-1} KCl 标准溶液中取出，用蒸馏水洗瓶反复冲洗电导电极，然后用滤纸拭干。把洗净擦干的电导电极放入 50 mL 0.1 mol · L^{-1} 乙酸标准溶液的锥形瓶中，用电桥测量其电阻。然后，用 25 mL 移液管精确从锥形瓶中吸取出 25 mL 乙酸溶液放掉，再从恒温槽中的 250 mL 锥形瓶的电导水中用移液管准确吸出 25 mL 电导水，加入 125 mL锥形瓶中，这样就使乙酸溶液被稀释一倍，用电导率仪测量其电导率，然后再稀释，再测量电导率。如此一共稀释 4 次，可以测量出 5 个浓度的乙酸溶液的电导率，记录于表

8－11中。

4. 将电导电极浸泡于装有电导水的锥形瓶中，洗净后装入 125 mL 锥形瓶内，置于气流烘干机上烘干。关闭实验台总电源。

五、数据记录及处理

(一) 数据记录

室温：________ ℃；　　大气压：________ Pa。

表 8－10　0.01 mL · L^{-1} KCl 标准溶液电阻测定数据

测量次数	电阻箱电阻 R_2/Ω	电桥平衡点	溶液电阻 R_1/Ω	电导池常数 K/m^{-1}
1	400			
2	400			
3	450			
4	450			

表 8－11　不同浓度乙酸溶液电阻测定数据

溶液的浓度/mol · L^{-1}	电导率 κ/S · m^{-1}			
	第 1 次	第 2 次	第 3 次	平均值
0.1				
0.05				
0.025				
0.0125				
0.00625				

(二) 数据处理

用所测不同浓度的乙酸溶液的电导率 κ，由式(3) 计算出对应的摩尔电导率 Λ_m、$c\Lambda_m$、$1/\Lambda_m$，列于表 8－12 中。

表 8－12

电导率 κ/S · m^{-1}								
Λ_m/m^2 · S · mol^{-1}								
$c\Lambda_m$								
$1/\Lambda_m$								

将 $c\Lambda_m$ 与 $1/\Lambda_m$ 作图，由所得直线的斜率可求得 25 ℃时乙酸的电离平衡常数 K_c(理论值为 $K_c=1.77\times10^{-5}$)。计算乙酸电离平衡常数的相对误差。

六、实验注意事项

1. 普通蒸馏水常溶有 CO_2 和氨等杂质，所以存在一定电导。因此做电导实验时，需要纯度较高的水,称为电导水。电导水的制备方法是,在蒸馏水中加入高锰酸钾,用石英或玻璃蒸馏器再蒸馏一次。

2. 温度对电导有较大的影响,所以整个实验必须在同一温度下进行。每次稀释溶液用的电导水必须温度相同,可以预先把电导水装入三角烧瓶中,置于恒温槽中恒温。

3. 铂黑电极镀铂黑是为了减小极化现象和增加电极表面积,使测定电导时有较高的灵敏度。铂黑电极在不使用时,应保存在电导水中,不可使之干燥。

七、思考题

1. 为什么要测定电导池常数?电导池常数是否可用尺子来测量?
2. 如果配制乙酸溶液的水不纯,将对结果产生什么影响?

实验 82 原电池电动势的测定及应用

一、实验目的

1. 掌握对消法测量电池电动势的原理和电位差计的操作技术。
2. 学会盐桥的制备方法。

二、实验原理

凡是能使化学能转变为电能的装置都称为电池(或原电池)。对一定温度、一定压强下的可逆电池而言:

$$\Delta_r G_{m\,T,p} = -nFE \tag{1}$$

$$\Delta_r S_m = nF\left(\frac{\partial E}{\partial T}\right)_p \tag{2}$$

$$\Delta_r H_m = -nFE + nFT\left(\frac{\partial E}{\partial T}\right)_p \tag{3}$$

式中:F—— 法拉弟(Farady) 常数;

n—— 电极反应式中电子的计量系数;

E—— 电池的电动势。

可逆电池应满足如下条件:

(1) 电池反应可逆,也即电池电极反应可逆。

(2) 电池必须在可逆的情况下工作,即充放电过程必须在平衡态下进行,也即允许通过电池的电流为无限小。

因此在制备可逆电池、测定可逆电池的电动势时应符合上述条件,在精确度不高的测量中,常用正负离子迁移数比较接近的盐类构成"盐桥"来消除液接电势。用电位差计测量电动势也可满足通过电池电流为无限小的条件。

可逆电池的电动势可看作正、负两个电极的电势之差。设正极电势为 φ_+,负极电势为 φ_-,则:

$$E=\varphi_{+}-\varphi_{-}$$

电极电势的绝对值无法测定，手册上所列的电极电势均为相对电极电势，即以标准氢电极作为标准（标准氢电极是氢气压强为 100 kPa，溶液中 α_{H^+} 为 1)，其电极电势规定为零。将标准氢电极与待测电极组成一电池，所测电池电动势就是待测电极的电极电势。由于氢电极使用不便，常用另外一些易制备、电极电势稳定的电极作为参比电极。常用的参比电极有甘汞电极、银-氯化银电极等。这些电极与标准氢电极比较而得的电势已精确测出。

(一) 求难溶盐 AgCl 的溶度积 K_{sp}

设计电池如下：

$$-)\,Ag(s)\mid AgCl(s)\mid HCl(0.1000\ mol\cdot kg^{-1})\parallel AgNO_3(0.1000\ mol\cdot kg^{-1})\mid Ag(s)\,(+$$

银电极反应： $Ag^{+}+e^{-}\rightarrow Ag$

银-氯化银电极反应： $Ag+Cl^{-}\rightarrow AgCl+e^{-}$

总的电池反应为： $Ag^{+}+Cl^{-}\rightarrow AgCl$

$$E^{\ominus}=E+\frac{RT}{F}\ln\frac{1}{a_{Ag^+}\,a_{Cl^-}} \tag{4}$$

又
$$\Delta_r G_m^{\ominus}=-nFE^{\ominus}=-RT\ln\frac{1}{K_{sp}} \tag{5}$$

式(5) 中 $n=1$，在纯水中 AgCl 溶解度极小，所以活度积就等于溶度积，所以

$$-E^{\ominus}=\frac{RT}{F}\ln K_{sp} \tag{6}$$

式(6) 代入式(4) 并化简有：

$$\ln K_{sp}=\ln a_{Ag^+}+\ln a_{Cl^-}-\frac{EF}{RT} \tag{7}$$

测得电池电动势 E，即可求 K_{sp}。

(二) 求银电极的标准电极电势

对银电极可设计电池如下：

$$-)\,Hg(l)\mid Hg_2Cl_2(s)\mid KCl(饱和)\parallel AgNO_3(0.1000\ mol\cdot kg^{-1})\mid Ag(s)\,(+$$

银电极的反应为： $Ag^{+}+e^{-}\rightarrow Ag$

甘汞电极的反应为： $2Hg+2Cl^{-}\rightarrow Hg_2Cl_2+2e^{-}$

电池电动势：

$$E=\varphi_{+}-\varphi_{-}=\varphi^{\ominus}_{Ag^+,Ag}+\frac{RT}{F}\ln a_{Ag^+}-\varphi_{饱和甘汞} \tag{9}$$

所以

$$\varphi^{\ominus}_{Ag^+,Ag}=E-\frac{RT}{F}\ln a_{Ag^+}+\varphi_{饱和甘汞} \tag{10}$$

(三) 测定溶液的 pH 值

利用各种氢离子指示电极与参比电极组成电池，即可从电池电动势算出溶液的 pH 值，常用指示电极有氢电极、醌氢醌电极和玻璃电极。今讨论醌氢醌(QHQ)电极。QHQ 为醌(Q)

与氢醌(QH_2)等摩尔混合物,在水溶液中部分分解,它在水中溶解度很小。

$$\text{O=C}_6\text{H}_4\text{=O} + 2H^+ + 2e^- \rightleftharpoons \text{HO-C}_6\text{H}_4\text{-OH}$$

将待测 pH 溶液用 QHQ 饱和后,再插入一支光亮 Pt 电极就构成了 QHQ 电极,可用它构成如下电池:

$$-)Hg(l) \mid Hg_2Cl_2(s) \mid \text{饱和 KCl 溶液} \parallel \text{由 QHQ 饱和的待测 pH 溶液}(H^+)$$
$$(0.1\ mol \cdot L^{-1}\ HAc + 0.1\ mol \cdot L^{-1}\ NaAc) \mid Pt(s)(+$$

QHQ 电极反应为:$Q + 2H^+ + 2e^- \longrightarrow QH_2$

因为在稀溶液中 $a_{H^+} = c_{H^+}$,所以

$$\varphi_{Q \cdot QH_2} = \varphi_{Q \cdot QH_2^{2-}}$$

由此可见,$Q \cdot QH_2$ 电极的作用相当于一个氢电极,电池电动势为:

$$E = \varphi_+ - \varphi_- = \varphi^\ominus_{Q \cdot QH_2} - \frac{2.303RT}{F}pH - \varphi_{饱和甘汞}$$

$$pH = \frac{\varphi^\ominus_{Q \cdot QH_2} - E - \varphi_{饱和甘汞}}{\dfrac{2.303RT}{F}} \tag{11}$$

已知 $\varphi^\ominus_{Q \cdot QH_2}$ 及 $\varphi_{饱和甘汞}$,测得电动势 E,即可求 pH。

由于 $Q \cdot QH_2$ 易在碱性溶液中氧化,待测液之 pH 值不超过 8.5。

三、仪器与试剂

仪器　UJ-25 型电位差计 1 台、直流复射式检流计 1 台、精密稳压电源(或蓄电池)1 台、标准电池 1 只、银电极 1 只、铂电极 1 只、饱和甘汞电极 1 只、盐桥数只。

试剂　$AgNO_3$($0.1000\ mol \cdot L^{-1}$)、未知 pH 溶液($0.1\ mol \cdot L^{-1}\ HAc + 0.1\ mol \cdot L^{-1}\ NaAc$)、$KNO_3$ 饱和溶液、KCl 饱和溶液、琼脂(CP)、醌氢醌溶液、HCl($0.1000\ mol \cdot L^{-1}$)。

四、实验步骤

(一) 盐桥制备

(1) 简易法　用滴管将饱和 KNO_3(或 NH_4NO_3)溶液注入"U"形管中,加满后用捻紧的滤纸塞紧"U"形管两端即可,管中不能存有气泡。

(2) 凝胶法　称取琼脂 1 g,放入 50 mL 饱和 KNO_3 溶液中,浸泡片刻,再缓慢加热至沸腾,待琼脂全部溶解后稍冷,将洗净之盐桥管插入琼脂溶液中,从管的上口将溶液吸满(管中不能有气泡),保持此充满状态冷却到室温,即凝固成胶胨固定在管内。取出擦净备用。

(二) 电动势的测定

(1) 按 UJ-25 型电位差计的线路图(图 8-28),接好测量电路。

(2) 利用韦顿标准电池电动势温度校正公式,计算室温下的标准电池电动势,以此值校正

电位差计的工作电池。温度校正公式如下：

$$E_{标}^{\ominus}/V=1.0183-4.06\times10^{-5}(t/℃-20) \tag{12}$$

根据计算的 $E_{标}^{\ominus}$，调整电位差计上标准电池电动势的温度补偿旋钮。

(3) 将换向开关旋到"N"(标准化)档。反复按下按钮的"粗"、"细"键，短时接通检流计，观察检流计上的电流是否指为零，若不为零，则调整标准电池电动势的"工作电流调节旋钮"，按照"粗"、"中"、"细"键的次序调整，使检流计上电流指示为零或接近为零。注意：按钮的"粗"、"细"键按下时间，若检流计电流不为零，则不应超过 3s。若检流计上的电流远远偏离零点，可先按按钮的"短路"键使检流计复位，再调整"工作电流调节旋钮"。

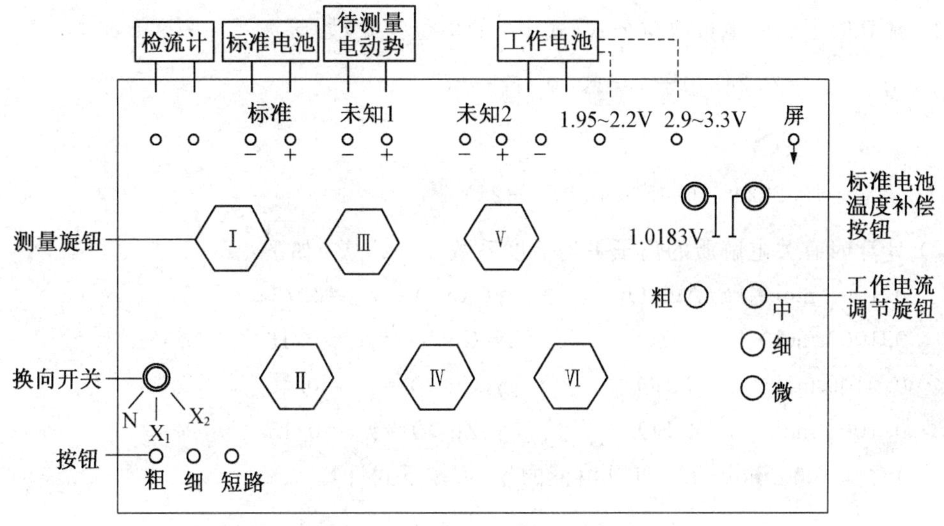

图 8-28 UJ-25 型电位差计

(3) 电池电动势的测量　将换向开关旋到"X_1"或"X_2"档(即未知 1 或未知 2 档)，先短时按下按钮的"粗"键，调节测量旋钮上Ⅰ、Ⅲ的钮，使检流计上电流接近零，然后再短时接通"细"键，细心调节测量旋钮上的Ⅴ、Ⅱ的钮，直到电流为零，从测量旋钮上读取电池电动势 E_1 值。每测一个数据，相隔 1～2min 再重复测一次，直至稳定为止。如连续测得 3 次数据不是朝一个方向变动，或电动势变动范围小于 5×10^{-4} V，可以认为合理，取最后 3 次读数的平均值 E。

(4) 分别测定下列三个原电池的电动势：

① $Hg(l)-Hg_2Cl_2(s)$|饱和 KCl 溶液‖$CuSO_4(0.1000\ mol\cdot L^{-1})$|$Cu(s)$

② $Hg(l)-Hg_2Cl_2(s)$|饱和 KCl 溶液‖$AgNO_3(0.1000\ mol\cdot L^{-1})$|$Ag(s)$

③ $Hg(l)-Hg_2Cl_2(s)$|饱和 KCl 溶液‖饱和 $Q\cdot QH_2$ 的 pH 未知($0.1\ mol\cdot L^{-1}$ HAc+$0.1\ mol\cdot L^{-1}$ NaAc)|$Pt(s)$

④ $Ag(s)$ | $AgCl(s)$|$HCl(0.1000\ mol\cdot L^{-1})$‖$AgNO_3(0.1000\ mol\cdot L^{-1})$|$Ag(s)$

五、数据记录及处理

(一) 实验记录

室温：________ ℃；　大气压：________ Pa。

表 8-13 电动势的测定值

电 池	电动势 E/V			
	第 1 次	第 2 次	第 3 次	平均值
①				
②				
③				
④				

(二) 数据处理

(1) 计算时遇到的电极电位公式(式中 t 的单位为℃)如下：

$$\varphi_{饱和甘汞} = 0.24240 - 7.6 \times 10^{-4}(t-25)$$

$$\varphi^{\ominus}_{Q\cdot QH_2} = 0.6994 - 7.4 \times 10^{-4}(t-25)$$

$$\varphi^{\ominus}_{AgCl} = 0.2224 - 6.45 \times 10^{-4}(t-25)$$

(2) 计算时有关电解质的离子平均活度系数 $\gamma_{\pm}$(25 ℃)如下：

$0.1000\ mol \cdot L^{-1} AgNO_3$　　$\gamma(Ag^+)=\gamma_{\pm}=0.734$

$0.1000\ mol \cdot L^{-1} CuSO_4$　　$\gamma(Cu^{2+})=\gamma_{\pm}=0.16$

$0.0100\ mol \cdot L^{-1} CuSO_4$　　$\gamma(Cu^{2+})=\gamma_{\pm}=0.40$

$0.1000\ mol \cdot L^{-1} ZnSO_4$　　$\gamma(Zn^{2+})=\gamma_{\pm}=0.15$

t(℃)时 $0.1000\ mol \cdot L^{-1}$ HCl 溶液的 $\gamma_{\pm}$ 可按下式计算：

$$-\lg\gamma_{\pm} = -\lg 0.8027 + 1.620 \times 10^{-4} t + 3.13 \times 10^{-7} t^2$$

(3) 由测得的三个原电池的电动势进行以下计算：

由原电池①和②计算铜电极和银电极的标准电极电势。

由原电池③计算未知溶液的 pH。

由原电池④计算 AgCl 的 K_{sp}。

(4) 将计算结果与文献值比较。

六、实验注意事项

1. 仪器应保持清洁，避免剧震和阳光直接曝晒。

2. 注意盐桥“U”形管中琼脂应加满至管口，管内不应该有气泡，否则应及时更换。

3. 注意饱和甘汞电极中饱和 KCl 溶液是否足够，不够应及时补充。

4. 仪器应置于通风、干燥、无腐蚀性气体的场合。

5. 仪器不宜放置在高温环境，避免靠近发热源，如暖气或炉子等。

6. 为了保证仪表工作正常，任何人都不得擅自打开机盖进行检修，更不允许调整和更换元件，否则将无法保证仪表测量的准确度。

7. 若仪器波段开关旋钮松动或旋钮指示错位，可撬开旋钮盖，用备用扳手对难槽口拧紧即可。

七、思考题

1. 电位差计、标准电池、检流计及工作电池各有什么作用？如何保护及正确使用？
2. 参比电极应具备什么条件？它有什么功能？
3. 若电池的极性接反了有什么后果？
4. 盐桥有什么作用？选用作盐桥的物质应有什么要求？

实验 83 准一级反应——蔗糖的水解

一、实验目的

1. 测定蔗糖转化的反应速率系数和半衰期。
2. 了解旋光仪的基本原理，掌握旋光仪的正确操作技术。

二、实验原理

蔗糖转化反应为：

$$\underset{\text{蔗糖}}{C_{12}H_{22}O_{11}} + H_2O \longrightarrow \underset{\text{葡萄糖}}{C_6H_{12}O_6} + \underset{\text{果糖}}{C_6H_{12}O_6}$$

为使水解反应加速，常以酸为催化剂，故反应在酸性介质中进行。由于反应中水是大量的，可以认为整个反应中水的浓度基本是恒定的。而 H^+ 是催化剂，其浓度也是固定的。所以，此反应可视为假一级反应。其动力学方程为

$$-\frac{dc}{dt}=kc \tag{1}$$

式中：k—— 反应速率常数；

c—— 时刻 t 时的反应物浓度。

将(1) 式积分并求对数得：

$$\ln c = -kt + \ln c_0 \tag{2}$$

式中：c_0—— 反应物的初始浓度。

当 $c = \frac{1}{2}c_0$ 时，t 可用 $t_{1/2}$ 表示，即为反应的半衰期。由(2) 式可得：

$$t_{1/2} = \frac{\ln 2}{k} = \frac{0.693}{k} \tag{3}$$

蔗糖及水解产物均为旋光性物质，但它们的旋光能力不同，故可以利用系统在反应过程中旋光度的变化来衡量反应的进程。溶液的旋光度与溶液中所含旋光物质的种类、浓度、溶剂的性质、液层厚度、光源波长及温度等因素有关。

为了比较各种物质的旋光能力，引入了比旋光度的概念。比旋光度可用下式表示：

$$[\alpha]_D^t = \frac{\alpha}{cl} \tag{4}$$

式中：t—— 实验温度，℃；

D—— 光源波长，指钠光源中的 D 线；

α—— 旋光度；

l—— 液层厚度，m；

c—— 物质的浓度，$\mathrm{kg \cdot m^{-3}}$。

由(4) 式可知，当其他条件不变时，旋光度 α 与浓度 c 成正比，即：

$$\alpha = Kc \tag{5}$$

式中的 K 是一个与物质旋光能力、液层厚度、溶剂性质、光源波长、温度等因素有关的常数。

在蔗糖的水解反应中，反应物蔗糖是右旋物质，其比旋光度$[\alpha]_{\mathrm{D}}^{20} = 66.5°$。产物中葡萄糖也是右旋物质，其比旋光度$[\alpha]_{\mathrm{D}}^{20} = 52.5°$；而产物中的果糖则是左旋物质，其比旋光度$[\alpha]_{\mathrm{D}}^{20} = -91.9°$。因此，随着水解反应的进行，右旋角不断减小，最后经过零点变成左旋。旋光度与浓度成正比，并且溶液的旋光度为各组分的旋光度之和。若反应时间为 0、t、∞ 时溶液的旋光度分别用 α_0、α_t、α_∞ 表示，则：

$$\alpha_0 = K_{\text{反}}c_0\text{（表示蔗糖未转化）} \tag{6}$$

$$\alpha_\infty = K_{\text{产}}c_0\text{（表示蔗糖已完全转化）} \tag{7}$$

式(6)、(7) 中的 $K_{\text{反}}$ 和 $K_{\text{生}}$ 分别为对应反应物与产物之比例常数。

$$\alpha_t = K_{\text{反}}\, c + K_{\text{产}}(c_0 - c) \tag{8}$$

由(6)、(7)、(8) 三式联立可以解得：

$$c_0 = \frac{\alpha_0 - \alpha_\infty}{K_{\text{反}} - K_{\text{产}}} = K'(\alpha_0 - \alpha_\infty) \tag{9}$$

$$c_t = \frac{\alpha_t - \alpha_\infty}{K_{\text{反}} - K_{\text{产}}} = K'(\alpha_t - \alpha_\infty) \tag{10}$$

将(9)、(10) 两式代入(2) 式即得：

$$\ln(\alpha_t - \alpha_\infty) = -kt + \ln(\alpha_0 - \alpha_\infty) \tag{11}$$

由(11) 式可见，以 $\ln(\alpha_t - \alpha_\infty)$ 对 t 作图为一直线，由该直线的斜率即可求得反应速率常数 k，进而可求得半衰期 $t_{1/2}$。

三、仪器与试剂

仪器　WZZZA 数显式旋光仪 1 台、恒温旋光管 1 只、恒温槽 1 套、电子天平 1 台、秒表 1 块、烧杯(50 mL)1 个、移液管(50 mL)1 支、带塞锥形瓶(100 mL)2 只。

药品　HCl 溶液($4\ \mathrm{mol \cdot L^{-1}}$)、蔗糖(AR)。

四、实验步骤

(一) 调试仪器

将恒温槽调节到(25.0±0.1)℃恒温，然后在恒温旋光管中接上恒温水。

(二) 旋光仪零点的校正

洗净恒温旋光管，将管子一端的盖子旋紧，向管内注入蒸馏水，把玻璃片盖好，使管内无气泡存在。再旋紧套盖，勿漏水。用吸水纸擦净旋光管，再用擦镜纸将管两端的玻璃片擦净。放入旋光仪中盖上槽盖，打开光源，测量，重复操作三次，取其平均值，即为旋光仪的零点。

(三) 蔗糖水解过程中 α_t 的测定

用台秤称取 10 g 蔗糖，放入 50 mL 烧杯中，加入少许蒸馏水溶解，倒入 50 mL 容量瓶配成溶液。把蔗糖溶液置于干燥的锥形瓶中。用 50 mL 移液管移取 4 mol·L^{-1} HCl 溶液加入蔗糖溶液中混合均匀。注意：要在 HCl 溶液由移液管流出一半时开始记时，以标志反应的开始。用待测液荡洗样品管两次，然后将混合液装满旋光管(操作与装蒸馏水相同)，擦净，立刻置于旋光仪中，盖上槽盖，测量不同时刻 t 溶液的旋光度 α_t。开始时，先每隔 1 min 记录一次数据，共记录 10 次数据，再每隔 2 min 记录一次数据，共记录 5 次数据，最后每隔 5 min 记录一次数据，共记录 4 次数据。

(四) α_∞ 的测定

将步骤(三)剩余的混合液置于近 60 ℃的水浴中，恒温 40 min 后冷却至实验温度，按上述操作，测定其旋光度，此值即可认为是 α_∞。

五、数据记录及处理

室温：________℃；盐酸浓度：________；α_∞：________

(一) 将实验数据记录于表 8-14 中

表 8-14

反应时间 t/min	α_t	$\alpha_t-\alpha_\infty$	$\ln(\alpha_t-\alpha_\infty)$

(二) 数据处理

(1) 以 $\ln(\alpha_t-\alpha_\infty)$ 对 t 作图，由所得直线的斜率求出反应速率常数 k。

(2) 计算蔗糖转化反应的半衰期 $t_{1/2}$。

六、实验注意事项

1. 装样品时，旋光管管盖旋至不漏液体即可，不要用力过猛，以免压碎玻璃片。

2. 在测定 α_∞ 时，通过加热使反应速度加快，转化完全，但加热温度不要超过 60 ℃。

3. 由于酸对仪器有腐蚀，操作时应特别注意，避免酸液滴到仪器上。实验结束后必须将旋光管洗净。

七、思考题

1. 实验中，为什么用蒸馏水来校正旋光仪的零点？在蔗糖转化反应过程中，所测的旋光度 α_t 是否需要零点校正？为什么？

2. 蔗糖溶液为什么可粗略配制？

3. 蔗糖的转化速度和哪些因素有关？

实验 84　乙酸乙酯皂化反应测二级反应速率和反应活化能

一、实验目的

1. 用电导率仪测定乙酸乙酯皂化反应进程中的电导率。
2. 学会用图解法求二级反应的速率常数，并计算该反应的活化能。
3. 学会使用电导率仪和恒温水浴。

二、实验原理

乙酸乙酯皂化反应是个二级反应，其反应方程式为

$$CH_3COOC_2H_5 + Na^+ + OH^- \longrightarrow CH_3COO^- + Na^+ + C_2H_5OH$$

当乙酸乙酯与氢氧化钠溶液的起始浓度相同时，如均为 a，则反应速率表示为

$$\frac{dx}{dt} = k(a-x)^2 \tag{1}$$

式中：x—— 时间 t 时反应物消耗掉的浓度；

k—— 反应速率常数。

将上式积分得

$$\frac{x}{a(a-x)} = kt \tag{2}$$

起始浓度 a 为已知，因此只要由实验测得不同时刻 t 时的 x 值，以 $\frac{x}{a-x}$ 对 t 作图，应得一直线，从直线的斜率 $m(=ak)$ 便可求出 k 值。

乙酸乙酯皂化反应中，参加导电的离子有 OH^-、Na^+ 和 CH_3COO^-，由于反应体系是很稀的水溶液，可认为 CH_3COONa 是全部电离的，所以反应前后 Na^+ 的浓度不变，随着反应的进行，仅仅是导电能力很强的 OH^- 离子逐渐被导电能力弱的 CH_3COO^- 离子所取代，致使溶液的电导逐渐减小，因此可用电导率仪测量皂化反应进程中电导率随时间的变化，从而达到跟踪反应物浓度随时间变化的目的。

令 G_0 为 $t=0$ 时溶液的电导，G_t 为时刻 t 时混合溶液的电导，G_∞ 为 $t\to\infty$（反应完毕）时溶液的电导，则稀溶液中，电导值的减少量与 CH_3COO^- 浓度成正比，设 K 为比例常数，则

当 $t=t$ 时，$x=x$，$x=K(G_0-G_t)$

当 $t\to\infty$ 时，$x\to a$，$a=K(G_0-G_\infty)$

由此可得

$$a-x=K(G_t-G_\infty)$$

所以(2) 式中的 $a-x$ 和 x 可以用溶液相应的电导表示，将其代入(2) 式得

$$\frac{1}{a}\frac{G_0-G_t}{G_t-G_\infty} = kt$$

重新排列得

$$G_t = \frac{1}{ak} \cdot \frac{G_0 - G_t}{t} + G_\infty \tag{3}$$

因此，只要测得不同时刻溶液的电导值 G_t 和起始溶液的电导值 G_0，然后以 G_t 对 $\frac{G_0 - G_t}{t}$ 作图应得一直线，直线的斜率为 $\frac{1}{ak}$，由此便可求出某温度下的反应速率常数 k 值。

如果知道不同温度下的反应速率常数 $k(T_2)$ 和 $k(T_1)$，根据 Arrhenius 公式，可计算出该反应的活化能 E_a 和反应半衰期。

$$\ln \frac{k(T_2)}{k(T_1)} = \frac{E_a}{R}\left(\frac{1}{T_1} - \frac{1}{T_2}\right) \tag{4}$$

三、仪器与试剂

仪器　DDS-Ⅱ电导率仪（附 DJS-Ⅰ型铂黑电极）1 台、电导池 1 只、恒温水浴 1 套、秒表 1 只、移液管（20 mL）3 支、容量瓶（250 mL）1 个、混合反应器 1 个。

试剂　NaOH 水溶液（0.0200 mol · dm^{-3}）、乙酸乙酯（AR）、电导水。

四、实验步骤

（一）配制溶液

配制与 NaOH 准确浓度（约 0.0200 mol · dm^{-3}）相等的乙酸乙酯溶液。其方法是：找出室温下乙酸乙酯的密度，进而计算出配制 250 mL 0.0200 mol · dm^{-3}（与 NaOH 准确浓度相同）的乙酸乙酯水溶液所需的乙酸乙酯的体积 V(mL)，然后用 1 mL 移液管吸取 V mL 乙酸乙酯注入 250 mL 容量瓶中，稀释至刻度，即为 0.0200 mol · dm^{-3} 的乙酸乙酯水溶液。

（二）恒温水浴调至 25 ℃

（三）溶液起始电导率 G_0 的测定

（1）在一个烘干、洁净、封闭的混合反应器内，用移液管移入电导水和 NaOH 溶液（新配制，并已标定浓度）各 20 mL，用洗耳球充分混合，并插入已经用蒸馏水淋洗并用滤纸小心吸干的（注意：滤纸切勿触及两电极上的铂黑）带有橡皮塞的电导电极，塞好塞子，将其置于恒温水浴中恒温。

（2）开启电导率仪电源开关，按下“ON/OFF”键，仪器将显示厂标、仪器型号、名称。按“模式”键选择“电导率测量”状态，仪器自动进入上次关机时的测量工作状态。此时仪器采用的参数已设好，可直接进行测量，待样品恒温后，记录电导率仪显示的电导率值。

（3）将电导电极取出，用蒸馏水淋洗干净后插入盛有蒸馏水的烧杯中待用。

（四）反应时电导率 G_t 的测定

（1）取一个烘干、洁净、封闭的混合反应器，用移液管向管中移入 20 mL 新配制的乙酸乙酯溶液。插入附有橡皮塞的电导电极（插入前应用蒸馏水淋洗，并用滤纸小心吸干，滤纸切勿触及两电极上的铂黑），用另一支移液管向其管中移入 20 mL 已知浓度的 NaOH 溶液，然后将其置于 20 ℃的恒温水浴中恒温（注意：NaOH 和乙酸乙酯两种溶液此时不能混合）。

（2）恒温 10 min 后，用洗耳球充分混合。此时皂化反应开始，记录反应开始时间。为了使反应物混合均匀，应再迅速充分地混合，当反应进行到 1 min、2 min、3 min…，记录电导率仪显示的数值，反应 15 min 后停止测定。

(3) 将电导电极取出，用蒸馏水淋洗干净后插入盛有蒸馏水的烧杯中。取出混合反应器，用蒸馏水洗净，放入烘箱中烘干。

(五) 另一温度下 G_0 和 G_t 的测定

调节恒温槽温度为(35.0±0.1)℃或(40.0±0.1)℃，重复上述(三)、(四)步骤，测定另一温度下的 G_0 和 G_t。但在测定 G_t 时，按反应进行 4 min、6 min、8 min、10 min、12 min、15 min、18 min、21 min、24 min、27 min、30 min 测其电导率。实验结束后，关闭电源，取出电极，用电导水洗净并置于电导水中保存待用。

五、数据记录及处理

(一) 数据记录

实验温度 1：________ ℃，　G_0：________。

表 8-15

时间/t							
G_t							
$(G_0-G_t)/t$							

实验温度 2：________ ℃，　G'_0：________。

表 8-16

时间/t							
G_t							
$(G'_0-G_t)/t$							

(二) 数据处理

(1) 以两个温度下的 G_t 对 $(G_0-G_t)/t$ 作图，分别得一直线。

(2) 由直线的斜率计算各温度下的速率常数 k 和反应半衰期 $t_{1/2}$。

(3) 由两温度下的速率常数，按 Arrhenius 公式，计算乙酸乙酯皂化反应的活化能。

六、实验注意事项

1. 本实验需用电导水，并避免接触空气及灰尘杂质落入。
2. 配好的 NaOH 溶液要防止空气中的 CO_2 气体进入。
3. 乙酸乙酯溶液和 NaOH 溶液浓度必须相同。
4. 乙酸乙酯溶液需临时配制，配制时动作要迅速，以减少挥发而损失。

七、思考题

1. 为什么以 0.0100 mol·dm^{-3} NaOH 溶液的电导率就可认为是 G_0？
2. 如果 NaOH 和 $CH_3COOC_2H_5$ 溶液为浓溶液时，能否用此法求 k 值，为什么？

实验 85　表面张力的测定

一、实验目的

1. 用最大气泡压力法测定液体的表面张力。
2. 了解溶液表面吸附对表面张力的影响。
3. 测定不同浓度下乙醇水溶液的表面张力，从 $\sigma-c$ 曲线求溶液表面的吸附量。

二、实验原理

（一）溶液的表面吸附

在一定温度下，纯液体的表面张力为定值，当加入溶质形成溶液后，表面张力会发生变化，其变化的大小取决于溶质的性质及其加入量。根据能量最低原理，溶质使溶剂的表面张力降低时，它在表面层中的浓度比在溶液内部高；反之，溶质使溶剂的表面张力升高时，它在表面层中的浓度比在溶液内部低，这种表面浓度与内部浓度不同的现象叫做溶液的表面吸附。在指定的温度和压强下，溶质的吸附量与溶液的表面张力及溶液的浓度之间的关系遵守吉布斯(Gibbs)方程：

$$\Gamma = -\frac{c}{RT}\left(\frac{\mathrm{d}\sigma}{\mathrm{d}c}\right)_T \tag{1}$$

式中：Γ——溶质在表面层的吸附量，$\mathrm{mol \cdot m^{-2}}$；

σ——表面张力，$\mathrm{N \cdot m^{-1}}$；

c——吸附达到平衡时溶质在介质中的浓度，$\mathrm{mol \cdot L^{-1}}$。

当 $\left(\frac{\mathrm{d}\sigma}{\mathrm{d}c}\right)_T < 0$ 时，$\Gamma > 0$，称为正吸附；当 $\left(\frac{\mathrm{d}\sigma}{\mathrm{d}c}\right)_T > 0$ 时，$\Gamma < 0$，称为负吸附。习惯上，将溶入少量就能显著降低溶液表面张力的物质称为表面活性剂。吉布斯方程的应用范围很广，但上述形式仅适用于稀溶液。

从式(1)可看出，只要测定溶液的浓度和表面张力就可以求得各种浓度下溶液中的溶质在表面层的吸附量。

在实验中，溶液浓度的测定是应用浓度与折射率的对应关系，表面张力的测定是应用最大气泡压力法。测出 c、σ，绘制 $\sigma-c$ 曲线，见图 8-29 所示。在曲线上任取一点 a 作曲线的切线和平行于横轴的直线，分别交纵轴于 b、d。令 $bd = Z$，显然

$$Z = -c\left(\frac{\mathrm{d}\sigma}{\mathrm{d}c}\right)_T$$

结合式(1) 得：

$$\Gamma = \frac{Z}{RT} \tag{2}$$

用这种方法可以算得切线点浓度 c 所对应的 Γ 值。将浓度 c_1、c_2、c_3… 分别与其对应的 Γ 作图，即得 Γ-c 曲线（图 8-30）。

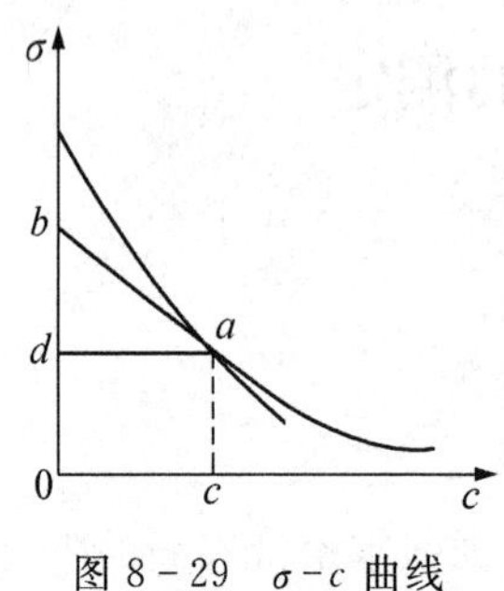

图 8-29　σ-c 曲线

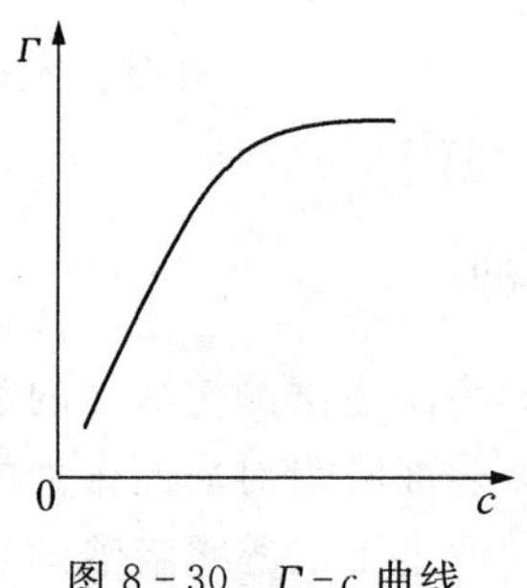

图 8-30　Γ-c 曲线

若在溶液表面上的吸附是单分子层吸附，则符合朗缪尔单分子层吸附等温式：

$$\Gamma = \Gamma_\infty \cdot \frac{K_c}{1+K_c} \tag{3}$$

式中：Γ_∞—— 溶液单位表面上铺满分子吸附层的吸附量；

K_c—— 吸附平衡常数。

将式(3) 展开，得

$$\frac{c}{\Gamma} = \frac{c}{\Gamma_\infty} + \frac{1}{K_c \Gamma_\infty} \tag{4}$$

由式(4) 可知，c/Γ 对 c 作图，得一直线，其斜率为 $1/\Gamma_\infty$。

(二) 最大气泡压力法测定表面张力

表面张力的测定方法很多，本实验采用最大气泡压力法。如图 8-31 所示是最大气泡压力法测定表面张力的装置示意图。将毛细管的端面与波面相切，液面即沿毛细管上升。打开滴液漏斗的活塞，让水缓慢地滴下，使毛细管内溶液的压力比样品管中液面的压力大。当此压力差在毛细管端面上产生的作用力稍大于毛细管口溶液的表面张力时，毛细管口的气泡即被压出。压差的最大值可从"U"形管压强计上读出。

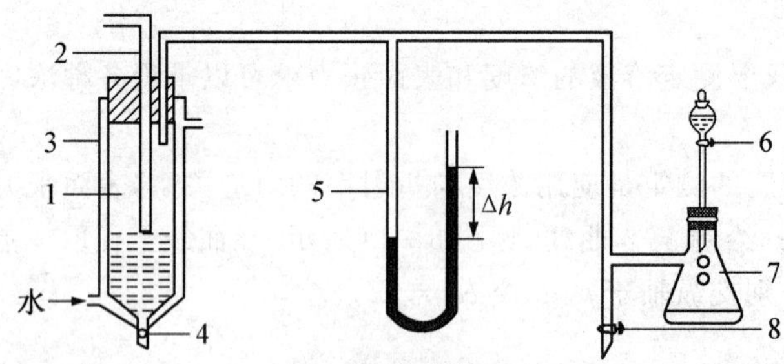

图 8-31　表面张力的测定装置

1-样品管；2-毛细管；3-样品管夹套(夹套与恒温水浴连接)；4-液面调节阀；5-"U"形管压强计；6,8-活塞；7-增压瓶

气泡从毛细管口压出时所受的压强为 Δp，则

$$\Delta p = \rho g \Delta h \tag{5}$$

式中：Δh——"U" 形管压强计两臂的读数差；

g—— 重力加速度；

ρ——"U"形管压强计中液体的密度。

同时根据附加压强的计算公式：

$$\Delta p = \frac{2\sigma}{r} \tag{6}$$

式中：σ—— 表面张力；

r—— 毛细管半径。

所以

$$\frac{2\sigma}{r} = \rho g \Delta h$$

整理得

$$\sigma = \frac{r}{2}\rho g \Delta h = k\Delta h \tag{7}$$

对于同一支毛细管来说，式(7)中的 k 值是一常数，称为毛细管常数。因此，只要用表面张力已知的液体为标准，即可求得其他液体的表面张力。本实验采用 20 ℃水的 $\sigma=72.75\times 10^{-3}\,\mathrm{N\cdot m^{-1}}$ 为标准。

三、仪器与试剂

仪器　最大气泡压力法表面张力测定仪 1 套、超级恒温水浴 1 台、阿贝折射仪 1 台。

试剂　乙醇(AR)、不同浓度的乙醇水溶液(质量分数大约为 2%、4%、6%、8%、10%、12%、14%、16%、18%)。

四、实验步骤

(一) 毛细管常数的测定

(1) 超级恒温水浴外循环水管与样品管夹套相连，控制温度为 20 ℃。

(2) 洗净表面张力测定仪的各个部件，按图 8-31 安装好。样品管内装入蒸馏水，通过液面调节阀使样品管的液面正好与毛细管端面相切。安装时注意：毛细管必须与液面相垂直。

(3) 测定开始时，打开滴液漏斗活塞进行缓慢抽气，使气泡从毛细管口逸出，调节气泡逸出速度以 5～10 s/个为宜，读出"U"形管压强计两边液面的高度差。重复读三次，取其平均值。

(二) 待测样品表面张力的测定

(1) 加入适量样品于样品管中，用洗耳球打气法以待测样品润洗毛细管，使毛细管中溶液的浓度与样品管中待测液的浓度一致。

(2) 按毛细管常数测定时的操作步骤，分别测定各种未知浓度的乙醇水溶液的 Δh。

(三) 待测样品浓度的测定

测完每一种溶液的表面张力后，接着从样品管中取样，用阿贝折射仪测其折射率。然后在浓度-折射率工作曲线上读出相应的浓度值。测完后将溶液倒回试剂瓶。

实验完毕后，关闭超级恒温水浴，用蒸馏水洗净样品管和毛细管，样品管中装入蒸馏水，并将毛细管浸入水中保存。

五、数据记录及处理

(一) 数据记录

实验温度：________℃； 大气压：________Pa。

表 8 - 17

乙醇水溶液的质量分数/%			压强计读数/mm			$\frac{\sigma}{N \cdot m^{-1}}$	$\frac{Z}{N \cdot m^{-1}}$	$\frac{\Gamma}{mol \cdot m^{-2}}$
编号	折射率	实际浓度	h_2	h_1	Δh_{max}			
去离子水								
1								
2								
3								
4								
5								
6								
7								
8								
9								

(二) 数据处理

(1) 由实验温度下水的表面张力计算出毛细管常数 k。

(2) 计算不同浓度的乙醇水溶液的表面张力 σ，绘制 $\sigma - c$ 曲线。

(3) 在 $\sigma - c$ 曲线上，分别求出 1 ～ 9 号溶液的 $d\sigma/dc$ 值，绘制 $\Gamma - c$ 曲线。

(4) 求 Γ_∞。

六、实验注意事项

1. 仪器系统不能漏气。

2. 毛细管必须干净，保持竖直，其管口刚好与液面相切。每次测量前用待测液润洗毛细管，保持毛细管中溶液的浓度与样品管中待测液的浓度一致。

3. 读取"U"形管压强计的压差时，应取气泡单个逸出时的最大压差。

4. 用待测液润洗毛细管时，要打开活塞 8。

七、思考题

1. 用最大气泡压力法测定表面张力的原理是什么？

2. 为什么毛细管端面应该平整光滑，安装时要竖直且刚好接触液面？

3. 测定乙醇溶液的表面张力时，溶液浓度应由稀至浓，还是由浓至稀，为什么？

4. 如果毛细管气泡逸出的速度太快，对结果有何影响？

5. 使用阿贝折射仪要注意什么？

实验86 电 泳

一、实验目的

1. 测定 Sb_2S_3 胶粒在电场内的泳动速度。
2. 计算胶粒 ζ 电位数值。

二、实验原理

胶粒在分散介质中，由于吸附一定量的离子，使胶粒表面具有电荷。当在胶体溶液中放置电极，通直流电后，胶体粒子就做定向移动。胶体粒子如带正电，就向负电极移动；胶体粒子如带负电，就向正电极移动。胶体粒子在电场中的这种运动称为电泳。

在外电场作用下，相对移动的荷电胶粒与其余处于扩散层中的离子之间的电位差称为电动电势，也称 ζ 电位。胶粒电泳速度和 ζ 电位有密切的关系，其关系可用下式表示：

$$\zeta = (k\pi\eta/\varepsilon)U \tag{1}$$

因为 $U = \dfrac{u}{E} = \dfrac{d/t}{V/L}$， (2)

所以 $\xi = 300^2 \times \dfrac{k\pi\eta dL}{\varepsilon Vt}(\mathrm{V})$。 (3)

式中：U—— 淌度；

η—— 介质黏度；

ε—— 介质介电常数；

d—— 胶粒在时间 t 内泳动的距离；

u—— 胶粒泳动速度；

V—— 两极间的电位差；

L—— 两极间的距离；

E—— 电位梯度；

k—— 依胶粒形状而定的常数(圆柱形胶粒的 k 为 4，球形粒子的 k 为 6)。

测定 ζ 电位常用的方法是电泳法及电渗法。电泳法分为宏观法及微观法，宏观法是观察胶体与介质的宏观界面在电场中的移动速度，而微观法则是直接观察单个胶粒在电场中的移动速度。对高分散度的或过浓的胶体，不易观察个别粒子的运动，因此只能用宏观法，而对分散度不甚高或很稀的较大粒子的胶体则可用微观法。

本实验采用宏观法，即界面移动法测定 Sb_2S_3 负胶粒在某一电压及固定两电极距离下，在一定时间内向正极移动的距离，从而计算电泳速度和电位数值。

三、仪器与试剂

仪器 电泳仪 1 台(附电泳管、铂电极)、电导率仪 1 台、秒表 1 个、漏斗 1 只。

试剂 Sb_2S_3 溶胶、稀 NaCl 溶液。

四、实验步骤

测定装置如图 8－32 所示。先将待测液 Sb_2S_3 溶胶由小漏斗注入电泳测定管的“U”形管中(预先须洗净、烘干)，至液面稍高于两个水平活塞(预先使活塞处于打开位置)的上部为止。关闭两活塞。把活塞上部管内的胶液倒去，用蒸馏水洗净活塞上部容器，再用电导率等于所测溶胶的稀 NaCl 溶液洗一次，随后在活塞上部的“U”形管内加入适量该稀 NaCl 溶液。将“U”形管竖直固定在铁架上，并打开连接“U”形管两臂的活塞，使“U”形管两边液面保持在同一高度(图 8－32)，随即关闭活塞。在“U”形管两端插入铂电极(电极浸入溶液 1 cm 左右)，接通线路，即可进行测试。

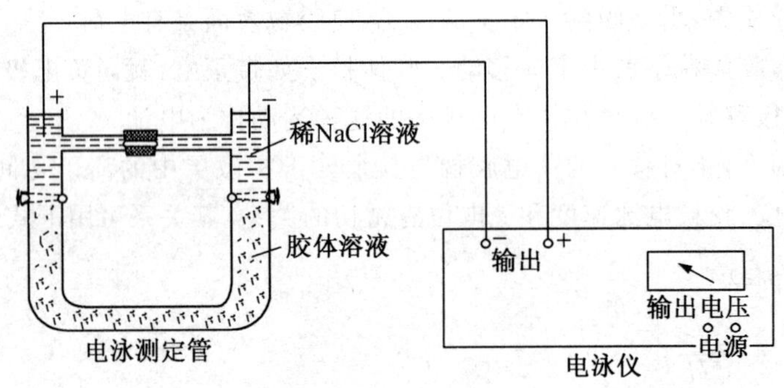

图 8－32　电泳仪

测试时，先同时打开两边“U”形管的活塞，使胶体溶液与上面溶液界面相接(液面之间不能有气泡，并且应界面分明，否则不能继续实验)。打开电泳仪电源开关，调节输出电压在 150～300 V(注意调节速度要快)，并同时开启秒表计时，注意观察“U”形管中胶体溶液液面的移动情况，待胶体液面上升了一定距离(如 1 cm)时(可在“U”形管管壁刻度上准确读出)，同时记下时间 t 和电压 U 的伏特数。在同样电压读数和胶体液面上升同样距离时，再测定一次所需时间，求出两次时间的平均值。倾去“U”形管中的胶体溶液，按以上同样步骤，换上新的胶体溶液，改变加于电泳测定管两端之电压值，测定胶体液面上升一定距离所需的时间(测定两次，求出两次时间的平均值)，并量出两电极间的距离(不是水平横距离，而是“U”形管内溶液的导电距离)，此数值需测量 5～6 次，然后取其平均值 L。实验结束后，拆去电源，洗净电泳仪，然后在其中加入蒸馏水，存放待用。

注意：用过的 Sb_2S_3 溶胶要倒在指定的瓶中以便统一处理。

五、数据记录及处理

(一) 数据记录

室温：________℃。

胶体种类：________；η：________；D：________。

表 8－18

电泳时间 t/s	电压 U/V	两极间距 l/cm	胶体界面移动距离 d/cm	电泳速度 u/cm · s^{-1}

(二)数据处理

从手册中查出水的 η、ε。根据公式(2)和(3)计算泳动速度及电位(渗析液浓度很低,故 η、ε 可用水的 η、ε 来代替)。

六、实验注意事项

1. 界面移动法的困难之一是与溶胶形成界面的介质的选择,因为 ζ 电位对介质成分十分敏感。所以,应使质点在电泳过程中一直处于原来的环境,因而最好采用自溶胶中分离的分散介质。但介质的电导可能与溶胶的不同,造成界面处电场强度发生突变,其后果是两臂界面的移动速度不等。为减少此项困难,应尽量用稀溶液,降低溶胶质点对电导的贡献。

2. 为了分离和分析蛋白质组分,常以惰性的固体或凝胶作为它们的载体进行电泳(称为区带电泳)来达到使不同电泳速度的各组分分离的目的。

七、思考题

1. 简述电泳和电渗法的不同之处。
2. 怎样才能制备出适合进行电泳的溶胶?

实验 87 溶液吸附法测定比表面

一、实验目的

1. 了解溶液吸附法测定比表面的基本原理。
2. 掌握亚甲基蓝水溶液吸附法测定活性炭比表面的方法。
3. 熟悉 721 型分光光度计的构造和使用方法。

二、实验原理

比表面是指单位质量(或单位体积)的物质所具有的表面积,其数值与分散离子的大小有关。比表面是粉末及多孔性物质的一个重要特性参数,在生产和科研部门有着广泛的应用。

测定比表面的方法很多,常用的有气相色谱法、电子显微镜法、BET 低温吸附法(分为静态法和动态法)和溶液吸附法。其中溶液吸附法仪器简单,操作方便,较其他方法实用;但当吸附剂的孔径过小时,应选择相对分子质量较小的吸附质,否则测得吸附剂的比表面与实际出入较大,故吸附质和吸附剂的选择很重要。

亚甲基蓝易溶于热水,呈天蓝色,在空气中比较稳定,不易受吸附剂酸碱性的影响。亚甲基蓝水溶液在可见光区有两个吸收峰(445 nm 和 665 nm),可用分光光度计测定吸附前后溶液光密度的变化。本实验用亚甲基蓝水溶液测定活性炭的比表面。

根据朗缪尔单分子层吸附理论,当亚甲基蓝与活性炭达到吸附平衡后,亚甲基蓝分子覆盖整个活性炭粒子的表面。此时单位质量吸附剂吸附的吸附质分子所占的表面积,等于所吸附质分子的分子数与每个分子在表面层所占面积的乘积。吸附剂活性炭的比表面可按下式计算:

$$S_0=\frac{(w_0-w)m_2}{m_1}\times 2.45\times 10^5 \tag{1}$$

式中：S_0——比表面，$m^2 \cdot kg^{-1}$；

w_0——原始溶液的质量分数，%；

w_1——吸附达单层饱和后溶液的质量分数，%；

m_1——吸附剂活性炭的质量，kg；

m_2——溶液的加入质量，kg；

2.45×10^5——1 kg 亚甲基蓝可覆盖的活性炭的表面积，$m^2 \cdot kg^{-1}$。

溶液的质量分数可用分光光度计测得。根据光吸收定律，当入射光为一定波长的单色光时，某溶液的光密度与溶液的浓度及溶液层的厚度成正比，即

$$E=kwL$$

式中：E——溶液的光密度；

k——常数；

w——溶液的质量分数；

L——溶液层厚度。

实验时，先测定一组已知浓度的亚甲基蓝溶液的光密度，并绘制 E-w 工作曲线。然后测定亚甲基蓝原始溶液和吸附达平衡时溶液的光密度，在 E-w 工作曲线上查出与其对应的质量分数 w，代入式(1)，求出比表面。

三、仪器与试剂

仪器　721 型分光光度计 1 套、康氏振荡器 1 台、1000 mL 容量瓶 2 个、100 mL 容量瓶 5 个、200 mL 三角烧瓶 2 个、离心机 1 台、台秤 1 台(0.1 g)。

试剂　0.2%左右的亚甲基蓝原始溶液、0.01%左右的亚甲基蓝标准溶液、颗粒状活性炭。

四、实验步骤

(一) 样品的活化

将颗粒状活性炭置于坩埚中，放入真空烘箱内，300 ℃下活化 1 h，置于干燥器中备用。

(二) 配制亚甲基蓝标准溶液

用台秤分别称取 0.01%左右的亚甲基蓝标准溶液 4×10^{-3}、6×10^{-3}、8×10^{-3}、10×10^{-3}、12×10^{-3} kg，分别置于 5 个 100 mL 容量瓶中，用蒸馏水稀释至刻度即得 4×10^{-6}、6×10^{-6}、8×10^{-6}、10×10^{-6}、12×10^{-6} $kg \cdot L^{-1}$的亚甲基蓝标准溶液。

(三) 亚甲基蓝溶液的吸附

准确称取已活化的活性炭颗粒 2 份，各 0.15×10^{-3} kg，分别放入 2 个 200 mL 三角烧瓶内。再加入 0.2%左右的亚甲基蓝原始溶液 60×10^{-3} kg，塞上包有铅纸的软木塞，在康氏振荡器上振荡 3～5 h，得到吸附平衡溶液。

(四) 亚甲基蓝原始溶液的稀释

为了准确测定亚甲基蓝原始溶液的浓度，在台秤上称取 0.2%左右的亚甲基蓝原始溶液 5×10^{-3} kg 放入 1000 mL 容量瓶中，稀释至刻度。

（五）吸附平衡溶液的处理

将吸附、振荡 3～5 h 后的三角烧瓶取下。取吸附平衡溶液 10 mL 放入离心管中，离心 10 min，取 5×10^{-3} kg 澄清液放入 1000 mL 容量瓶中，稀释至刻度。

（六）工作波长的选取

用 6×10^{-6} kg · L^{-1} 的亚甲基蓝标准溶液在 550～700 nm 范围内测量光密度，以光密度最大时的波长作为工作波长。

（七）测量光密度

以蒸馏水为空白液，分别测量 4×10^{-6}、6×10^{-6}、8×10^{-6}、10×10^{-6}、12×10^{-6} kg · L^{-1} 亚甲基蓝标准溶液的光密度及稀释后亚甲基蓝原始溶液和吸附平衡溶液的光密度。

五、数据记录及处理

（一）数据记录

室温：________℃；　　大气压：________Pa。

表 8－19

亚甲基蓝标准溶液的浓度 w/kg · L^{-1}	4×10^{-6}	6×10^{-6}	8×10^{-6}	10×10^{-6}	12×10^{-6}
光密度 E					

表 8－20

编号	活性炭质量 m_1/kg	稀释后亚甲基蓝原始溶液		稀释后吸附平衡溶液		溶液加入质量 m_2/kg	$\frac{\text{比表面 } S_0}{m^2 \cdot kg^{-1}}$
		光密度 E	浓度 w_0/%	光密度 E	浓度 w_1/%		
1							
2							

（二）数据处理

（1）以光密度 E 对 w 作图，得 E-w 工作曲线。

（2）求亚甲基蓝原始溶液的质量分数 w_0 和吸附平衡溶液的质量分数 w_1：从 E-w 工作曲线上查得与测得的 E 相对应的质量分数 w，然后乘以稀释倍数 200，即得 w_0 和 w_1。

（3）计算比表面。

六、实验注意事项

1. 亚甲基蓝标推溶液的浓度要准确配制。
2. 活性炭颗粒的大小要均匀，且两份质量要接近。
3. 振荡要达到饱和吸附的时间，一般要大于 3 h。

七、思考题

1. 用分光光度计测亚甲基蓝溶液的浓度时，为什么还要将溶液的浓度稀释到 10^{-6} 级才进行测量？
2. 比表面的测定与温度、吸附质的浓度及吸附时间等有什么关系？

实验 88　沉降分析

一、实验目的

用沉降天平法测定碳酸钙粉末的粒度分布曲线。

二、实验原理

粒子在气体或液体介质中将受到重力的作用而下沉。设粒子是球形的，则其重力应为

$$F_1 = \frac{4}{3}\pi r^3(\rho - \rho_0)g \tag{1}$$

式中：r—— 粒子半径；

ρ,ρ_0—— 分别为粒子及介质的密度；

g—— 重力加速度。

粒子下沉时还同时受到摩擦阻力的作用。根据斯托克斯(Stokes)定律，粒子所受摩擦阻力为

$$F_2 = 6\pi\eta ru \tag{2}$$

式中：η—— 介质黏度；

u—— 粒子下沉速度。

当重力和摩擦力达到相等时，粒子等速下沉，这时

$$6\pi\eta ru = \frac{4}{3}\pi r^3(\rho - \rho_0)g$$

$$r = \frac{3}{\sqrt{2}}\sqrt{\frac{\eta u}{(\rho - \rho_0)g}} = k'\sqrt{u} \tag{3}$$

由上式可见，当介质黏度、密度及粒子的密度为已知时，测得粒子的沉降速度以后，就可计算出相应的粒子半径。

分散体系总是由大小不同的粒子组成的，为了得到分散体系的全部特征，常须测定大小不同的粒子的相对含量，即测出时间 t 后粒子沉降的质量，或者与此量成正比的其他物理量。

如果用扭力天平测出在时间 t 内从介质沉降到平盘上的粒子质量 G，以 G 对 t 作图可得到沉降曲线(图 8-33)。

设有五种大小不同的粒子，每种粒子单独沉降所得的曲线如图中的曲线 1～5 所示。以曲线 3 为例，在到达时间 t_3 之前，粒子将均匀沉降，到 t_3 时所有粒子均沉降完毕，平盘质量保持 G_3 不变。t_3 是所有在 h 高度内的粒子都完全沉降所需的时间，由此即可算出此种粒子的沉降速度：

$$u_3 = h/t_3$$

将 u_3 代入式(3) 即可求得此种粒子的半径 r_3。

当 $t < t_3$ 时，沉降曲线方程式是：

$$G = m_3 t$$

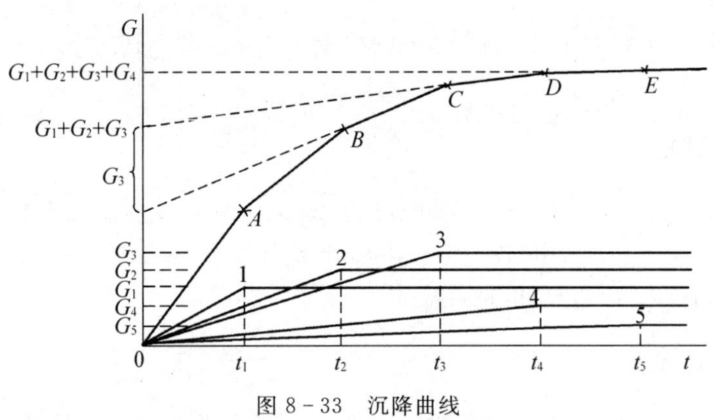

图 8-33 沉降曲线

式中：m_3—— 直线的斜率。

当 $t > t_3$ 时，沉降曲线方程式是：

$$G = G_3$$

如果样品中同时存在五种粒子，则沉降曲线变为图中上面一条沉降曲线分布曲线，这种分布曲线可由沉降曲线的图解处理求得。

沉降曲线以函数 $G = f(t)$ 表示，式中 G 是从实验开始经过时间 t 后某一个点的沉降量，相当于同时间五条曲线上相应点的沉降量之和。以线段 BC 为例，此线段上任一点的沉降量是：

$$G = (m_3 + m_4 + m_5)t + G_1 + G_2 \tag{5}$$

线段 BC 与 t_2、t_3 间的沉降曲线相切，由式(5)的直线方程可知，其延长线与纵轴的交点即为 $G_1 + G_2$，这就是在时间 t_2 内已完全沉降的粒子量。线段 CD 的延长线与纵轴的交点代表 $G_1 + G_2 + G_3$。这两个交点之差就等于 G_3，即相当于半径为 r_3 的粒子量。

实际上粒子的分散度是很高的，其沉降曲线应是平滑的曲线。由上述分析很容易推广到这种情况。

为了作出粒子大小的分布曲线(图 8-34)，需要求得分布函数 $f(r)$，用来表明半径 r 到 $r + \mathrm{d}r$ 之间的粒子质量占粒子总质量 G_∞ 的分数：

$$f(r) = \frac{1}{G_\infty} \cdot \frac{\mathrm{d}G}{\mathrm{d}r} \tag{6}$$

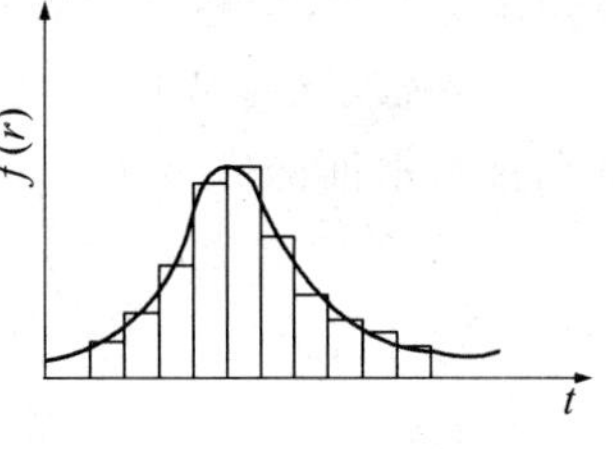

图 8-34 粒度分布曲线

以 $\frac{\Delta G_i}{G_\infty \Delta r_i}$ 对平均半径 $r = (r_i + r_{i+1})/2$ 作图，得梯状折线。根据折线形状可作出一条光滑的分布曲线，这曲线是 $f(r)$ 的近似图形，所取点子愈多，近似程度愈高。

G_∞ 是沉降完毕后平盘上粒子的总质量。但由于细小粒子沉降很慢，需很长时间才能沉降完，故通常用作图外推法求 G_∞。

对沉降分析最大的干扰是液体的对流(包括机械的和热的原因引起的)粒子的聚结。保持体系温度恒定可以减少热对流。添加适当的分散剂(多为表面活性物质)可防止粒子聚结。分散剂的类型和量必须经过试验，添加量一般不宜超过 0.1%，以免影响体系的性质。用于沉降分析的液体介质不应与粒子反应或使粒子溶解，其黏度和速度应与粒子密度结合起来考虑，使之有一定的沉降速度。

沉降分析只适于颗粒大小为 1～50 μm 的粒子。液体浓度不宜大于 1%，以保证粒子自由沉降。

三、仪器与试剂

仪器　JN－A 型扭力天平(0～500 mL)1 台、玻璃沉降筒及恒温水夹套、秒表 1 只、小平盘、搅拌器、量筒(500 mL、10 mL 各 1 个)、400 mL 烧杯 1 个、表面皿、角匙。

试剂　碳酸钙粉末、5%焦磷酸钠溶液。

四、实验步骤

1. 为使 JN－A 型扭力天平适用于做沉降分析，需将原称量盒向上移动一定高度，盒底开槽，让平盘悬线通过。把底盘上的固定螺钉取掉一颗，使底座相对于天平转动一角度，才能使沉降筒正处于平衡挂钩下方，保持沉降筒有足够高度。

调好天平的水平，打开开关 1，调整转盘 3，当天平达平衡时，平衡指针 5 应与零线重合，指针 4 的读数即为所称的质量。

2. 沉降筒直径约 55 mm，高约 200 mm，水夹套直径约 100 mm。平盘直径约 35 mm，平盘边缘距筒壁不应小于 10 mm。平盘用铝箔做成，用细镍铬丝线做悬线，镍铬丝可在灯焰上烧红拉直。

沉降筒中装好已煮沸冷却后的蒸馏水 300 mL 和 5% $Na_4P_2O_7$溶液 6 mL，将平盘挂在平衡挂钩 6 上，悬于沉降筒正中，平盘距沉降筒底约 20 mm。如图 8－35所示，打开开关 1，转动转盘 3，使指针 4 指零，打开调零盖 2，用螺丝刀转动调零螺钉，使平衡指针 5 与零线重合，同时从贴于沉降筒壁的标尺上读出平衡时平盘至水面的高度 h。然后取出平盘，记下水温。

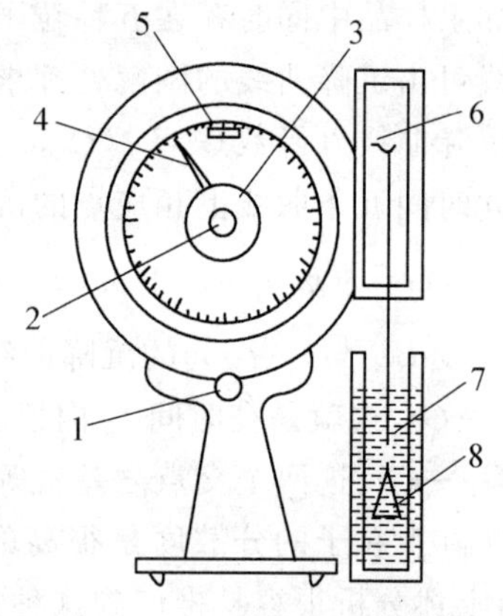

图 8－35　扭力天平

1－天平开关；2－调零盖；3－读数指针转盘；4－读数指针；5－平衡指针；6－平衡挂钩；7－沉降筒；8－平盘

3. 在台秤上称取约 1.5 g 碳酸钙粉末，放在小表面皿上。将沉降筒中的水倒回量筒中，取少量水滴在表面皿上，用角匙仔细地将聚集的粗粒碾散。然后用量筒中的水将其洗入烧杯中，再用量筒中的水使全部粉末转入沉降筒中，用带橡皮薄圆盘的玻棒在筒中上下抽动数分钟，当颗粒在整个液体中分布均匀后，迅速将沉降筒放在天平侧原位，将平盘浸入筒内并挂在钩上，在小盘浸入 1/2 深度时打开秒表，同时不断转动转盘 3，使平衡指针 5 时时处于零线。一般可在半分钟内记下第一个读数。初期可每半分钟记录一次天平读数，随着沉降速度的不断变慢，可适当延长读数间隔时间，直到隔 5 min 质量增加不到 1 mg 为止。

五、数据记录及处理

(一) 数据记录

室温：________℃；　大气压：________Pa。

表 8-21

时间 t_i/s	沉降速度 u_i, $u_i=h/t_i$ $\mathrm{cm\cdot s^{-1}}$	粒子半径 r_i/cm	$r_{平均}=\frac{r_i+r_{i+1}}{2}$	$\Delta r_i=r_i-r_{i+1}$	ΔG_i	$f(r)=\frac{\Delta G_i}{G_\infty\Delta r_i}$

(二) 数据处理

(1) 以沉降时间 t 为横坐标，沉降量 G 为纵坐标，作出光滑的沉降曲线。沉降量的极限值 G_∞ 可用作图法求得，即在沉降曲线纵轴左边作 $G-A/t$ 图(A 是任意常数，例如令 $A=1000$)，由 t 值较大的各点作直线外推，与纵轴相交即为 G_∞。

(2) 在沉降曲线上过适当的点用镜像法作切线交于纵轴，求得各 ΔG_i，同时求得各点的沉降速度 u_i 和粒子的半径 r_i。

(3) 以 $r_{平均}$ 对 $\Delta G_i/(G_\infty\Delta r_i)$ 作图，绘出粒度分布曲线。

六、实验注意事项

1. 实验时应注意平盘处于沉降筒正中，盘底不能有气泡。碳酸钙的密度可查找手册。

2. 使用过程中要轻轻地、缓慢地转动转盘 3，不要用力过猛或速度太快，同时观察平衡指针 5 摆动的方向，以决定转盘 3 转动的方向。不允许强行将读数指针转盘 3 由 500 mg 处从平衡窗口转到 0，或由 0 转到 500 mg。

七、思考题

1. 如果粒子不是球形的，则测得的粒子半径有何意义？如果粒子之间有聚结现象，对测定有何影响？

2. 粒子含量太多，或粒子半径太小或太大，对测定有何影响？

3. 什么原因会引起液体对流？什么原因会引起粒子聚结？如何减少它们对测定的影响？

附　　录

附录 1　常见化合物的相对分子质量表

化合物	相对分子质量	化合物	相对分子质量
Ag_3AsO_4	462.52	$BaCrO_4$	253.32
AgBr	187.77	BaO	153.33
AgCl	143.32	$Ba(OH)_2$	171.34
AgCN	133.89	$BaSO_4$	233.39
Ag_2CrO_4	331.73	$BiCl_3$	315.34
AgI	234.77	BiOCl	260.43
$AgNO_3$	169.87	$CaCl_2$	110.99
AgSCN	165.95	$CaCl_2 \cdot 6H_2O$	219.08
$AlCl_3$	133.34	$CaCO_3$	100.09
$AlCl_3 \cdot 6H_2O$	241.43	CaC_2O_4	128.10
$Al(NO_3)_3$	213.00	$Ca(NO_3)_2 \cdot 4H_2O$	236.15
$Al(NO_3)_3 \cdot 9H_2O$	375.13	CaO	56.08
Al_2O_3	101.96	$Ca(OH)_2$	74.09
$Al(OH)_3$	78.00	$Ca_3(PO_4)_2$	310.18
$Al_2(SO_4)_3$	342.14	$CaSO_4$	136.14
$Al_2(SO_4)_3 \cdot 18H_2O$	666.41	$CdCl_2$	183.32
As_2O_3	197.84	$CdCO_3$	172.42
As_2O_5	229.84	CdS	144.47
As_2S_3	246.02	$Ce(SO_4)_2$	332.24
$BaCl_2$	208.24	$Ce(SO_4)_2 \cdot 4H_2O$	404.30
$BaCl_2 \cdot 2H_2O$	244.27	CH_3COONa	82.03
$BaCO_3$	197.34	$CH_3COONa \cdot 3H_2O$	136.08
BaC_2O_4	225.35	CH_3COONH_4	77.08

续　表

化合物	相对分子质量	化合物	相对分子质量
CH_3COOH	60.05	$Fe(NO_3)_3$	241.86
CO_2	44.01	$Fe(NO_3)_3 \cdot 9H_2O$	404.00
$CoCl_2$	129.84	FeO	71.85
$CoCl_2 \cdot 6H_2O$	237.93	Fe_2O_3	159.69
$Co(NH_2)_2$	90.93	Fe_3O_4	231.54
$Co(NO_3)_2$	132.94	$Fe(OH)_3$	106.87
$Co(NO_3)_2 \cdot 6H_2O$	291.03	FeS	87.91
CoS	90.99	Fe_2S_3	207.87
$CoSO_4$	154.99	$FeSO_4$	151.90
$CoSO_4 \cdot 7H_2O$	281.10	$FeSO_4 \cdot 7H_2O$	278.01
$CrCl_3$	158.35	$FeSO_4 \cdot (NH_4)_2SO_4 \cdot 6H_2O$	392.13
$CrCl_3 \cdot 6H_2O$	266.45	H_3AsO_3	125.97
$Cr(NO_3)_3$	238.01	H_3AsO_4	141.94
Cr_2O_3	151.99	H_3BO_3	61.83
$CuCl$	99.00	HBr	80.92
$CuCl_2$	134.45	HCl	36.46
$CuCl_2 \cdot 2H_2O$	170.48	HCN	27.03
CuI	190.45	$HCOOH$	46.03
$Cu(NO_3)_2$	187.56	H_2CO_3	62.03
$Cu(NO_3)_2 \cdot 2H_2O$	214.60	$H_2C_2O_4$	90.04
CuO	79.55	$H_2C_2O_4 \cdot 2H_2O$	126.07
Cu_2O	143.09	HF	20.01
CuS	95.61	$HgCl_2$	271.50
$CuSCN$	121.62	Hg_2Cl_2	472.09
$CuSO_4$	159.60	$Hg(CN)_2$	252.63
$CuSO_4 \cdot 5H_2O$	249.68	HgI_2	454.40
$FeCl_2$	126.75	$Hg(NO_3)_2$	324.60
$FeCl_2 \cdot 4H_2O$	198.81	$Hg_2(NO_3)_2$	525.19
$FeCl_3$	162.21	$Hg_2(NO_3)_2 \cdot 2H_2O$	561.22
$FeCl_3 \cdot 6H_2O$	270.30	HgO	216.59
$FeNH_4(SO_4)_2 \cdot 12H_2O$	482.18	HgS	232.65

续　表

化合物	相对分子质量	化合物	相对分子质量
$HgSO_4$	296.65	$KIO_3 \cdot HIO_3$	389.91
Hg_2SO_4	497.24	$KMnO_4$	158.03
HI	127.91	$KNaC_4H_4O_6 \cdot 4H_2O$	282.22
HIO_3	175.91	KNO_3	101.10
HNO_3	63.01	KNO_2	85.10
HNO_2	47.01	K_2O	94.20
H_2O	18.02	KOH	56.11
H_2O_2	34.02	KSCN	97.18
H_3PO_4	98.00	K_2SO_4	174.25
H_2S	34.08	$MgCl_2$	95.21
H_2SO_3	82.07	$MgCl_2 \cdot 6H_2O$	203.30
H_2SO_4	98.07	$MgCO_3$	84.31
$KAl(SO_4)_2 \cdot 12H_2O$	474.38	MgC_2O_4	112.33
KBr	119.00	$MgNH_4PO_4$	137.32
$KBrO_3$	167.00	$Mg(NO_3)_2 \cdot 6H_2O$	256.41
KCl	74.55	MgO	40.30
$KClO_3$	122.55	$Mg(OH)_2$	58.32
$KClO_4$	138.55	$Mg_2P_2O_7$	222.55
KCN	65.12	$MgSO_4 \cdot 7H_2O$	246.47
K_2CO_3	138.21	$MnCl_2 \cdot 4H_2O$	197.91
K_2CrO_4	194.19	$MnCO_3$	114.95
$K_2Cr_2O_7$	294.18	$Mn(NO_3)_2 \cdot 6H_2O$	287.04
$K_3Fe(CN)_6$	329.25	MnO	70.94
$K_4Fe(CN)_6$	368.35	MnO_2	86.94
$KFe(SO_4)_2 \cdot 12H_2O$	503.24	MnS	87.00
$KHC_4H_4O_6$	188.18	$MnSO_4$	151.00
$KHC_2O_4 \cdot H_2O$	146.14	$MnSO_4 \cdot 4H_2O$	223.06
$KHC_2O_4 \cdot H_2C_2O_4 \cdot 2H_2O$	254.19	Na_3AsO_3	191.89
$KHSO_4$	136.16	$NaBiO_3$	279.97
KI	166.00	$Na_2B_4O_7$	201.22
KIO_3	214.00	$Na_2B_4O_7 \cdot 10H_2O$	381.37

续　表

化合物	相对分子质量	化合物	相对分子质量
$NaCl$	58.44	$(NH_4)_2SO_4$	132.13
$NaClO$	74.44	NH_4VO_3	116.98
$NaCN$	49.01	$NiCl_2 \cdot 6H_2O$	237.69
Na_2CO_3	105.99	$Ni(NO_3)_2 \cdot 6H_2O$	290.79
$Na_2CO_3 \cdot 10H_2O$	286.14	NiO	74.69
$Na_2C_2O_4$	134.00	NiS	90.75
$NaHCO_3$	84.01	$NiSO_4 \cdot 7H_2O$	280.85
$Na_2HPO_4 \cdot 12H_2O$	358.14	NO	30.01
$Na_2H_2Y \cdot 2H_2O$	372.24	NO_2	46.01
$NaNO_2$	69.00	$Pb(CH_3COO)_2$	325.30
$NaNO_3$	85.00	$PbCl_2$	278.10
Na_2O	61.98	$PbCO_3$	267.20
Na_2O_2	77.98	$PbCrO_4$	323.20
$NaOH$	40.00	PbI_2	461.00
Na_3PO_4	163.94	$Pb(NO_3)_2$	331.20
Na_2S	78.04	PbO	223.20
$Na_2S \cdot 9H_2O$	240.18	$PbSO_4$	303.30
$NaSCN$	81.07	P_2O_5	141.94
Na_2SO_3	126.04	$SbCl_3$	228.11
Na_2SO_4	142.04	Sb_2O_3	291.50
$Na_2S_2O_3$	158.10	SiO_2	60.08
$Na_2S_2O_3 \cdot 5H_2O$	248.17	$SnCl_2$	189.62
NH_3	17.03	$SnCl_4$	260.52
NH_4Cl	56.49	SO_2	80.06
$(NH_4)_2CO_3$	96.09	SO_3	64.06
$(NH_4)_2C_2O_4$	124.10	$SrSO_4$	183.68
$(NH_4)_2C_2O_4 \cdot H_2O$	142.11	$Zn(CH_3COO)_2$	183.47
NH_4HCO_3	79.06	$ZnCl_2$	136.29
$(NH_4)_2HPO_4$	132.06	$ZnCO_3$	125.39
$(NH_4)_2MoO_4$	196.01	$Zn(NO_3)_2$	189.39
NH_4NO_3	80.04	ZnO	81.38
$(NH_4)_2S$	68.14	$ZnSO_4$	161.44
NH_4SCN	76.12	$ZnSO_4 \cdot 7H_2O$	287.54

附录 2　常用有机溶剂与试剂的物理性质

溶　剂	相对分子质量	密度(20 ℃)/g·cm^{-3}	介电常数	溶解度/g·(100 g 水)$^{-1}$	沸点/℃	熔点/℃	闪点/℃
甲醇	32	0.79	32.7	∞	65	−98	12
乙醇	46	0.79	24.6	∞	78	−114	13
丙醇	60	0.80	20.3	∞	97	−126	25
异丙醇	60	0.79	19.9	∞	82	−88	12
正丁醇	74	0.81	17.5	7.48	118	−89	29
乙二醇	62	1.11	37.7	∞	197	−13	116
二甘醇	106	1.11	31.7	∞	245	−7	143
三甘醇	150	1.12	23.7	∞	288	4	166
甘油	92	1.26	42.5	∞	290	18	177
丙酮	58	0.79	20.7	∞	56	−95	−18
乙醚	74	0.1	4.3	6.0	35	116	−45
二丁醚	130	0.77	3.1	0.30(20 ℃)	142	−95	38
四氢呋喃	72	0.89	7.6	∞	66	−109	−14
1,4-二氧六环	88	1.03	2.2	∞	101	12	12
乙二醇单甲醚	76	0.96	16.9	∞	125	−85	42
乙二醇二甲醚	90	0.86	7.2	∞	83	−58	1
二甘醇单甲醚	120	1.02	—	∞	194	−76	93
二甘醇二甲醚	134	0.94	—	∞	160		63
苯甲醚	108	0.99	4.3	1.04	154	−38	—
戊烷	72	0.63	1.8	不溶	36	−130	−40
己烷	86	0.66	1.9	不溶	69	−95	−26
环己烷	84	0.78	2.0	0.01	81	6.5	−17
苯	78	0.88	2.3	0.18	80	5.5	−11
甲苯	92	0.87	2.4	0.05	111	−95	4
1,3,5-三甲苯	120	0.87	2.3	0.03(20 ℃)	165	−45	—
氯苯	113	1.11	5.6	0.05	132	−46	29
硝基苯	123	1.20	34.9	0.10(20 ℃)	211	6	88
二氯甲烷	85	1.33	8.9	1.30	40	−95	无
氯仿	119	1.49	4.8	0.82(20 ℃)	61	−64	无
四氯化碳	154	1.59	2.2	0.08	77	−23	无
二硫化碳	76	1.26	2.6	0.29	46	−111	−30

续　表

溶　剂	相对分子质量	密度(20 ℃)/$g \cdot cm^{-3}$	介电常数	溶解度/$g \cdot (100\ g$ 水$)^{-1}$	沸点/℃	熔点/℃	闪点/℃
二甲基亚砜	78	1.10	46.7	∞	189	18	95
甲酸	46	1.22	58.5	∞	101	8	—
乙酸	60	1.05	6.2	∞	118	17	40
乙酸乙酯	88	0.90	6.0	8.1	77	−84	−4
乙酐	102	1.08	20.7	反应	140	−73	53
甲酰胺	45	1.13	111	∞	210	3	154
三乙醇胺	149	1.12(20 ℃)	29.4	∞	335	22	179
吡啶	79	0.98	12.4	∞	115	−42	23
三乙胺	101	0.73	2.4	∞	90	−115	—

附录 3　常用缓冲溶液的配制方法

1. 邻苯二甲酸-盐酸缓冲溶液(0.05 mol · L^{-1})

X mL 0.2 mol · L^{-1}邻苯二甲酸氢钾溶液与 Y mL 0.2 mol · L^{-1} HCl 溶液混合，再加水稀释到 20 mL。

pH(20 ℃)	X/mL	Y/mL	pH (20 ℃)	X/mL	Y/mL
2.2	5	4.070	3.2	5	1.470
2.4	5	3.960	3.4	5	0.990
2.6	5	3.295	3.6	5	0.597
2.8	5	2.642	3.8	5	0.263
3.0	5	2.022			

注：邻苯二甲酸氢钾的相对分子质量为 204.23；0.2 mol · L^{-1} 邻苯二甲酸氢钾溶液的质量浓度为 40.85 g · L^{-1}。

2. 乙酸-乙酸钠缓冲溶液(0.2 mol · L^{-1})

pH(18 ℃)	0.2 mol · L^{-1} V(NaAc)/mL	0.3 mol · L^{-1} V(HAc)/mL	pH(18 ℃)	0.2 mol · L^{-1} V(NaAc)/mL	0.3 mol · L^{-1} V(HAc)/mL
2.6	0.75	9.25	4.8	5.90	4.10
3.8	1.20	8.80	5.0	7.00	3.00
4.0	1.80	8.20	5.2	7.90	2.10
4.2	2.65	7.35	5.4	8.60	1.40

续　表

pH(18 ℃)	0.2 mol·L^{-1} V(NaAc)/mL	0.3 mol·L^{-1} V(HAc)/mL	pH(18 ℃)	0.2 mol·L^{-1} V(NaAc)/mL	0.3 mol·L^{-1} V(HAc)/mL
4.4	3.70	6.30	5.6	9.10	0.90
4.6	4.90	5.10	5.8	9.40	0.60

注：NaAc·$3H_2O$ 的相对分子质量为 136.09；0.2 mol·L^{-1} 乙酸钠溶液的质量浓度为27.22 g·L^{-1}。

3. 磷酸二氢钾-氢氧化钠缓冲溶液(0.05 mol·L^{-1})

X mL 0.2 mol·L^{-1} KH_2PO_4 溶液与 Y mL 0.2 mol·L^{-1} NaOH 溶液混合，再加水稀释到 29 mL。

pH(20 ℃)	X/mL	Y/mL	pH (20 ℃)	X/mL	Y/mL
5.8	5	0.372	7.0	5	2.963
6.0	5	0.570	7.2	5	3.500
6.2	5	0.860	7.4	5	3.950
6.4	5	1.260	7.6	5	4.280
6.6	5	1.780	7.8	5	4.520
6.8	5	2.365	8.0	5	4.680

4. 磷酸盐缓冲溶液

磷酸氢二钠-磷酸二氢钠缓冲溶液(0.2 mol·L^{-1})

pH	0.2 mol·L^{-1} $V(Na_2HPO_4)$/mL	0.3 mol·L^{-1} $V(NaH_2PO_4)$/mL	pH	0.2 mol·L^{-1} $V(Na_2HPO_4)$/mL	0.3 mol·L^{-1} $V(NaH_2PO_4)$/mL
5.8	8.0	92.0	7.0	61.0	39.0
5.9	10.0	90.0	7.1	67.0	33.0
6.0	12.3	87.7	7.2	72.0	28.0
6.1	15.0	85.0	7.3	77.0	23.0
6.2	18.5	81.5	7.4	81.0	19.0
6.3	22.5	77.5	7.5	84.0	16.0
6.4	26.5	73.5	7.6	87.0	13.0
6.5	31.5	68.5	7.7	89.5	10.5
6.6	37.5	62.5	7.8	91.5	8.5
6.7	43.5	56.5	7.9	93.0	7.0
6.8	49.5	51.0	8.0	94.7	5.3
6.9	55.0	45.0			

注：1. $Na_2HPO_4·2H_2O$ 的相对分子质量为 178.05，0.2 mol·L^{-1} Na_2HPO_4 溶液的质量浓度为85.61 g·L^{-1}。

2. $NaH_2PO_4·2H_2O$ 的相对分子质量为 156.03，0.2 mol·L^{-1} NaH_2PO_4 溶液的质量浓度为31.21 g·L^{-1}。

5. Tris-盐酸缓冲溶液(0.05 mol·L^{-1},25 ℃)

50 mL 0.1 mol·L^{-1}三羟甲基氨基甲烷(Tris)溶液与 X mL 0.1 mol·L^{-1}盐酸溶液混匀后,加水稀释至100 mL。

pH	X/mL	pH	X/mL	pH	X/mL
7.10	45.7	7.80	34.5	8.50	14.7
7.20	44.7	7.90	32.0	8.60	12.4
7.30	43.4	8.00	29.2	8.70	10.3
7.40	42.0	8.10	26.2	8.80	8.5
7.50	40.3	8.20	22.9	8.90	7.0
7.60	38.5	8.30	19.9		
7.70	36.6	8.40	17.2		

注:三羟甲基氨基甲烷的相对分子质量为121.14。Tris溶液可从空气中吸收二氧化碳,使用时将瓶盖严。

6. 碳酸钠-碳酸氢钠缓冲溶液(0.1 mol·L^{-1})

pH		0.1 mol·L^{-1} Na_2CO_3 的体积/mL	0.1 mol·L^{-1} $NaHCO_3$ 的体积/mL
20 ℃	37 ℃		
9.16	8.77	1	9
9.40	9.12	2	8
9.51	9.40	3	7
9.78	9.50	4	6
9.90	9.72	5	5
10.14	9.90	6	4
10.28	10.08	7	3
10.53	10.28	8	2
10.83	10.57	9	1

注:1. $Na_2CO_3\cdot10H_2O$ 的相对分子质量为286.2,0.1 mol·L^{-1} Na_2CO_3 溶液的质量浓度为28.62 g·L^{-1}。

2. $NaHCO_3$ 的相对分子质量为84.0,0.1 mol·L^{-1} $NaHCO_3$ 溶液的质量浓度为8.40 g·L^{-1}。

7. 硼酸-硼砂缓冲溶液(0.2 mol/L^{-1}硼酸根)

pH	0.05 mol·L^{-1} 硼砂的体积/mL	0.02 mol·L^{-1} 硼酸的体积/mL	pH	0.05 mol·L^{-1} 硼砂的体积/mL	0.02 mol·L^{-1} 硼酸的体积/mL
7.4	1.0	9.0	8.2	3.5	6.5
7.6	1.5	8.5	8.4	4.5	5.5

续 表

pH	0.05 mol · L^{-1} 硼砂的体积/mL	0.02 mol · L^{-1} 硼酸的体积/mL	pH	0.05 mol · L^{-1} 硼砂的体积/mL	0.02 mol · L^{-1} 硼酸的体积/mL
7.8	2.0	8.0	8.7	6.0	4.0
8.0	3.0	7.0	9.0	8.0	2.0

注：1. 硼砂 $Na_2B_4O_7 \cdot 10H_2O$ 的相对分子质量为 381.43，0.05 mol · L^{-1} $Na_2B_4O_7$ 溶液（0.2 mol · L^{-1} 硼酸根）的质量浓度为 19.07 g · L^{-1}。

2. 硼酸 H_3BO_3 的相对分子质量为 61.84，0.2 mol · L^{-1} H_3BO_3 溶液的质量浓度为 12.37 g · L^{-1}。

3. 硼砂易失去结晶水，必须在带塞的瓶中保存。

8. 硼砂-氢氧化钠缓冲溶液（0.02 mol · L^{-1} 硼酸根）

X mL 0.05 mol · L^{-1} 硼砂溶液与 Y mL 0.2 mol · L^{-1} NaOH 溶液混合后，加水稀释到 200 mL。

pH	X/mL	Y/mL	pH	X/mL	Y/mL
9.3	50	6.0	9.8	50	34.0
9.4	50	11.0	10.0	50	43.0
9.6	50	23.0	10.1	50	46.0

注：硼砂 $Na_2B_4O_7 \cdot 10H_2O$ 的相对分子质量为 381.43，0.05 mol · L^{-1} $Na_2B_4O_7$ 溶液的质量浓度为 19.07 g · L^{-1}。

附录 4 实验室常用酸、碱的密度和浓度

名称	分子式	相对分子质量	物质的量浓度 mol · L^{-1}	密度 g · cm^{-3}	质量分数 %	配 1 L 1 mol · L^{-1} 溶液所需体积/mL
盐酸	HCl	36.47	12.0	1.19	37.2	84
			11.8	1.18	35.4	
			6.0	1.10	20.0	
硫酸	H_2SO_4	98.09	18.0	1.84	95.6	56
			3.0	1.18	24.8	
硝酸	HNO_3	63.02	16.0	1.42	70.98	63
			14.5	1.40	65.30	
			6.1	1.20	32.36	
冰醋酸	CH_3COOH	60.05	17.4	1.05	99.5	59
乙酸	CH_3COOH	60.05	6.0		36	
磷酸	H_3PO_4	35.05	15	1.71	85.0	67

续 表

名称	分子式	相对分子质量	物质的量浓度 mol·L^{-1}	密度 g·cm^{-3}	质量分数 %	配 1 L 1 mol·L^{-1} 溶液所需体积/mL
氨水	$NH_3 \cdot H_2O$	35.05	15	0.90		67
			14.3	0.904	27.0	70
			13.4	0.91	25.0	
			5.6	0.96	10.0	
氢氧化钠溶液	NaOH	40.0	19	1.5	50.0	53

附录 5　常见溶剂的折射率(25 ℃)

名　称	n_D^{25}	名　称	n_D^{25}
甲　醇	1.326	四氯化碳	1.459
乙　醚	1.352	乙　苯	1.493
丙　酮	1.357	甲　苯	1.494
乙　醇	1.359	苯	1.498
醋　酸	1.370	苯乙烯	1.545
乙酸乙酯	1.370	溴　苯	1.557
正己烷	1.372	苯　胺	1.583
1-丁　醇	1.397	溴　仿	1.587
氯　仿	1.444		

附录 6　常压下共沸物的组成和沸点

共沸物的组成		各组分的沸点/℃		共沸物的性质	
甲组分	乙组分	甲组分	乙组分	甲的质量分数/%	沸点/℃
苯	乙　醇	80.1	78.3	68.3	67.9
环己烷	乙　醇	80.8	78.3	70.8	64.8
正己烷	乙　醇	68.9	78.3	79.0	58.7
乙　酸	乙酸乙酯	77.1	78.3	69.0	71.8
乙酸乙酯	环己烷	77.1	80.7	56.0	71.6
异丙醇	环己烷	82.4	80.7	32.0	69.4

附录 7 相对原子质量表(1995 年国际相对原子质量)

元素		相对原子质量	元素		相对原子质量	元素		相对原子质量
符号	名称		符号	名称		符号	名称	
Ag	银	107.87	Hf	铪	178.49	Rb	铷	85.468
Al	铝	26.982	Hg	汞	200.59	Re	铼	186.21
Ar	氩	39.948	Hb	钬	164.93	Rh	铑	102.91
As	砷	74.922	I	碘	126.90	Ru	钌	101.07
Au	金	196.97	In	铟	114.82	S	硫	32.066
B	硼	10.811	Ir	铱	192.22	Sb	锑	121.76
Ba	钡	137.33	K	钾	39.098	Sc	钪	44.956
Be	铍	9.0122	Kr	氪	83.80	Se	硒	78.96
Bi	铋	208.98	La	镧	138.91	Si	硅	28.086
Br	溴	79.904	Li	锂	6.941	Sm	钐	150.36
C	碳	12.011	Lu	镥	174.97	Sn	锡	118.71
Ca	钙	40.078	Mg	镁	24.305	Sr	锶	87.62
Cd	镉	112.41	Mn	锰	54.938	Ta	钽	180.95
Ce	铈	140.12	Mo	钼	95.94	Tb	铽	158.93
Cl	氯	35.453	N	氮	14.007	Te	碲	127.60
Co	钴	58.933	Na	钠	22.99	Th	钍	232.04
Cr	铬	51.996	Nb	铌	92.906	Ti	钛	47.867
Cs	铯	132.91	Nd	钕	144.24	Tl	铊	204.38
Cu	铜	63.546	Ne	氖	20.180	Tm	铥	168.93
Dy	镝	162.50	Ni	镍	58.693	U	铀	238.03
Er	铒	167.26	Np	镎	237.05	V	钒	50.942
Eu	铕	151.96	O	氧	15.999	W	钨	183.85
F	氟	18.998	Os	锇	190.23	Xe	氙	131.29
Fe	铁	55.845	P	磷	30.974	Y	钇	88.906
Ga	镓	69.723	Pb	铅	207.2	Yb	镱	173.04
Gd	钆	157.25	Pd	钯	106.42	Zn	锌	65.39
Ge	锗	72.61	Pr	镨	140.91	Zr	锆	91.224
H	氢	1.0079	Pt	铂	195.08			
He	氦	4.0026	Ra	镭	226.03			

附录 8 溶剂与水共沸物的沸点

溶 剂	水的质量分数/%	沸点/℃	溶 剂	水的质量分数/%	沸点/℃
乙 醚	1	34	乙二醇二醚	10	77
戊 烷	1	35	三乙胺	10	75
二氯甲烷	2	39	丙 醇	28	88
二硫化碳	2	44	甲 酸	26	107
氯 仿	3	56	1,4-二氧六环	18	88
四氢呋喃	5	64	甲 苯	20	85
己 烷	6	62	吡 啶	42	94
四氯化碳	4	66	正丁醇	43	93
乙酸乙酯	8	71	乙二醇单甲醚	85	100
乙 醇	4	78	氯 苯	28	90
环己烷	8	70	二丁醚	33	93
苯	9	69	苯甲醚	41	96
乙 腈	16	77	二甘醇二单醚	78	100
异丙醇	12	80			

参 考 文 献

[1] 徐伟亮．基础化学实验．北京：科学出版社，2005
[2] 夏玉宇．化验员实用手册．北京：化学工业出版社，1999
[3] 周井炎．基础化学实验．武汉：华中科技大学出版社，2004
[4] 董存智，王广健．大学化学实验教程．合肥：安徽大学出版社，2005
[5] 李铭岫．无机化学实验．北京：北京理工大学出版社，2004
[6] 天津大学无机化学教研室．大学化学实验．修订版．天津：天津大学出版社，2001
[7] 大连理工大学无机化学教研室．无机化学实验．第二版．北京：高等教育出版社，2004
[8] 梁均方．无机化学实验．广州：广东高等教育出版社，2000
[9] 武汉大学．无机化学实验．武汉：武汉大学出版社，2002
[10] 中山大学等．无机化学实验．第三版．北京：高等教育出版社，1992
[11] 武汉大学．分析化学实验．第四版．北京：高等教育出版社，2001
[12] 华东理工大学，四川大学．分析化学实验．第五版．北京：高等教育出版社，2000
[13] 四川大学，浙江大学．分析化学实验．第三版．北京：高等教育出版社，2003
[14] 周科衍，高占先．有机化学实验．第三版．北京：高等教育出版社，1996
[15] 高占先．有机化学实验．第四版．北京：高等教育出版社，2000
[16] 曾昭琼．有机化学实验．第三版．北京：高等教育出版社，2000
[17] 周科衍，高占先．化学实验教学指导．北京：高等教育出版社，1997
[18] 复旦大学，兰州大学．有机化学实验．北京：高等教育出版社，1992
[19] 高职高专化学教材组．物理化学实验．第二版．北京：高等教育出版社，2003
[20] 复旦大学．物理化学实验．第二版．北京：高等教育出版社，1993
[21] 北京大学化学学院物理化学实验教学组．物理化学实验．第四版．北京：北京大学出版社，2002
[22] 陈龙武，邓希贤，朱长缨，等．物理化学实验基本技术．上海：华东师范大学出版社，1986
[23] 夏海涛等．物理化学实验．南京：南京大学出版社，2006